mentor training XXL

So packst du die
8. Klasse

Deutsch
Mathematik
Englisch

Regeln – Übungen – Lösungen
Mit praktischem Lösungsteil und Beispielaufsätzen

Gisela Mertel-Schmidt
Hans Karl Abele
Wolfgang Stainer
Verena Rotter

In Zusammenarbeit mit Langenscheidt

mentor
Eine Klasse besser.

Die Autoren Gisela Mertel-Schmidt: Gymnasiallehrerin für Deutsch, Französisch und Ethik, Fachbetreuerin für Deutsch, Verfasserin von Artikeln in Pädagogik- und Fachzeitschriften, Mitglied im „Gutachterausschuss für die Gymnasien und Realschulen Bayerns" des Bayerischen Staatsministeriums für Unterricht und Kultus
Dipl.-Phys. Hans Karl Abele: Lehrtätigkeit in Mathematik und Physik an verschiedenen Schularten, langjährige Erfahrung als Nachhilfelehrer, Autor von Lehrbüchern und Lernsoftware
Wolfgang Stainer: Gymnasiallehrer für Mathematik und Physik, langjährige Erfahrung als Nachhilfelehrer
Verena Rotter: Realschullehrerin für Englisch, Kunsterziehung, Werken und technisches Zeichnen

Redaktion Elke Sagenschneider, Dr. Hans-Peter Waschi, Imprint Verlagsprojekte, Ulrike Timmer

Abbildungen Henning Schöttke, Kiel (Illustrationen, Cartoons); Rudolf Hungreder, Leinfelden-Echterdingen (geometrische Zeichnungen)

Layout Peter Glaubitz, auf der Basis des Layouts von Barbara Slowik, München

Umwelthinweis: Gedruckt auf chlorfrei gebleichtem Papier

Printed in Germany
www.mentor.de

ISBN-13: 978-3-580-63828-3
ISBN-10: 3-580-63828-9

1. 2. 3. 4. 5. 10 09 08 07 06

Inhalt

Unser Tipp für alle, die noch mehr wissen wollen:

mentor Lernhilfen für Deutsch, Mathematik und Englisch

Selbsthilfe statt Nachhilfe:
die Lernhilfen mit den ausführlichen Erklärungen –
so kapierst du's wirklich!

Rechtschreib-Krimis 1: Buchstaben und Laute, Worttrennung
7./8. Klasse, ISBN 3-580-63510-7
Rechtschreib-Krimis 2: Groß oder klein, zusammen oder getrennt, Komma oder nicht?
7./8. Klasse, ISBN 3-580-63511-5
Diktate mit Audio-CD
8. Klasse, ISBN 3-580-63518-2
Grammatik: Zusammengesetzte Sätze, Nominalisierung, Indikativ und Konjunktiv, Aktiv und Passiv
7./8. Klasse, ISBN 3-580-63514-X
Aufsatz 1: Inhaltsangabe, Personenbeschreibung, Charakteristik, Referat
8.–10. Klasse, ISBN 3-580-63519-0
Aufsatz 2: Gedichtinterpretation, Erörterung
8.–10. Klasse, ISBN 3-580-63520-4

Potenzen, Binomische Formeln, Gleichungen, Ungleichungen
8. Klasse, ISBN 3-580-65623-6
Funktionen, lineare Gleichungen und Ungleichungen, Stochastik
8. Klasse, ISBN 3-580-65624-4
Geometrie 1: Spiegelung, Drehung, Verschiebung, Vektoren
7./8. Klasse, ISBN 3-580-63625-1
Geometrie 2: Kongruenz und Dreieckskonstruktion, Kreis und Gerade, Flächen- und Rauminhalt
7./8. Klasse, ISBN 3-580-63626-X

Englisch: Grammatik und Wortschatz, Teil 1
7./8. Klasse, ISBN 3-580-65545-0
Englisch: Grammatik und Wortschatz, Teil 2
7./8. Klasse, ISBN 3-580-65546-9

Gibt's in jeder Buchhandlung.
Mehr Infos auf www.mentor.de

Willkommen!

Hallo, liebe Schülerin, lieber Schüler,

du möchtest deine Noten in Deutsch, Mathematik und Englisch verbessern? Und zwar möglichst schnell und ohne viel Theorie? Dann bist du hier richtig – vor allem, wenn du eines der Themen dieses Buches speziell für eine Klassenarbeit üben willst.

Du wirst sehen: Hier geht's besonders easy:

Treffsicher Dieses Buch ist in viele **kleine Lernportionen** gegliedert.
→ So findest du dich besonders schnell zurecht.

Übersichtlich Jede Lernportion umfasst genau **eine Doppelseite**.
→ So hast du immer alles auf einen Blick.

Einleuchtend Jede Lernportion beginnt mit einer kurzen, klaren **Regel**.
→ So weißt du immer sofort, worauf es ankommt.

Clever Dann geht's ans **Üben** – ganz locker, Schritt für Schritt.
→ So bereitest du dich optimal vor.

Praktisch Der **Lösungsteil** hinten passt seitengetreu dazu.
→ So kontrollierst du blitzschnell – ohne Suchen und Blättern.

Am besten gleich loslegen!

Viel Spaß und ganz viel Erfolg wünscht dir dein mentor Verlag

Noch ein Tipp Du hast noch mehr Nachholbedarf, aber keine Lust auf Nachhilfe? Dann versuch's doch mit den **mentor Lernhilfen**: Schau mal auf die Seite gegenüber!

Teil I:
Deutsch

Aufsatz: Inhaltsangabe

Übungen

Themenübersicht Teil I

A Bevor es losgeht …

1. … mit diesem Teil des Buches: Einführung

Darum geht's!

Was ist eine Inhaltsangabe?

Eine **Inhaltsangabe** kommt im Alltag öfter vor, als du denkst, nicht nur in Buchbesprechungen, Filmkritiken, Lexikonartikeln usw. Ein Beispiel: Du hast ein Buch gelesen oder einen Film gesehen und willst einem Freund oder einer Freundin darüber berichten. Je genauer du das tust, desto besser kann er bzw. sie dir folgen.

Dabei helfen dir die **Regeln** für die Inhaltsangabe. Denn hier sollst du
- dich auf das Wesentliche konzentrieren,
- treffend und exakt formulieren.

Trainingsplan

Was lernst du hier?

Dies wirst du hier lernen und üben – und einiges mehr, zum Beispiel:
- den Inhalt eines Textes verstehen,
- einen Text gliedern,
- Dinge und Abläufe zusammenfassen,
- einen Aufsatz schreiben und überarbeiten.

Du wirst feststellen, dass du vieles davon nicht nur für die Inhaltsangabe, sondern auch für andere Aufsätze, ja sogar für andere Fächer verwenden kannst. Denn kaum eine Fähigkeit ist so wichtig für die Schule (und fürs Leben!) wie die, sich gut ausdrücken zu können. Und das kann man lernen!

So klappt's!

Wie gehst du am besten vor?

Du wirst hier mit **vier spannenden Texten** lernen, wie man eine Inhaltsangabe schreibt – und zwar **Schritt für Schritt**, Übung für Übung, sodass am Ende des Kapitels die Inhaltsangabe schon fast ganz fertig ist. Beim **fünften** und letzten **Text** kannst du's dann als Test alleine versuchen. Beginne auf jeden Fall mit der ersten Geschichte „Die Sehnsucht fährt schwarz", da es dabei um viel Grundsätzliches geht; ansonsten ist die Reihenfolge egal, auch bei den **drei Zwischenkapiteln** mit Übungen zum sprachlichen Ausdruck. Natürlich gibt es immer eine **Musterlösung** mit Hinweisen auf die Dinge, die auch in deinem eigenen Text vorkommen sollten!

2. … mit der Klassenarbeit: Checkliste

Wenn du diesen Teil des Buches durchgearbeitet hast, bist du für eine Klassenarbeit optimal vorbereitet. Die folgende **Checkliste** hilft dir dabei, selbstständig eine Inhaltsangabe zu schreiben.

Erstens

Vorbereiten

Erst verstehen – dann schreiben!

- den Text mehrmals (mindestens zweimal) genau durchlesen
- Wort- und Sachfragen klären, z. B. mit Wörterbuch oder Lexikon
- ungewohnte Formulierungen und Bilder entschlüsseln
- den Text verstehen:
  - die Kernaussage herausarbeiten
  - literarischer Text: Handlungsverlauf und Personendarstellung erfassen
  - Sachtext: die Absicht des Autors klären
  - wichtige Stellen unterstreichen
- Sinnabschnitte markieren
- Sinnabschnitte zusammenfassen
- Sinnabschnitte ordnen, wenn nötig:
  - literarischer Text: in zeitlicher Reihenfolge
  - Sachtext: in gedanklicher Reihenfolge

Zweitens

Schreiben

Aufsatzschreiben ist keine Hexerei!

- im Präsens schreiben
- keine wörtliche Rede verwenden
- Inhalt raffen, Unwichtiges weglassen
- Zusammenhänge trotzdem genau erklären
- die Kernaussage formulieren
- den Inhalt in eigenen Worten wiedergeben
- sachlich schreiben
- Einleitung schreiben, wenn verlangt
- Stellungnahme formulieren, wenn verlangt

Drittens

Überarbeiten

Der letzte Schliff!

- den Aufsatz noch einmal kritisch (!) durchlesen
- prüfen, ob alle Dinge unter „Zweitens" beachtet wurden
- wenn nicht: die betreffende Stelle überarbeiten
- Rechtschreib- und Grammatikfehler verbessern

B Text 1

Die Sehnsucht fährt schwarz (Rafik Schami)

Der Zeiger der Bahnhofsuhr springt von einer Ziffer zur anderen, hält eine kurze Weile inne und springt wieder zur nächsten. Es ist 17 Uhr 32 auf dem Münchner Hauptbahnhof. Zwei Gastarbeiter sitzen auf einer Bank, zwei andere lehnen am Geländer. Die vier beobachten schweigend den Zug auf Gleis 8.

Viele Gastarbeiter drängen sich dort an den Zugfenstern, um mit ihren Landsleuten auf dem Bahnsteig zu reden. Sie versichern ihnen, dass sie nichts vergessen würden, aber die Leute auf dem Bahnsteig haben Zweifel – wie oft schon haben sie selbst ihre Versprechen vergessen.

Ununterbrochen versuchen die Bleibenden den nach Hause Fahrenden ihre Wünsche einzupauken.

„Vergiss nicht, Arif zu grüßen ..."

„Sag meinem Onkel, ich habe das Geld schon vor einer Woche überwiesen ..."

„Frag sie, warum sie nicht schreibt ..."

Die vier Freunde beobachten den Zug aus einiger Entfernung, denn sie kennen niemanden, der heute fährt.

„Achtung an Gleis 8! Der Zug von München nach Istanbul über Bukarest – Sofia fährt jetzt ab. Bitte Türen schließen! Vorsicht bei der Abfahrt!", schallt die Stimme aus den Lautsprechern, als der Uhrzeiger gerade auf 17 Uhr 34 springt.

„Die Heimat ist so weit weg!", seufzt Yunus von seinem Platz auf der Bank aus. „Wenn ich in Izmir schlafen und hier arbeiten könnte – das wäre ein Leben." Der Zug fährt auf glänzenden Gleisen, die unter dem Licht der Reklame wie ein Netz von blutroten Adern aussehen. Die Räder der Waggons hämmern die Adern straff und gesund. Die vier Freunde verfolgen den Zug mit brennenden Augen.

An diesem Abend entflieht Yunus unbemerkt der kleinen Runde seiner Freunde und versetzt sich schnell in den fahrenden Zug auf einen Stehplatz im Gang.

Die Leute sehen alle gleich aus. Müde, unrasiert, eingeklemmt zwischen Mänteln und Kartons, reden sie kaum miteinander. Sie starren auf den Boden.

„Fahrkarten bitte!"

Yunus lacht auf der Bank: „Die Sehnsucht fährt immer schwarz, sie ist stärker als alle Grenzen und Kontrollen."

Der Zug verschwindet im Schlund der Dunkelheit, seine Rücklichter funkeln wie die Augen eines zornigen Stiers in der Arena. Noch bevor der letzte Waggon außer Sicht ist, kommt Yunus in Izmir an.

Seine Frau Songül, seine vier Kinder und seine alte Mutter warten dort auf ihn.

Die alte Mutter mit ihren hölzernen Krücken, noch tiefer gebeugt als vor zwei Jahren – ein fruchttragender Olivenzweig. Die drei älteren Kinder springen auf vor Freude und schreien: „Vater hat viele Koffer dabei!" Die Frau weint, zwei Jahre Einsamkeit waren zu lang. Yunus küsst die Hand seiner Mutter. Sie flüstert: „Dass ich dich, mein Herz, noch einmal sehe, hätte ich nicht geglaubt, Gott ist gnädig." Ihre warmen Tränen brennen auf seinen Lippen, als er ihre Wangen küsst. Er streichelt schnell den Kopf seiner Frau und kneift sie zärtlich und heimlich in die Wangen. Sie lächelt erwartungsvoll und wischt sich die Tränen ab mit einem kleinen, weißen Tuch.

Niyazi, sein zehnjähriger Sohn, versucht vergeblich, den schweren Koffer zu tragen.

„Er ist zu schwer für dich, mein Junge", flüstert Yunus.

„Hast du uns alles mitgebracht?", fragt Niyazi, denn er hatte den letzten Brief mit seinen Wünschen gefüllt.

„Alles?! Es ist doch alles teurer geworden, für deine Hosen habe ich lange gearbeitet – denkst du, die Deutschen schmeißen uns das Geld nach?"

„Ich will mein Kleid sehen", meldet sich Tochter Hülya.

„Halt den Mund, bis wir zu Hause sind, da wirst du es sehen!", fährt die Mutter sie an.

„Nein, jetzt!", stampft Hülya störrisch mit den Füßen. Songül zieht das Mädchen kräftig am Ohr.

„Lass sie doch, sie freut sich", sagt Yunus, als Hülya anfängt zu weinen.

Alle drei Kinder springen um Yunus herum und zerren ihn an der Jacke, nur der vierte, sein jüngster Sohn, steht die ganze Zeit etwas abseits und beobachtet seine Geschwister.

„Na, Kleiner, komm her, du bist ja groß geworden, Kemal", sagt Yunus und beugt sich zu dem dreijährigen Jungen, der sich erschrocken am Kleid seiner Mutter festhält.

„Kennst du mich nicht mehr?"

„Nein, wer bist du denn?"

„Ich bin dein Vater", antwortet Yunus und nimmt das Kind auf den Arm, das sich aber sträubt und weint.

„Er war ja so klein, als du vor zwei Jahren nach Deutschland fuhrst", entschuldigt Songül ihren Sohn. Yunus küsst das Kind, doch Kemal weint bitter, weil der Bart des fremden Mannes ihn kratzt. Er wendet sich weinend zur Mutter.

Yunus muss ihn lassen, seine Augen werden feucht:

„Nicht einmal die eigenen Kinder erkennen uns wieder", flüstert Yunus auf der Bank im Münchner Hauptbahnhof …

B 1. Wozu eine Inhaltsangabe dient und was du vor dem Schreiben tun solltest

Eine Inhaltsangabe kommt im Alltagsleben öfter vor, als du denkst. Ein Beispiel: Du hast einen Text gelesen oder einen Film gesehen und willst einem Freund oder einer Freundin darüber berichten. Vor allem willst du sagen, ob und weshalb dir das Gelesene oder Gesehene gefallen hat. Du musst also sehr genau darüber Bescheid wissen.

Übung 1

Lies dir die Geschichte von Rafik Schami durch. Gefällt sie dir oder nicht? Versuche in einem Satz zu sagen, warum.

Mir gefällt die Geschichte (nicht), weil

....

....

Übung 2

Hast du alle Begriffe und Zusammenhänge verstanden? Dann beantworte kurz folgende Fragen, wenn nötig mithilfe von Atlas und Lexikon.

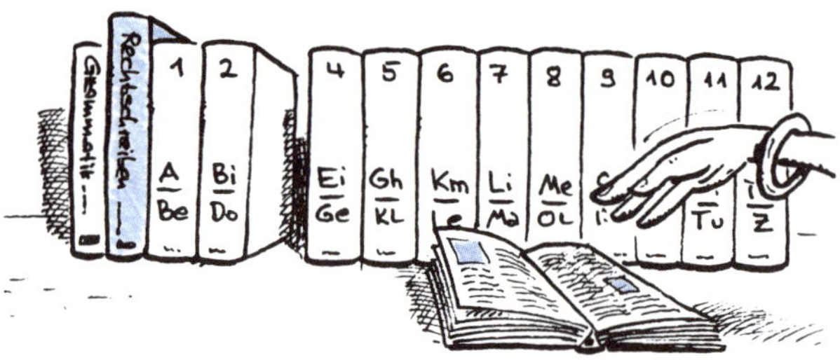

1. Was bedeutet „Gastarbeiter"? Gehe dabei auch auf die Wortbildung ein.

   ....

2. In welchen Ländern liegen Istanbul, Bukarest, Sofia und Izmir?

   ....

3. Was macht Yunus am Münchner Hauptbahnhof?

   ....

4. Was geschieht an diesem Tag Besonderes?

   ....

5. Warum würde Yunus gern in Izmir „schlafen" und in Deutschland arbeiten (Z. 20)?

....

6. Wie lange war er nicht in seiner Heimat?

....

7. Wer gehört zu Yunus' Familie? (Achtung: Nicht alle Familienmitglieder haben Namen.)

....

8. Wer ist Kemal?

....

9. Warum will er nicht auf den Arm genommen werden?

....

Merke

In einer Geschichte steht auch manches, was zwar schön und anschaulich ist, was du aber nicht in eine Textzusammenfassung aufnehmen solltest, weil es für den reinen Inhalt der Geschichte nicht unbedingt wichtig ist.

Übung 3

Vier der folgenden Wörter sind für deine Inhaltsangabe besonders wichtig und werden in ihr auch vorkommen. Unterstreiche sie und schreibe dann kurz dazu, warum diese Wörter wichtig sind.

1. Bahnhofsuhr (Z. 1) ....
2. Bank (Z. 3, 29) ....
3. Vier Freunde (Z. 14) ....
4. Lautsprecher (Z. 18) ....
5. Sehnsucht (Z. 29) ....
6. Reklame (Z. 21) ....
7. Kartons (Z. 27) ....
8. Stier (Z. 32) ....
9. Olivenzweig (Z. 36) ....
10. Krücken (Z. 35) ....
11. Mutter (Z. 34) ....
12. Kinder (Z. 34) ....
13. wieder erkennen (Z. 66) ....

2. Beim zweiten Lesen

Beim zweiten Lesen musst du die Erzählabschnitte bestimmen; so kannst du die Zusammenhänge besser verstehen und den Text gut kürzen, ohne etwas zu vergessen.
Ein **Erzählabschnitt** beginnt da, wo
- sich die Lage ändert,
- Personen dazukommen,
- Personen ihr Verhalten oder ihre Einstellung ändern
- oder der Ort wechselt.

Manchmal bieten dir die Absätze des Textes einen Anhaltspunkt.

Übung 1

a) Suche die Abschnitte zu den folgenden Überschriften heraus und gib jeweils ihre erste und die letzte Zeile an.
b) Nummeriere die Abschnitte dann in der richtigen zeitlichen Reihenfolge.

☐ Beobachtung von vier Freunden am Münchner Hauptbahnhof:

Zeile .... bis ....

☐ Erkenntnis am Ende des Traumes:

Zeile .... bis ....

☐ Vier Gastarbeiter am Münchner Hauptbahnhof:

Zeile .... bis ....

☐ Traumreise nach Izmir:

Zeile .... bis ....

☐ Yunus' Gefühle bei der Abfahrt des Zuges:

Zeile .... bis ....

Übung 2

Formuliere nun je eine Überschrift für folgende Abschnitte und fasse alle drei unter einem Stichwort zusammen.

1. Zeile 34 bis 42: ....
2. Zeile 43 bis 53: ....
3. Zeile 54 bis 64: ....

Zusammenfassendes Stichwort: ....

Übung 3

Schon in der Überschrift der Geschichte kommt das Wort „Sehnsucht" vor. Es wird in deiner Inhaltsangabe von Abschnitt 3 (Zeile 19 bis 23) eine Rolle spielen.
Formuliere den Satz für deine Inhaltsangabe.

....

....

....

Merke

Ab der 8. Klasse, manchmal auch schon in der 7. Klasse, wird von dir verlangt, dass du deine Inhaltsangabe mit einer Einleitung beginnst. Die **Einleitung** enthält die **Kernaussage** des Textes. Sie darf nicht zu allgemein sein, aber auch nicht zu sehr auf eine Einzelheit abzielen.

Übung 4

Welche der folgenden Formulierungen hältst du für treffend? Begründe kurz, warum die anderen nicht passen.

In der Geschichte „Die Sehnsucht fährt schwarz" von Rafik Schami geht es um

1. Probleme von Gastarbeiterfamilien.
2. das Leben türkischer Gastarbeiter in Deutschland.
3. einen kleinen Jungen, der seinen zurückkehrenden Vater nicht erkennt.
4. einen Gastarbeiter, der Heimweh hat und sich deshalb in einem Tagtraum zu seiner Familie in die Heimat versetzt.
5. Gastarbeiter, die sich nach ihrer Heimat sehnen.

Begründung: ....

....

Übung 5

Gib die Textstelle an, in welcher die Überschrift eine Rolle spielt und formuliere in einem Satz, was Yunus meint.

Zeile ....

Yunus meint, ...

....

3. Der Stil der Inhaltsangabe

Eine Inhaltsangabe ist im Gegensatz zur Nacherzählung immer ein **sachlicher** und **informativer** Text. Wörtliche Rede, schildernde Elemente und Erzählmittel fallen weg. In dieser Geschichte zum Beispiel verwendet der Autor eine Reihe bildhafter Ausdrücke, die du nicht in deine Inhaltsangabe übernehmen darfst.

Übung 1

Formuliere zu den folgenden Abschnitten je einen Satz in sachlicher Sprache, der alle wichtigen Informationen enthält.

1. Der Zug fährt auf glänzenden Gleisen, die unter dem Licht der Reklame wie ein Netz von blutroten Adern aussehen. Die Räder der Waggons hämmern die Adern straff und gesund. Die vier Freunde verfolgen den Zug mit brennenden Augen.

2. Der Zug verschwindet im Schlund der Dunkelheit, seine Rücklichter funkeln wie die Augen eines zornigen Stiers in der Arena. Noch bevor der letzte Waggon außer Sicht ist, kommt Yunus in Izmir an.

3. Die alte Mutter mit ihren hölzernen Krücken, noch tiefer gebeugt als vor zwei Jahren – ein fruchttragender Olivenzweig.

Übung 2

Als „innere Handlung“ bezeichnet man das, was im Bewusstsein oder in den Gefühlen der Personen passiert. Gib die Textstellen, die innere Handlung schildern, sachlich wieder.

1. „Die Heimat ist so weit weg!“, seufzt Yunus von seinem Platz auf der Bank aus.

2. Die Leute sehen alle gleich aus. Müde, unrasiert, eingeklemmt zwischen Mänteln und Kartons, reden sie kaum miteinander. Sie starren auf den Boden.

3. Die drei älteren Kinder springen auf vor Freude und schreien: „Vater hat viele Koffer dabei!“

4. Er streichelt schnell den Kopf seiner Frau und kneift sie zärtlich und heimlich in die Wangen. Sie lächelt erwartungsvoll und wischt sich die Tränen ab …

In der Inhaltsangabe muss die **wörtliche Rede** als **indirekte Rede** wiedergegeben werden.

1. Die Rede wird im Nebensatz mit oder ohne „dass“ im **Konjunktiv 1** wiedergegeben (nur bei Formengleichheit mit dem Indikativ steht der Konjunktiv 2).
2. Indirekte **Fragen** werden mit „ob“ oder einem Fragewort eingeleitet.
3. Die Pronomen werden sinngemäß verändert.

Beispiel

Wörtliche Rede:
Yunus sagt: „Die Sehnsucht fährt immer schwarz.“
Niyazi fragt: „Hast du uns alles mitgebracht?“
Indirekte Rede:
Yunus sagt, die Sehnsucht fahre immer schwarz.
Oder: *Yunus sagt, dass die Sehnsucht immer schwarz fahre.*
Indirekte Frage:
Niyazi fragt, ob er ihnen alles mitgebracht habe.

Übung 3

Gib die wörtliche Rede indirekt wieder und entscheide am Schluss, welche Sätze du in deine Inhaltsangabe nicht aufnehmen würdest. **Weitere Übungen zur indirekten Rede siehe S. 22/23.**

1. Der Lautsprecher verkündet: „Der Zug nach Istanbul fährt jetzt ab.“

....

....

2. Yunus seufzt: „Die Heimat ist so weit weg.“

....

3. Yunus lacht: „Die Sehnsucht fährt immer schwarz.“

....

4. Die Kinder schreien: „Vater hat viele Koffer dabei.“

....

5. Yunus fragt: „Kennst du mich nicht mehr?“

....

6. Kemal erkundigt sich: „Wer bist du denn?“

....

Folgende Sätze würde ich weglassen: ....

B 4. Die Inhaltsangabe schreiben

Eine Textzusammenfassung soll knapp sein, aber dennoch Zusammenhänge erklären. Du musst also **Sätze verkürzen**, z. B. mit Adverbialen (*nachmittags, …*), oder Sätze z. B. mit Konjunktionen (*weil, nachdem, …*) oder Relativpronomen (*der, welche, …*) zu Satzgefügen sinnvoll **verbinden**.

Übung 1

Verbinde folgende Sätze, indem du einen davon verkürzt und trotzdem genau ausdrückst, worin der Zusammenhang besteht.

1. Es ist Abend. Vier Gastarbeiter treffen sich am Münchner Hauptbahnhof.

   An einem .... treffen sich vier Gastarbeiter am Münchner Hauptbahnhof.

2. Der Zug steht zur Abfahrt bereit. Sein Bestimmungsort ist Istanbul.

   Der Zug .... steht zur Abfahrt bereit.

3. Yunus träumt. Er besucht seine Familie.

   Im .... besucht Yunus seine Familie.

4. Seine Mutter ist alt. Deshalb geht sie an Krücken.

   Wegen .... geht seine Mutter an Krücken.

Übung 2

Verbessere Irenes Text, indem du die Sätze verbindest.

Irenes Textzusammenfassung fängt so an:

1. Vier Gastarbeiter befinden sich am Münchner Hauptbahnhof. Sie sehnen sich nach ihrer Heimat.

   Vier Gastarbeiter befinden sich am Münchner Hauptbahnhof, ...

   ....

2. Sie halten sich am Gleis 8 auf. Vom Gleis 8 fährt der Zug nach Istanbul ab.

   ....

   ....

3. Der Zug nach Istanbul fährt ab. Yunus, einer der vier Freunde, versetzt sich in den Zug und träumt von seiner Heimkehr.

   ....

   ....

   ....

4. Er kommt in Izmir an. Seine Familie erwartet ihn schon.

....

5. Yunus war so lange weg. Seine Mutter hat nicht gehofft, ihn noch einmal zu sehen.

....

....

Übung 3

Welchen der folgenden Sätze würdest du in deine Inhaltsangabe <u>nicht</u> aufnehmen? Streiche ihn durch und nenne zwei Gründe dafür.

1. Yunus, ein türkischer Gastarbeiter, sitzt am Münchner Hauptbahnhof und beobachtet die Abfahrt des Zuges nach Istanbul.
2. Während der Wartezeit versetzt sich Yunus in den Zug und träumt von seiner Heimreise.
3. Die Geschichte endet damit, dass Yunus' kleiner Sohn ihn ablehnt, weil sein Bart ihn kratzt.
4. Yunus' Traum endet mit der Erkenntnis, dass er nicht einmal von seinem eigenen Kind wieder erkannt würde.

1. Grund: ....

....

2. Grund: ....

Übung 4

Drei der Sätze aus Übung 3 sind also brauchbar. Trotzdem müssen sie noch ergänzt werden. Füge folgende Informationen dort ein, wo du es für sinnvoll hältst und schreibe die drei Sätze in dein Übungsheft.

1. Zwei Jahre
2. Drei Freunde
3. Familie
4. Angehörige verabschieden sich von den Reisenden
5. Lange Abwesenheit

Übung 5

Schreibe nun eine Inhaltsangabe zu der Geschichte. Dabei darfst du gern die Sätze wiederverwenden, die du bereits formuliert hast oder die du im Lösungsteil gefunden hast.

C Übungsteil 1

Indirekte Rede

In der Inhaltsangabe darf **keine wörtliche Rede** vorkommen. Zunächst musst du entscheiden, ob der Inhalt der Rede überhaupt wichtig für den Zusammenhang ist. Dann gibt es verschiedene Möglichkeiten, sie wiederzugeben:

1. Indirekte Rede mit dem Konjunktiv mit oder ohne „dass" (s. auch S. 19)
2. Indirekte Rede mit dem Indikativ und „dass" (s. S. 23)
3. Zusammenfassen

Beispiel

Hier ein Beispiel, wie du wörtliche Rede zusammenfassen kannst:
Die Schulkinder standen um ihre neue Mitschülerin herum und redeten auf sie ein: „Wo kommst du her?" „Warum hast du ein Kopftuch auf?" „Warum trägst du so einen langen Rock?"
Zusammenfassung: *Die Kinder bestürmten ihre neue Mitschülerin mit Fragen nach ihrer Herkunft und ihrer Kleidung.*

Übung 1 **Gib in indirekter Rede mit und ohne „dass" wieder.**

1. Das Mädchen erzählte: „Ich bin mit meiner Familie aus Afghanistan geflohen."

....

2. Sie sagte: „Ich trage ein Kopftuch, weil ich Muslimin bin."

....

3. Die Lehrerin erklärte: „Gläubige Moslem-Frauen bedecken ihre Haare mit einem Tuch."

....

4. Interessiert fragten die Mädchen: „Müssen sie das Kopftuch tragen?"

....

Merke

Wenn eine Rede eine unumstößliche Tatsache enthält, kann in der indirekten Rede, besonders nach „dass", der **Indikativ** stehen.

Beispiel

Der Schulleiter stellte fest, dass es dreißig Grad warm war, und gab hitzefrei.

Übung 2

Überlege dir, auf welche der drei Arten du die wörtliche Rede wiedergeben kannst, und schreibe jeweils die Form auf, die dir am geeignetsten erscheint.

1. Ein Moslem sagt: „Man kann das Kopftuch mit dem Kreuz vergleichen, das Christen oft an einer Halskette tragen."

   ....

2. Eine Frauenrechtlerin behauptet: „Das Kopftuch dient der Unterdrückung der Frauen."

   ....

3. Der Diskussionsleiter erklärt: „Jede Religion hat ihre Rituale und Traditionen."

   ....

4. Ein junges Mädchen aus Persien meint: „Das Kopftuch kann auch Schutz bedeuten."

   ....

Übung 3

Die folgende Wiedergabe enthält oft den Indikativ, wo er nicht stehen darf, und sie ist zu ausführlich geraten. Verbessere sie und fasse zusammen, wo es möglich ist. Schreibe in dein Übungsheft.

Peter fragt Aysin, ob sie mit ins Schwimmbad kommt. Auch Elsie sei dabei. Elsie schließt sich Peters Einladung an und meint, auch Michaela und deren Freundin Ann kämen mit. Aber Aysin erklärt, sie könne nicht mitgehen.
Auf die Frage, warum das so sei, antwortet sie zunächst, sie kann nicht schwimmen. Peter weist darauf hin, dass sie doch erzählt habe, ihr Onkel in Istanbul besitzt einen Swimmingpool, in dem sie mit ihren Schwestern schon oft geschwommen sei. Michaela fügt hinzu, dass es doch so heiß sei und sie extra hitzefrei bekommen hätten.
Aysin gibt zunächst den wirklichen Grund, warum sie nicht ins Bad gehen könne, nicht preis. Nach einigem Zögern gibt sie zu, dass ihre Religion es ihr verbietet. Auf die Frage, was denn so schlimm daran sei, ins Schwimmbad zu gehen, sagt sie, sie dürfe sich nicht im Badeanzug vor Jungen zeigen.

D Text 2

Auf ziseliertem Silber (Josef Reding)

Gloster versucht mir schon seit einer geschlagenen Stunde klarzumachen, wie man sich als Student im amerikanischen Universitätsbetrieb zurechtfindet. Ich bin auf diese Informationen dringend angewiesen. Und ich versuche, Gloster aufmerksam zuzuhören. Aber die ungewohnte feuchtigkeitsschwangere Luft von den Bajus[1] her macht mich müde.
„Gibt's in New Orleans keinen kühlen Platz?", frage ich.
„Kinos", sagt Gloster. „Die haben Klimaanlage. Und Tiefgaragen." „Restaurants?", frage ich. „Haben auch Klimaanlagen", sagt Gloster.
„Dann lass uns in ein Restaurant gehen, zum Essen und Weiterreden. Ich lade dich ein." Gloster zögert. „Hier kann ich nicht kapieren, was du sagst, Gloster. Mein Schädel ist kein subtropisches Klima gewöhnt. Komm, tu mir den Gefallen und geh mit."
Gloster steht langsam von den breiten Treppenstufen auf, die zur Turnhalle führen; wir haben ihren Schatten genutzt. Ich nehme dieses Aufstehen Glosters als ein Ja auf meine Einladung und frage: „Weißt du ein Lokal? Aber ein gutes! Dein Einführungsvortrag in das amerikanische Studiensystem ist mir ein gutes Honorar wert." „Hab in New Orleans noch nie außerhalb der Mensa gegessen. Zu teuer für unsereins", sagt Gloster. „Chez maître Gaston", sage ich. „Bitte?", fragt Gloster.
„Ein Esslokal in der Nähe von Basin-Street", sage ich. „Sieht von außen ganz annehmbar aus. Habe mir mal die Speisekarte an der Tür durchgelesen. Liest sich wie ein Gedicht von Rimbaud[2]." „Hoffentlich schmeckt's auch so", sagt Gloster.
Wir gehen durch die mittägliche Stadt. Nur wenige Menschen sind auf der Straße. Und von den wenigen eilt niemand. Selbst die Autos schwitzen: ab und zu rieselt ein Tropfen von den dunstigen Sichtscheiben.
Am Torbogen zum Restaurant „Chez maître Gaston" stehen ältere Eheleute. Sie sagt: „Ohne meine Handschuhe gehe ich hier nicht hinein." Er sagt: „Und ich fahre die zwanzig Kilometer nicht nach Bruneville zurück, nur wegen deiner Handschuhe. Wie wär's, wenn du dir im nächsten Supermarkt ein neues Paar kauftest?" „Meine Handschuhe gibt's nicht im Supermarkt", sagt sie.
Gloster und ich gehen an den müden Streitern vorbei durch einen wispernden Perlenvorhang. Dahinter eine Glastür. Dann die Kühle des Restaurants, das wie ein überdachter Innenhof aussieht, mit Springbrunnen, Ziersträuchern, Volieren.
Die Gäste verteilen sich in dem großen Raum so, dass er leer aussieht. Ich zeige auf den Tisch am Palmenhain. „Hier?"
„Warum nicht?", sagt Gloster. Wir setzen uns. Ich lege meine Handfläche auf das angenehm kühle, gelbe Leinen-Tischtuch. Erst jetzt merke ich, wie feucht meine Haut ist. Das Hemd klebt an den Schulterblättern und am Bauch. Ich bewundere Gloster: sein Gesicht, seine Arme sind trocken; kein Schweißtropfen an seinen Lippen, unter den Augen, an der Stirn. Gloster sieht aus wie immer; kühl und dunkel wie der Kellner, der jetzt in weinroter Livree auf uns zukommt.

---

1 Bajus = Sumpflandschaft in Louisiana
2 Rimbaud = französischer Dichter

Als der Kellner Gloster sieht, hält er in seiner Bewegung inne, wird unsicher in seinen Schritten, die zögernd seitwärts, rückwärts und dann wieder vorwärts führen. Schließlich steht der Weinrote vor mir, sagt „Sir!", wirft einen bekümmerten Blick auf Gloster, legt von den zwei Speisekarten, die er in der Hand hält, eine vor mich hin und geht mit der anderen wieder ab. „Wollen Gastons Mitarbeiter die Speisekarten schonen?", frage ich. „Na ja, gucken wir beide in meine. Also: wie wär's zu Beginn mit einer Avocado-Suppe und als Hauptgericht ein Pfeffersteak …"

Da, wo der Kellner im sattgrünen Lianenvorhang verschwunden ist, steht jetzt ein Weißer im Smoking. Er schaut zu uns herüber und schüttelt den Kopf, dessen Bürstenhaarschnitt mit einem spitzen Ausläufer bis zur Nasenwurzel zu reichen scheint. Ich bin irritiert über das Herüberstarren des eleganten Herrn, der jetzt in die Brusttasche greift, einen Schreibblock hervorholt und rasch einige Worte auf das Papier kritzelt. Der Herr reißt energisch die beschriebene Seite vom Block und winkt dem Kellner. Auf den nach oben gedrehten Fingerspitzen des Kellners liegt ein Silbertablett. Der weiße Mann im Smoking wirft den Papierfetzen auf das Tablett. Der Kellner setzt sich mit gerunzelter Stirn in Marsch-Richtung: unser Tisch unterm Palmenhain.

Der Kellner verbeugt sich vor mir, wobei er wieder markig „Sir!" sagt, und hält mit abgewandtem Gesicht Gloster das Silbertablett hin. Es ist ein ziseliertes Tablett. Die Gravuren zeigen Tiere auf dem Weg zur Arche Noah, darunter Gestalten, die es in Wirklichkeit nicht gibt: Walfische mit Echsenflügeln, ein Pferd mit Seiten- und Schwanzflossen, Wildschweine mit Doppelhöckern. Ein kostbares Stück, dieses Silbertablett. Kostbar, wie fast alles bei Gaston. Die Kostbarkeit des ziselierten Silbers steht im Gegensatz zu dem Wisch, der darauf liegt. Gloster liest tonlos, ohne den abgerissenen Zettel herunterzunehmen oder auch nur zu berühren. Ich sehe, was er liest: „Du schwarzes Schwein, verlass sofort dieses Lokal! Wir bedienen hier keine Nigger!"

Der Kellner wartet, ob nicht doch einer von uns den Zettel herunternimmt. Als niemand eine Hand rührt, hält er das Silbertablett so schräg, dass der Papierfetzen abgleitet und vor Gloster landet. Der Kellner trollt sich. Er hat seinen Auftrag erfüllt. Der Weiße am Lianenvorhang nickt ihm zu.

Gloster will aufstehen. Ich drücke ihn an der Schulter leicht zurück. Gloster ist von mir eingeladen worden. Er ist mein Gast. Ich bin verantwortlich für das, was ihm hier angetan wird. Ich muss etwas unternehmen. Für Gloster.

Ich springe auf und rufe: „Bitte den Manager! Ich möchte den Manager sprechen!"

Einige Sekunden bleibt jeder in der Haltung, die er gerade eingenommen hat, als ich aufstand. Wie in einem Kinderspiel, in dem man auf einen bestimmten Ausruf hin erstarren muss. Dann ruft der elegante Herr mit dem Bürstenschnitt: „Simon, Miller, die Herren an Tisch acht bitten herzlich darum, ihnen beim schleunigen Verlassen des Hauses behilflich zu sein!"

Er ruft es mit einiger Gleichgültigkeit, etwa so, als ob er den Kellner auffordert, noch etwas Senfsoße nachzureichen.

Zwei Männer erscheinen. Sie kommen gemächlich die Treppe der Innen-Balustrade herunter. Klotzig bauen sie sich vor uns auf.

„Messieurs", sagt einer von den beiden in einem Gemisch von gleich schlecht gesprochenem Französisch und Englisch, „messieurs, nous préférons to see you out of here dans une minute!"[3]

---

3 Dt.: Meine Herren, wir hätten gern, dass sie in einer Minute draußen sind!

„Sitzen bleiben“, sage ich zu Gloster, der jetzt schwitzt, jetzt, wo es hier doch so kühl ist.

„Lass uns lieber abhauen“, sagt Gloster. „ Führt doch zu nichts …“

„Countdown?“, fragt einer der Gorillas. „Countdown!“, sagt der andere. Und der andere zählt: „Six, five, four, three, one – zero!“ Bei „zero!“ packen beide zu. „Schon gut, Mister“, sagt Gloster beschwichtigend. „Ich gehe schon so!“

Aber trotzdem umklammert der eine Rausschmeißer von hinten seine Oberarme und die Brust und drückt mit den ineinander verschränkten Händen fest zu. Gloster japst nach Luft. Mir gelingt es, mit dem Absatz auszukeilen und meinen Angreifer am Schienbein zu treffen. Er muss seinen Griff lockern. Ich drehe mich rasch und treffe den Gorilla mit der Ellenbogenspitze ins Gesicht.

Der Mann wird jetzt wütend, nachdem er vorher mit berufsmäßiger Routine gehandelt hat. Sein Knie fährt hoch und trifft mich in die Magengrube. Ich beuge mich unwillkürlich vor und bekomme einen Faustschlag auf den Hinterkopf.

Nur noch in starker Benommenheit nehme ich wahr, wie die Gorillas sich mit uns beschäftigen. Sie schlagen und greifen und renken mit merkwürdigem Eifer an uns herum. Einmal klatscht mein Handrücken bei dem Gefecht, dem Gloster und ich nicht gewachsen sind, gegen einen Palmenstamm, und ich spüre, dass die Palme aus Plastik ist. Darum hält sie den kühlen Raum hier aus, denke ich mühsam. Wahrscheinlich ist alles, was hier wächst künstlich …

Unsere Gorillas reißen uns jetzt die Beine vom Boden und tragen uns leichtfüßig mit Trippelschritten zum Ausgang. Dort umarmen sie uns noch einmal gnadenlos, bevor sie von uns ablassen und uns freundlich zuwinken. Wirklich: freundlich! „So junge Leute sollten nicht schon mittags mit dem scharfen Trinken anfangen, no, Sir, nicht schon mittags!“

Einige Passanten schauen kurz zu uns und den Rausschmeißern herüber und quittieren die Szene ebenfalls mit Lächeln: zwei junge Burschen, denken sie, die höflich aus dem Lokal hinauskomplimentiert wurden, weil sie über den Durst getrunken haben.

Gloster und ich laufen taumelig im Zickzack und bestätigen so den Eindruck, als seien wir betrunken. Die Gorillas sind geschickt: an unseren Gesichtern und Händen ist keine Verletzung zu sehen. Aber Brustkorb und Bauch schmerzen stark. Gloster lehnt sich gegen eine Backsteinmauer und lässt sich zentimeterweise auf den Boden rutschen. „Warum hast du – diesen – Wirbel gemacht?“, fragt er stockend.

Ich lasse die Luft mit einem anschwellenden Stöhnen aus der Brust.

„Warum?“, fragt Gloster. „Aus Lust an einer handfesten Keilerei“, sage ich.

„Ich bin es gewohnt, freiwillig zu verschwinden, wenn man mich nicht haben will“, sagt Gloster. „Darum brauchtest du doch nicht gleich auf die Palme zu gehen …“

„Plastikpalme“, sage ich.

Ich will Gloster erklären, dass es nicht richtig ist, überall da zu verschwinden, wo man ihn nicht haben will. Ich will ihm sagen, dass er dann schließlich überall verschwinden, sich verkriechen, ducken muss. Und ich will ihm zuschreien, dass das keine Gerechtigkeit ist. Aber ich bin zu müde. Jetzt bin ich so müde, dass mir selbst das Lallen schwer fällt. Später werde ich Gloster alles klarmachen, denke ich. Später.

D 1. Lesen, verstehen, urteilen

Nach dem ersten Lesen eines Textes bildest du dir ein Urteil. Damit du es überzeugend begründen kannst, musst du den ganzen Text verstanden haben.

Übung 1

Beantworte kurz folgende Fragen:

1. In welchem Land/welcher Stadt spielt die Geschichte?

2. Was kannst du aus einem Lexikon über das Klima der Region erfahren?

3. Warum wird dort auch Französisch gesprochen?

4. Gibt es Hinweise darauf, wann die Geschichte spielt?

5. Wer kommt außer den Hauptpersonen vor?

6. Welches für die Geschichte wichtige Merkmal unterscheidet die beiden Hauptfiguren?

7. Welchen Zusammenhang gibt es zwischen den Antworten auf die Fragen 1 und 6?

Übung 2

Wähle zwei deiner Meinung nach treffende Satzanfänge aus und setze sie fort:

1. Die Geschichte ist spannend, weil ...
2. Die Geschichte regt zum Nachdenken an, weil ...
3. Die Geschichte ist langweilig, weil ...
4. Die Geschichte ist lehrreich, weil ...
5. Man kann sich mit den Hauptpersonen (nicht) identifizieren, weil ...

D 2. Beim zweiten Lesen

Der Leser einer Geschichte will Spannung und Überraschung. Der Leser einer Inhaltsangabe möchte alle wichtigen Informationen in der zum raschen Verständnis notwendigen Reihenfolge erhalten. Der erste Satz des Hauptteils muss daher bereits die W-Fragen beantworten:
Wer? Wo? Wann? Was?
Wie es sich abspielt, erfährt man im weiteren Text.

Übung 1

An welcher Stelle des Textes (Zeile) und in welcher Form erfährt der Leser, dass Gloster farbig ist?

Zeile ....

Form: ....

Merke

In kurzen Erzähltexten, die in der Ich-Form geschrieben sind, erfährt man oft den Namen des „Ich" nicht. Da der Autor und der Erzähler aber nur in seltenen Fällen (z. B. Tagebuch, Autobiografie) identisch sind, darfst du dem „Ich" auf keinen Fall den Namen des Autors geben. Du hast also praktisch nur die Möglichkeit, von dem „Erzähler" zu schreiben.

Übung 2

Sammle alle anderen im Text direkt oder indirekt enthaltenen Informationen zu den Hauptpersonen. Gib die Fundstellen (Zeile) an.

1. Erzähler: ....

....

2. Gloster: ....

....

Übung 3

Nenne die Stellen im Text, an denen etwas über die Jahreszeit und das Klima gesagt wird.

....

Übung 4

Beziehe die Antworten aus Übung 1 auf Seite 27 ein und schreibe nun den ersten Satz des Hauptteils (also nicht den Einleitungssatz mit der Kernaussage) deiner Inhaltsangabe in dein Übungsheft.

Merke

Die Erzählung ist in Abschnitte gegliedert. Ein Erzählabschnitt beginnt
- wenn sich die Lage ändert,
- wenn Personen dazukommen,
- wenn Personen ihr Verhalten oder ihre Einstellung ändern,
- wenn der Ort wechselt,
- wenn die innere Handlung, d. h. das, was im Bewusstsein oder in den Gefühlen der Personen passiert, eine Wende erfährt.

Übung 5

Markiere diese Abschnitte im Text und begründe kurz deine Entscheidung.

1. Ab Zeile 1: Der Erzähler unterhält sich mit Gloster.
2. Ab Zeile 4: Er verträgt die Hitze nicht und schlägt vor, in ein Restaurant zu gehen.
3. Ab Zeile ....: ....
4. Ab Zeile ....: ....
5. Ab Zeile ....: ....
6. Ab Zeile ....: ....
7. Ab Zeile ....: ....
8. Ab Zeile ....: ....
9. Ab Zeile ....: ....
10. Ab Zeile ....: ....
11. Ab Zeile ....: ....
12. Ab Zeile ....: ....

Übung 6

Erkläre die folgenden ungewöhnlichen Wörter, wenn nötig mithilfe eines Lexikons:

ziseliert (Titel und Z. 60): ....

Voliere (Z. 30): ....

Gravur (Z. 57): ....

....

Countdown (Z. 86): ....

....

D 3. Dinge und Abläufe zusammenfassen

Es gibt Einzelheiten, die für den Sinn der Geschichte so wichtig sind, dass man sie erwähnen muss. Andererseits kann man oft ganze Szenen weglassen oder stark raffen. In jedem Fall gilt: keine Wendungen wörtlich aus dem Text übernehmen.

Übung 1

In der Geschichte kommt eine Reihe von Gegenständen vor. Nenne sie und kreuze an, ob sie in deiner Inhaltsangabe
a) ausdrücklich erwähnt oder
b) unter einem Oberbegriff zusammengefasst werden.

Gegenstand	a) ausdrücklich erwähnt	b) unter einem Oberbegriff zusammengefasst
Handschuhe		
Springbrunnen		
Ziersträucher		
Volieren		
Leinen-Tischtuch		
Speisekarte		
Lianenvorhang		
Smoking		
Schreibblock		
Silbertablett		
Zettel		

Übung 2

Die Gegenstände, für die du in Übung 1 die Spalte b) angekreuzt hast, erscheinen also nicht wörtlich. Welche übergeordneten Begriffe würdest du für sie wählen?

Teures Restaurant ☐
Vornehmes Ehepaar ☐
Dekoration wie ein Palmenhaus ☐
Gäste, die übertriebenen Wert auf äußere Formen legen ☐
Drei-Sterne-Lokal ☐

Merke

Gegenstände können in einem Erzähltext wichtig sein, weil sie eine
a) **Rolle in der Handlung** spielen (z. B. Messer bei Mord) oder
b) **symbolische Bedeutung** haben, d. h. für etwas anderes, nicht Gegenständliches stehen (z. B. Rose für Liebe).

Übung 3

Das Tablett spielt auf beiden Ebenen eine Rolle. Nenne jeweils den Grund.

1. Das Silbertablett ist für die Handlung wichtig, weil ....

....

2. Es hat symbolische Bedeutung, weil ....

....

Übung 4

Die Szene, in der es um die Handschuhe geht, ist für die äußere Handlung unwichtig. Warum hat der Autor sie eingefügt? Nenne zwei mögliche Gründe.

Die Szene vor dem Lokal soll zeigen, dass

1. ....

2. ....

Merke

Der Zusammenhang von Ursache und Wirkung muss aus deiner Inhaltsangabe genau hervorgehen.

Übung 5

Vervollständige die Sätze:

1. Der Erzähler schlägt einen Restaurantbesuch vor, **weil** ....

....

2. Der Kellner legt nur eine Speisekarte auf den Tisch, **weil** ....

....

3. Der Erzähler will das Lokal trotz der Aufforderung nicht verlassen, **weil** ....

....

4. Gloster lehnt sich nicht auf, **weil** ....

....

5. Die „Gorillas" behaupten, die Freunde seien betrunken, **damit** ....

....

4. Die Inhaltsangabe überarbeiten

Du solltest lernen, deine eigenen Texte noch einmal **kritisch** durchzulesen, denn auch wenn deine Inhaltsangabe geschrieben ist, ist sie noch nicht perfekt. Am besten ist es, wenn du deine Arbeit mit einem Freund oder einer Freundin austauschen kannst.

Übung 1

Der erste Satz von Elisabeths Übungsaufsatz enthält zwei Ausdrucksfehler. Verbessere sie.

In der Kurzgeschichte „Auf ziseliertem Silber" von Josef Reding handelt der Autor von zwei Männern, von denen der eine weiß, der andere farbig ist und die aus einem Restaurant geschmissen werden.

Übung 2

Außerdem ist der Satz zwar eine Zusammenfassung der Handlung, enthält aber nicht die Kernaussage. Worum geht es wirklich?

Übung 3

Bernds Aufsatz enthält zwei grundlegende Fehler. Hier ein Ausschnitt. Verbessere die Fehler.

Josef Reding erzählt, wie er einen amerikanischen Studienfreund in New Orleans traf.

Merke

Inhaltsangaben werden im Präsens geschrieben.

Übung 4

Den folgenden Teil von Georgs Aufsatz muss man stark verkürzen. Schreibe einen Satz, der die gleichen Informationen in knapper Form enthält:

Es ist sehr heiß und der Erzähler will an einen kühleren Ort gehen, weil er das Klima nicht verträgt. Gloster schlägt scherzhaft vor, ein Kino oder eine Tiefgarage aufzusuchen, weil es dort Klimaanlagen gebe. Sein Freund fragt, ob nicht auch Restaurants solche besäßen. Als Gloster dies bejaht, lädt er ihn ein, zum Essen und Reden in ein Lokal zu gehen.

Übung 5

An den Rand dieser Stelle aus Carolas Übungsaufsatz hat der Lehrer geschrieben: *„Zu ausführlich; wörtliche Übernahmen aus dem Text vermeiden."* Verbessere.

Die Freunde gehen mittags durch die Stadt. Nur wenige Menschen sind auf der Straße. Niemand hat es eilig. Selbst die Autos scheinen zu schwitzen, da ab und zu ein Tropfen über die Scheiben rinnt.

....

....

Übung 6

Verbinde jeweils zwei oder drei Sätze mithilfe von Bindewörtern, also Konjunktionen, wie z. B. *weil, obwohl, aber, daher, denn, danach, nachdem, trotzdem, und …* oder Relativpronomen, z. B. *welcher, der, die …*

Die Freunde setzen sich an einen Tisch. ....

Ein Kellner kommt mit zwei Speisekarten. ....

Er ist ein Farbiger. ....

Er sieht Glosters Hautfarbe. ....

Er legt nur vor den Erzähler eine Speisekarte. ....

Die zweite Karte nimmt er wieder mit. ....

Der Erzähler ist überrascht. ....

Sie behelfen sich mit der einen Karte. ....

Übung 7

Den Fehler, den Maja gemacht hat, erkennst du selbst und kannst ihn verbessern:

Gloster fragt seinen Freund: „Warum hast du diesen Wirbel gemacht?"

....

Er erklärt ihm: „Ich bin es gewohnt, freiwillig zu verschwinden, wenn man mich nicht haben will."

....

....

Übung 8

Schreibe nun eine Inhaltsangabe zu der Geschichte. Dabei darfst du gern die Sätze wiederverwenden, die du bereits formuliert hast oder die du im Lösungsteil gefunden hast.

E Übungsteil 2

Sätze verbinden

Man kann Sätze auf verschiedene Arten verbinden.
Der Unterschied besteht in
1. der Form (Adverb, Konjunktion, ...)
2. dem Inhalt (Zeit, Ort, Gegensatz, ...)

Beispiel

Fritz schwamm. Erna sonnte sich.
1. a) *Fritz schwamm, doch Elsa sonnte sich.* (= Konjunktion)
   b) *Fritz schwamm, Elsa dagegen sonnte sich.* (= Adverb)
2. a) *Fritz schwamm, obwohl Elsa sich sonnte.* (= Gegensatz)
   b) *Fritz schwamm, während Elsa sich (gleichzeitig) sonnte.* (= Zeit)

Übung 1

Setze folgende Wörter in die Sätze ein, sodass eine sinnvolle Verbindung entsteht: *rechtzeitig, deshalb, immer, da, wenn.*

1. Unser Schulfest ist .... der Höhepunkt des Schuljahres, ... bereiten wir es gut vor.

2. .... jede Klasse ein Projekt anbieten soll, müssen die Kinder es sich .... überlegen, ... sie etwas vorbereiten wollen.

Übung 2

Welche Wörter passen in die Lücken? Streiche die Wörter, die du nicht verwenden konntest: *dagegen, dass, weil, jedoch, aber, denn, obwohl, da, und, hingegen, oder.*

Vier Wochen vor dem letzten Schulfest, das unter dem Motto „Mode“ stehen sollte, stellte sich heraus,

.... die Klassen 5a, 6b, 6c, 7d und 10a kein Projekt hatten.

.... nur noch wenig Zeit blieb, wurden ihnen einfach Themen zugeteilt.

Das war .... nicht so gut, ... es entstand ein Streit zwischen den Mitschülern.

Sollten sie sich zu den vorgegebenen Themen etwas ausdenken .... lieber ein eigenes Projekt entwickeln?

.... was würde mit den Klassen geschehen, die sich nicht einigen konnten?

.... alle Schüler protestierten, drohte das ganze Fest ins Wasser zu fallen.

Übung 3

Ersetze nun die Fantasiewörter „ups" und „boff" durch passende Wörter:
ups: *da, dass, nachdem*
boff: *so, jetzt, dann, schließlich*

Michi aus der 7d erzählt:

Ups .... wir letzten Montag von unseren Klassensprechern erfahren hatten, ups .... wir beim Sommerfest eine Modenschau organisieren sollten, gab es erst einmal eine lange Diskussion. Boff .... konnten wir uns einigen, das Projekt zu organisieren. Boff .... ging es erst richtig los: Ups .... die Jungen nicht wussten, was sie dabei tun sollten, beschlossen Jungen und Mädchen, Kleider zu tauschen. Boff .... konnten alle mitmachen.

Übung 4

Welche Wörter aus der folgenden Reihe kannst du in den 1., 2. oder 3. Satz einsetzen?
als, bevor, dagegen, denn, doch, jedoch, da, daher, danach, damit, und, dann, dennoch, (so)dass, weswegen, deshalb, wenn, meistens, plötzlich, nachdem, stattdessen

1. Fritz kam im Abendkleid, ...
   Eva präsentierte einen Herrenanzug.
2. Fritz kam im Abendkleid, ...
   Eva einen Herrenanzug präsentierte/präsentiert hatte.
3. Fritz kam im Abendkleid, ...
   präsentierte Eva einen Herrenanzug vor.

Übung 5

Unterstreiche nun in den Sätzen von Übung 4
– das Subjekt blau,
– das Verb schwarz.
Lies dann das folgende „Merke".

Merke

Wenn du deine Sätze immer wieder mit anderen Konjunktionen bzw. Adverbien verbindest, ändert sich die Satzstellung. So wird eine Inhaltsangabe viel abwechslungsreicher!

F Text 3

Darum sind Behinderte in Mode (Claudia Mayer)

Die Werbung hat die Behinderten entdeckt: Auch ohne Arme und Beine kann man gut aussehen und Model sein. Fragt sich nur, wie lange das Interesse anhält. Hoffentlich für immer.

Der Mann in der U-Bahn hat keine Arme. Schnell wegschauen. Und gleich wieder hin. Seinen Rollstuhl steuert er mit dem Mund. Schnell wieder wegschauen. Ob er Beine hat, kann ich nicht sehen, liegt eine Decke drüber. Noch ein schneller, heimlicher Blick – wieder weg. Dann aussteigen. „Starr den armen Mann nicht so an", zischelt eine Frau. Ich zucke zusammen, merke aber dann, dass ich gar nicht gemeint bin. Sie hat mit ihrer kleinen Tochter gesprochen. Behinderte schaut man nicht an, nicht auf der Straße, nicht in der U-Bahn. Aber in der Modezeitung oder auf riesigen Plakaten: Da kann man seit neuem ungestraft starren. Die rundgesichtigen, schmaläugigen Kinder mit Down-Syndrom, die Benetton für die Herbst-Kampagne in Pullis, Hosen und Jacken steckte. Oder die Frau ohne Unterschenkel, Aimee Mullens, die der Modedesigner Alexander McQueen auf deutlich sichtbaren, handgeschnitzten Prothesen über den Laufsteg schreiten ließ. Die Modefotos in der englischen Zeitschrift „Dazed and Confused" mit dem Contergan-Mann Mat Fraser, der Kleinwüchsigen Helen Mcintosh, der armlosen Alison Lapper. So sehen also Liliputaner-Füße aus. Die Narben einer beidseitigen Armamputation. Und die Gelenke der Contergan-Hände sind wie ums Eck gewachsen. Welche Kleider tragen diese Models? Keine Ahnung. Aber ich weiß jetzt, wie Unterschenkel-Prothesen festgemacht werden. Voyeurismus pur.

Die Frage ist: Ist das schlecht? Ja, ist es. Die Kampagne von Benetton ist bloß eine weitere Schockkampagne, wie es schon viele gab. Sie steht neben dem Neugeborenen, das noch mit Blut und Käseschmiere bedeckt ist, neben dem sterbenden Aidskranken und dem blutbefleckten T-Shirt des toten Soldaten. Die neue Werbung mit den geistig behinderten Kindern will genauso ein Hingucker mit Schockeffekt sein.

Was völlig in Ordnung ist. Fanden auch die Behindertenorganisationen und viele Zeitungen. Und sagten vor lauter Begeisterung gleich einen Bewusstseinswandel bei Nichtbehinderten voraus. Bewusstseinswandel? Es ist ziemlich naiv, aus dieser einen Kampagne – die Bilder hingen gerade einmal zwei Wochen und das auch nur in größeren Städten – ein neues Bewusstsein gegenüber Behinderten abzuleiten. Oder zu hoffen, es werde sich ab jetzt im Verhältnis von Behinderten und Nicht-Behinderten einiges ändern. Der Jubel über die schönen und bewegenden Bilder ist verfehlt und übertrieben.

Und die Modestrecke in „Dazed and Confused": Klugerweise sicherte sich die Zeitschrift schon von vornherein ab, erklärte, sie habe keine gesellschaftskritischen Absichten, man wolle nur ein „fröhliches Feiern des Unterschieds" veranstalten. Trotzdem leitete Modemacher Wolfgang Joop im „Spiegel" aus der einmaligen Aktion gleich den Wunsch nach einem neuen Schönheitsideal ab: der Makel als Ideal. Das „Anderssein als die anderen", der Wunsch nach Individualität werde die übliche Model-Schönheit ersetzen, prophezeite er. Es ist doch so: Zwei Kampagnen machen noch kein neues Schönheitsideal, noch nicht einmal einen Trend für die Zukunft. Jahrhundertelang galten Symmetrie und Makellosigkeit als schön. Evolutionsforscher behaupten sogar, dies sei dem Menschen angeboren, weil es Gesundheit signalisiere und eine erfolgreiche Fortpflanzung verspreche. Und das soll sich mit ein paar Plakaten ins Gegenteil verkehren? Sicher nicht. Auch wenn Benetton-Fotograf Oliviero Toscani den Dadaismus-Spruch „Die Dummen sehen das Schöne nur in der Schönheit" zitiert, wird auch er mit seinen Bildern so schnell nichts bewirken – in spätestens zwei Wochen wird das Medieninteresse wieder weg und die Behinderten aus unseren Köpfen verschwunden sein – zusammen mit den Plakaten.

Und im Verhalten Behinderten gegenüber ändern die neu entdeckten Models erst recht nichts. Nicht einmal bei Benetton selbst: Der Kleiderhersteller kann sich nicht vorstellen, jemals Kleider zu fertigen, die den speziellen Bedürfnissen von Behinderten gerecht werden – etwa für Rollstuhlfahrer, die Kleider mit längerer Rückenpartie und kürzeren Hosen brauchen. „Das kann ein so großer Betrieb wie der unsere nicht leisten", sagte die Benetton-Sprecherin Paola Balbo di Vinadio. „Dafür gibt es kleinere Unternehmen." Und das, obwohl gerade ein Großkonzern wie Benetton, der mit Gesellschaftskritik schockt und wirbt, in der Verantwortung steht: Er sollte Behinderte ebensowenig wie Aidskranke oder Kriegsopfer nicht nur auf Werbefotos ausstellen und sie dann wieder vergessen.

Dass der Benetton-Katalog schon kurz nach seinem Erscheinen vergriffen war, ist keineswegs ein Zeichen dafür, dass die Fotos von den Kunden positiv aufgenommen worden sind, wie Benetton selbst vermutet. Das kann genauso gut ein Zeichen für Sensationsgier und Voyeurismus sein.

Die Frage ist: Ist das schlecht? Nein, ist es nicht. Viele von uns kennen keinen Behinderten näher. Bei den meisten beschränkt sich der Kontakt auf verschämte U-Bahn-Begegnungen. Oder schlimmstenfalls auf die Aktion-Sorgenkind-Werbung. Über das Down-Syndrom und die Contergan-Opfer weiß man bestenfalls noch das wenige, was man in Biologie gelernt hat. Über Behinderte schwirren in unserem Kopf oft nur Klischees herum.

Die Behinderten-Models können tatsächlich etwas bewirken. Wir könnten damit aufhören, Behinderte als „anders" und „fremd" zu empfinden. Dann nämlich, wenn wir sie öfter sehen, nicht nur in Aktionen mit Hinguck-Schockeffekt. In vielen verschiedenen Kampagnen, in den nächsten zwei, drei, vier Jahren. In denen sie etwa für Ferrero-Küsschen oder das Festnetz der Telekom werben. Dabei ist es gar nicht so wichtig, dass in solchen Anzeigen und Spots auch nur wieder „schöne" Behinderte zu sehen sind: Werbung schafft eine illusionäre Welt. Eine Welt, wie wir sie gerne hätten. Erst wenn Behinderte aus dieser Welt nicht länger ausgeschlossen sind, gehören sie irgendwann auch zum Alltag. Dann werde ich den Rollstuhlfahrer in der U-Bahn vielleicht weniger verschämt anschauen. Vielleicht werde ich mich dann nicht mehr bloß fragen, was mit seinen Beinen passiert ist, sondern wo er seine tolle Jacke gekauft hat. Nicht mehr? Nicht mehr. Aber das ist schon ganz schön viel.

(Aus: „Jetzt", Magazin der Süddeutschen Zeitung, 9. 11. 1998)

F 1. Der Umgang mit einem Sachtext

Texte, in denen Erfundenes erzählt wird, nennt man **fiktionale** Texte. Bezieht sich ein Text auf Tatsachen, so handelt es sich um einen nicht-fiktionalen, einen **Sachtext**. Sachtexte kann man nach der **Absicht**, die der Autor damit verfolgt, und der **Form** unterscheiden.

Beispiel

Absicht *des Autors kann sein:*
- *Information (= Wissen vermitteln)*
- *Argumentation (= einen Gedankengang entwickeln)*
- *Appell (= eine Handlung oder Denkweise bewirken)*

Natürlich gibt es auch Mischformen!

Form *eines Sachtexts kann sein:*
- *Journalistischer Text: Nachricht, Bericht, Kommentar, Glosse, Kritik, Interview, Reportage*
- *Wissenschaftlicher Text: Abhandlung, Lexikonartikel usw.*
- *Andere: Rede, Essay, Leserbrief usw.*

Übung 1

Bestimme den Text von Claudia Mayer nach Absicht und Form.

1. Absicht: ....

2. Form: ....

Merke

Wichtig ist neben dem Namen des Autors auch die **Quelle**, aus der ein Sachtext stammt.

Übung 2

Formuliere den ersten Satz der Inhaltsangabe mit den angegebenen Informationen.

Der .... *(Textssorte)* von .... *(Autor)* mit

dem Titel ....

ist in/im ....

(Stelle der Veröffentlichung) vom .... *(Datum)* erschienen.

Merke

Ein Zeitungskommentar enthält oft auch Formulierungen, die ironisch oder kritisch gemeint sind und die stilistisch auffallen. Sie dürfen in einer sachlichen Inhaltsangabe nicht erscheinen.

Übung 3

Suche mindestens ein weiteres Stilmittel, das für den Text typisch ist, und belege es mit einem Beispiel.

....

....

Übung 4

Beurteile nach den vorgegebenen Kriterien die Einleitungssätze, mit denen Schüler das Thema des Textes zusammengefasst haben.

In diesem Text geht es um
1. die Scheu vor Behinderten.
2. die Werbung der Firma Benetton.
3. die Aspekte, die für und gegen eine Werbekampagne mit Behinderten als Models sprechen.
4. Behinderte, die auf Werbeplakaten fotografiert sind.
5. die Vorteile einer Zurschaustellung von Behinderten in der Öffentlichkeit, dargestellt vor allem am Beispiel der Firma Benetton, und deren Nachteile, insbesondere die fehlende Auswirkung auf den Betrachter.

Unzutreffend: Nr. ....

Zu umfangreich: Nr. ....

Zutreffend: Nr. ....

Unvollständig: Nr. ....

Merke

Bevor du die Inhaltsangabe eines argumentativen Textes schreiben willst, musst du dich fragen, zu welchem **Ergebnis** oder Schluss der Autor kommt. Das erfährt man normalerweise nicht erst im allerletzten Teil; dieser kann zum Beispiel eine Zusammenfassung oder, wie hier, einen persönlichen Ausblick enthalten.

Übung 5

Markiere den Absatz, in dem die Autorin ihr Ergebnis darstellt, gib die Zeilen an und fasse es in einem Satz zusammen:

Zeile .... bis ....

Ergebnis: ....

F 2. Der Aufbau des Textes

Sachtexte können unterschiedlich aufgebaut sein. Je nach ihrem Aufbau kannst du bei der Inhaltsangabe abschnittweise vorgehen oder musst die Abschnitte neu ordnen.

Beispiel

Typ 1: Verschiedene Aspekte werden der Reihe nach abgehandelt (z. B. *Auswirkungen des Fernsehens auf Jugendliche*)
Typ 2: Es werden ein oder mehrere Aspekte von verschiedenen Seiten betrachtet (z. B. *Für und Wider das Einblenden von Werbung in Spielfilme)*
Typ 3: Verschiedene Aspekte werden in loser, assoziativer Folge behandelt (z. B. *Rolle des Fernsehens im modernen Leben*)

Übung 1 **Markiere im Text die Stellen, wo jeweils ein neuer Gedanke beginnt und unterstreiche in jedem der fünf Abschnitte eine Kernstelle. Schreibe die Zeilenangaben für die Abschnitte und eine Zusammenfassung der Kernstelle auf.**

1. Abschnitt, Zeile 1 bis ....: ....

....

2. Abschnitt, Zeile ....

....

3. Abschnitt, Zeile ....

....

a. Zeile ....

....

b. Zeile ....

....

4. Abschnitt, Zeile ....

....

5. Abschnitt, Zeile ....

....

Übung 2 **Um welchen Typ Sachtext handelt es sich? Beschreibe den gedanklichen Aufbau in einem Satz:**

1. Typ: ....

2. Aufbau: ....

Übung 3 **Welche Form des Einstiegs hat die Journalistin gewählt? Unterstreiche die richtige Antwort.**

1. Hinführung zum Thema
2. Unmittelbarer Einstieg in die Argumentation
3. Unmittelbarer Einstieg in eine szenische Darstellung
4. Schilderung eines aktuellen Anlasses

Übung 4 **Bestimme nun Einleitung, Hauptteil und Schluss des Textes:**

1. Einleitung: Zeile .... bis ....

2. Hauptteil: Zeile .... bis ....

3. Schluss: Zeile .... bis ....

Übung 5 **Wie gibst du den Einstieg in deiner Inhaltsangabe wieder? Unterstreiche die bessere Formulierung und begründe, warum die andere nicht so geeignet ist.**

1. Der Text geht von dem Satz aus, den eine Mutter in der Szene am Anfang in der U-Bahn zu ihrem Kind sagt: Behinderte soll man nicht anstarren.
2. Der Text beginnt mit einem szenischen Einstieg, aus dem sich die These ergibt, dass man Behinderte nicht als anomal betrachten solle.

Begründung: ....

Übung 6 **Untersuche nun den Hauptteil genauer. Welche Argumente findest du?**

1. Gegen die Werbekampagne:
   kein Anstoß zum Nachdenken

   ....

   ....

2. Für die Werbekampagne:

   ....

   ....

3. Gedankliche Zusammenhänge formulieren

Die Inhaltsangabe eines argumentativen Sachtextes soll die **Fakten** wiedergeben und die **gedanklichen Zusammenhänge** verdeutlichen. Dazu musst du die Techniken der Wiedergabe einer Argumentation und der Zusammenfassung beherrschen.

Übung 1

Ergänze die beiden Listen von Ausdrücken, mit denen man gedankliche Zusammenhänge wiedergeben kann. Es sollten dir jeweils etwa 10 Ausdrücke einfallen:

Deshalb, folglich, außerdem,

behaupten, infrage stellen,

Merke

Um die Inhaltsangabe knapp formulieren zu können, kannst du längere Ausdrücke mit Verben zu Nomen oder nominalen Wendungen zusammenfassen. Man nennt das „nominalisieren".

Beispiel

Die Werbung bewirkt zunächst, dass man überrascht ist.
So kann der unterstrichene Nebensatz nominalisiert werden:
Die Werbung bewirkt zunächst einen Überraschungseffekt.
(Stilistisch unschön sind zu viele nominale Wendungen:
Zunächst ist die Wirkung der Werbung ein Überraschungseffekt.)

Übung 2 **Forme entsprechend um. Bei Satz 3 kannst du auch anwenden, was du über die indirekte Rede gelernt hast.**

1. Behinderte soll man nicht anstarren, obwohl sie durch ihr Äußeres auffallen.

....

2. Jahrhundertelang galt als schön, was symmetrisch und makellos ist.

....

3. Evolutionsforscher sprechen davon, dass das Schönheitsideal dem Menschen angeboren sei.

....

4. Der Kleiderhersteller kann sich nicht vorstellen, jemals Kleider zu fertigen, die den speziellen Bedürfnissen von Behinderten gerecht werden.

....

5. Man hofft, es werde sich im Verhalten Behinderten gegenüber einiges ändern.

....

Übung 3 **Finde die Absätze, die man mit den folgenden Thesen zusammenfassen kann.**

1. Werbekampagnen sollen betroffen machen. Zeile ....
2. Werbekampagnen mit Behinderten oder Kranken können das Schönheitsideal beeinflussen. Zeile ....
3. Das Verhalten gegenüber Behinderten verändert sich durch diese Werbung nicht. Zeile ....
4. Nicht-Behinderte haben über Behinderte zu wenig Informationen. Zeile ....

Übung 4 **Fasse drei weitere Abschnitte in Thesen zusammen.**

1. Zeile 9–19: ....
2. Zeile 34–42: ....
3. Zeile 55–58: ....

Übung 5 **Formuliere die These, die die Beispiele in Zeile 60 bis 64 belegen.**

....

4. Die Inhaltsangabe überarbeiten

Auch wenn du keine Zeit hast, die Inhaltsangabe zweimal zu schreiben: Verbessern kann man immer. Am besten geht das natürlich am Computer. Aber es gibt auch die Möglichkeit, sauber zu streichen und kleinere Korrekturen zwischen den Zeilen und längere als Fußnote anzubringen.

Übung 1

Verbessere die markierten Fehler am Rand. Gib an, ob es sich um Rechtschreib- (R), Grammatik- (Gr) oder Ausdrucksfehler (A) handelt.

Es ist kaum zu läugnen, das die Werbung mit Behinderten den „Voyeurismus" der Menschen befriedigt. Es stellt sich nichtsdestoweniger die Frage, ob diese Kampagnen nur negative oder auch positive Aspekte hätten.
Zu bedenken ist, dass kein echter Bewusstseinswandel gegen Behinderte bewirkt und die feste Vorstellung von dem, das schön ist, nicht beeinflußt wird.

Übung 2

Verbessere die Stellen, die der Lehrer schon mit Anmerkungen versehen hat.

1. Behinderte schaut man nicht an. Die neuen Werbeplakate erlauben, dass man ungestraft starrt. — *Zusammenhang herstellen sachlich ausdrücken*

2. Die neue Werbung mit den geistig behinderten Kindern soll bewirken, dass man hinguckt und schockiert ist. — *Ausdruck zusammenfassen*

3. Die Behindertenorganisationen fanden das in Ordnung. Und sagten gleich einen Bewusstseinswandel bei Nicht-Behinderten voraus. — *Ausdruck Satzbau*

4. Bewusstseinswandel? Die Hoffnung, es werde dazu kommen, ist sicher übertrieben, also ist der Jubel über die schönen und bewegenden Bilder verfehlt und übertrieben.

keine Stilmittel übernehmen
sachlich schreiben
Wortwiederholung

....

....

5. Viele von uns kennen keine Behinderten aus dem Alltagsleben. Dadurch schwirren in den Köpfen Klischees herum.

Übernahme aus dem Text

....

....

6. Durch die Plakate mit behinderten Models wird das verstärkt.

Sinn: Gegenteil

....

7. Nur wenn Behinderte aus der illusionären Welt der Werbung ausgeschlossen sind, gewöhnen wir uns wirklich an sie.

Argumentation: falscher Zusammenhang

....

....

8. Die Autorin zieht am Schluss das persönliche Fazit, sie werde sich in Zukunft nicht mehr fragen, was der Rollstuhlfahrer mit seinen Beinen gemacht habe, sondern wo er seine tolle Jacke gekauft habe.

Übernahme aus dem Text

....

....

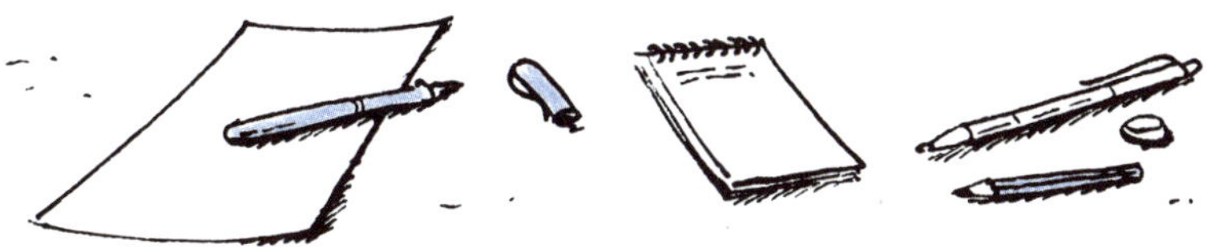

Merke

Im Anschluss an die Inhaltsangabe zu einem Sachtext kann eine begründete Stellungnahme gefragt sein.

Übung 3

Begründe deine eigene Meinung zu dem Thema.

Ich bin für/gegen die Werbung mit Behinderten, weil ....

....

G Übungsteil 3

Sachlich schreiben

Die Inhaltsangabe soll in eigenen Worten **knapp** und **sachlich**, aber **genau** über das Wesentliche des Textes informieren. Dazu muss man die Techniken des Weglassens, des Zusammenfassens und des treffenden Ausdrucks beherrschen.

Übung 1

Formuliere die Sätze neu, indem du die unterstrichenen Verbalausdrücke durch nominale Wendungen ersetzt.

1. Die Rakete wird von jetzt an gewartet.

2. Ein Zeltlager wird aufgebaut, woran mehrere hundert Menschen beteiligt sind.

3. Millionen begrüßen es, wie der Mond aufgeht.

4. Der Mond leuchtete hell, als sie ankamen.

5. Als sie die Mondreisenden sahen, sangen sie die Nationalhymne.

6. Es klang, als ob ein Donner über das Lager hallte.

7. Die Reisenden waren bereit einzusteigen.

Übung 2

Der folgende Text beschreibt den Start einer Mondrakete. Fasse die Abschnitte in deinem Heft jeweils mit einem Satz sachlich zusammen.

Nach: Jules Verne, Von der Erde zum Mond

1. Da schlug es 22 Uhr. Es war der Augenblick, in dem der Einstieg begann. Das Hinabfahren, Einsitzen und Verschließen der Luke, das Entfernen der Krane über der Mündung erforderte seine Zeit. Während der Kranführer den Fahrkorb heranschwenkte, nahmen drei Männer Abschied von ihren Freunden …

2. Die Klarheit des Mondes löschte auf seiner Bahn den Glanz der Sterne aus. Gerade durchzog er die Zwillinge und befand sich auf halber Höhe zwischen Horizont und Zenit. Das war die Vorgabe, die man für den Schuss brauchte. Eine furchtbare Stille lag über der nächtlichen Szene. Fast ohne zu atmen, hing jeder mit seinem Blick an der Kuppe des Hügels. Alle zehn Sekunden gab Murchison die verbleibende Zeit durch. Die letzten 40 Sekunden zählte er laut mit. Der Druck auf die Taste kam, die Stromverbindung war da und schleuderte den Funken in die Tiefen des Geschützes. Eine entsetzliche, übermenschliche Explosion geschah. Aus den Eingeweiden der Erde schoss eine Feuergarbe wie aus dem Schlund eines Kraters, der Boden hob sich, warf alles, was in dieser Nacht auf den Beinen war, um und verhinderte, dass auch nur einer hätte sehen können, wie das Geschoss von flammensprühendem Dunst umgeben siegreich die Luft durchschnitt.

Übung 3

Unterstreiche den Ausdruck in Klammern, der dir für den Zusammenhang richtig erscheint.

1. Es blieb den Wartenden während langer Wochen (versagt – untersagt), den Mond zu sehen.
2. Er murmelte etwas (Unverständliches – Unverständiges).
3. Man musste beim Aufstellen der Zelte ausreichend Abstand (behalten – einhalten), damit die Bewohner sich nicht gegenseitig störten.
4. Vom Moment seiner (Krankheit – Erkrankung) an hatte er an den Vorbereitungen zur Mondreise nicht mehr teilnehmen können.
5. Das allgemeine Geschrei störte die Anwohner (empfindlich – empfindsam).
6. Es lässt sich kaum (definieren – beschreiben), mit welcher Begeisterung die Mondfahrer empfangen wurden.
7. Eine (Folge – Folgerung) des Abschusses war ein Erdbeben.
8. Dass die Begeisterung trotz der Zerstörungen groß war, ist (verständlich – verständig).
9. (Das Thema – die Thematik) des Romans ist die Reise zum Mond.
10. Viele Menschen benehmen sich Benachteiligten gegenüber (unsozial – asozial).

Übung 4

Formuliere nun jeweils einen Satz mit den Wörtern, die du in den Sätzen 1., 5., 7., 8. und 9. nicht gebraucht hast und schreibe ihn in dein Heft.

H Text 4

Mechanischer Doppelgänger (Hermann Kasack)

„Ein Herr wünscht Sie zu sprechen“, meldet die Sekretärin. Ich las auf der Besuchskarte: Tobias Hull, B. A. – Keine Vorstellung. Auf meinen fragenden Blick: „Ein Herr in den besten Jahren, elegant.“

Anscheinend ein Ausländer. Immer diese Störungen. Irgendein Vertreter. Oder? Was weiß man.

„Ich lasse bitten.“

Herr Tobias Hull tritt mit vorsichtigen Schritten ein. Er setzt Fuß vor Fuß, als fürchte er, zu stark aufzutreten. Ob er leidend ist? Ich schätze sein Alter auf Mitte vierzig. Eine große Freundlichkeit strahlt aus seinem glatt rasierten, nicht unsympathischen Gesicht. Sehr korrekt angezogen, beinahe zu exakt in seinen verbindlichen Bewegungen, scheint mir. Nun, man wird sehen. Mit der Hand zum Sessel weisend:

„Was verschafft mir die Ehre Ihres Besuches?“

„Oh! Ich wollte mich Ihnen nur vorstellen.“

„Sehr angenehm“, sage ich.

„Oh! Sie verstehen!“ Dieses mit einem leicht jaulenden Ton vorgebrachte Oh! ist unnachahmlich. Seine müde, etwas monotone Stimme hat einen kleinen fremden Akzent. Er sieht mich mit freundlicher Erwartung an.

Über das Benehmen meines Besuches doch ein wenig erstaunt, wiederhole ich: „Sehr angenehm. Aber darf ich Sie fragen …“

Da werde ich sogleich mit seinem „Oh!“ unterbrochen: „Bitte fragen Sie mich nicht.“ Und dann beginnt er, seine Geschichte zu erzählen, die er anscheinend schon hundertmal vorgebracht hat: „Ich bin nämlich ausgestopft!“

„Aber – erlauben Sie mal!“

Das eigentümliche Wesen, das mich überlegen fixiert, beachtet den Einwurf nicht, sondern fährt unbeirrt fort: „Erschrecken Sie nicht, weil ich eine Art Automat bin, eine Maschine in Menschenform, ein Ersatz sozusagen. Mr. Tobias Hull existiert wirklich. Der Chef einer großen Fabrik zur Herstellung von mechanischen Doppelgängern. Ich bin, wie sagt man, seine Projektion, ja, Agent in Propaganda. Ich kann Ihnen natürlich meinen Mechanismus im Einzelnen nicht erklären – Sie verstehen: Fabrikationsgeheimnis! Aber wenn Sie daran denken, dass die meisten Menschen heutzutage ganz schablonenmäßig leben, handeln und denken, dann werden Sie sofort begreifen, worauf sich unsere Theorie gründet! Herz und Verstand werden bei uns ausgeschaltet. Sie sind es ja, die im Leben so oft die störenden Komplikationen hervorrufen. Bei uns ersetzt die Routine alles. Sehr einleuchtend, nicht wahr?“

Ich nickte verstört.

„Oh! Mein Inneres ist ein System elektrischer Ströme, automatischer Hebel, großartig! Eine Antennenkonstruktion, die auf die feinsten Schwingungen reagiert. Sie lässt mich alle Funktionen eines menschlichen Wesens verrichten, ja, in gewisser Weise noch darüber hinaus. Sie sehen selbst, wie gut ich funktioniere.“

Zweifelnd, misstrauisch betrachte ich das seltsame Geschöpf. „Unglaublich!“, sage ich. „Ein Taschenspielertrick. Sehr apart. Indessen …“

„Oh! Ich kann mich in sieben Sprachen verständigen. Wenn ich zum Beispiel den obersten Knopf meiner Weste drehe, so spreche ich fließend Englisch, und wenn ich den nächsten Knopf berühre, so spreche ich fließend Französisch, und wenn ich …"

„Das ist wirklich erstaunlich!"

„Oh! In gewisser Weise; vor allem aber angenehm. Wünschen Sie ein Gespräch über das Wetter, über Film, über Sport? Über Politik oder abstrakte Malerei? Fast alle Themen und Vokabeln des modernen Menschen sind in mir vorrätig. Auch eine Spule von Gemeinplätzen lässt sich abrollen. Alles sinnreich, komfortabel und praktisch. Wie angenehm wird es für Sie sein, wenn Sie sich erst einen mechanischen Doppelgänger von sich halten – oder besser, wenn Sie gleich zwei Exemplare von sich zur Verfügung haben. Sie könnten gleichzeitig verschiedene Dienstreisen unternehmen, an mehreren Tagungen teilnehmen, überall gesehen werden und selber obendrein ruhig zu Hause sitzen. Sie haben einen Stellvertreter Ihres Ich, der Ihre Geschäfte wahrscheinlich besser erledigt als Sie selbst. Sie werden das Doppelte verdienen und können Ihre eigene Person vor vielen Überflüssigkeiten des Lebens bewahren. Ihr Wesen ist vervielfältigt. Sie können sogar sterben, ohne dass die Welt etwas davon merkt. Denn wir Automaten beziehen unsere Existenz aus jeder Begegnung mit wirklichen Menschen."

„Aber dann werden ja die Menschen allmählich ganz überflüssig."

„Nein. Aus eben diesem Grunde nicht. Zwei Menschenautomaten können mit sich selbst nur wenig anfangen. Haben Sie also einen Auftrag für mich?"

Mit jähem Ruck sprang das Wesen auf und sauste im Zimmer hin und her.

„Oh! Wir können auch die Geschwindigkeit regulieren. Berühmte Rennfahrer und Wettläufer halten sich schon Doppelgänger-Automaten, die ihre Rekorde ständig steigern."

„Fantastisch! Man weiß bald nicht mehr, ob man einen Menschen oder einen Automaten vor sich hat."

„Oh!", zischte es an mein Ohr, „das letzte Geheimnis der Natur werden wir nie ergründen. – Darf ich also ein Duplikat von Ihnen herstellen lassen? Sie sind nicht besonders kompliziert zusammengesetzt, das ist günstig. Das hineingesteckte Kapital wird sich bestimmt rentieren. Morgen wird ein Herr kommen und Maß nehmen."

„Die Probe Ihrer Existenz war in der Tat verblüffend, jedoch …" Mir fehlten die Worte, und ich tat so, als ob ich überlegte.

„Jedoch, sagen Sie nur noch: Der Herr, der morgen kommen soll, ist das nun ein Automat oder ein richtiger Mensch?"

„Ich nehme an, noch ein richtiger Mensch. Aber es bliebe sich gleich. Guten Tag."

Mr. Tobias Hull war fort. Von Einbildung kann keine Rede sein, die Sekretärin ist mein Zeuge. Aber es muss diesem Gentlemangeschöpf unmittelbar nach seinem Besuch bei mir etwas zugestoßen sein, denn weder am nächsten noch an einem späteren Tage kam jemand, um für meinen Doppelgänger Maß zu nehmen. Doch hoffe ich, wenigstens durch diese Zeilen die Aufmerksamkeit der Tobias-Hull-Gesellschaft wieder auf meine Person zu lenken.

Denn eines weiß ich seit jener Unterhaltung gewiss: Ich bin inzwischen vielen Menschen begegnet, im Theater und im Kino, bei Versammlungen und auf Gesellschaften, im Klub und beim Stammtisch, die bestimmt nicht sie selber waren, sondern bereits ihre mechanischen Doppelgänger.

1. Lesen und verstehen

Nicht jeder Text erschließt sich gleich beim ersten Lesen. Du wirst den Sinn einer Geschichte manchmal erst nach einigem Nachdenken ganz erfassen. So geht es dir vielleicht auch bei diesem Text.

Übung 1

Beantworte die Fragen zum Text in Stichworten.

1. Welche Personen kommen vor?

2. Welche davon sind wichtig?

3. Mit welcher Erwartung empfängt der Erzähler den Besucher?

4. Wie sieht der Besucher aus?

5. Wie verhält er sich?

6. Wer behauptet der Besucher zu sein?

7. Welches Ziel hat der Besuch nach seiner Aussage?

8. Was sind „Gemeinplätze“ (Z. 48/49) und in welchem Zusammenhang kommen sie vor?

Übung 2

Nenne die wesentlichen Vorteile eines Doppelgängers gegenüber dem Original, wie sie Mr. Hull darstellt.

Übung 3 Nenne mindestens drei Ausdrücke aus der Geschichte (Zeilenangabe), die zeigen, dass der Erzähler befremdet auf seinen Besucher reagiert.

....

Übung 4 Welches Verhalten der Menschen erleichtert die Herstellung von Doppelgängern nach Aussage des Besuchers? Zitiere die Aussage und nenne die Fundstelle.

....

....

Übung 5 Formuliere die Erfahrung, von der der Erzähler am Schluss spricht.

....

....

Übung 6 Worin liegen deiner Meinung nach die Ursachen für die Gefahr, dass viele Menschen heutzutage nicht „sie selbst" sind, sondern wie „mechanische Doppelgänger" leben? Kannst du drei bis vier nennen? Schreibe sie in dein Heft.

Übung 7 Jetzt kannst du den Einleitungssatz mit der Kernaussage schreiben.

....

....

2. Eine Kurzgeschichte erkennen

Nicht jede (kurze) Geschichte ist eine Kurzgeschichte.
Eine **Kurzgeschichte** erkennt man vor allem an bestimmten **inhaltlichen** Merkmalen:

1. Ort und Zeit sind unbestimmt;
2. alltägliche, oft namenlose Personen verkörpern einen Typ Mensch oder eine Idee (z. B. Sehnsucht oder Gerechtigkeit);
3. ein Ausschnitt aus dem Leben eines Menschen, der eine entscheidende Wende bedeutet, wird erzählt.

Übung 1

Zeige, inwiefern die Geschichte von Hermann Kasack diese Kriterien erfüllt.

Ort und Zeit: ....

Personen: ....

Handlung: ....

Übung 2

Welchen Typ Mensch oder welche Idee verkörpern der Erzähler und der Besucher deiner Meinung nach?

Erzähler: ....

Besucher: ....

Merke

Kurzgeschichten haben meist auch folgende Kennzeichen:

1. Sie beginnen mit einem unmittelbaren Einstieg in das Geschehen.
2. Der Schluss bleibt offen, der Leser muss über den Sinn nachdenken.

Übung 3

Womit beginnt und endet die Geschichte? Vervollständige die Sätze.

1. Die Geschichte beginnt damit, dass ....

....

2. Sie endet damit, dass ....

....

Übung 4

Welche Informationen vermisst der Leser zu Beginn der Geschichte? Stelle Fragen danach.

....

....

Übung 5

Welche Fragen bleiben am Schluss offen?

....

....

....

Übung 6

Welche Folgen könnte das Erlebnis für den Erzähler haben?

....

....

Merke

Kurzgeschichten sind meist in einfacher Alltagssprache geschrieben. Trotzdem gibt es typische Stilmittel, z. B.

1. **Schlüsselwörter**, d. h. Wörter, die mehrmals vorkommen und die den Sinn „erschließen" können,
2. **Ellipsen**, d. h. unvollständige Sätze. (Achtung: Diese dürfen in dieser Form nicht in die Inhaltsangabe übernommen werden!)

Übung 7

Was ist das Schlüsselwort dieser Geschichte, in welchen Varianten kommt es vor und an welchen Stellen?

Schlüsselwort: ....

Varianten: ....

Zeilen: ....

Übung 8

Schreibe drei unvollständige Sätze aus dem Absatz Zeile 1 bis 11 auf.

....

....

3. Den Text gedanklich gliedern

Um einen Text gedanklich zu gliedern, teilst du seine inhaltlichen Abschnitte in **Einleitung, Hauptteil und Schluss** ein. Außerdem unterscheidest du zwischen über- und untergeordneten Gesichtspunkten, denn manchmal lassen sich mehrere Abschnitte unter einem **übergeordneten Aspekt** zusammenfassen. Dies müssen nicht immer aufeinander folgende Abschnitte sein. Auch Absätze sind nicht immer inhaltliche Abschnitte.

Übung 1

Unterstreiche in der noch nicht gegliederten Aufzählung die Punkte, die unter „Beschreibung des Automaten" zusammenzufassen sind.

1. Eintreten des Besuchers
2. Vorstellen des Besuchers als Automat
3. Statt Herz und Verstand: Routine
4. System elektrischer Ströme
5. Befremden des Erzählers
6. Fremdsprachen
7. Interesse des Erzählers
8. Konversation über Themen wie Wetter, Film, Politik, Malerei
9. Angebot eines Doppelgängers an den Erzähler
10. Rolle der Menschen für die Doppelgänger
11. Rennfahrer-Doppelgänger
12. Probleme der Doppelgänger
13. Vorschlag, einen Vertreter zu schicken, der Maß für einen Automaten nimmt
14. Ausbleiben des Vertreters

Übung 2

Fülle die leeren Ovale mit treffenden Oberbegriffen aus.

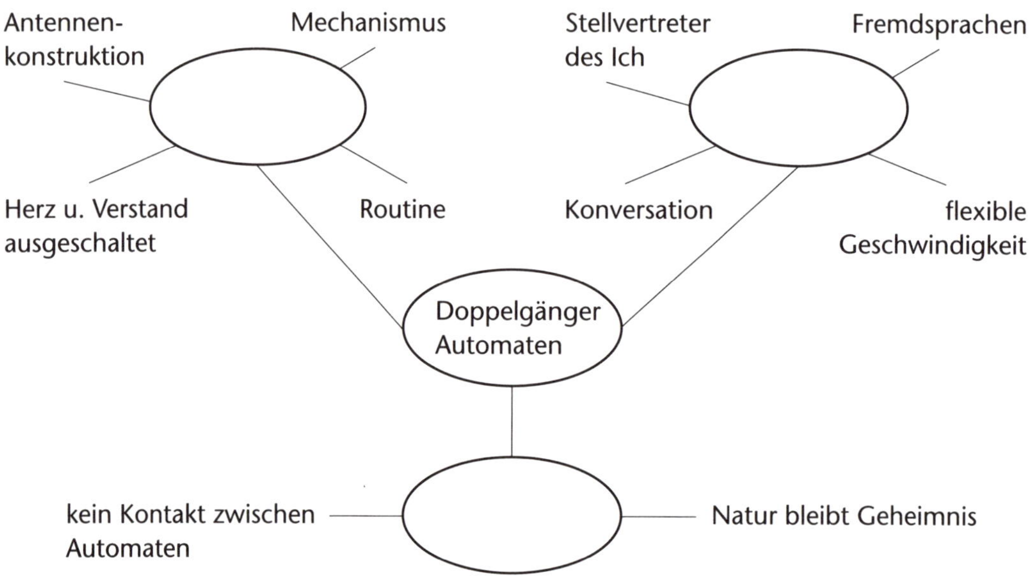

Übung 3

Gib nun die Stellen an, an denen das Ziel des Besuches angesprochen wird, und fasse kurz zusammen, wie das geschieht.

Zeile ……………: ……………………………………………

……………………………………………………………

Zeile ……………: ……………………………………………

……………………………………………………………

Übung 4

Jetzt kannst du das Gliederungsschema für deine Inhaltsangabe ausfüllen.

A) ……………………………………………………………

B) ……………………………………………………………

I. ……………………………………………………………

II. Beschreibung des Automaten

1. ……………………………………………………………

2. ……………………………………………………………

3. ……………………………………………………………

III. ……………………………………………………………

IV. ……………………………………………………………

C) ……………………………………………………………

Übung 5

Wo ändert sich während des Gesprächs der Eindruck, den der Erzähler von dem Besucher hat? Zeige den Verlauf.

Erster Eindruck: ……………………………………………

Wende ab Zeile ……………, denn ……………………………

……………………………………………………………

Übung 6

Warum zeigt der Erzähler deiner Meinung nach Interesse an der Tobias-Hull-Gesellschaft?

……………………………………………………………

……………………………………………………………

4. Die Inhaltsangabe schreiben und überarbeiten

Die Geschichte besteht zum größten Teil aus Dialogen. Denke daran, dass es verschiedene Formen gibt, Dialoge wiederzugeben.

Übung 1

Fasse den ersten Dialog (Zeile 1 bis 6) zusammen und beantworte dabei die W-Fragen *Wer?, Wo?, Wann?, Was?* in zwei Sätzen.

Übung 2

Fasse den ersten Eindruck des Erzählers über das Aussehen des Besuchers zusammen.

Übung 3

Was kommt dem Erzähler am Verhalten des Besuchers merkwürdig vor?

Übung 4

In Zeile 20 bis 29 steht, wie sich der Besucher vorstellt. Fasse in indirekter Rede und möglichst in einem Satz zusammen.

Übung 5

Erkläre nun knapp das Prinzip, nach dem die Automaten funktionieren.

Übung 6

Weshalb könnte es ein Vorteil des Automaten sein, dass „Herz und Verstand“ durch „Routine“ ersetzt sind?

Übung 7

Der folgende Ausschnitt aus einer Inhaltsangabe ist zu lang geraten. Streiche die überflüssigen Stellen.

Der Vertreter erklärt, dass er sich in sieben Sprachen verständigen könne. Wenn er an den entsprechenden Knöpfen seiner Weste drehe, spreche er fließend Englisch, Französisch oder andere Fremdsprachen. Über allgemeine, aber auch Themen, die eine gewisse Bildung voraussetzen, könne er Gespräche führen, zum Beispiel über das Wetter, Politik, Film, Sport oder abstrakte Malerei. Auch was die Geschwindigkeit seiner Fortbewegung angehe, sei er flexibel und könne sogar Rekorde erzielen. So gebe es schon Duplikate berühmter Rennfahrer und Wettläufer, die ihre Rekorde ständig steigern würden.

Übung 8

Wie erklärt Tobias Hull, dass Menschen entgegen dem Einwand des Erzählers nicht überflüssig würden ? Fasse Zeile 57 bis 61 zusammen.

Auf den Einwand des Erzählers hin, Menschen würden durch die Automaten überflüssig, gibt T. H. zu, ...

....

Übung 9

So fasst Petra das Ziel des Besuchs zusammen. Raffe ihre Fassung, wo es geht.

Der Besucher will mit seiner Beschreibung den Erzähler überzeugen. Dieser soll sich einen Doppelgänger zulegen. Der Erzähler stimmt nicht ausdrücklich zu. Der Besucher kündigt an, dass ein Kollege von der Tobias-Hull-Gesellschaft vorbeikommen werde. Dieser werde Maß für ein Duplikat nehmen.

....

....

Übung 10

Peters Schluss ist auch nicht gelungen. Was ist falsch? Begründe deine Antwort.

Dem Besucher sei wohl etwas zugestoßen, meint der Erzähler, denn der versprochene Besucher erscheint nicht. Das macht ihm aber nichts, weil er gar keinen Doppelgänger haben will.

- ☐ zu ausführlich
- ☐ unsachlich
- ☐ falscher Zusammenhang
- ☐ Wichtiges fehlt

Übung 11

Schreibe einen besseren Schluss in dein Heft.

I Text 5

Revanche (Gerd Gaiser)

„Einmal habe ich" – erzählte der spätere Unteroffizier Martin – „einem Kameraden eine Wache abgenommen, und der Mensch sagte damals zu mir: Dafür werde ich mich bei dir revanchieren.

Ich hatte nichts im Sinn gehabt damit, dass ich ihm die Wache abnahm; wir lagen in Ruhe in einer kleinen Stadt an der Warthe und stellten den Mädchen nach, wie es in Garnison der Brauch war. Es war gerade ein Sonnabend, und niemand mochte gerne von Sonnabend zu Sonntag auf Wache ziehen, mir kam es aber damals nicht darauf an. Einen Augenblick vorher hatte ich selbst nichts von einer solchen Absicht gewusst, dann aber bot ich es ihm plötzlich an, wie ich den Kerl so stehen sah, als die Einteilung herauskam. Ich kann mir den Burschen noch mehr als genau vorstellen, ihr werdet auch bald begreifen warum, einer von den linkischen Vögeln, die beim Kommiss Pech haben und zu den Diensten eingeteilt werden, von denen jeder sich drückt. Übrigens war er nicht übel anzusehen, er konnte sogar für einen forschen Kerl gelten, solange er bloß den Mund nicht auftat. Er litt nämlich an einem Sprachfehler, sodass seine Laute unartikuliert herauskamen, und alles, was er sagte, von einem absonderlichen, heulenden Unterton begleitet war. Begann er einen Satz, so zuckte es ihm in der Hand, solang er ansetzte, endlich, wenn der Satz kam, schlenkerte er die Hand heftig, hob sie mit einem Ruck hoch und ließ sie fallen. Das sah verwunderlich aus, und die Korporale machten sich einen Spaß damit, den Menschen anzureden und dabei jene Hand ins Auge zu fassen, die ihm an der Hosennaht zuckte und sich mühte, stillzuhalten, wie es die Vorschrift befahl.

Das versteht sich, dass er so bei Mädchen nicht viel gelten konnte, die Spötter, die ihn auf vorgebliche Liebschaften ansprachen, glaubten an ihre Erfindungen selber nicht. Aber nun hatte gerade damals der Pechvogel eine gefunden, die bereit war, an einem Gartenzaun auf ihn zu warten, wahrscheinlich seine Erste, bei ihm ging das ja nicht wie bei den flotten Korporalen, die jeden Tag einer die Schürze aufziehen konnten, wenn sie bloß wollten. Kein Wunder, dass ihm die Welt einfiel, als hörte, er müsse gerade jetzt auf Wache ziehen. Also die Wache nahm ich ihm ab, und das war sein Glück. Jetzt habe ich auch einmal Glück gehabt, gestand er mir an einem anderen Tag und rückte mir ganz nah auf den Leib dabei. Seine Hand tat den Ruck, er schlenkerte sie und ließ sie schnell fallen; ich weiß nicht, weshalb mir so albern grauste dabei, als er mir so ins Gesicht blickte und seine Stimme sich abmühte und er sich dann noch einmal nach mir umwandte und die Hand hob: Dafür, mein Lieber, werde ich mich noch bei dir revanchieren."

So erzählte es Martin, und Martin wurde nach seinem Unteroffizierslehrgang versetzt zu einer anderen Kompanie damals, als der neue Feldzug begann. Eines Tages war er mit drei Leuten seiner Gruppe unterwegs nach vorn, das Gelände lag unter einem schwachen planlosen Feuer. Links hinauf hatten sie einen mäßigen Hang, rechts den Wald, mit dem der Nachbarabschnitt anfing. Da lag am Waldrand, mit einer Zeltbahn zugedeckt, ein Toter.

„Ich möchte wissen, wer's ist", sagte Martin und spähte hinüber, aber den Leuten stand der Kopf nicht danach, sie mochten sich nicht aufhalten und stapften zu, und nur einer sagte: „Soll ich nachsehen gehen, Herr Unteroffizier?" „Nein", sagte Martin, „bleibt ihr auf dem Weg, ich hole euch ein. Seht zu, dass ihr weiterkommt." – Denn er konnte nicht dagegen an, es zwang ihn, unter der Zeltbahn nachzusehen, wer darunterläge. Und er war eben daran, einen Zipfel aufzuheben, da fauchte es seitwärts, und blitzschnell warf er sich hin. Wie er aber den Kopf hob, da hatte ein Doppeleinschlag seine drei Leute zerrissen im Augenblick, als sie die Höhe des Hanges erreichten. Er wollte vorstürzen und hinlaufen, doch plötzlich kam es ihm wieder, was ihn zu dem Umweg bewogen habe. Jetzt hob er den Zipfel vollends auf und spähte darunter: da lag der Mann drunten, dem er damals die Wache abgenommen und der zu ihm gesagt hatte: „Dafür werde ich mich noch revanchieren."

Übung

Schreibe nun selbstständig eine Inhaltsangabe zu dieser Geschichte. Ein Beispiel für eine Inhaltsangabe findest du im Lösungsteil.

Super, dass du bis hierher durchgehalten hast –
jetzt müsstest du wirklich fit sein!
Toi, toi, toi bei der nächsten Klassenarbeit!
Mach's gut und tschüss!

Quellenverzeichnis

Seite	Quelle
12	Rafik Schami: Die Sehnsucht fährt schwarz Aus: Rafik Schami: Die Sehnsucht fährt schwarz © 1989 Deutscher Taschenbuch Verlag, München
24	Josef Reding: Auf ziseliertem Silber Aus: Josef Reding: Schonzeit für Pappkameraden Georg Bitter Verlag KG, Recklinghausen 1977 © Josef Reding, Dortmund
36	Claudia Mayer: Darum sind Behinderte in Mode Aus: jetzt, 09. 11. 1998 © Claudia Mayer / jetzt – das Jugendmagazin der Süddeutschen Zeitung
48	Hermann Kasack: Mechanischer Doppelgänger Aus: Willi Fehse (Hg.): Deutsche Erzähler der Gegenwart Reclam Verlag, Stuttgart 1959
58	Gerd Gaiser: Revanche Aus: Gerd Gaiser: Einmal und oft. Erzählungen Carl Hanser Verlag, München 1956

Teil II:
Mathematik

Bruchterme und Bruchgleichungen

Übungen

Benutzerhinweise

***Sternchen**	Ein paar Aufgaben, die schwieriger als die anderen sind, haben wir mit einem ***Sternchen** versehen. Solltest du diese Aufgaben nicht lösen können, ist das wirklich nicht schlimm!
Anhang	Auf Seite 112 findest du die mathematischen **Symbole**, die du für dieses Übungsbuch brauchst, und die **griechischen Buchstaben**.

Themenübersicht Teil II

1 Wiederholung: Bruchrechnen

1. Kürzen heißt Zähler *und* Nenner eines Bruches durch die *gleiche* Zahl (außer 0) dividieren. Der Wert des Bruches bleibt dabei gleich.
2. Erweitern heißt Zähler *und* Nenner eines Bruches mit der *gleichen* Zahl (außer 0) multiplizieren. Der Wert des Bruches bleibt dabei gleich.
3. Gleichnamige Brüche sind Brüche mit gleichem Nenner. Man addiert oder subtrahiert gleichnamige Brüche, indem man die Zähler addiert oder subtrahiert und den Nenner beibehält.
4. Man addiert oder subtrahiert ungleichnamige Brüche, indem man sie zuerst auf den gleichen Nenner (Hauptnenner) erweitert. Der Hauptnenner ist das kleinste gemeinsame Vielfache (kgV) der einzelnen Nenner.
5. Man multipliziert einen Bruch mit einer Zahl, indem man den Zähler mit der Zahl multipliziert und den Nenner beibehält.
6. Man dividiert einen Bruch durch eine Zahl (außer 0), indem man den Nenner mit der Zahl multipliziert und den Zähler beibehält.
7. Man multipliziert einen Bruch mit einem Bruch nach der Regel „Zähler mal Zähler durch Nenner mal Nenner".
8. Man dividiert durch einen Bruch, indem man mit dem Kehrbruch multipliziert.

Übung 1

Kürze den Bruch vollständig.

a) $\frac{8}{16} = \square$ $\frac{4}{8} = \frac{2}{4} = \frac{1}{2}$

b) $\frac{13}{39} = \square$ $\frac{1}{3}$

c) $\frac{10}{40} = \square$ $\frac{1}{4}$

d) $\frac{-7}{-14} = \square$ $\frac{1}{2}$

e) $\frac{16}{16} = \square$ 1

f) $\frac{21}{-3} = \square$ 1

Übung 2

Erweitere den Bruch auf den Nenner 100.

a) $\frac{8}{10} = \frac{80}{100}$

b) $\frac{8}{25} = \frac{32}{100}$ $8 \cdot 4 =$ $25 \cdot 4 = 100$

c) $\frac{8}{0{,}5} = \frac{1600}{100}$ $0{,}5 \cdot 200 = 100$

d) $\frac{-8}{-50} = \frac{\square}{100}$

Übung 3

Addition und Subtraktion

a) $\frac{3}{8}+\frac{2}{8}=$ ______

b) $\frac{3}{8}-\frac{7}{8}=$ ______

c) $\frac{3}{8}+\frac{2}{16}=$ ______

d) $\frac{3}{80}-\frac{2}{8}=$ ______

e) $\frac{3}{8}+\frac{5}{12}=$ ______

f) $\frac{1}{16}-\frac{5}{12}=$ ______

Übung 4

Multiplikation

a) $\frac{3}{8}\cdot 2=$ ______

b) $\frac{3}{8}\cdot\frac{2}{7}=$ ______

c) $11\cdot\frac{3}{8}=$ ______

d) $-\frac{3}{8}\cdot\left(-\frac{5}{11}\right)=$ ______

e) $-10\cdot\frac{1}{30}=$ ______

f) $\frac{3}{4}\cdot\left(-\frac{8}{7}\right)=$ ______

Übung 5

Division

a) $\frac{3}{8}:2=$ ______

b) $\frac{3}{8}:\frac{1}{2}=$ ______

c) $\frac{5}{7}:\frac{11}{2}=$ ______

d) $-2:\frac{3}{8}=$ ______

e) $-\frac{1}{8}:\frac{3}{8}=$ ______

f) $-\frac{5}{4}:\left(-\frac{3}{2}\right)=$ ______

Übung 6

Und jetzt in lockerem Durcheinander!

a) $-\frac{1}{3}+\frac{2}{5}-\frac{1}{2}=$ ______

b) $2\frac{7}{9}\cdot\frac{1}{5}=$ ______

c) $\frac{71}{238}-\frac{6}{476}=$ ______

d) $\frac{3}{13}:4\frac{1}{8}=$ ______

e) $\frac{2{,}7}{-0{,}01}=\frac{}{100}$

2 Bruchterme und ihre Definitionsmengen

Ein Term ist ein Rechenausdruck mit Zahlen und Variablen.
Ein Quotient zweier Terme heißt **Bruchterm**. Ein Bruchterm ist nicht definiert, wenn der Nenner null ist!

Die **Definitionsmenge** ist die Menge aller Zahlen aus der Grundmenge, die man für die Variable einsetzen darf, *ohne dass* der Nenner null wird.

Beispiel 1

Betrachte den Term $T(x) = \frac{1}{x-2}$.
Als Grundmenge wird $\mathbb{Q}$, die Menge der rationalen Zahlen, vorausgesetzt.
Der Nenner wird null für $x = 2$, also gehört 2 nicht zur Definitionsmenge des Terms.

$\Rightarrow$ Die Definitionsmenge ist $\mathbb{Q}$ ohne 2, abgekürzt: $\mathbb{D} = \mathbb{Q} \setminus \{2\}$

Beispiel 2

$$T(x) = \frac{x}{6x+7}$$

Suche nach Nennernullstellen:

$$6x + 7 = 0$$
$$6x = -7$$
$$x = -\frac{7}{6}$$

Der Nenner wird null für $x = -\frac{7}{6}$; also gilt: $\mathbb{D} = \mathbb{Q} \setminus \left\{-\frac{7}{6}\right\}$

Übung 1

Trage die restlichen Termwerte ein (Achtung in der untersten Zeile der Tabelle!) und gib dann ganz unten die Definitionsmenge des Bruchterms T(*x*) an.

x	−3	−2	−1	0	1	2	3
$T_Z(x) = x + 1$	−2						
$T_N(x) = x \cdot (x+2)$	3						
$T(x) = \frac{T_Z(x)}{T_N(x)} = \frac{x+1}{x \cdot (x+2)}$	$-\frac{2}{3}$						

$\mathbb{D} = \mathbb{Q} \setminus \{\quad\quad\}$

Übung 2

Trage die restlichen Termwerte ein, soweit möglich, und gib neben der Tabelle die Definitionsmenge des Terms T(x) an.

x	−3	−2	−1	0	1	2	3
$T_Z(x) = x - 2$	−5						
$T_N(x) = x^2 - 1$	8						
$T(x) = \frac{x-2}{x^2-1}$	$-\frac{5}{8}$						

$\mathbb{D} = \mathbb{Q} \setminus \{\quad\}$

Übung 3

Gib wieder die Definitionsmenge an.

a) $\frac{x}{x-7}$ $\mathbb{D} = \mathbb{Q} \setminus \{\quad\}$

b) $\frac{x+2}{x^2}$ $\mathbb{D} = \mathbb{Q} \setminus \{\quad\}$

c) $\frac{x+5}{x+5}$ $\mathbb{D} = \mathbb{Q} \setminus \{\quad\}$

d) $\frac{x}{3x-6}$ $\mathbb{D} = \mathbb{Q} \setminus \{\quad\}$

e) $\frac{5}{0{,}1x-7}$ $\mathbb{D} = \mathbb{Q} \setminus \{\quad\}$

f) $\frac{3-5x}{8+9x}$ $\mathbb{D} = \mathbb{Q} \setminus \{\quad\}$

Übung 4

Ein Produkt wird dann null, wenn einer der Faktoren null ist. Gib die Definitionsmenge an.

a) $\frac{a}{x \cdot (x-7)}$ $\mathbb{D} = \mathbb{Q} \setminus \{\quad\}$

b) $\frac{x}{(x-7)(x+3)}$ $\mathbb{D} = \mathbb{Q} \setminus \{\quad\}$

c) $\frac{1}{x \cdot (x+7)(x+5)}$ $\mathbb{D} = \mathbb{Q} \setminus \{\quad\}$

Ausklammern:

d) $\frac{x}{x^2-7x}$ $\mathbb{D} = \mathbb{Q} \setminus \{\quad\}$

e) $\frac{c}{x^2+2x^3}$ $\mathbb{D} = \mathbb{Q} \setminus \{\quad\}$

Übung 5

Gib auch hier die Definitionsmenge an. (Kennst du die binomischen Formeln?)

a) $\frac{x}{x^2-9}$ $\mathbb{D} = \mathbb{Q} \setminus \{\quad\}$

b) $\frac{3}{25-x^2}$ $\mathbb{D} = \mathbb{Q} \setminus \{\quad\}$

c) $\frac{75}{x^2-4x+4}$ $\mathbb{D} = \mathbb{Q} \setminus \{\quad\}$

d) $\frac{2a}{x^2+10x+25}$ $\mathbb{D} = \mathbb{Q} \setminus \{\quad\}$

e) $\frac{x-4}{x^2+16}$ $\mathbb{D} = \mathbb{Q} \setminus \{\quad\}$

3 Bruchterme erweitern und kürzen

Erweitern heißt Zähler und Nenner eines Bruchterms mit dem gleichen Term ($\neq 0$) multiplizieren.
Kürzen heißt Zähler und Nenner eines Bruchterms durch den gleichen Term ($\neq 0$) dividieren.

$$\xrightarrow{\text{Erweitern}}$$

$$\frac{a}{b} = \frac{ac}{bc}$$

$$\xleftarrow[\text{Kürzen}]{}$$

Der Wert des Bruchterms bleibt dabei gleich. Aber die Definitionsmenge kann sich ändern!

Beim Kürzen von Potenzen erhältst du im Zähler oder im Nenner (dort, wo der größere Exponent steht) eine Potenz mit der Differenz der Exponenten.

Beispiel 1

$$\frac{12ab^2 \cdot (c+1)}{15ab^5 \cdot (c+1)d} = \frac{4}{5b^3d}$$

Beispiel 2

$$\frac{a+ab}{ac} = ?$$

Aus Differenzen und Summen darf man nicht kürzen. Aber man kann den Zähler faktorisieren, also die Summe im Zähler in ein Produkt verwandeln:

$$\frac{a+ab}{ac} = \frac{a \cdot (1+b)}{ac} = \frac{1+b}{c}$$

Übung 1 **Kürze den Term vollständig.**

a) $\frac{75}{125} =$

b) $\frac{5a}{25ac} =$

c) $\frac{5 \cdot (a+b)}{5 \cdot (a+b)} =$

d) $\frac{7{,}5ab}{-15b} =$

e) $\frac{5a^3b}{15ab^2} =$

f) $\frac{85a^3b^7c^2}{105a^3b^2c^4} =$

Übung 2

Faktorisiere Zähler und Nenner und kürze.

a) $\dfrac{10x + 15xy}{5x^2 + 5x} = \square$

b) $\dfrac{10x + 15xy}{2y + 3y^2} = \square$

c) $\dfrac{4x - 6y}{3y - 2x} = \square$

d) $\dfrac{x^2 - y^2}{x^2 - 2xy + y^2} = \square$

e) $\dfrac{45x^2 - 20y^2}{21x - 14y} = \square$

f) $\dfrac{15x + 15y}{3x^2 + 3y^2} = \square$

Übung 3

Erweitere auf den angegebenen Nenner.

a) $\dfrac{3}{-7} = \dfrac{\square}{21}$

b) $\dfrac{p}{7q} = \dfrac{\square}{21pq^2}$

c) $\dfrac{3}{2pq} = \dfrac{\square}{8pq^3r}$

d) $\dfrac{q-1}{1-p} = \dfrac{\square}{p-1}$

e) $\dfrac{3}{p+q} = \dfrac{\square}{5p+5q}$

f) $\dfrac{5}{p} = \dfrac{\square}{p^2 + pq}$

Übung 4

Noch einmal: Erweitere auf den angegebenen Nenner.
Manchmal musst du dabei ein bisschen probieren.

a) $\dfrac{4u}{u+v} = \dfrac{\square}{u^2 - v^2}$

b) $\dfrac{a-2}{2a-3} = \dfrac{\square}{3-2a}$

c) $\dfrac{2a-1}{a+3} = \dfrac{\square}{(a+3)^2}$

d) $\dfrac{a-2b}{3a-2b} = \dfrac{\square}{9a^2 - 12ab + 4b^2}$

e) $\dfrac{1}{u^2 - v^2} = \dfrac{\square}{u^4 - v^4}$

f)* $\dfrac{5a}{a-7} = \dfrac{\square}{a^2 - 5a - 14}$

g) $\dfrac{b-a}{-a-b} = \dfrac{\square}{2a+2b}$

h) $\dfrac{b}{a-2} = \dfrac{\square}{a^2 - 4a + 4}$

i)* $\dfrac{x+5}{2-x} = \dfrac{\square}{6 - x - x^2}$

j)* $\dfrac{-x}{a-5} = \dfrac{\square}{10x^2 - 2ax^2}$

4 Hauptnenner von Bruchtermen

Der Hauptnenner (HN) von Bruchtermen ist das kleinste gemeinsame Vielfache (kgV) der Nenner dieser Bruchterme.

Beispiel 1

$\frac{1}{2ab}$ und $\frac{1}{2ac}$

Jeder vorkommende Faktor muss im Hauptnenner enthalten sein.

$\Rightarrow \quad \text{HN} = 2abc$

Beispiel 2

$\frac{1}{3xy^3}$ und $\frac{1}{6xy^2}$

Bei Potenzen mit gleicher Basis kommt die höchste Potenz in den Hauptnenner.

$\Rightarrow \quad \text{HN} = 6xy^3$

Beispiel 3

$\frac{1}{3x+3y}$ und $\frac{1}{x^2+2xy+y^2}$

Summen musst du möglichst faktorisieren: $3x + 3y = 3\cdot(x+y)$

$x^2 + 2xy + y^2 = (x+y)^2$

$\Rightarrow \quad \text{HN} = 3\cdot(x+y)^2$

Übung 1 **Bilde das kgV von N_1 und N_2.**

a) $N_1 = 14;$ $N_2 = 21;$ $\text{kgV}(N_1; N_2) =$ ______

b) $N_1 = abc;$ $N_2 = 6a;$ $\text{kgV}(N_1; N_2) =$ ______

c) $N_1 = 3xy;$ $N_2 = 12xy^2;$ $\text{kgV}(N_1; N_2) =$ ______

d) $N_1 = x\cdot(x+1);$ $N_2 = x^2;$ $\text{kgV}(N_1; N_2) =$ ______

e) $N_1 = x\cdot(x-1);$ $N_2 = x+1;$ $\text{kgV}(N_1; N_2) =$ ______

f) $N_1 = 10ab^3c^5;$ $N_2 = 15a^2bc^2;$ $\text{kgV}(N_1; N_2) =$ ______

g) $N_1 = 3x+3y;$ $N_2 = 10x+10y;$ $\text{kgV}(N_1; N_2) =$ ______

h) $N_1 = a+b;$ $N_2 = a^2+ab;$ $\text{kgV}(N_1; N_2) =$ ______

i) $N_1 = 6x-6y;$ $N_2 = x^2-y^2;$ $\text{kgV}(N_1; N_2) =$ ______

j) $N_1 = 2xy;$ $N_2 = 5xy^4;$ $\text{kgV}(N_1; N_2) =$ ______

k) $N_1 = ax-3a^2;$ $N_2 = 3ax^2+x^3$ $\text{kgV}(N_1; N_2) =$ ______

l) $N_1 = a-x;$ $N_2 = xa$ $\text{kgV}(N_1; N_2) =$ ______

Übung 2

Mache die Brüche gleichnamig, indem du sie auf den Hauptnenner erweiterst.

a) $\frac{1}{3a} = \_\_\_\_$; $\frac{1}{5ab} = \_\_\_\_$

b) $\frac{1}{3x^2} = \_\_\_\_$; $\frac{1}{15xy} = \_\_\_\_$

c) $\frac{1}{3u + 3v} = \_\_\_\_$; $\frac{1}{5u + 5v} = \_\_\_\_$

d) $\frac{1}{-3a} = \_\_\_\_$; $\frac{1}{2ab} = \_\_\_\_$

e) $\frac{5 - a}{2a^2 - 8} = \_\_\_\_$; $\frac{a + 3}{3a^2 - 12} = \_\_\_\_$

f) $\frac{1}{6a - 3} = \_\_\_\_$; $\frac{a^2 + 5}{8a^3 - 4a^2} = \_\_\_\_$

Tipp

Bei komplizierten Bruchtermen behältst du beim Bestimmen von Hauptnenner und Erweiterungsfaktoren mithilfe einer Tabelle die Übersicht. Beispiel:

$$\frac{1}{4x^2 - 9y^2};\quad \frac{1}{10x + 15y};\quad \frac{1}{2xz - 3yz}$$

Nenner	Zerlegung in Faktoren	Erweiterungsfaktor
$4x^2 - 9y^2$	$(2x - 3y)(2x + 3y)$	$5z$
$10x + 15y$	$5 \cdot (2x + 3y)$	$z \cdot (2x - 3y)$
$2xz - 3yz$	$z \cdot (2x - 3y)$	$5 \cdot (2x + 3y)$
Hauptnenner:	$5z \cdot (2x - 3y)(2x + 3y)$	

Übung 3

Bestimme den Hauptnenner und die Erweiterungsfaktoren (EF):

a) $\frac{1}{a^2 - a}$; $\frac{1}{a + 1}$; HN = ____ ; EF : ____ ; ____

b) $\frac{3}{x - y}$; $\frac{a}{x^2 - y^2}$; $\frac{b}{2x + 2y}$; HN = ____
EF : ____ ; ____ ; ____

c) $\frac{1}{2x + 2y}$; $\frac{1}{3x - 3y}$; $\frac{1}{6x}$; HN = ____
EF : ____ ; ____ ; ____

5 Addition und Subtraktion gleichnamiger Bruchterme

Bruchterme mit gleichem Nenner werden wie gewöhnliche Brüche mit gleichem Nenner addiert und subtrahiert.

$$\frac{a}{c} + \frac{b}{c} = \frac{a+b}{c}$$

$$\frac{a}{c} - \frac{b}{c} = \frac{a-b}{c}$$

Steht im Zähler eines Bruchterms eine Summe oder Differenz, so setzt man diese auf dem gemeinsamen Bruchstrich zunächst in Klammern.
Gib das Ergebnis immer in vollständig gekürzter Form an.

Beispiel

$$\frac{x+y}{z} - \frac{x-2y}{z} = \frac{(x+y)-(x-2y)}{z} = \frac{x+y-x+2y}{z} = \frac{3y}{z}$$

Übung 1

Fasse die Terme zusammen.

a) $\frac{1}{8} + \frac{5}{8} - \frac{3}{8} =$

b) $\frac{7}{a} + \frac{4}{a} - \frac{1}{a} =$

c) $\frac{2}{5b} + \frac{1}{5b} - \frac{4}{5b} =$

d) $\frac{1}{7x} + \frac{2}{7x} + \frac{4}{7x} =$

e) $\frac{4}{3a} - \frac{8}{3a} + \frac{4}{3a} =$

f) $\frac{b}{a^2} + \frac{2b}{a^2} - \frac{7b}{a^2} =$

g) $-\frac{6+a}{y} + \frac{9}{y} - \frac{4-a}{y} =$

h) $\frac{xy-1}{xy} - \frac{2+3xy}{xy} + \frac{6xy+7}{xy} - \frac{2xy+4}{xy} =$

Übung 2

Fasse auch diese Terme zusammen.

a) $\frac{2}{x+1} + \frac{5}{x+1} - \frac{10}{x+1} =$

b) $\frac{2}{a+b} + \frac{-3}{a+b} - \frac{-5}{a+b} =$

c) $\frac{4x}{3x+1} + \frac{7x}{3x+1} - \frac{8x}{3x+1} =$

d) $\frac{3x}{3x+1} + \frac{1}{3x+1} =$

e) $\frac{3a}{a+b} + \frac{5a}{a+b} - \frac{2b}{a+b} =$

f) $\frac{2x}{x-y} + \frac{2y}{x-y} - \frac{4y}{x-y} =$

g) $\frac{1-8ax}{2-ax} + \frac{ax+2}{2-ax} - \frac{-2-7ax}{2-ax} =$

h)* $-\frac{2y+3b^2}{y^2-4b^4} - \frac{b^2-3y}{y^2-4b^4} + \frac{6b^2}{y^2-4b^4} =$

Beispiel

$$\frac{a+2b-3c}{d} = \frac{a}{d}+\frac{2b}{d}-\frac{3c}{d}$$

Übung 3

Trenne die Bruchterme nach obigem Beispiel auf.

a) $\frac{a-3c}{c} =$

b) $\frac{2a-3b}{a} =$

c) $\frac{x^2+xy}{y} =$

d) $\frac{a^2-5a+2}{a^2} =$

e) $\frac{5a+10b}{5} =$

f) $\frac{3x^2+5x}{x} =$

g) $\frac{3x+xy-5y}{2xy} =$

Übung 4

Fasse die Terme zusammen.

a) $\frac{a-b}{a+b}+\frac{2a-b}{a+b} =$

b) $\frac{2x-3y}{x+y}-\frac{5x-8y}{x+y} =$

c) $\frac{2\cdot(3a-1)}{2a+1}+\frac{3\cdot(1-2a)}{2a+1} =$

d) $\frac{a^2}{a+b}+\frac{2ab+b^2}{a+b} =$

e) $\frac{10a^2}{a-b}-\frac{20ab-10b^2}{a-b} =$

f) $\frac{a}{a+3}-\frac{a^2-2a}{a+3} =$

Übung 5

Bringe durch Kürzen oder Erweitern auf gleichen Nenner und fasse dann zusammen.

a) $\frac{10}{2a}+\frac{4}{a}+\frac{a}{a^2} =$

b) $\frac{5}{x}+\frac{10}{2x}+\frac{1}{-x} =$

c) $\frac{2}{x}+\frac{-3}{-x}-\frac{4}{-x} =$

d) $\frac{1}{a-b}+\frac{1}{-a+b} =$

e) $\frac{10a}{a-b}+\frac{b}{b-a} =$

f) $\frac{20}{10x}+\frac{0{,}5}{0{,}1x} =$

6 Addition und Subtraktion ungleichnamiger Bruchterme

Ungleichnamige Bruchterme müssen zuerst durch Erweitern auf den Hauptnenner gleichnamig gemacht werden. Als Hauptnenner wählt man das kleinste gemeinsame Vielfache (kgV) der einzelnen Nenner. Danach addiert oder subtrahiert man die gleichnamigen Bruchterme.

Gib das Ergebnis immer in vollständig gekürzter Form an.

Beispiel

$$\frac{a-b}{3a+3b}-\frac{a-2b}{4a+4b}=\frac{a-b}{3\cdot(a+b)}-\frac{a-2b}{4\cdot(a+b)}=$$

$$=\frac{4\cdot(a-b)}{12\cdot(a+b)}-\frac{3\cdot(a-2b)}{12\cdot(a+b)}=\frac{4\cdot(a-b)-3\cdot(a-2b)}{12\cdot(a+b)}=$$

$$=\frac{4a-4b-3a+6b}{12\cdot(a+b)}=\frac{a+2b}{12\cdot(a+b)}$$

Übung 1

Fasse zusammen.

a) $\frac{1}{3a}-\frac{1}{2a}+\frac{1}{a}=$

b) $\frac{3}{4x}-\frac{1}{x}+\frac{5}{6x}=$

c) $\frac{4a}{7b}-\frac{2a}{5b}+\frac{a}{b}=$

d) $\frac{4}{5c}+\frac{2}{-c}-\frac{8}{3c}=$

e) $\frac{2}{3y}-\frac{5}{8y}-\frac{1}{-6y}=$

f) $\frac{b}{7a}+\frac{2b}{5a}-\frac{3}{1}=$

Übung 2

Fasse die Brüche mit unterschiedlichen Nennern zusammen.

a) $\frac{5}{a}-\frac{4}{b}=$

b) $\frac{3}{xy}-\frac{2}{xz}=$

c) $\frac{5}{a^2}+\frac{2}{a}=$

d) $\frac{1}{x^4y}-\frac{2}{xy^2}=$

e) $\frac{1+x^5}{x^7}-\frac{1-x}{x^2}=$

f) $\frac{5}{x}-\frac{7}{x^3}+3=$

Übung 3 Fasse auch hier alle Terme zusammen.

a) $\frac{1}{x+y} - \frac{1}{y+z} =$

b) $\frac{3}{3-x} - \frac{2}{x+2} =$

c) $\frac{x}{x-1} - \frac{x}{1-y} =$

d) $\frac{1}{x} - \frac{1}{x+1} =$

e) $\frac{1}{a+1} + 1 =$

f) $x - \frac{x^2+y^2}{x} =$

g) $1 - \frac{a^2-2b^2}{a^2} =$

h) $\frac{1}{x-1} + \frac{1}{1-x} =$

Übung 4 Dasselbe noch einmal, aber ein bisschen komplizierter:

a) $\frac{25x-17y}{3x+6y} - \frac{18x+3y}{5x+10y} =$

b) $\frac{a}{10a+20b} - \frac{2b}{3a+6b} =$

c) $\frac{3x+5y}{45x+12y} + \frac{3x-2y}{30x+8y} =$

d) $\frac{xy^2}{(x+y)^2} - \frac{y^2}{x+y} =$

e) $\frac{b}{a^2+ab} - \frac{a}{ab+b^2} =$

f) $\frac{5a}{a-b} - \frac{3a}{b-a} =$

Übung 5 Der Endspurt: Fasse zusammen.

a) $\frac{3}{a+1} + \frac{6}{a^2-1} =$

b) $\frac{y}{x^2+xy} + \frac{x-y}{(x+y)^2} =$

c) $\frac{3}{xy-y^2} - \frac{5}{x^2-y^2} =$

d) $\frac{3}{a+1} - \frac{2}{a-1} + \frac{6}{a^2-1} =$

e) $\frac{5a}{a+3} - \frac{5a^2-a}{(a+3)^2} =$

f) $\frac{a}{2a+1} + \frac{1}{4a^2+4a+1} + 1 =$

7 Multiplikation

$$\frac{a}{b} \cdot \frac{c}{d} = \frac{a \cdot c}{b \cdot d}$$

$$a \cdot \frac{b}{c} = \frac{a \cdot b}{c}$$

Gib das Ergebnis immer in vollständig gekürzter Form an.

Beispiel

$\frac{3}{x} \cdot \frac{2a}{y} = \frac{6a}{xy}$; $\quad x \cdot \frac{y}{x^3} = \frac{xy}{x^3} = \frac{y}{x^2}$

Übung 1

Multipliziere.

a) $\frac{2}{3} \cdot \frac{3}{8} =$

b) $-2 \cdot \frac{1}{5} =$

c) $\frac{1}{11} \cdot \frac{3}{5} =$

d) $5 \cdot \frac{2}{10} =$

e) $\left(-\frac{3}{8}\right) \cdot \left(-\frac{1}{3}\right) =$

f) $\frac{2}{7} \cdot 5 =$

Übung 2

Fasse zu einem Bruch zusammen.

a) $\frac{3}{x} \cdot \frac{10}{y^2} =$

b) $\left(-\frac{3x}{4}\right) \cdot \left(-\frac{2}{y}\right) =$

c) $\left(-\frac{3a}{2b}\right)^2 =$

d) $\left(-\frac{4a}{5b}\right)^3 =$

e) $6a \cdot \frac{b^2c}{a^2} =$

f) $\frac{xy}{z^2} \cdot z =$

Übung 3

Wandle in einen Bruch um.

a) $\frac{abc}{x} \cdot \frac{x^2}{b^2c} =$

b) $-2x^2 \cdot \frac{yz}{x^3} =$

c) $\frac{36a^2b}{5c^3} \cdot \frac{25bc}{9a} =$

d) $\left(\frac{c}{ab}\right)^2 \cdot \frac{a^2b^2}{c^2} =$

e) $-4x^3 \cdot \frac{x^2}{2y^2} =$

f) $-x \cdot \left(-\frac{x}{y}\right)^2 =$

g) $\frac{5b}{a} \cdot \frac{xy}{2b} \cdot \frac{3a^2}{x} =$

h) $\frac{-uv}{9x^3} \cdot \frac{8x}{u} \cdot \frac{3x^2}{-64v^2} =$

Übung 4

Hier wird scheinbar $12 \cdot 2 = 14$ bewiesen.
Was fällt dir dabei auf?

$$12 \cdot 2 = \frac{24}{2} \cdot \frac{2}{1} = \frac{20+4}{2} \cdot \frac{2}{1} = \frac{20+4 \cdot 2}{2 \cdot 1} = \frac{28}{2} = 14 \; ??$$

....

Übung 5

Fasse zu einem Bruch zusammen.

a) $\frac{x+5}{2x^2} \cdot \frac{4}{x} =$

b) $\frac{3a+3b}{xy} \cdot \frac{z}{5a+5b} =$

c) $\frac{5x+5y}{ab} \cdot \frac{c}{(x+y)^2} =$

d) $\frac{x^2+y^2}{x^2-y^2} \cdot \frac{x+y}{2} =$

e) $\frac{6a-6b}{xy^2} \cdot \frac{y}{b-a} =$

f) $\frac{x}{a+b} \cdot \frac{a+b}{y} =$

Übung 6

Fasse den Ausdruck zusammen.

a) $\frac{15x+6y}{3a+3b} \cdot \frac{12 \cdot (a+b)^2}{5x+2y} =$

b) $\frac{16x+20}{9-x} \cdot \frac{4x^2-9}{16x^2-25} =$

c) $\frac{a^2-10a+25}{a+1} \cdot \frac{a^2+2a+1}{a-5} =$

d) $\frac{3a+6b}{a-b} \cdot \frac{a^2-b^2}{(a+2b)^2} =$

e) $(10a^2-140a+490) \cdot \frac{a}{a^2-49} =$

f)* $\frac{39a-3x}{9y^2+102y+289} \cdot \frac{289-9y^2}{13ax-x^2} =$

8 Division

Die wichtigste Divisionsregel lautet: „Man dividiert durch einen Bruchterm, indem man mit seinem Kehrbruch multipliziert."

$$a : \frac{b}{c} = a \cdot \frac{c}{b} = \frac{a \cdot c}{b}$$

$$\frac{a}{b} : \frac{c}{d} = \frac{a}{b} \cdot \frac{d}{c} = \frac{a \cdot d}{b \cdot c}$$

$$\frac{a}{b} : c = \frac{a}{b \cdot c}$$

Beispiel

$$5 : \frac{b}{a} = 5 \cdot \frac{a}{b} = \frac{5a}{b}$$

$$\frac{2x}{3yz} : \frac{5}{y^2} = \frac{2x}{3yz} \cdot \frac{y^2}{5} = \frac{2xy}{15z}$$

$$\frac{12x}{5y} : 6 = \frac{12x}{5y \cdot 6} = \frac{2x}{5y}$$

Übung 1

Teile und vereinfache so weit wie möglich.

a) $\frac{1}{3} : \frac{1}{2} =$

b) $\frac{2x}{y} : (5x) =$

c) $12 : \left(-\frac{1}{a}\right) =$

d) $\frac{xy}{z^2} : \frac{x}{z} =$

e) $\frac{5a}{6b} : \frac{2c}{3d} =$

f) $-\frac{1}{a} : \left(-\frac{1}{ab}\right) =$

Übung 2

Teile und vereinfache nach Möglichkeit.

a) $24a : \frac{12b}{5} =$

b) $100ab^2c^3 : \frac{25a^2}{9b} =$

c) $\frac{64x^2y^2}{27z^3} : (16xy^2) =$

d) $\frac{5 \cdot (a+b)}{19x} : \frac{25}{3x^2} =$

e) $\frac{51x^4y^6}{11a^2} : (85x^2y^4) =$

f) $\left(\frac{2x}{y} : \frac{2b}{a}\right) : \frac{b}{y} =$

g) $\frac{3a}{4b} : \left(-\frac{1}{2b^2}\right) =$

h)* $-\frac{16av^3y^3c^5}{7x^2b} : \frac{2cv^3y^2u}{21b^4x^6} =$

Übung 3

Teile und vereinfache wo möglich.

a) $\frac{a+b}{c} : \frac{2a+2b}{d} =$

b) $(3x+3y) : \frac{5x+5y}{-z} =$

c) $\frac{a+b}{a-b} : \frac{a^2+b^2}{(a-b)^2} =$

d) $\frac{a-b}{a+b} : \frac{b-a}{b+a} =$

e) $\frac{a-b}{a+b} : \frac{a+b}{a-b} =$

f) $\frac{5x+5y}{x} : (x+y)^2 =$

Übung 4

Hier wird scheinbar $6:3=\frac{1}{2}$ bewiesen. Wo liegt der Fehler?

$$6:3 = \frac{12}{2} : \frac{3}{1} = \frac{2}{12} \cdot \frac{3}{1} = \frac{6}{12} = \frac{1}{2}$$

....

Übung 5

Gib das Ergebnis in vollständig gekürzter Form an.

a) $\frac{4x-3y}{x-3y} : \frac{36x-27y}{5x-15y} =$

b) $\frac{x^2-3x}{x^3y-xy^3} : \frac{x-3}{x^2y+xy^2} =$

c) $\frac{4x^2-9y^2}{5xy} : (8x-12y) =$

d) $(a^2+6a+9) : \frac{a+3}{a-3} =$

e) $\frac{a-1}{9b^2-12b+4} : \frac{a^2-2a+1}{2-3b} =$

f) $\frac{a^3+b^3}{a-b} : \frac{a+b}{a-b} =$

9 Doppelbrüche

Doppelbrüche kann man vereinfachen, indem man den Hauptbruchstrich durch ein „geteilt durch"-Zeichen (Doppelpunkt) ersetzt und die Regeln für die Division von Bruchtermen anwendet:

$$\frac{\frac{a}{b}}{\frac{c}{d}} = \frac{a}{b} : \frac{c}{d} = \frac{a \cdot d}{b \cdot c}$$

Doppelbrüche müssen einen deutlich hervorgehobenen (längeren oder dickeren) Hauptbruchstrich haben.

Beispiel

$$\frac{\frac{1}{2}}{\frac{1}{3}} = \frac{1}{2} : \frac{1}{3} = \frac{1}{2} \cdot \frac{3}{1} = \frac{3}{2} = 1\frac{1}{2}$$

Übung 1

Vereinfache.

a) $\dfrac{3}{\frac{1}{8}} =$

b) $\dfrac{\frac{3}{7}}{1\frac{2}{3}} =$

c) $\dfrac{\frac{11}{18}}{\frac{7}{6}} =$

d) $\dfrac{\frac{39}{100}}{-13} =$

Übung 2

Vereinfache, diesmal mit Variablen.

a) $\dfrac{\frac{2a}{b}}{d} =$

b) $\dfrac{\frac{ab}{d}}{\frac{ac}{b}} =$

c) $\dfrac{\frac{2a}{3b}}{6a^2} =$

d) $\dfrac{\frac{x^2}{5y}}{\frac{5x}{z}} =$

e) $\dfrac{\frac{u^2}{vw^2}}{\frac{u^2w}{v^2}} =$

f)* $\dfrac{\frac{21ab^2x^5}{2yz}}{\frac{7a^2b^2}{26y^3z}} =$

Übung 3

Wie lauten diese Doppelbrüche in vereinfachter Form?

a) $\dfrac{\dfrac{1}{a-b}}{\dfrac{1}{a+b}} =$ ______

b) $\dfrac{\dfrac{1}{3x+4y}}{\dfrac{3}{30x+40y}} =$ ______

c) $\dfrac{\dfrac{a^2-b^2}{a}}{\dfrac{a+b}{b}} =$ ______

d) $\dfrac{a-b}{\dfrac{b-a}{c}} =$ ______

Übung 4

Fasse Summen und Differenzen zuerst zusammen und löse dann den Doppelbruch auf.

a) $\dfrac{\dfrac{1}{2}+\dfrac{1}{3}}{\dfrac{1}{2}-\dfrac{1}{3}} =$ ______

b) $\dfrac{\dfrac{1}{a}+\dfrac{1}{b}}{\dfrac{1}{a}-\dfrac{1}{b}} =$ ______

c) $\dfrac{2+\dfrac{x}{y}}{2-\dfrac{x}{y}} =$ ______

d) $\dfrac{\dfrac{1}{abc}}{\dfrac{1}{ab}-\dfrac{1}{bc}} =$ ______

Übung 5

Gib die Definitionsmenge des Bruchterms an.
Beachte, dass *alle* Nenner ungleich null sein müssen.

a) $\dfrac{\dfrac{1}{2x}}{\dfrac{1}{x+1}}$ $\mathbb{D} =$ ______

b) $\dfrac{x+3}{\dfrac{1}{x}-\dfrac{1}{3}}$ $\mathbb{D} =$ ______

c) $\dfrac{\dfrac{1}{x+3}}{\dfrac{x}{x-2}}$ $\mathbb{D} =$ ______

10 Vermischte Aufgaben I

Übung 1 Berechne.

a) $\left(\frac{1}{2}+\frac{1}{3}\right):\frac{1}{4}=$

b) $\dfrac{\frac{1}{2}}{\frac{1}{4}-\frac{1}{3}}=$

c) $\left(\frac{3}{4}-\frac{7}{8}\right)\cdot\left(\frac{1}{12}+\frac{4}{3}\right)=$

d) $\left[\left(\frac{1}{16}:\frac{1}{8}\right):\frac{1}{4}\right]:\frac{1}{2}=$

e) $\left(\frac{1}{4}\cdot\frac{1}{3}\cdot\frac{1}{6}\right):\frac{1}{20}=$

f) $\left(-\frac{16}{32}\right)^5=$

Übung 2 Fasse zu einem einzigen Bruch zusammen.

a) $\left(\frac{a}{b}+\frac{c}{b}\right)\cdot\frac{b^2}{a+c}=$

b) $\left(1+\frac{b}{2a}\right)^2=$

c) $\left(\frac{u}{v}+\frac{w}{3}\right)\cdot\left(\frac{u}{v}-\frac{w}{3}\right)=$

d) $\left(\frac{a}{3b}+\frac{5}{a}\right)^2-\left(\frac{a}{3b}-\frac{5}{a}\right)^2=$

e) $\left(\frac{1}{a}+\frac{1}{b}\right)\cdot\left(\frac{1}{c}+\frac{1}{d}\right)=$

f) $\left(\frac{1}{u^2}-\frac{1}{v^2}\right)\cdot(-2uv)=$

Übung 3 Fasse den Term zu einem einzigen Bruch zusammen.

a) $(a+b):\left(\frac{1}{a}+\frac{1}{b}\right)=$

b) $(a-b):\left(\frac{1}{a}-\frac{1}{b}\right)=$

c) $\left(\frac{2x}{3y}+\frac{5x}{7y}\right):\left(\frac{2x}{3y}-\frac{5x}{7y}\right)=$

d) $\left(\frac{a}{b}-\frac{b}{a}\right):\left(\frac{1}{a}-\frac{1}{b}\right)=$

e) $\dfrac{\frac{u}{3}+\frac{v}{4}}{\frac{u}{3}-\frac{v}{4}}=$

f) $\dfrac{1-\frac{(x+y)^2}{4xy}}{1-\frac{x}{y}}=$

g) $\dfrac{\frac{1}{y}+\frac{1}{x}}{\frac{x}{y}-\frac{y}{x}}=$

h) $(4v-3u)\cdot\left(\frac{u}{3}-\frac{v}{4}\right):\left(\frac{u}{4}-\frac{v}{3}\right)=$

Übung 4

Erweitere die Brüche auf den Hauptnenner.

a) $\frac{a}{bc^3} =$; $\frac{b}{ac^4} =$; $\frac{c}{a^2b^2} =$

b) $\frac{y}{x^2 + xy} =$; $\frac{x + y}{xy} =$; $\frac{x}{x + y} =$

c) $\frac{a}{3a + 3b} =$; $\frac{b}{a^2 - b^2} =$; $\frac{a}{3a - 3b} =$

d) $\frac{u}{u^2 + 10u + 25} =$; $\frac{1}{5u + 25} =$; $\frac{5}{u + 5} =$

Übung 5

Ein bisschen Denksport gefällig?
Ergänze auf der linken Seite der Gleichung beliebige mathematische Zeichen, aber keine Ziffern, sodass die Gleichung stimmt.

a) 2 2 2 = 6

b) 3 3 3 = 6

c) 5 5 5 = 6

d) 6 6 6 = 6

e) 7 7 7 = 6

Wenn du einen Bruder in der 9. Klasse hast, der müsste die Aufgabe auch mit 4, 8 und 9 schaffen. Ein Abiturient müsste sie auch mit 1 und 10 schaffen.

11 Wiederholung: Gewöhnliche Gleichungen

Du hast schon gelernt, wie man Gleichungen löst, nämlich mit *Äquivalenzumformungen:*

- Bringe alle Glieder mit x auf eine Seite, den Rest auf die andere Seite.
- Fasse gleichartige Glieder zusammen.
- Dividiere durch den Faktor vor x.

Die Lösungsmenge $\mathbb{L}$ ist Teilmenge der Grundmenge $\mathbb{G}$. Falls nichts anderes angegeben ist, ist $\mathbb{G} = \mathbb{Q}$, die Menge der rationalen Zahlen.

Sonderfälle:
Ergibt sich bei einer Gleichung eine wahre Aussage (z. B. $1 = 1$), dann gilt: $\mathbb{L} = \mathbb{G}$
Führt eine Gleichung zu einer falschen Aussage (z. B. $1 = 0$), dann gilt: $\mathbb{L} = \{\}$

Beispiel

$$5x + 3 = x - 5 \quad | -x$$
$$4x + 3 = -5 \quad | -3$$
$$4x = -8 \quad | :4$$
$$x = -2$$

Probe: l. S.: $5 \cdot (-2) + 3 = -7$; r. S.: $-2 - 5 = -7 \Rightarrow \mathbb{L} = \{-2\}$

Übung 1

Löse die Gleichung mit der Grundmenge $\mathbb{G} = \mathbb{N}$.

a) $5x + 7 = 20x - 8$ $\quad \mathbb{L} =$

b) $3x - 2 = 2 - 3x$ $\quad \mathbb{L} =$

c) $15 + 4x = 4x + 15$ $\quad \mathbb{L} =$

d) $10x + 5 = -5x - 25$ $\quad \mathbb{L} =$

e) $-3x - 5 = -x - 15$ $\quad \mathbb{L} =$

f) $5x + 8 = 14 + 5x$ $\quad \mathbb{L} =$

Übung 2

Löse die Gleichung mit der Grundmenge $\mathbb{G} = \mathbb{Q}$.
Schaffst du die Probe auch ohne Taschenrechner?

a) $26 - x = 34 - 3x$ $\quad \mathbb{L} =$ $\quad$ Probe: l. S.: $\quad$ r. S.:

b) $51 + 13x = 65 - 8x$ $\quad \mathbb{L} =$ $\quad$ Probe: l. S.: $\quad$ r. S.:

c) $190 - 15x = 17x + 30$ $\quad \mathbb{L} =$ $\quad$ Probe: l. S.: $\quad$ r. S.:

d) $3x + 10 = 7x + 8$ $\quad \mathbb{L} =$ $\quad$ Probe: l. S.: $\quad$ r. S.:

e) $24x + 98 = 38x$ $\quad \mathbb{L} =$ $\quad$ Probe: l. S.: $\quad$ r. S.:

f) $37u + 19 = 23u - 8$ $\quad \mathbb{L} =$ $\quad$ Probe: l. S.: $\quad$ r. S.:

Übung 3

Löse die Gleichung.

a) $12a + 5x = 23a - 6x$ $\qquad \mathbb{L} =$

b) $14{,}7a + 2{,}5x = 19{,}2a - 2{,}5x$ $\qquad \mathbb{L} =$

c) $5x + 2\frac{1}{2}a = 10x$ $\qquad \mathbb{L} =$

d) $24p + x - 15p - 4x + 9p = 0$ $\qquad \mathbb{L} =$

e) $3x + 14p = -5x + 14p$ $\qquad \mathbb{L} =$

Übung 4

Löse zuerst die Klammern auf.

a) $49 - (6x + 16) = 5x$ $\qquad \mathbb{L} =$

b) $8x + (12 - 5x) = 29 - (17 - 2x)$ $\qquad \mathbb{L} =$

c) $2x + (7 - 5x) = -(3x - 8)$ $\qquad \mathbb{L} =$

d) $0 = 11 - (10 - 6x) - (16x - 15)$ $\qquad \mathbb{L} =$

e) $-(x - 5) = 5 - x$ $\qquad \mathbb{L} =$

Übung 5

Kennst du die binomischen Formeln?

a) $(x + 5)^2 = (x + 6)(x + 4) + 1$ $\qquad \mathbb{L} =$

b) $(x - 3)^2 = (x + 3)^2$ $\qquad \mathbb{L} =$

c) $(x - 2)(x + 2) = (x + 1)^2 - 7$ $\qquad \mathbb{L} =$

d) $\left(x + \frac{1}{2}\right)^2 = \left(x + \frac{1}{2}\right)\left(x - \frac{1}{2}\right) + 1$ $\qquad \mathbb{L} =$

Übung 6

Kreuze schnell die richtige Lösungsmenge an.

a) $5x = 10x$ $\qquad \mathbb{L} =$ $\{\ \}$ $\{0\}$ $\mathbb{Q}$

b) $x + 1 = 1 + x$ $\qquad \mathbb{L} =$ $\{\ \}$ $\{0\}$ $\mathbb{Q}$

c) $-1 - 5x = -(5x - 1)$ $\qquad \mathbb{L} =$ $\{\ \}$ $\{0\}$ $\mathbb{Q}$

d) $-x = x$ $\qquad \mathbb{L} =$ $\{\ \}$ $\{0\}$ $\mathbb{Q}$

Übung 7

Wie heißt die Lösungsmenge zu $\frac{1}{3}x + \frac{7}{2} = \frac{1}{12}x - \frac{1}{4}$?

a) mit der Grundmenge $\mathbb{G} = \mathbb{N}$? $\qquad \mathbb{L} =$

b) mit der Grundmenge $\mathbb{G} = \mathbb{Z}$? $\qquad \mathbb{L} =$

c) mit der Grundmenge $\mathbb{G} = \mathbb{Q}$? $\qquad \mathbb{L} =$

12 Definitionsmenge von Bruchgleichungen

Eine Bruchgleichung ist eine Gleichung, bei der die Unbekannte im Nenner vorkommt.

Eine Bruchgleichung ist nur dann definiert, wenn alle vorkommenden Bruchterme definiert sind.
Man erhält die Definitionsmenge einer Bruchgleichung, indem man aus der Grundmenge alle Nennernullstellen ausschließt.

Wenn nichts anderes gesagt wird, ist die Grundmenge $\mathbb{Q}$.

Beispiel

$$\frac{1}{x+3} = \frac{2}{x-2}; \quad \mathbb{G} = \mathbb{Q}$$

Mit $x = -3$ und $x = 2$ erhält man null im Nenner, also muss man -3 und 2 aus der Grundmenge ausschließen.
$\Rightarrow \quad \mathbb{D} = \mathbb{Q} \setminus \{-3; 2\}$

Übung 1

Gib die Definitionsmenge der Bruchgleichung an.

a) $\frac{1}{x} = 5$ $\qquad \mathbb{D} =$

b) $\frac{1}{x} = \frac{1}{2x} + \frac{1}{2}$ $\qquad \mathbb{D} =$

c) $\frac{2}{x+2} = 3$ $\qquad \mathbb{D} =$

d) $\frac{1}{5x+1} = \frac{1}{26}$ $\qquad \mathbb{D} =$

e) $\frac{x}{\frac{1}{2}x - 1} = 3$ $\qquad \mathbb{D} =$

f) $\frac{x}{3} + \frac{x}{4} = 10$ $\qquad \mathbb{D} =$

Übung 2

Gib die Definitionsmenge an.

a) $\frac{5}{2x+1} = \frac{3}{x - \frac{1}{2}}$ $\qquad \mathbb{D} =$

b) $\frac{25}{4x+1} = \frac{8}{3x-1}$ $\qquad \mathbb{D} =$

c) $\frac{7}{3x-1} = \frac{-2}{1-3x}$ $\mathbb{D} =$

d) $\frac{4}{x^2} = \frac{2}{\frac{1}{2}x+1}$ $\mathbb{D} =$

e) $\frac{6}{5x+9} = \frac{8}{11x-2}$ $\mathbb{D} =$

Übung 3

Faktorisiere die Nenner, falls möglich, und gib die Definitionsmenge an.

a) $\frac{x}{x+1} - \frac{2x}{x-2} + \frac{3x+1}{3x-6} = 0$ $\mathbb{D} =$

b) $\frac{2x-11}{7x+35} + \frac{4-3x}{2x+3} + \frac{3x+4}{2x+10} = 5$ $\mathbb{D} =$

c) $\frac{0{,}5x}{2x-3} + \frac{2x+3}{x+2} = \frac{x}{4x-6}$ $\mathbb{D} =$

d) $\frac{1}{x+2} + \frac{2}{x-2} = \frac{5}{x^2-4}$ $\mathbb{D} =$

e) $\frac{x+1}{x+7} - \frac{x}{3x+21} = \frac{2x-1}{x^2-49}$ $\mathbb{D} =$

Übung 4

Faktorisiere die Nenner, falls möglich. Manchmal musst du dabei ein bisschen probieren. Gib die Definitionsmenge an.

a) $\frac{x}{x+3} - \frac{2x}{3x+9} = \frac{x^2+1}{x^2+6x+9}$ $\mathbb{D} =$

b) $\frac{x+1}{x-2} + \frac{x}{x+2} = \frac{x^2}{x^2+4x+4}$ $\mathbb{D} =$

c) $\frac{2x-13}{x-1} + \frac{5x+3}{x-8} = \frac{7x^2+8}{x^2-9x+8}$ $\mathbb{D} =$

d) $\frac{6x^2-23x-3}{x^2-2x-15} - \frac{10x-15}{x+3} = \frac{30-4x}{x-5}$ $\mathbb{D} =$

e) $\frac{x}{x-3} = \frac{x^2-2}{x^2+x}$ $\mathbb{D} =$

f) $\frac{x+5}{x^2} - \frac{2}{x^2+1} = 0$ $\mathbb{D} =$

13 Multiplizieren mit dem Nenner

Enthält eine Bruchgleichung nur einen Bruch oder nur Brüche mit gleichem Nenner, dann kannst du folgendermaßen vorgehen:

1. Bestimme die Definitionsmenge.
2. Multipliziere die Gleichung mit dem Nenner. Damit fallen die Brüche weg.
3. Löse die Gleichung.
4. Überprüfe, ob die Lösung in der Definitionsmenge enthalten ist. (Falls nicht, ist die Lösungsmenge leer.)
5. Gib die Lösungsmenge an.
6. Um sicherzugehen, kannst du die Probe machen.

Ergibt sich beim Umformen eine *wahre* Aussage (w), so ist die Lösungsmenge gleich der Definitionsmenge.
Ergibt sich eine *falsche* Aussage (f), so ist die Lösungsmenge leer.

Beispiel

$$\frac{1}{x-1} = 2; \quad \mathbb{D} = \mathbb{Q} \setminus \{1\}$$

Mit dem Nenner multiplizieren:

$$\begin{aligned} 1 &= 2\cdot(x-1) \\ 1 &= 2x-2 \\ 2x &= 3 \\ x &= \frac{3}{2} \end{aligned}$$

Ist x in $\mathbb{D}$ enthalten?

Ja, $\frac{3}{2} \in \mathbb{Q} \setminus \{1\} \quad \Rightarrow \quad \mathbb{L} = \left\{\frac{3}{2}\right\}$ Probe: l. S.: 2; r. S.: 2

Übung 1

Gib Definitions- und Lösungsmenge der Bruchgleichung an.

a) $\frac{1}{x} = \frac{7}{3}$ $\mathbb{D} =$ ___ $\mathbb{L} =$ ___

b) $\frac{1}{2x} = 0$ $\mathbb{D} =$ ___ $\mathbb{L} =$ ___

c) $\frac{2}{3x} = \frac{8}{3}$ $\mathbb{D} =$ ___ $\mathbb{L} =$ ___

d) $\frac{1}{x-2} = \frac{1}{2}$ $\mathbb{D} =$ ___ $\mathbb{L} =$ ___

e) $\frac{1}{2x-1} = 2$ $\mathbb{D} =$ ___ $\mathbb{L} =$ ___

Übung 2 **Gib Definitions- und Lösungsmenge an.**

a) $\frac{x+5}{x} = 2$ $\mathbb{D} =$ $\mathbb{L} =$

b) $\frac{3x+2}{3x+3} = 1$ $\mathbb{D} =$ $\mathbb{L} =$

c) $\frac{x-1}{3x-3} = \frac{1}{3}$ $\mathbb{D} =$ $\mathbb{L} =$

d) $\frac{3}{x} = \frac{11}{x} - 2$ $\mathbb{D} =$ $\mathbb{L} =$

e) $\frac{25}{2x+3} = 5$ $\mathbb{D} =$ $\mathbb{L} =$

f) $\frac{18}{7-x} - 6 = 0$ $\mathbb{D} =$ $\mathbb{L} =$

Übung 3 **Bestimme wieder Definitions- und Lösungsmenge.**

a) $\frac{x}{x+1} + \frac{1}{x+1} = 1$ $\mathbb{D} =$ $\mathbb{L} =$

b) $\frac{2x+6}{x} = 4$ $\mathbb{D} =$ $\mathbb{L} =$

c) $\frac{18x+5}{3x+2} = 7$ $\mathbb{D} =$ $\mathbb{L} =$

d) $(5x+6) : (3x-8) = 1$ $\mathbb{D} =$ $\mathbb{L} =$

e) $13x : (7+8x) = -1$ $\mathbb{D} =$ $\mathbb{L} =$

Übung 4 **Und noch einmal: Gib Definitions- und Lösungsmenge an.**

a) $\frac{3}{x} + 3 = \frac{9}{x} - 1$ $\mathbb{D} =$ $\mathbb{L} =$

b) $2 \cdot \left(7 - \frac{1}{x}\right) = \frac{5}{x} + 7$ $\mathbb{D} =$ $\mathbb{L} =$

c) $\frac{8}{x} - 10 = \frac{1}{x} + \frac{2}{x}$ $\mathbb{D} =$ $\mathbb{L} =$

d) $\frac{6}{x-2} + 3 = \frac{3}{x-2}$ $\mathbb{D} =$ $\mathbb{L} =$

e) $\frac{1}{x} + \frac{12}{x} - \frac{3}{x} = 10$ $\mathbb{D} =$ $\mathbb{L} =$

f) $\frac{5+x}{x} = \frac{5-x}{x}$ $\mathbb{D} =$ $\mathbb{L} =$

14 Kreuzweises Multiplizieren

Gleichungen, deren linke und rechte Seite aus je einem Bruchterm besteht, kann man durch *kreuzweises Multiplizieren* vereinfachen:

$$\frac{a}{b} = \frac{c}{d} \quad \Leftrightarrow \quad ad = bc$$

Beispiel

$$\frac{2}{x-3} = \frac{3}{x}; \quad \mathbb{D} = \mathbb{Q} \setminus \{0;\, 3\}$$

Kreuzweise multiplizieren:

$$2x = 3 \cdot (x-3)$$
$$2x = 3x - 9$$
$$-x = -9$$
$$x = 9; \qquad \text{In } \mathbb{D} \text{ enthalten? Ja, } 9 \in \mathbb{D}$$
$$\Rightarrow \quad \mathbb{L} = \{9\}$$

Übung 1

Löse die Gleichung und gib auch die Definitionsmenge an.

a) $\frac{1}{x} = \frac{5}{3}$ $\quad\mathbb{D} =$ ____ $\quad\mathbb{L} =$ ____

b) $\frac{12}{5x} = \frac{8}{7}$ $\quad\mathbb{D} =$ ____ $\quad\mathbb{L} =$ ____

c) $\frac{1}{x-2} = \frac{1}{2}$ $\quad\mathbb{D} =$ ____ $\quad\mathbb{L} =$ ____

d) $\frac{5x+7}{8x+4} = \frac{7}{10}$ $\quad\mathbb{D} =$ ____ $\quad\mathbb{L} =$ ____

e) $\frac{2x+4}{3x-5} = \frac{5}{2}$ $\quad\mathbb{D} =$ ____ $\quad\mathbb{L} =$ ____

Übung 2

Gib Definitions- und Lösungsmenge an.

a) $\frac{4}{5-x} = \frac{-3}{x}$ $\quad\mathbb{D} =$ ____ $\quad\mathbb{L} =$ ____

b) $\frac{3}{9{,}5-2x} = \frac{2}{5x}$ $\quad\mathbb{D} =$ ____ $\quad\mathbb{L} =$ ____

c) $\frac{4 \cdot (x-3)}{x+2} = \frac{5 \cdot (x-2)}{x+2}$ $\quad\mathbb{D} =$ ____ $\quad\mathbb{L} =$ ____

d) $\frac{2}{4x-1} = \frac{5}{8x-2}$ $\quad\mathbb{D} =$ ____ $\quad\mathbb{L} =$ ____

Übung 3 **Löse die Gleichung.**

a) $\frac{3x+2}{2x-1} = \frac{6x-1}{4x-5}$ $\mathbb{D}$ = $\mathbb{L}$ =

b) $\frac{x-2}{x-3} = \frac{x+6}{x+4}$ $\mathbb{D}$ = $\mathbb{L}$ =

c) $\frac{x+7}{x-5} = \frac{x-1}{x+3}$ $\mathbb{D}$ = $\mathbb{L}$ =

d) $\frac{7x+5}{15x-11} = \frac{7x-5}{15x-27}$ $\mathbb{D}$ = $\mathbb{L}$ =

e) $\frac{x-5}{5x+3} = \frac{17-x}{1-5x}$ $\mathbb{D}$ = $\mathbb{L}$ =

f) $\frac{3x-6}{x+5} = \frac{9x+1}{3x-2}$ $\mathbb{D}$ = $\mathbb{L}$ =

Übung 4 **Löse die Gleichung, wie immer mit Angabe der Definitionsmenge.**

a) $\frac{x+4}{x-3} = \frac{2x+5}{2x}$ $\mathbb{D}$ = $\mathbb{L}$ =

b) $\frac{x}{x-2} = \frac{x-3}{x-4}$ $\mathbb{D}$ = $\mathbb{L}$ =

c) $\frac{x-3}{x+3} - \frac{3x-7}{3x-1} = 0$ $\mathbb{D}$ = $\mathbb{L}$ =

d) $\frac{x+2}{x-3} - \frac{2-x}{6-x} = 0$ $\mathbb{D}$ = $\mathbb{L}$ =

e) $\frac{1}{x+2} = \frac{1}{x-2}$ $\mathbb{D}$ = $\mathbb{L}$ =

Bei den folgenden Aufgaben ergeben sich Gleichungen mit mehreren Lösungen. Beispiele:
Die Gleichung $x^2 = 4$ hat die Lösungen 2 und -2.
Die Gleichung $x \cdot (x-5) = 0$ hat die Lösungen 0 und 5.

Übung 5 **Löse die Gleichung. Beachte aber die Definitionsmenge!**

a) $\frac{x}{x-2} = \frac{x}{4-2x}$ $\mathbb{D}$ = $\mathbb{L}$ =

b) $\frac{x+3}{3x-5} = \frac{8x-3}{3x+5}$ $\mathbb{D}$ = $\mathbb{L}$ =

c) $\frac{4x-4}{3x+1} = \frac{2x-6}{x-3}$ $\mathbb{D}$ = $\mathbb{L}$ =

15 Multiplizieren mit dem Hauptnenner (HN)

Wenn man eine Bruchgleichung mit dem Hauptnenner (HN) multipliziert, erhält man eine Gleichung ohne Brüche.

Beispiel

$$\frac{1}{2x} + \frac{1}{5x} + \frac{3}{5} = 2; \quad \mathbb{D} = \mathbb{Q} \setminus \{0\}$$

$$\text{HN} = 10x$$

Mit dem HN multiplizieren:

$$5 + 2 + 6x = 20x$$

$$7 = 14x$$

$$x = \frac{1}{2}; \quad x \in \mathbb{D} \quad \Rightarrow \quad \mathbb{L} = \left\{\frac{1}{2}\right\}$$

Steht im Zähler eines Bruchterms eine Summe oder eine Differenz, dann musst du den weggefallenen Bruchstrich durch eine Klammer ersetzen.

Beispiel

$$\frac{1}{x} - \frac{x+1}{2x} = \frac{1}{2} \qquad | \cdot 2x$$

$$2 - (x + 1) = x$$

Übung 1 **Löse die Gleichung durch Multiplizieren mit dem Hauptnenner.**

a) $\frac{2}{3x} - \frac{4}{9} = \frac{3}{5x} - \frac{1}{3}$ $\mathbb{D} =$ ______ $\mathbb{L} =$ ______

b) $\frac{4}{x} - \frac{1}{2x} + 2 = \frac{1}{4}$ $\mathbb{D} =$ ______ $\mathbb{L} =$ ______

c) $\frac{1}{6} - \frac{13}{x} + \frac{1}{13x} + \frac{1}{3} = \frac{1}{2} + \frac{1}{x}$ $\mathbb{D} =$ ______ $\mathbb{L} =$ ______

d) $\frac{7}{3} + \frac{3}{2x} - \frac{5}{x} = 0$ $\mathbb{D} =$ ______ $\mathbb{L} =$ ______

e) $1 - \frac{2x - 10}{3x} = \frac{20 - x}{2x}$ $\mathbb{D} =$ ______ $\mathbb{L} =$ ______

f) $\frac{x+1}{3x} - \frac{x-1}{10x} = \frac{1}{5}$ $\mathbb{D} =$ ______ $\mathbb{L} =$ ______

g) $\frac{1}{4x} - \frac{2x+1}{8x} = \frac{1}{8}$ $\mathbb{D} =$ ______ $\mathbb{L} =$ ______

Übung 2 Löse die Gleichung und gib die Definitionsmenge an.

a) $\frac{3x-7}{x-4} = \frac{5x-5}{x+7} - 2$ $\mathbb{D} =$ $\mathbb{L} =$

b) $\frac{3x+4}{x} - \frac{2x}{x+1} = 1$ $\mathbb{D} =$ $\mathbb{L} =$

c) $\frac{3}{3-2x} = 5 - \frac{18}{2x-3}$ $\mathbb{D} =$ $\mathbb{L} =$

d) $\frac{1}{x+1} + \frac{1}{2x+2} = \frac{3}{2x+2}$ $\mathbb{D} =$ $\mathbb{L} =$

e) $\frac{1}{x-2} - \frac{1}{5x-10} = \frac{1}{3x-6}$ $\mathbb{D} =$ $\mathbb{L} =$

Übung 3 Löse die Gleichung.

a) $\frac{3}{x-1} + \frac{10}{3x-6} = \frac{6}{x-2}$ $\mathbb{D} =$ $\mathbb{L} =$

b) $\frac{1}{3x+1} + \frac{1}{6x+3} = \frac{5}{2x+1}$ $\mathbb{D} =$ $\mathbb{L} =$

c) $\frac{8}{4x^2+16x} = \frac{3}{x+4} - \frac{5}{4x}$ $\mathbb{D} =$ $\mathbb{L} =$

d) $\frac{1}{x^2} = \frac{1}{3x} + \frac{1}{6x}$ $\mathbb{D} =$ $\mathbb{L} =$

e) $\frac{1}{2x} + \frac{1}{3x} + \frac{1}{4x} + \frac{1}{5x} = \frac{1}{x^2}$ $\mathbb{D} =$ $\mathbb{L} =$

Übung 4 Löse zuerst die Klammer auf.

a) $\frac{1}{6} - \frac{2}{3} \cdot \left(\frac{1}{4x} - \frac{1}{2x} - \frac{1}{x}\right) = 1$ $\mathbb{L} =$

b) $\frac{49}{x} - 7 \cdot \left(\frac{4}{x} - \frac{2}{3}\right) = \frac{63}{x} \cdot 2 - 10\frac{1}{3}$ $\mathbb{L} =$

c) $28 - 2 \cdot \left(\frac{9}{x} + 4\right) = \frac{28+4}{2x} + \frac{94}{x} - 12$ $\mathbb{L} =$

d) $\frac{9}{x} - 2\frac{2}{5} - \frac{3}{2} \cdot \left(\frac{9}{x} - 3\right) = \frac{6}{x}$ $\mathbb{L} =$

e) $3{,}5 - 3 \cdot \left(\frac{3}{4x} - \frac{5}{6x}\right) = \frac{1}{2x} + 1\frac{7}{8} : \frac{3}{4}$ $\mathbb{L} =$

16 Bruchgleichungen I

Beispiel

$$\frac{1}{x-2}+\frac{7}{x+2}=\frac{28}{x^2-4};\qquad \mathbb{D}=\mathbb{Q}\setminus\{-2;2\}$$

$$\text{HN}=(x-2)(x+2)$$

Mit dem HN multiplizieren:

$$\begin{aligned}(x+2)+7\cdot(x-2)&=28\\ x+2+7x-14&=28\\ 8x-12&=28\\ 8x&=40\\ x&=5\in\mathbb{D}\quad\Rightarrow\quad \mathbb{L}=\{5\}\end{aligned}$$

Probe: l. S.: $\frac{1}{3}+\frac{7}{7}=\frac{4}{3}$ r. S.: $\frac{28}{21}=\frac{4}{3}$

Übung 1

Löse die Gleichung und gib auch die Definitionsmenge an.

a) $\frac{1}{x+1}+\frac{1}{x-1}=\frac{4}{x^2-1}$ $\mathbb{D}=$ $\mathbb{L}=$

b) $\frac{1}{x-4}-\frac{1}{x+4}=\frac{8}{x^2-16}$ $\mathbb{D}=$ $\mathbb{L}=$

c) $\frac{2}{x-7}-\frac{1}{x+7}=\frac{11}{x^2-49}$ $\mathbb{D}=$ $\mathbb{L}=$

d) $\frac{3}{x+9}-\frac{2}{x-9}=\frac{45}{81-x^2}$ $\mathbb{D}=$ $\mathbb{L}=$

e) $\frac{1}{x-5}-\frac{1}{x+5}=\frac{10}{x^2-25}$ $\mathbb{D}=$ $\mathbb{L}=$

Übung 2

Gib Definitions- und Lösungsmenge an.

a) $\frac{1}{2x+3}+\frac{1}{2x-3}+\frac{2}{4x^2-9}=0$ $\mathbb{D}=$ $\mathbb{L}=$

b) $\frac{5}{5x+4}+\frac{2}{5x-4}=\frac{2}{25x^2-16}$ $\mathbb{D}=$ $\mathbb{L}=$

c) $\frac{46}{9x^2-121}+\frac{1}{3x+11}+\frac{23}{3x-11}=0$ $\mathbb{D}=$ $\mathbb{L}=$

d) $\frac{15}{4x^2-16x+16}=\frac{1}{x-2}+\frac{1}{2x-4}$ $\mathbb{D}=$ $\mathbb{L}=$

e) $\frac{1}{x-3}=\frac{3}{2x+6}-\frac{6}{9-x^2}$ $\mathbb{D}=$ $\mathbb{L}=$

Übung 3 Löse die Gleichung.

a) $\frac{3}{3x+4} = \frac{14}{3x-4} - \frac{35}{9x^2-16}$ $\mathbb{D} =$ ______ $\mathbb{L} =$ ______

b) $\frac{3}{4x+6} = \frac{1}{2x-3} + \frac{7}{8x^2-18}$ $\mathbb{D} =$ ______ $\mathbb{L} =$ ______

c) $\frac{2}{x-2} + \frac{5}{x+3} = \frac{31}{(x+3)(x-2)}$ $\mathbb{D} =$ ______ $\mathbb{L} =$ ______

d) $\frac{15}{4x-5} - \frac{52}{4x+5} = \frac{39}{16x^2-25}$ $\mathbb{D} =$ ______ $\mathbb{L} =$ ______

e) $\frac{5-x}{4x^2-49} = \frac{1}{2x-7} - \frac{14}{2x+7}$ $\mathbb{D} =$ ______ $\mathbb{L} =$ ______

Übung 4 Achtung, Beträge!

(Betragsstriche sind „Positivmacher".)

a) $|x+3| = 5$ $\mathbb{L} =$ ______

b) $\frac{5}{|x+1|} = 1$ $\mathbb{D} =$ ______ $\mathbb{L} =$ ______

17 Bruchgleichungen II

Beispiel

$$\frac{11}{x^2-25}+\frac{3x-9}{5-x}+\frac{2x+28}{3x+15}=0$$

$$\left.\begin{aligned} x^2-25 &= (x-5)(x+5)\\ 5-x &= -(x-5)\\ 3x+15 &= 3\cdot(x+5)\end{aligned}\right\}\Rightarrow \left\{\begin{aligned} HN &= 3\cdot(x-5)(x+5)\\ \mathbb{D} &= \mathbb{Q}\setminus\{-5;5\}\end{aligned}\right.$$

Mit dem HN multiplizieren:

$$\begin{aligned} 11\cdot 3+(3x-9)(-3)(x+5)+(2x+28)(x-5) &= 0\\ 33-3\cdot(3x^2+15x-9x-45)+2x^2-10x+28x-140 &= 0\\ 33-3\cdot(3x^2+6x-45)+2x^2+18x-140 &= 0\\ 33-9x^2-18x+135+2x^2+18x-140 &= 0\\ -7x^2 &= -28\\ x^2 &= 4\end{aligned}$$

Achtung, es gibt zwei Lösungen!

$$\left.\begin{aligned} x_1 &= -2\in\mathbb{D}\\ x_2 &= 2\in\mathbb{D}\end{aligned}\right\}\Rightarrow \mathbb{L}=\{-2;2\}$$

Übung 1

Gib die Definitionsmenge an und löse die Gleichung.

a) $\frac{7}{x+3}+\frac{5}{x-3}=\frac{9x+27}{x^2-9}$ $\mathbb{D}=$ ____ $\mathbb{L}=$ ____

b) $\frac{21}{x+2}-\frac{12}{x+3}=\frac{11x+45}{(x+2)(x+3)}$ $\mathbb{D}=$ ____ $\mathbb{L}=$ ____

c) $\frac{15}{x^2-4}-\frac{6}{3x+6}+\frac{25}{x-2}=0$ $\mathbb{D}=$ ____ $\mathbb{L}=$ ____

d) $\frac{3}{3x-2}-\frac{2}{3x^2-2x}=\frac{4}{5x}$ $\mathbb{D}=$ ____ $\mathbb{L}=$ ____

Übung 2

Löse die Gleichung.

a) $\frac{3}{x+8}+\frac{7}{4x+32}=\frac{38}{x^2+16x+64}$ $\mathbb{D}=$ ____ $\mathbb{L}=$ ____

b) $\frac{3}{x-5}+\frac{2}{5-x}=\frac{5}{x^2-10x+25}$ $\mathbb{D}=$ ____ $\mathbb{L}=$ ____

c) $\frac{1}{2x-1}-\frac{11}{20x-10}=\frac{1}{40x^2-40x+10}$ $\mathbb{D}=$ ____ $\mathbb{L}=$ ____

d) $\frac{1}{x-8}+\frac{4}{3x-24}=\frac{7}{3x^2-48x+192}$ $\mathbb{D}=$ ____ $\mathbb{L}=$ ____

Übung 3

Gib Definitions- und Lösungsmenge an.

a) $\frac{2x+4}{3x+4} + \frac{3x-1}{3x-4} = \frac{15x^2+6}{9x^2-16}$ $\mathbb{D} =$ ____ $\mathbb{L} =$ ____

b) $\frac{4}{x+12} + \frac{3}{x-9} = \frac{7}{x}$ $\mathbb{D} =$ ____ $\mathbb{L} =$ ____

c) $\frac{8}{2x^2+x} + \frac{3}{4x^2-1} - \frac{7}{2x^2-x} = 0$ $\mathbb{D} =$ ____ $\mathbb{L} =$ ____

d) $\frac{1}{x} + \frac{1}{x+1} = \frac{1}{x^2+x}$ $\mathbb{D} =$ ____ $\mathbb{L} =$ ____

e)* $\frac{17x-6}{4x^3+14x^2-30x} - \frac{1}{2x} = \frac{1}{2x-3}$ $\mathbb{D} =$ ____ $\mathbb{L} =$ ____

Übung 4

Denksportaufgabe

Wie kann man mit 6 Streichhölzern 4 gleichseitige Dreiecke herstellen? Nichts brechen, nichts biegen. Jedes Streichholz bildet eine Seite. Zeichne die richtige Anordnung.

Übung 5

Wüsten-Mathematik

Abu Hammad hatte seinen drei Söhnen folgendes Testament hinterlassen: „Mein ältester Sohn soll die Hälfte der Kamele erhalten, mein zweiter Sohn ein Drittel und mein dritter Sohn ein Achtel."
Die Söhne waren bestürzt, denn die Zahl der Kamele war nicht durch 2, 3 oder 8 teilbar, und liefen zum Kadi. Der alte Kadi lächelte weise und sprach: „Nehmt mein Kamel dazu und führt die Teilung aus. Danach könnt ihr mir mein Kamel wieder zurückgeben."
Die Söhne taten, wie sie der Kadi geheißen hatte, und tatsächlich ging die Teilung auf und das Kamel des Kadi blieb dabei übrig. Nun sage mir, o geneigter Leser, wie viele Kamele besaß Abu Hammad?

Antwort: Abu Hammad besaß ____ Kamele.

18 Bruchgleichungen III

Beispiel

$$\frac{6}{x+5} - \frac{5}{x-1} = \frac{4}{x^2+4x-5}$$

Der Term $x^2 + 4x - 5$ lässt sich nicht so einfach faktorisieren. Betrachte zunächst die anderen Nenner: Ihr Produkt muss ohnehin im Hauptnenner enthalten sein.

$$(x+5)(x-1) = x^2 - x + 5x - 5 = x^2 + 4x - 5$$

Damit ist der Hauptnenner klar: $HN = (x+5)(x-1)$

$\mathbb{D} = \mathbb{Q} \setminus \{-5; 1\}$

Mit dem HN multiplizieren:

$$\begin{aligned} 6(x-1) - 5(x+5) &= 4 \\ 6x - 6 - 5x - 25 &= 4 \\ x - 31 &= 4 \\ x &= 35 \in \mathbb{D} \quad \Rightarrow \quad \mathbb{L} = \{35\} \end{aligned}$$

Übung 1

Gib die Definitionsmenge an und löse die Gleichung.

a) $\frac{7}{2x+3} = \frac{70}{12x^2+10x-12} - \frac{1}{3x-2}$ $\mathbb{D} =$ $\mathbb{L} =$

b) $\frac{1}{x-3} - \frac{1}{2x+4} = \frac{7}{2x^2-2x-12}$ $\mathbb{D} =$ $\mathbb{L} =$

c) $\frac{6x-7}{x^2-20x+91} + \frac{7}{x-7} = \frac{5}{x-13}$ $\mathbb{D} =$ $\mathbb{L} =$

d) $\frac{10x-15}{x+3} + \frac{30-4x}{x-5} = \frac{6x^2-23x-3}{x^2-2x-15}$ $\mathbb{D} =$ $\mathbb{L} =$

Übung 2

Löse die Gleichung.

a) $\frac{2x}{1-x} + \frac{8}{x+1} = \frac{2x^2-6}{1-x^2} + \frac{2}{x-1}$ $\mathbb{D} =$ $\mathbb{L} =$

b) $\frac{x^2-6x+2}{4-x^2} = \frac{14-3x}{2x+4} - \frac{5x}{6-3x} - \frac{7}{6}$ $\mathbb{D} =$ $\mathbb{L} =$

c) $\frac{x+7}{6x-6} + \frac{x-8}{x^2-x} = \frac{2x+5}{3x-3} - \frac{2x-3}{4x-4}$ $\mathbb{D} =$ $\mathbb{L} =$

d) $\frac{20+4x}{3x+8} - \frac{7x}{3x-8} + 1 = \frac{3x-35}{18x^2-128}$ $\mathbb{D} =$ $\mathbb{L} =$

e)* $\frac{5}{7-x} + \frac{2}{x+2} - \frac{5}{5-x} - \frac{2}{x+7} = 0$ $\mathbb{D} =$ $\mathbb{L} =$

Übung 3

Vereinfache zuerst die Doppelbrüche. Beachte, dass alle Nenner ungleich null sein müssen.

a) $\dfrac{\frac{3x-3}{8}}{\frac{13x+3}{7}} = \dfrac{1}{8}$ $\mathbb{D} =$ ______ $\mathbb{L} =$ ______

b) $\dfrac{\frac{7\cdot(4x-1)}{8}}{\frac{3\cdot(5x+1)}{2}} = \dfrac{7}{8}$ $\mathbb{D} =$ ______ $\mathbb{L} =$ ______

c) $\dfrac{5}{\frac{1}{5}+\frac{1}{x}} = 24$ $\mathbb{D} =$ ______ $\mathbb{L} =$ ______

d) $\dfrac{\frac{2}{3}-\frac{2}{x}}{\frac{1}{3}+\frac{1}{x}} = \dfrac{2}{3}$ $\mathbb{D} =$ ______ $\mathbb{L} =$ ______

e)* $\dfrac{x+\frac{5}{3}}{x} - \dfrac{x-\frac{1}{4}}{x-\frac{23}{48}} = 0$ $\mathbb{D} =$ ______ $\mathbb{L} =$ ______

Übung 4

Zum Abschluss der Bruchgleichungen noch ein paar richtige Herausforderungen?

a)* $\dfrac{x-3}{x-4} - \dfrac{x+2}{x-1} - \dfrac{15}{x^2-5x+4} = 0$ $\mathbb{D} =$ ______ $\mathbb{L} =$ ______

b)* $\dfrac{1}{x-3} - \dfrac{2}{x-7} = \dfrac{1}{x^2-10x+21}$ $\mathbb{D} =$ ______ $\mathbb{L} =$ ______

c)* $\dfrac{1}{x} - \dfrac{1}{x+1} - \dfrac{1}{x+2} + \dfrac{1}{x+3} = 0$ $\mathbb{D} =$ ______ $\mathbb{L} =$ ______

d)* $\dfrac{4}{x^2} - \dfrac{3}{x} + \dfrac{2}{x+1} - \dfrac{1}{1-x} = \dfrac{1+3x^2}{x^4-x^2}$ $\mathbb{D} =$ ______ $\mathbb{L} =$ ______

19 Proportionen

Die Gleichung $a : b = c : d$ heißt **Verhältnisgleichung** oder **Proportion**. (Lies: *a verhält sich zu b wie c zu d.*)
Sie ist äquivalent zu der Bruchgleichung

$$\frac{a}{b} = \frac{c}{d} \quad | \text{ kreuzweise multiplizieren}$$

$$a \cdot d = b \cdot c$$

Daher gilt für Verhältnisgleichungen die Regel:
„Produkt der Außenglieder gleich Produkt der Innenglieder."

$$a : b = c : d \quad \Rightarrow \quad a \cdot d = b \cdot c$$

Beispiel

$$3 : 4 = 5 : x$$

$$3x = 20$$

$$x = \frac{20}{3} = 6\frac{2}{3}$$

Übung 1

Vereinfache das Verhältnis durch Kürzen oder Erweitern.
(Beispiel: $200 : 300 = 2 : 3$)

a) $144 : 160 =$ ______

b) $0{,}07 : 0{,}15 =$ ______

c) $\frac{1}{4} : \frac{3}{8} =$ ______

d) $1\frac{1}{3} : \frac{2}{3} =$ ______

e) $2{,}5 : 3 =$ ______

f) $0{,}3\% : 0{,}5\% =$ ______

Übung 2

Berechne die Unbekannte.

a) $3 : a = 7 : 8$; $a =$ ______

b) $b : 10 = 1 : 3$; $b =$ ______

c) $9 : 11 = c : 14$; $c =$ ______

d) $96 : 70 = 8 : d$; $d =$ ______

e) $20 : (5e) = -6 : 3$; $e =$ ______

f) $2f : 9 = 40 : 45$; $f =$ ______

Übung 3

Berechne die „passenden" Zahlenwerte für *x* und *y*.
Lösungshinweis: Bestimme aus der zweiten Gleichung einen Ausdruck für *y* und setze ihn in die Verhältnisgleichung ein.

a) $x : y = 2 : 3$; $x + y = -5$; $x =$ ______ ; $y =$ ______

b) $x : y = 5 : 2$; $x + y = 70$; $x =$ ______ ; $y =$ ______

c) $x : y = 2 : 1$; $x + y = \frac{3}{8}$; $x =$ ____ ; $y =$ ____

d) $x : y = 11 : 8$; $x - y = 6$; $x =$ ____ ; $y =$ ____

e) $x : y = 1 : (-3)$; $x - y = 44$; $x =$ ____ ; $y =$ ____

f) $x : y = \frac{1}{3} : 2$; $x + y = -7$; $x =$ ____ ; $y =$ ____

Übung 4 **Löse mit einer Verhältnisgleichung.**

a) Ein Kochrezept verlangt 1400 g Mehl und 7 Eier.
Wie viel Mehl braucht man für 3 Eier?

Antwort: Man braucht ____ g Mehl.

b) Auf dem Schwarzmarkt von Dschingistan erhält man für 8 Hühner 280 Liter Benzin.
Wie viel Benzin erhält man für 5 Hühner?

Antwort: Für 5 Hühner erhält man ____ Liter Benzin.

c) Für je 3 alte Comco-Aktien erhält man 7 neue HypCo-Aktien.
Wie viele HypCo-Aktien erhält man für 123 Comco-Aktien?

Antwort: Man erhält dafür ____ HypCo-Aktien.

d) Für den Cocktail „Rote Moskwa" mischt man Wodka und Himbeersirup im Verhältnis 3 : 4.
Wie viel Himbeersirup braucht man für 1,2 Liter Wodka?

Antwort: Für 1,2 Liter Wodka benötigt man ____ Liter Himbeersirup.

e) Der Bauer Tsao Min will seine 56 Schweine im Verhältnis 3 : 5 an seine beiden Söhne vermachen.
Wie viele Schweine erhalten die Söhne jeweils?

Antwort: ____ Schweine und ____ Schweine

f) Bei einer chemischen Reaktion erhält man aus 56 g Eisenpulver und 32 g Schwefelpulver 88 g Eisensulfid.
Wie viel Eisenpulver und Schwefelpulver braucht man, um 220 g Eisensulfid herzustellen?

Antwort: Man braucht ____ g Eisenpulver und ____ g Schwefelpulver.

g) 4000 € sind 100 %. Wieviel Prozent sind dann 80 €?

Antwort: 80 € entsprechen ____ %.

h) Unter 100 Geburten findet man durchschnittlich 48,6 Mädchengeburten.
Wie viele Mädchen kommen also durchschnittlich auf 1000 Jungen?
Runde auf eine ganze Zahl. Du kannst einen Taschenrechner verwenden.

Antwort: ____ Mädchen

20 Textaufgaben

Beispiel

Die klassische Röhrenaufgabe:
Ein Wasserbehälter hat zwei Zuflussröhren. Mit der ersten Röhre allein kann der Behälter in 4 Stunden, mit der zweiten in 2 Stunden gefüllt werden. Wie lange dauert das Füllen, wenn beide Röhren gleichzeitig in Betrieb sind?

Natürlich darf man nicht 4 Stunden und 2 Stunden addieren, sondern man muss die *Anteile* der Gesamtmenge addieren, die jede Röhre in *einer* Stunde liefert:

$$\frac{1}{4} + \frac{1}{2} = \frac{1}{x}; \quad \mathbb{D} = \mathbb{Q}^+ \text{ (Nur positive Zeiten sind sinnvoll.)}$$

$$\frac{3}{4} = \frac{1}{x}$$

$$x = \frac{4}{3} = 1\frac{1}{3}$$

Beide Röhren zusammen brauchen 1 h 20 min.

Übung 1

Löse die Aufgaben.

a) Mit einem Mähdrescher vom Typ A braucht man 16 Stunden, um die Felder eines Guts abzuernten. Mit Typ B braucht man 14 Stunden.
Wie lange dauert es, wenn ein Mähdrescher vom Typ A und einer vom Typ B zusammen in Betrieb sind? Runde auf halbe Stunden.

Antwort: Die Mähdrescher brauchen zusammen ca. ______ Stunden.

b) Ein Teich wird durch einen Zufluss in 6 h und durch einen zweiten in 8 h gefüllt. Der Abfluss leert ihn in 4 h.
Nun werden bei leerem Teich beide Zuflüsse und der Abfluss geöffnet. Wie lange dauert es jetzt, bis der Teich voll ist?

Antwort: Das Füllen des Teichs dauert ______ h.

c) Ein Graben wird von 4 Arbeitern ausgehoben. Der erste würde allein 8 Tage brauchen, der zweite allein 10 Tage und der dritte und der vierte würden jeweils allein 12 Tage brauchen.
Wie lange dauert es, wenn alle zugleich arbeiten? Runde auf halbe Tage.

Antwort: Die gemeinsame Arbeit dauert ca. ______ Tage.

Beispiel

Gesucht ist ein Bruch mit natürlichen Zahlen im Zähler und im Nenner. Der Nenner ist um 8 größer als der Zähler und der Bruch hat den Wert $\frac{2}{3}$. Wie heißt der Bruch?

$$\frac{x}{x+8} = \frac{2}{3}; \quad \mathbb{D} = \mathbb{N}$$

$$3x = 2\cdot(x+8)$$

$$3x = 2x + 16$$

$$x = 16 \quad \Rightarrow \quad \text{Der Bruch heißt } \frac{16}{24}.$$

Übung 2

Löse die Aufgaben. Du kannst natürliche Zahlen im Zähler und Nenner der Brüche voraussetzen.

a) Der Nenner eines Bruches ist um 8 größer als der Zähler. Vermehrt man beide um 3, so entsteht ein Bruch vom Wert $\frac{1}{3}$. Wie heißt der ursprüngliche Bruch?

Antwort:

b) Ein Bruch hat den Wert $\frac{1}{3}$. Vergrößert man den Zähler und Nenner um jeweils 5, so erhält man einen Bruch mit dem Wert $\frac{3}{7}$. Wie heißt der ursprüngliche Bruch?

Antwort:

c) In einem Bruch ist der Nenner um 7 kleiner als der Zähler. Der Wert des Bruches ändert sich nicht, wenn man den Zähler um 5 vergrößert und gleichzeitig den Nenner um 4 vergrößert. Wie heißt der Bruch?

Antwort:

d) Der Zähler eines Bruches ist um 2 größer als der Nenner. Vermindert man den Zähler um 7 und den Nenner um 4, so erhält man einen Bruch, dessen Wert gleich dem Kehrwert des ursprünglichen Bruches ist. Wie heißt dieser?

Antwort:

e) Dividiert man eine gerade Zahl durch die nächstgrößere gerade Zahl, so erhält man $\frac{3}{4}$. Wie heißt die Zahl?

Antwort:

f) Dividiert man 3 durch eine ungerade Zahl, so erhält man das Gleiche wie wenn man 7 durch die übernächste ungerade Zahl dividiert. Wie heißt die Zahl?

Antwort:

21 Bruchgleichungen mit Parameter

Wenn in einer Gleichung neben der Unbekannten *x* noch andere Variable *a*, *b*, *c*, … vorkommen, so bezeichnet man diese Variablen als **Formvariable** oder **Parameter**.
Wenn nichts anderes gesagt wird, können diese alle Werte aus $\mathbb{Q}$ annehmen, also auch null werden.

Beispiel

$$2x + a = 7$$
$$2x = 7 - a$$
$$x = \frac{7-a}{2} \quad \Rightarrow \quad \mathbb{L} = \left\{\frac{7-a}{2}\right\}$$

Wenn man eine Gleichung mit Parameter durch einen Term dividiert, der auch null werden kann, dann wird eine Fallunterscheidung notwendig.

Beispiel

$$\frac{5}{x} = b; \quad \mathbb{D} = \mathbb{Q} \setminus \{0\}$$
$$5 = bx$$

Jetzt möchte man durch *b* dividieren:

1. Fall: $b \neq 0 \quad \Rightarrow \quad x = \frac{5}{b}$

2. Fall: $b = 0 \quad \Rightarrow \quad 5 = 0 \quad (f)$

$$\Rightarrow \quad \mathbb{L} = \begin{cases} \left\{\frac{5}{b}\right\} & \text{falls} \quad b \neq 0 \\ \{\,\} & \text{falls} \quad b = 0 \end{cases}$$

Übung 1

Gib die Lösungsmenge an. Achtung, manchmal wird eine Fallunterscheidung notwendig!

a) $x - a^2 = 2b$ $\qquad \mathbb{L} =$

b) $\frac{x}{5-a} = b \quad (a \neq 5)$ $\qquad \mathbb{L} =$

c) $x : a = b : 10 \quad (a \neq 0)$ $\qquad \mathbb{L} =$

d) $ax + bx = 8$ $\qquad \mathbb{L} =$

e) $\frac{x}{p} + \frac{x}{q} = 10 \quad (p, q \neq 0)$ $\qquad \mathbb{L} =$

Übung 2

Gib die Lösungsmenge an. Die Parameter *p* und *q* sollen ungleich null sein. Achtung, manchmal wird eine Fallunterscheidung notwendig!

a) $\frac{1}{x-1} = p - 2$ $\quad \mathbb{L} =$

b) $\frac{p}{x} - \frac{1}{x} = q$ $\quad \mathbb{L} =$

c) $\frac{1}{x-p} = p$ $\quad \mathbb{L} =$

d) $\frac{px}{x-q} = 3$ $\quad \mathbb{L} =$

e) $\frac{x}{2p-3x} = \frac{1}{p}$ $\quad \mathbb{L} =$

f) $\frac{p}{x} - \frac{x}{p} = 0$ $\quad \mathbb{L} =$

(Achtung, 2 Lösungen!)

Übung 3

Löse die Aufgabe. Die Parameter *a* und *b* sollen ungleich null sein. Achte auf Fallunterscheidungen!

a) $\frac{b}{a-x} = \frac{a}{b-x}$ $\quad \mathbb{L} =$

b) $\frac{1}{1+2ax} = \frac{2}{1+ax}$ $\quad \mathbb{L} =$

c) $\frac{x}{x-a} + \frac{a}{x+a} = \frac{x^2+a^2}{x^2-a^2}$ $\quad \mathbb{L} =$

d) $\frac{a-b}{x} = \frac{a^2-b^2}{ax+b}$ $\quad \mathbb{L} =$

e) $\frac{a+4}{x-2} = 1$ $\quad \mathbb{L} =$

f) Röhre 1 füllt ein Becken in *a* Stunden, Röhre 2 in *b* Stunden. Wie lange brauchen beide zusammen?

Antwort: Sie brauchen ______ Stunden.

22 Formelumstellung

Bei der Umstellung von geometrischen oder physikalischen Formeln geht man vor wie beim Lösen von Gleichungen. Die Größe, nach der aufgelöst werden soll, wird als Unbekannte betrachtet.

Beispiel

$$A = \frac{B}{C+D}$$

Die Formel soll nach C aufgelöst werden.
Zuerst mit dem Nenner multiplizieren um den Bruch zu beseitigen:

$$A \cdot (C+D) = B$$

$$AC + AD = B \qquad | -AD$$

$$AC = B - AD \qquad | : A$$

$$C = \frac{B-AD}{A} = \frac{B}{A} - D$$

Übung 1

Löse die Formeln nach der angegebenen Größe auf.
Alle Größen in den Formeln sind positiv, daher kann der Nenner nie null werden.
(Das griechische Alphabet steht übrigens auf Seite 112.)

a) $R = \frac{U}{I}$ $\qquad U = \_\_\_\_ \qquad I = \_\_\_\_$

b) $s = v \cdot t$ $\qquad v = \_\_\_\_ \qquad t = \_\_\_\_$

c) $A = \frac{1}{2} g \cdot h$ $\qquad g = \_\_\_\_ \qquad h = \_\_\_\_$

d) $u = 2\pi r$ $\qquad r = \_\_\_\_$

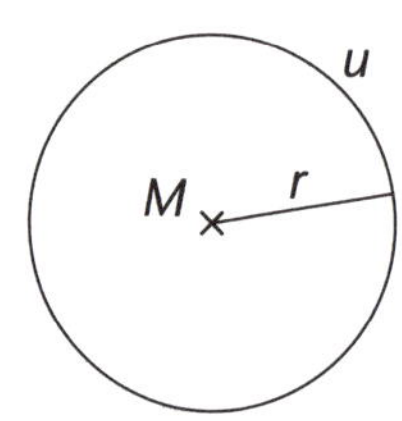

e) $V = \frac{1}{3} G \cdot h$ $\qquad G = \_\_\_\_ \qquad h = \_\_\_\_$

f) $\varrho = \frac{m}{V}$ $\qquad m = \_\_\_\_ \qquad V = \_\_\_\_$

g) $h^2 = p \cdot q$ $\qquad p = \_\_\_\_ \qquad q = \_\_\_\_$

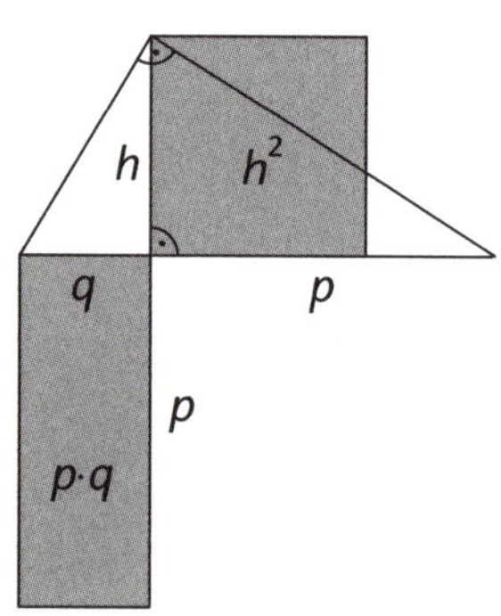

Übung 2

Stelle die Formeln so um, dass du die angegebene Größe erhältst. Alle Größen sind positiv.

a) $A = \frac{1}{2}(a + c) \cdot h$ $a =$ ______ $c =$ ______ $h =$ ______

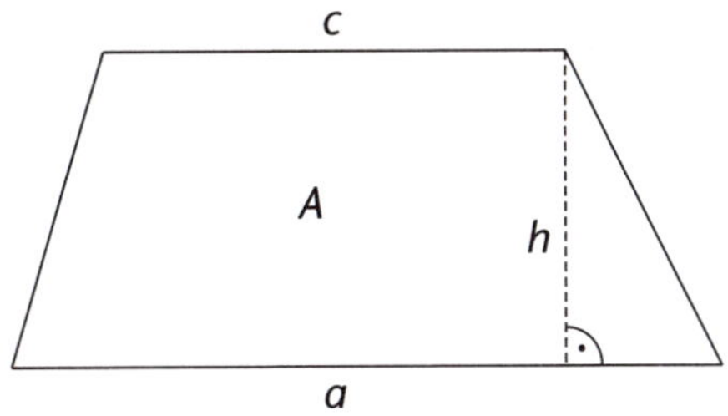

b) $B : G = b : g$ $B =$ ______ $G =$ ______ $b =$ ______ $g =$ ______

c) $\frac{p_1 V_1}{T_1} = \frac{p_2 V_2}{T_2}$ $p_1 =$ ______ $V_1 =$ ______ $T_1 =$ ______

d) $v = v_0 + at$ $v_0 =$ ______ $a =$ ______

e) $\frac{1}{f} = \frac{1}{g} + \frac{1}{b}$ $f =$ ______ $g =$ ______

Übung 3

Löse die Formeln nach der angegebenen Größe auf. (Alle Größen sind positiv.)

a) $s = v_0 t + \frac{1}{2}at^2$ $v_0 =$ ______ $a =$ ______

b) $cm_1 (\vartheta_1 - \vartheta_M) = cm_2 (\vartheta_M - \vartheta_2)$ $\vartheta_M =$ ______

c) $E = \frac{1}{2}mv^2$ $m =$ ______

d) $R_1 : R_2 = U_1 : (U - U_1)$ $R_2 =$ ______ $U_1 =$ ______

e) $O = 2 \cdot (ab + bc + ac)$ $a =$ ______

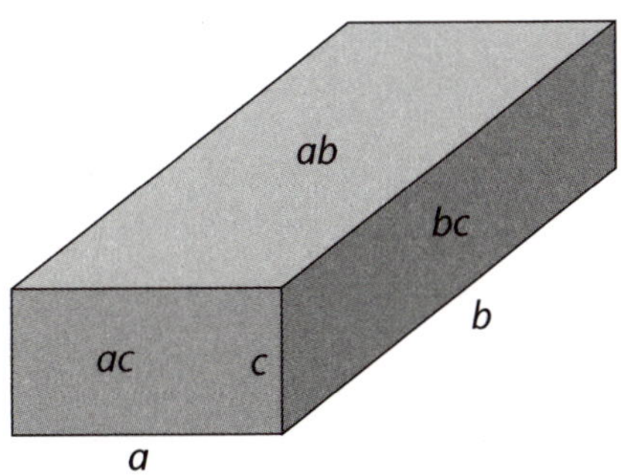

23 Bruchungleichungen

Die Bedeutung einiger Symbole, die für Bruchungleichungen wichtig sind, kannst du auf Seite 112 nachschlagen.

Jede Bruchungleichung lässt sich in einer Form darstellen, in der auf der rechten Seite der Ungleichung die Null steht.
Für alle vier dabei möglichen Formen muss man bei Zähler Z und Nenner N *immer* eine Fallunterscheidung vornehmen:

		Fall 1	Fall 2
$\frac{Z}{N} > 0$	$\Rightarrow$	$Z > 0 \wedge N > 0$	$Z < 0 \wedge N < 0$
$\frac{Z}{N} \geqq 0$	$\Rightarrow$	$Z \geqq 0 \wedge N > 0$	$Z \leqq 0 \wedge N < 0$
$\frac{Z}{N} < 0$	$\Rightarrow$	$Z < 0 \wedge N > 0$	$Z > 0 \wedge N < 0$
$\frac{Z}{N} \leqq 0$	$\Rightarrow$	$Z \leqq 0 \wedge N > 0$	$Z \geqq 0 \wedge N < 0$

Mit dem Fall 1 erhält man die Lösungsteilmenge $\mathbb{L}_1$, mit dem Fall 2 $\mathbb{L}_2$. Die Lösungsmenge erhält man mit: $\mathbb{L} = \mathbb{L}_1 \cup \mathbb{L}_2$

Bei einer Lösung auf diesem Wege erübrigt sich die Frage nach der Definitionsmenge, da der Fall $N = 0$ in jedem Fall aus der Lösungsmenge ausgeschlossen ist.

Die Lösungsmenge kann mit einer Stichprobe überprüft werden. Eine richtige Stichprobe ist jedoch kein Beweis für die Richtigkeit der Lösungsmenge.

Beispiel

$$\frac{x}{x+1} \geqq 0$$

Fall 1: $x \geqq 0 \wedge x+1 > 0 \quad \Rightarrow \quad x \geqq 0 \wedge x > -1$
$\Rightarrow \quad \mathbb{L}_1 = [\,0; \infty\,[\; = \mathbb{Q}_0^+$

Fall 2: $x \leqq 0 \wedge x+1 < 0 \quad \Rightarrow \quad x \leqq 0 \wedge x < -1$
$\Rightarrow \quad \mathbb{L}_2 = \,]-\infty; -1[$

$\mathbb{L} = \mathbb{L}_1 \cup \mathbb{L}_2 = \mathbb{Q}_0^+ \cup \,]-\infty; -1[\; = \mathbb{Q} \setminus [-1; 0\,[$

Man kann die Lösungsmenge am Zahlenstrahl veranschaulichen:

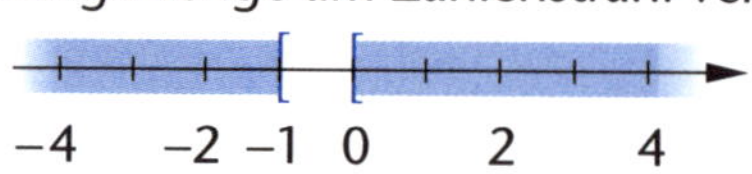

Stichprobe:
Mit $x = -2$ erhält man $2 \geqq 0$, wie erwartet eine wahre Aussage.
Mit $x = -\frac{1}{2}$ erhält man $-1 \geqq 0$, wie erwartet eine falsche Aussage.

Übung 1

Gib die Lösungsmenge an. Beachte, dass du beim Multiplizieren oder Dividieren einer Ungleichung mit einer *negativen* Zahl das Ungleichheitszeichen umkehren musst.

a) $2x + 1 > 7$ $\quad \mathbb{L} =$

b) $-3x - 3 \geqq -6$ $\quad \mathbb{L} =$

c) $\frac{1}{2}x + \frac{1}{3} < \frac{1}{4}$ $\quad \mathbb{L} =$

d) $-x - 3 \geqq 0$ $\quad \mathbb{L} =$

e) $-3x - 3 < -12 + 6x$ $\quad \mathbb{L} =$

f) $5x - 7 - 2x > 3x + 10$ $\quad \mathbb{L} =$

Übung 2

Gib die Lösungsmenge an und markiere Sie auf dem Zahlenstrahl. Achte sorgfältig auf die eckigen Bereichsklammern.

a) $\frac{1}{x+1} > 0$ $\quad \mathbb{L} =$

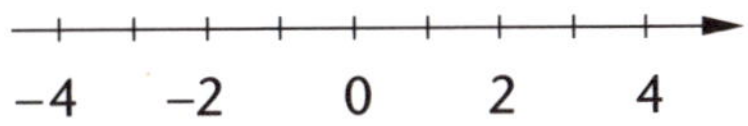

b) $\frac{x}{x-2} > 0$ $\quad \mathbb{L} =$

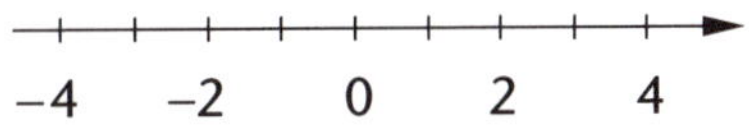

c) $\frac{2x+1}{x} < 0$ $\quad \mathbb{L} =$

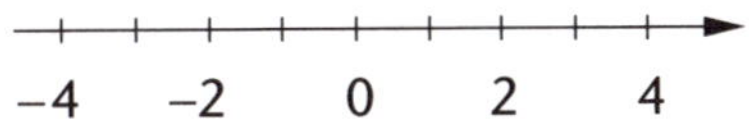

d) $\frac{x-1}{x+1} > 0$ $\quad \mathbb{L} =$

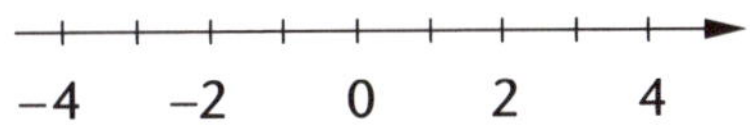

Übung 3

Gib die Lösungsmenge an.

a) $\frac{5-3x}{6x-3} \geqq 0$ $\quad \mathbb{L} =$

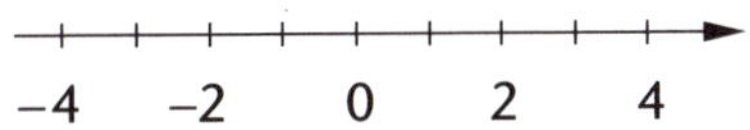

b) $\frac{7x-14}{3-x} \geqq 0$ $\quad \mathbb{L} =$

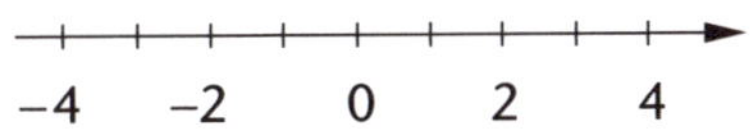

c) $\frac{x+1}{2x+4} \leqq 0$ $\quad \mathbb{L} =$

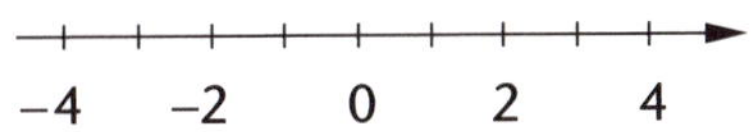

d) $\frac{4-2x}{5x+8} \leqq 0$ $\quad \mathbb{L} =$

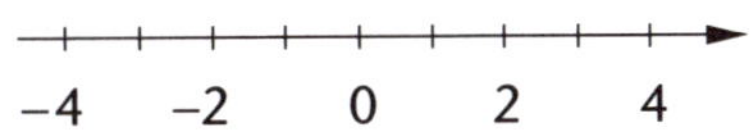

24 Vermischte Aufgaben II

Übung 1

Gib Definitions- und Lösungsmenge an.

a) $\frac{1}{x} + \frac{1}{3x} = \frac{1}{3}$ $\mathbb{D} =$ $\mathbb{L} =$

b) $\frac{3}{7x-2} = -\frac{1}{3}$ $\mathbb{D} =$ $\mathbb{L} =$

c) $\frac{1}{x-2} = \frac{2}{x+2}$ $\mathbb{D} =$ $\mathbb{L} =$

d) $\frac{x-3}{x+4} = \frac{1}{2}$ $\mathbb{D} =$ $\mathbb{L} =$

e) $\frac{1}{x-\frac{1}{2}} = \frac{4}{2x-1}$ $\mathbb{D} =$ $\mathbb{L} =$

Übung 2

Gib Definitions- und Lösungsmenge an.

a) $\frac{1}{2x+10} + \frac{1}{3x+15} = \frac{5}{24}$ $\mathbb{D} =$ $\mathbb{L} =$

b) $\frac{2}{x-5} - \frac{1}{5-x} = 1$ $\mathbb{D} =$ $\mathbb{L} =$

c) $\frac{4}{x+1} - \frac{7}{4x+4} = \frac{3}{2x-2}$ $\mathbb{D} =$ $\mathbb{L} =$

d) $\frac{11x-2}{2x+6} = \frac{2x+15}{2x+6} + \frac{3x-1}{x+3}$ $\mathbb{D} =$ $\mathbb{L} =$

e) $\frac{1}{3-x} - \frac{2}{x+3} = \frac{5-2x}{x^2-9}$ $\mathbb{D} =$ $\mathbb{L} =$

Übung 3

Gib Definitions- und Lösungsmenge an. Die vorkommenden Parameter seien ungleich null.
Achtung, manchmal ist eine Fallunterscheidung notwendig!

a) $\frac{x+b}{ax} = 3$ $\mathbb{D} =$ $\mathbb{L} =$

b) $\frac{1}{x} + \frac{1}{px} = \frac{1}{q}$ $\mathbb{D} =$ $\mathbb{L} =$

c) $3 : x = a : (b+1)$ $\mathbb{D} =$ $\mathbb{L} =$

d) $\frac{1}{b} - \frac{1}{a} = \frac{c}{bx}$ $\mathbb{D} =$ $\mathbb{L} =$

Übung 4 **Löse die Sachaufgabe.**

a) Bei der Verbrennung von 12 g reiner Kohle entstehen 44 g Kohlenstoffdioxid. Wie viele Tonnen (t) Kohlenstoffdioxid entstehen bei der Verbrennung von 100 t Kohle? Runde auf ganze Tonnen.

Antwort: ______

b) Teilt man 6 durch eine ungerade Zahl, so erhält man das Gleiche, wie wenn man 14 durch die übernächste ungerade Zahl teilt. Wie heißt die ungerade Zahl?

Antwort: ______

c) Ein Feuerlöschteich wird durch die kleine Pumpe in 7 Stunden und durch die große Pumpe in 3 Stunden geleert.
Wie lange reicht das Wasser im Teich, wenn beide Pumpen zugleich fördern?

Antwort: ______ Stunden ______ Minuten

d) Das Alter von Hans verhält sich zum Alter von Peter wie 2 : 3. In 5 Jahren verhalten sie sich wie 3 : 4.
Wie alt ist jeder jetzt?

Antwort: Hans ist ______, Peter ist ______ Jahre alt.

Übung 5 **Gib die Lösungsmenge an.**

a) $\frac{x-7}{x+3} = 0$ $\mathbb{L} =$ ______

b) $\frac{x-7}{x+3} > 0$ $\mathbb{L} =$ ______

c) $\frac{x-7}{x+3} \geqq 0$ $\mathbb{L} =$ ______

d) $\frac{x-7}{x+3} < 0$ $\mathbb{L} =$ ______

e) $\frac{x-7}{x+3} \leqq 0$ $\mathbb{L} =$ ______

Übung 6 **Löse nach den angegebenen Größen auf.**

a) $F_R = \mu \cdot F_N$ $F_N =$ ______

b) $\frac{1}{R} = \frac{1}{R_1} + \frac{1}{R_2}$ $R =$ ______ $R_1 =$ ______

Symbole und griechische Buchstaben

Symbole

$\mathbb{G}$	Grundmenge
$\mathbb{D}$	Definitionsmenge
$\mathbb{L}$	Lösungsmenge
$\mathbb{N}$	Menge der natürlichen Zahlen $\mathbb{N} = \{1; 2; 3; \ldots\}$
$\mathbb{Z}$	Menge der ganzen Zahlen
$\mathbb{Q}$	Menge der rationalen Zahlen (Zur Menge der ganzen Zahlen kommen noch die Brüche hinzu.)
$\mathbb{Q}^+$	Menge der positiven rationalen Zahlen
$\{\,\}$	leere Menge
$\setminus$	ohne
$\in$	... Element von ...
$\notin$	... nicht Element von ...
$\cup$	... vereinigt mit ...
$\wedge$	... und zugleich ...
$\Rightarrow$	daraus folgt bzw. wenn ... dann ...
(w)	wahre Aussage
(f)	falsche Aussage, Widerspruch

Beispiele zur Verwendung der Symbole:

$a \wedge b$: Aussage a und zugleich Aussage b
$A \cup B$: Vereinigungsmenge von A und B

$[p; q] = \{x \in \mathbb{Q} \mid p \leqq x \leqq q\}$
$]p; q[= \{x \in \mathbb{Q} \mid p < x < q\}$
$[p; \infty[= \{x \in \mathbb{Q} \mid x \geqq p\}$

griechische Buchstaben

α	alpha	ν	ny
β	beta	ξ	xi
γ	gamma	o	omikron
δ	delta	π	pi
ε	epsilon	ϱ	rho
ζ	zeta	σ	sigma
η	eta	τ	tau
ϑ	theta	υ	ypsilon
ι	jota	φ	phi
$\varkappa$	kappa	χ	chi
λ	lambda	ψ	psi
μ	my	ω	omega

Teil III:
Mathematik

Geometrie

Übungen

Themenübersicht Teil III

❶ Winkel an einfachen Figuren

Die Bezeichnung besonderer Winkel hängt immer von ihrer Lage ab. Präge dir die Lage solcher Winkel ein!

Winkel an einer **Geradenkreuzung**

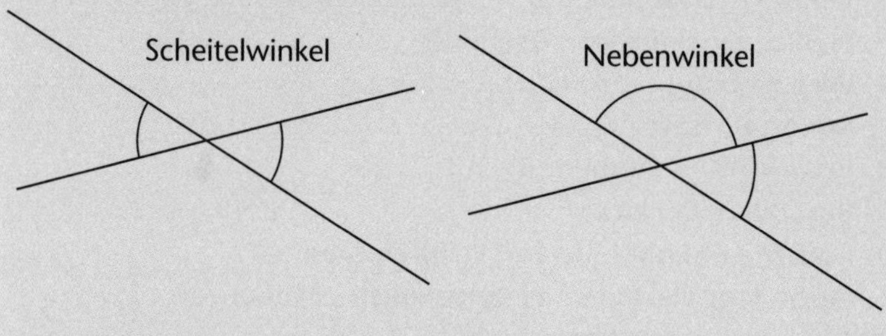

Satz: Scheitelwinkel sind gleich groß.
Satz: Die Summe zweier Nebenwinkel ergibt stets 180°.

Winkel an einer **Doppelkreuzung**

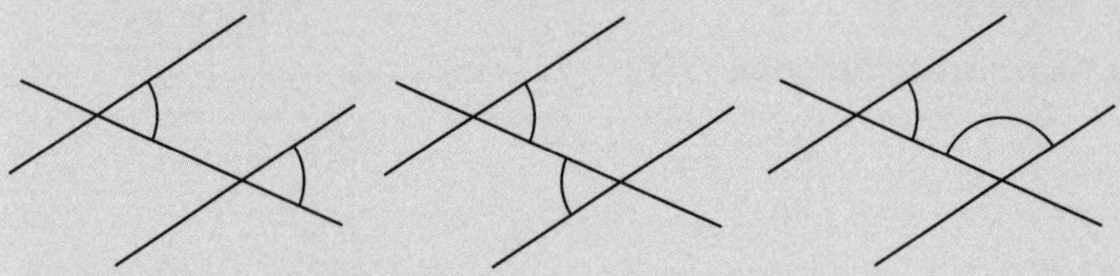

Satz: Sind zwei Geraden an einer Doppelkreuzung parallel, so sind Stufen- und Wechselwinkel gleich groß, die Summe zweier Nachbarwinkel ergibt 180°.

Winkel am **Dreieck** und **Viereck**:
α, β und γ sind Innenwinkel,
α^*, β^* und γ^* sind Außenwinkel.

Satz: Im Dreieck gilt:
$\alpha + \beta + \gamma = 180°$
Im Viereck gilt:
$\alpha + \beta + \gamma + \delta = 360°$
(*Winkelsummen*)

Satz: Im Dreieck gilt: Jeder Außenwinkel ist so groß wie die Summe der nicht anliegenden Innenwinkel.

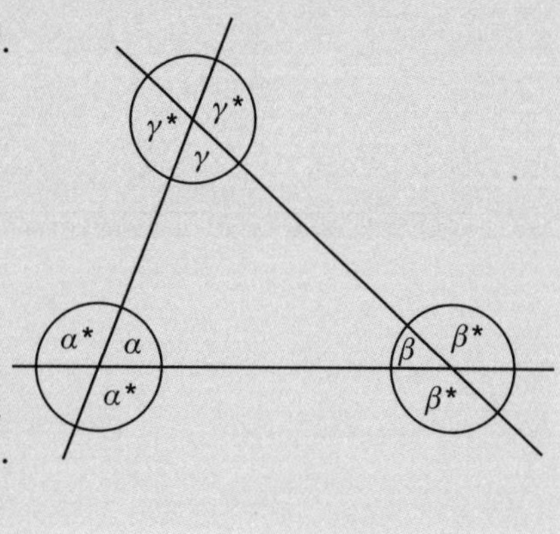

Beispiel $\beta^* = \alpha + \gamma$

Übung 1

An der nebenstehenden Doppelkreuzung gilt: $g_1 \| g_2$, $\gamma_1 = 116°$. Nenne und berechne:

a) die Scheitelwinkel zu γ_1 und γ_2
b) die Nebenwinkel zu α_1 und δ_1
c) den Wechselwinkel zu α_1
d) den Nachbarwinkel zu α_1
e) den Stufenwinkel zu δ_2

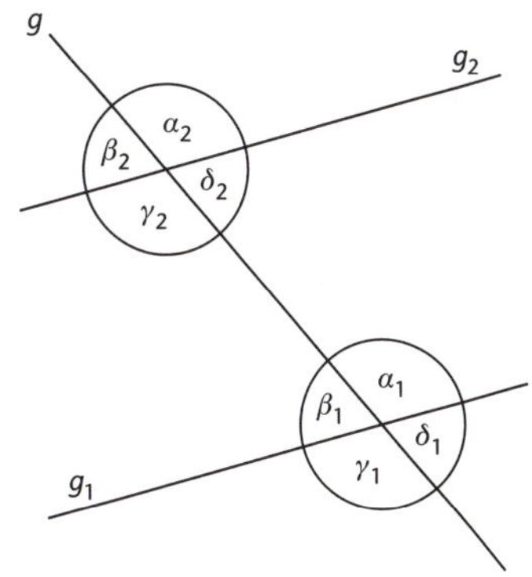

Übung 2

In der nebenstehenden Skizze sei $AB \| CD$ sowie $\alpha = 34°$. Berechne β, γ und δ. Gib den Lösungsweg durch die Schreibweise zu erkennen und begründe jeden Rechenschritt!

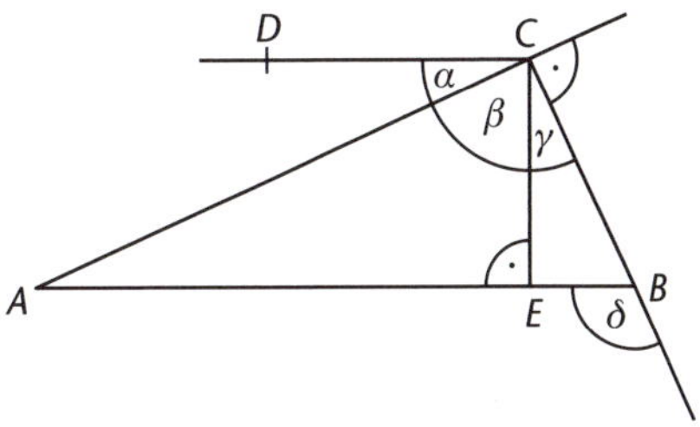

Übung 3

In einem Dreieck ist α fünfmal so groß wie β; γ beträgt $100° 48'$. Berechne α.

Übung 4

In einem Viereck ist β dreimal so groß wie γ, δ doppelt so groß wie β und α ist um γ kleiner als δ. Berechne sämtliche Innenwinkel.

Übung 5

In der Figur sind $g_1 \| g_2$ und $\alpha = 57°$. Berechne β, γ und δ. Gib den Lösungsweg durch die Schreibweise zu erkennen und begründe jeden Rechenschritt!

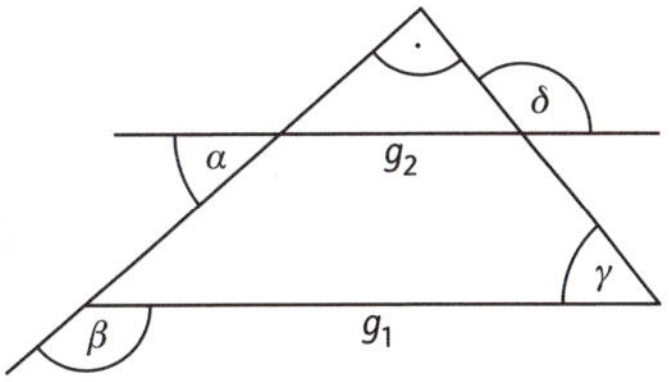

Übung 6

In einem Dreieck *ABC* gilt: $\beta + \gamma = 108{,}77°$, $\alpha + \beta = 117° 43' 12''$. Fertige eine Skizze an und berechne sämtliche Innen- und Außenwinkel. Gib für jeden Rechenschritt eine Begründung an.

Übung 7

Auch ein Viereck hat Außenwinkel. Zeichne ein allgemeines Viereck und benenne die Innen- und jeweils einen Außenwinkel. Berechne dann die Summe der Außenwinkel eines Vierecks allgemein und vergleiche das Ergebnis mit der Summe der Außenwinkel im Dreieck!

2 Achsenspiegelung

Eigenschaften symmetrischer Punktmengen

1. Punkt P und *Bildpunkt* P' liegen auf verschiedenen Seiten der Achse a oder fallen auf a zusammen (dann ist P ein *Fixpunkt*).
2. Die Verbindungsgerade zweier symmetrischer Punkte steht auf der Achse senkrecht.
3. Zueinander symmetrische Punkte haben von der Achse den gleichen Abstand.
4. Zueinander symmetrische Punkte sind von einem Achsenpunkt gleich weit entfernt.
5. Das Bild einer Geraden ist wieder eine Gerade (*Geradentreue*).
6. Strecke und Bildstrecke sind gleich lang (*Längentreue*).
7. Winkel und Bildwinkel (-feld) sind gleich groß (*Winkeltreue*), haben jedoch entgegengesetzten Drehsinn.
8. Das Bild eines Kreises ist ein Kreis mit gleichem Radius; die Mittelpunkte sind zueinander symmetrisch.
9. Schneiden sich einander entsprechende Linien zweier zueinander symmetrischer Figuren, so liegt der Schnittpunkt auf der Achse.

Konstruktionen zur Achsensymmetrie

Konstruktion des Bildpunktes von $P \in a$:	P' ist der 2. Schnittpunkt zweier Kreise durch P um beliebige Achsenpunkte.
Konstruktion der Bildgeraden	Spiegle zwei beliebige Punkte aus g und ziehe g' durch die Bildpunkte.
Konstruktion des Bildkreises	Spiegle den Mittelpunkt M und zeichne $k'(M'; r' = r)$.
Konstruktion der Symmetrieachse zu zwei Punkten	Zeichne um diese zwei Punkte Kreise mit gleichen Radien, sodass sie sich schneiden; zeichne die Gerade durch die Schnittpunkte.
Konstruktion des Lotes von einem Punkt auf eine Gerade bzw. in einem Punkt einer Geraden	Zeichne um diesen Punkt einen Kreis, der die Gerade schneidet, und konstruiere die Symmetrieachse zu den Schnittpunkten.
Konstruktion der Winkelhalbierenden	Zeichne um den Scheitel einen Kreis, der die Schenkel schneidet, und konstruiere die Symmetrieachse zu den Schnittpunkten.
Konstruktion der Mittelsenkrechten einer Strecke	Konstruiere die Symmetrieachse zu den Endpunkten der Strecke.

Tipp Schneidet eine Gerade die Achse, so läuft die Bildgerade durch diesen Schnittpunkt, und du musst nur einen weiteren Punkt spiegeln.

Tipp Markiere den rechten Winkel, sobald du ein Lot konstruiert hast!

Übung 1

Zeichne folgende Punkte in ein Koordinatensystem (10 cm x 19 cm): $B_1(2|6{,}5)$, $B_2(3|11)$, $F_1(8|0{,}5)$, $F_2(9|0{,}5)$, $F_3(8{,}5|1{,}5)$, $F_4(4{,}5|4)$, $H_1(5|17)$, $H_2(4|19)$, $K(2|15{,}5)$, $M_1(8{,}5|14)$, $M_2(4{,}5|14)$, $M_3(6|14)$, $M_4(6|8)$, $S_1(6|6)$, $S_2(9|12)$.

M_3M_4 sei a_1, die Parallele zur Rechtswertachse durch (0|11) sei a_2. Zeichne und spiegle dann mit dem Geo-Dreieck an a_1:

$[S_1S_2]$, $[H_1H_2]$, $[F_1F_3]$, $[F_2F_3]$, $[F_3'F_4]$, $k\left(M_1; \overline{M_1S_2}\right)$, $k(M_2; 1{,}0\text{ cm})$, $k(M_2; 0{,}5\text{ cm})$, von $k\left(M_4; \overline{M_4B_1}\right)$ den Bogen zwischen B_1 und B_2; zeichne schließlich von $k\left(M_3; \overline{M_3K}\right)$ den Bogen zwischen K und K' und spiegle diesen an a_2.

Übung 2

Gegeben sind die Punkte $M(0|2)$ und $P(-2|-1)$ sowie der Kreis $k\left(M; \overline{MP}\right)$. P ist der Bildpunkt von M bezüglich einer Achse a. Die Gerade g geht durch P und ist zur Hochwertachse parallel; sie schneidet k zum zweiten Mal in Q.

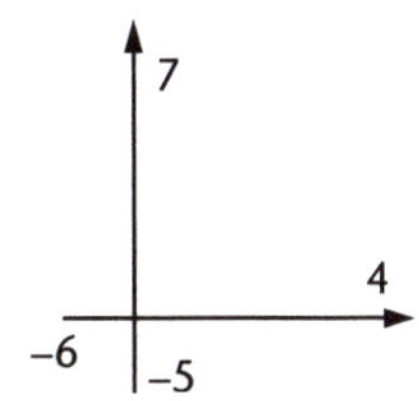

a) Zeichne k, g und Q, konstruiere a.
b) Konstruiere den Bildkreis k' sowie das Bild der Sehne $[PQ]$.
c) Konstruiere die Mittelsenkrechte $m_{[MQ]}$ sowie ihr Bild m' bezüglich a.
d) Konstruiere die Winkelhalbierende w des Winkels $\sphericalangle PQM$.

Übung 3

Durch die Punkte $A(-4|0)$, $B(0|-6)$, $C(7|8)$ und $D(-2|6)$ ist das Viereck $ABCD$ gegeben (Querformat!); $A'(4|4)$ ist der Bildpunkt von A bezüglich einer Symmetrieachse a.

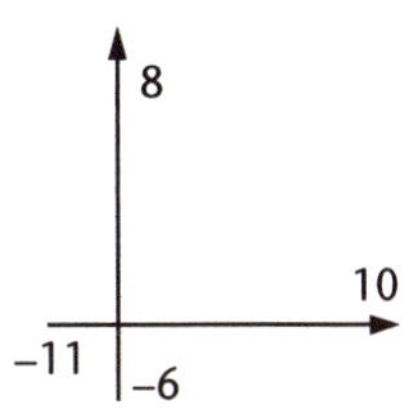

a) Konstruiere die Symmetrieachse a zu A und A' sowie die Bildpunkte B', C' und D'; zeichne das Viereck $A'B'C'D'$!

b) Konstruiere die Mittelsenkrechte $m[AD]$ sowie den Mittelpunkt M der Strecke $[D'C']$!

c) Konstruiere das Lot zu $[D'C'$ in C' und das Lot von C auf $[C'B']$!

3 Transversalen im Dreieck

Eine *Höhe* ist das Lot von einer Ecke des Dreiecks auf die gegenüberliegende Seite
Die drei Höhen eines Dreiecks schneiden sich in genau einem Punkt.

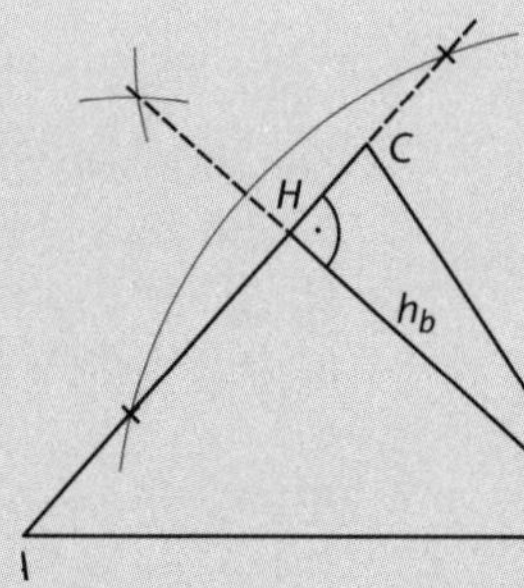

Eine *Mittelsenkrechte* ist die Symmetrieachse einer Seite des Dreiecks.
Die drei Mittelsenkrechten eines Dreiecks schneiden sich in genau einem Punkt.
Dieser Punkt ist der **Mittelpunkt des Umkreises**. Der Radius *r* des Umkreises ist die Verbindungsstrecke des Mittelpunktes mit einer Ecke des Dreiecks.

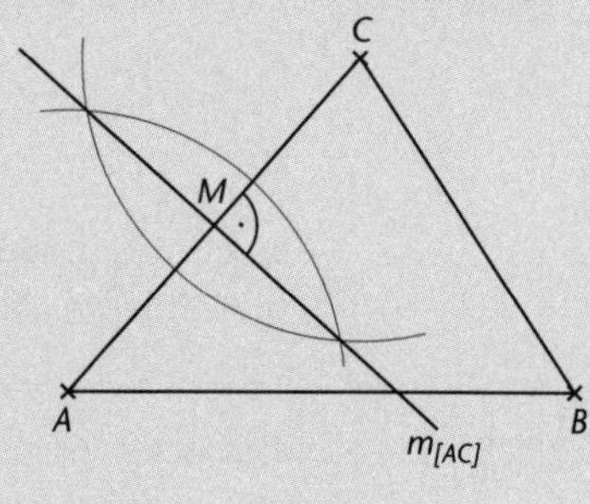

Eine *Winkelhalbierende* ist die Symmetrieachse eines Innenwinkels des Dreiecks.
Die drei Winkelhalbierenden eines Dreiecks schneiden sich in genau einem Punkt.
Dieser Punkt ist der **Mittelpunkt des Inkreises**. Den Radius ϱ des Inkreises erhältst du als Länge des Lotes vom Mittelpunkt auf eine der Seiten des Dreiecks.

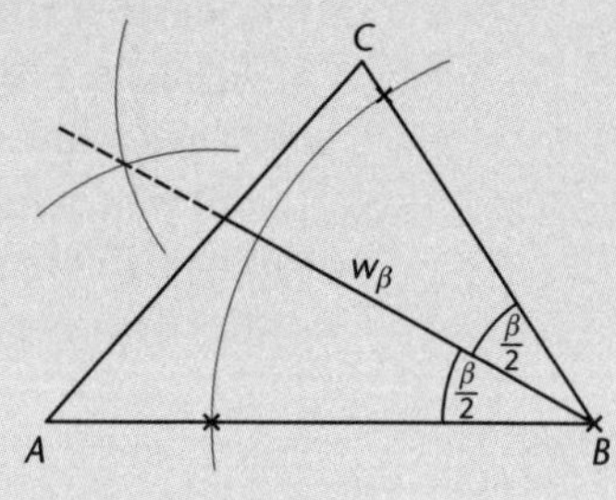

Eine *Seitenhalbierende* ist die Verbindungsstrecke einer Ecke des Dreiecks mit dem Mittelpunkt der gegenüberliegenden Seite.
Die drei Seitenhalbierenden eines Dreiecks schneiden sich in genau einem Punkt, dem **Schwerpunkt**.

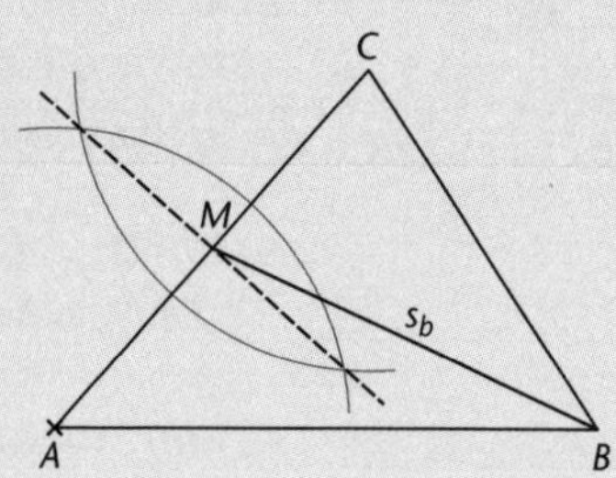

Tipp

Lerne die Definitionen auswendig!
Beachte: Höhen, Winkelhalbierende und Seitenhalbierende sind als Transversalen im Dreieck meist Strecken und haben deswegen eine Länge!

Übung 1

In einem Koordinatensystem (15 cm x 15 cm) ist das Dreieck *ABC* mit $A(1|6)$, $B(11|7)$ und $C(12|14)$ gegeben. Zeige durch Konstruktion:

a) alle drei Höhen / Mittelsenkrechten,

b) alle drei Winkelhalbierenden / Seitenhalbierenden eines Dreiecks schneiden sich jeweils in *genau einem* Punkt.

Welche dieser vier Schnittpunkte *H*, *M*, *W* und *S* können auch außerhalb eines Dreiecks fallen, und welcher Art ist ein solches Dreieck stets?

Übung 2

a) Die Punkte $A(1|1)$, $B(10|4)$ und $C(9|10)$ bestimmen ein Dreieck. Konstruiere die Höhen h_b und h_c sowie den Umkreismittelpunkt.

b) Die Punkte $A(2|1)$, $B(10|10)$ und $C(1|7)$ bestimmen ein Dreieck. Konstruiere den Inkreismittelpunkt und den Radius des Inkreises.

Übung 3

Gegeben ist das Dreieck *ABC* mit $A(1|2)$, $B(12|2)$ und $C(9|6)$.

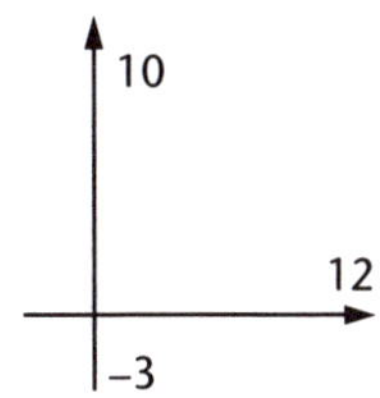

a) Konstruiere den Umkreis sowie den Schwerpunkt *S* des Dreiecks!

b) Zeige an diesem Dreieck durch Konstruktion: Der Umkreismittelpunkt *M*, der Schwerpunkt *S* und der Höhenschnittpunkt *H* liegen auf derselben Geraden.

Übung 4

Die Punkte $A(-4|-1)$, $B(4|-4)$ und $C(2|7)$ bestimmen ein Dreieck.

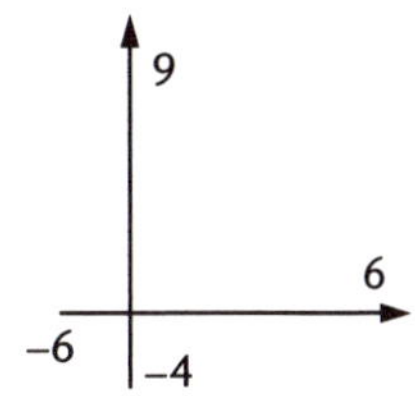

a) Konstruiere h_a, s_b und w_γ.; h_a und w_γ schneiden sich in *D*, s_b und *AC* schneiden sich in *E*.

b) Konstruiere den Umkreis von Dreieck *ADC* und den Inkreis von Dreieck *EBC*.

Übung 5

a) Begründe: Der Umkreismittelpunkt eines Dreiecks ist der Schnittpunkt der Mittelsenkrechten der Dreiecksseiten.

b) Begründe: Der Inkreismittelpunkt eines Dreiecks ist der Schnittpunkt der Winkelhalbierenden.

Übung 6

Wie viele Dreiecke siehst du jeweils? Zähle sie mithilfe ihrer Ecken auf. Welche dieser Dreiecke sind rechtwinklig oder gleichschenklig?

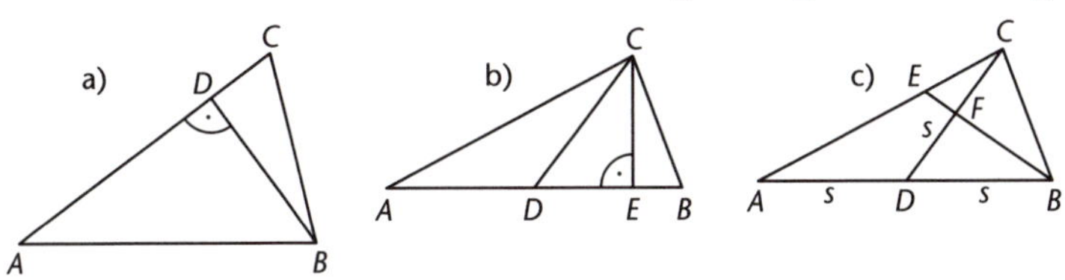

4 Vermischte Aufgaben (I)

Übung 1

In der nebenstehenden Zeichnung gilt $p_1 \parallel p_2$. Bestimme alle fehlenden Winkel und begründe dabei jeden Schritt durch ein Stichwort.

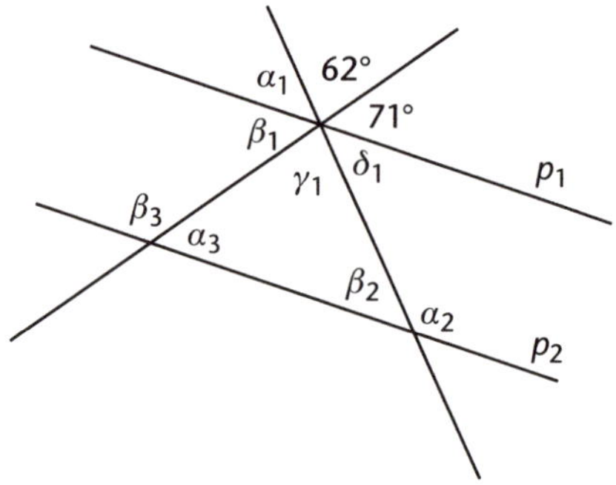

Übung 2

Drücke die Winkel β und γ durch α aus.

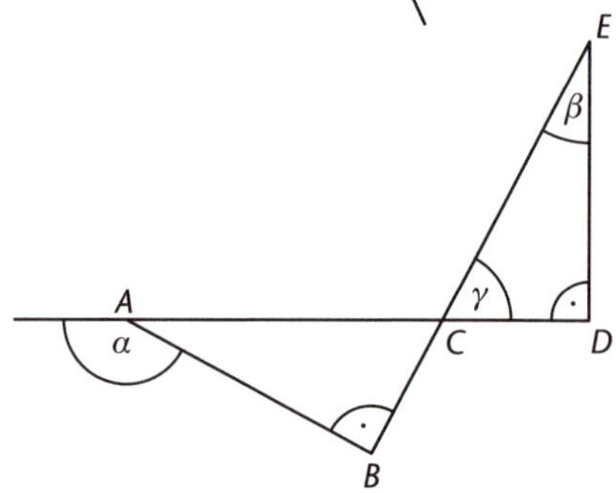

Übung 3

Drücke die Winkel β, γ und δ durch α aus. Begründe dabei jeden Schritt durch ein Stichwort.

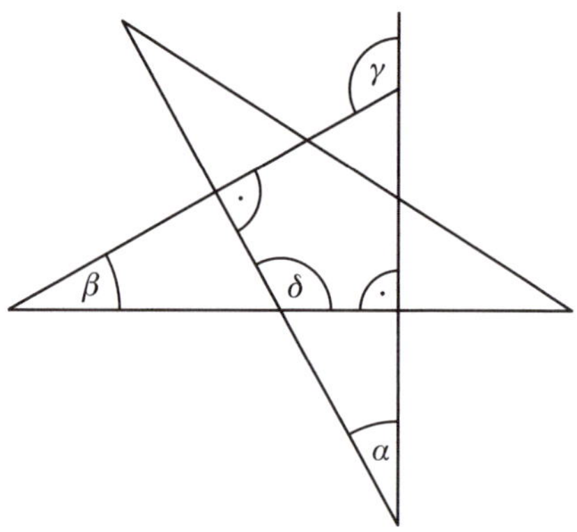

Übung 4

Im nebenstehenden Viereck sei $AB \parallel CD$ sowie $\alpha = 74°$, $\delta_1 = 41°$ und $\varepsilon_1 = 97°$.
Berechne β_1, β_2 und β_3. Gib den Lösungsweg durch die Schreibweise zu erkennen und begründe jeden Rechenschritt durch ein Stichwort.

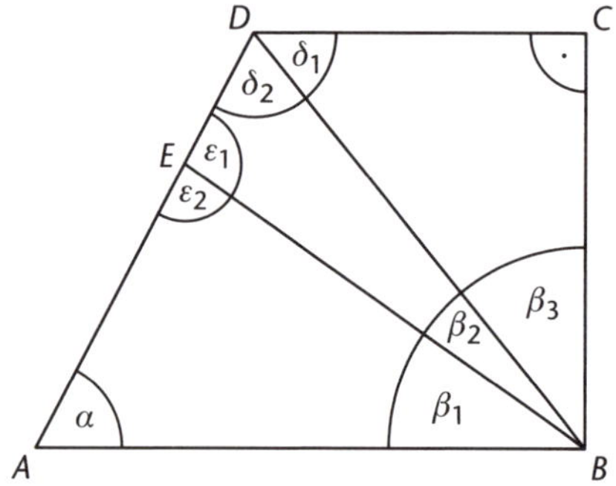

Übung 5

Gegeben ist die Strecke s.

a) Konstruiere einen Kreissektor mit dem Winkel 45° und dem Radius $\frac{5}{4}s$. Seine Spitze sei S, die Endpunkte des Kreisbogens seien A und B.

b) Konstruiere in A das Lot a auf SA und spiegle den Sektor an diesem Lot als Achse.

Übung 6

In einem Koordinatensystem (11 cm x 8 cm) sind die Punkte $A(8|0)$, $B(7|4)$, $C(3|1)$, $D(6|4)$ und $M(7|1)$ gegeben.

a) Zeichne $g = AB$ und $a = CD$ sowie $k(M; 2\text{ cm})$. Konstruiere die Spiegelbilder g' und k' bezüglich der Achse a!

b) Nenne in Kurzschreibweise die Bedingungen, die eine Achse s erfüllen muss, damit die Figur, die nur aus g und k besteht, bezüglich s in sich symmetrisch ist, und konstruiere diese Achse s!

Übung 7

In einem Koordinatensystem (8 cm x 8 cm) sind die Punkte $R(3|1{,}5)$, $S(4{,}5|5)$ und $T(1|5{,}5)$ einer Kreislinie k gegeben.

a) Konstruiere den Kreismittelpunkt M. Begründe die Konstruktion.

b) Es sei $a = RS$ und $g = TS$. Konstruiere die zu k und g bezüglich a symmetrischen Bilder k' und g'.

c) Fälle das Lot l von R auf g'. Begründe kurz, dass $l' \perp g$ gilt.

Übung 8

In einem Koordinatensystem (10 cm x 10 cm) ist das Dreieck ABC mit $A(2|4)$, $B(10|5)$ und $C(0|9)$ gegeben.
Konstruiere $m_{[BC]}$, s_a, h_b sowie die Winkelhalbierende w des spitzen Winkels zwischen $m_{[BC]}$ und AB.

5 Punktspiegelung und Drehung

Punktspiegelung oder Halbdrehung

Gegeben sind ein Punkt P und das *Zentrum* Z.

Dann gilt: $\left.\begin{array}{r}\text{Halbgerade } [ZP \\ \text{Kreis um } Z \text{ mit Radius } \overline{ZP}\end{array}\right\} \Rightarrow P'$

Beispiel

Spiegle Dreieck ABC an Z:
oder:
Bilde das Dreieck ABC durch Halbdrehung bezüglich Z auf Dreieck $A'B'C'$ ab:

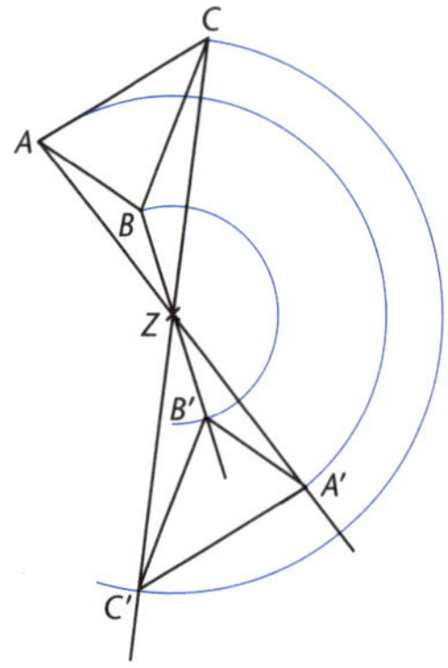

Eine Punktspiegelung kann ersetzt werden durch zwei hintereinander ausgeführte Achsenspiegelungen; die Achsen müssen aufeinander senkrecht stehen und sich in Z schneiden.

Drehung

Gegeben sind ein Punkt P, der *Drehpunkt* Z und der *Drehwinkel* δ. Zur Konstruktion des Bildpunktes P' trägst du δ an die Halbgerade $[ZP$ mit Scheitel Z an; den 2. Schenkel des entstandenen Winkels schneidest du mit dem Kreis um Z mit Radius $\overline{ZP}$.
Ist $\delta > 0$, so trägst du δ gegen den Uhrzeigersinn an, ist $\delta < 0$, so trägst du δ im Uhrzeigersinn an.

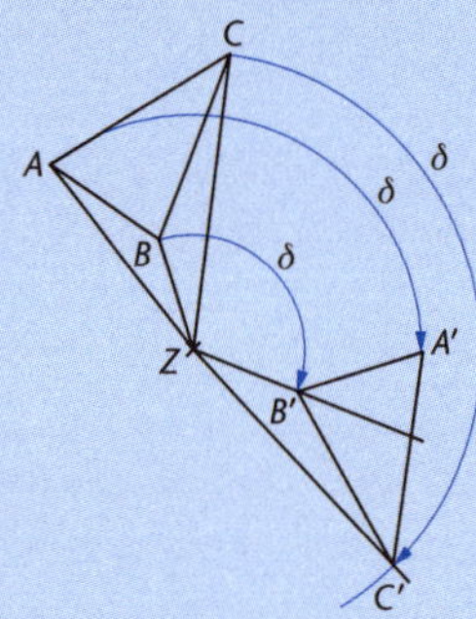

Beispiel

Drehe Dreieck ABC um Z mit $\delta = -130°$
Eine Drehung kann ersetzt werden durch zwei hintereinander ausgeführte Achsenspiegelungen; die Achsen müssen sich in Z schneiden, den Winkel $\frac{\delta}{2}$ einschließen und in Drehrichtung nummeriert sein. Die Drehung ist geraden-, längen- und winkeltreu. Die Bilder von Vielecken haben also stets geradlinige Seiten, gleiche Größe und gleiche Form wie das gegebene Vieleck!
Die Punktspiegelung ist ein Sonderfall der Drehung für $\delta = 180°$!

Übung 1

In einem Koordinatensystem (11 cm x 11 cm) ist das Dreieck *ABC* mit $A(1|5)$, $B(5|7)$ und $C(3|8)$ gegeben. Spiegle dieses Dreieck jeweils an den Zentren

a) $Z_1(3|4{,}5)$, $Z_2(6|4{,}5)$, $Z_3(6|7)$ und $Z_4(3|7)$
b) $Z_1(3|6)$, $Z_2 = B$, $Z_3(4|7{,}5)$ und $Z_4 = C$.

Übung 2

In einem Koordinatensystem (9 cm x 7 cm) ist das Dreieck *ABC* mit $A(1|1{,}5)$, $B(4|1)$ und $C(2{,}5|7)$ gegeben.

a) Konstruiere das Zentrum *Z*, das *B* durch Punktspiegelung auf $B_1(5{,}5|7)$ abbildet, und spiegle $\triangle ABC$ an *Z*; du erhältst $\triangle A_1B_1C_1$.
b) Konstruiere die Symmetrieachsen, durch die $\triangle ABC$ ebenfalls auf $\triangle A_1B_1C_1$ abgebildet werden kann und von denen eine durch $P(1|3{,}5)$ geht!

Übung 3

a) $A(1|5)$, $B(7|7)$ und $C(2{,}5|9)$ sind die Ecken eines Dreiecks in einem Koordinatensystem (11 cm x 9 cm). Konstruiere seinen Inkreismittelpunkt *M*.
b) $M''(8{,}5|2)$ ist der Bildpunkt von *M* bezüglich der Punktspiegelung an *Z*. Konstruiere zuerst *Z* und bilde dann das Dreieck *ABC* durch Punktspiegelung an *Z* auf das Dreieck $A''B''C''$ ab.
c) Zeichne Symmetrieachsen, an denen Dreieck *ABC* durch Achsenspiegelung ebenfalls auf Dreieck $A''B''C''$ abgebildet werden kann; eine dieser Achsen soll durch $P(0|3)$ gehen.

Übung 4

In einem Koordinatensystem (13 cm x 13 cm) ist das Dreieck *ABC* mit $A(5|6)$, $B(9|6)$ und $C(6{,}5|8{,}5)$ gegeben. Drehe dieses Dreieck

a) mit $\delta = 100°$ um $Z_1(8|4) \Rightarrow \triangle A'B'C'$
b) mit $\delta = -115°$ um $Z_1 \Rightarrow \triangle A''B''C''$
c) mit $\delta = -90°$ um $Z_2(9|8{,}5) \Rightarrow \triangle A'''B'''C'''$
d) mit $\delta = 200°$ um $Z_3(4|8) \Rightarrow \triangle A''''B''''C''''$
e) Um wie viel Grad muss man Dreieck $A'B'C'$ um Z_1 drehen, um es auf Dreieck $A''B''C''$ abzubilden? 2 Möglichkeiten!

Übung 5

In einem Koordinatensystem (10 cm x 11 cm) ist die Strecke [*PQ*] durch $P(5|9)$ und $Q(8{,}5|11)$ gegeben.

a) Drehe diese Strecke mit $\delta_1 = 120°$ sowie mit $\delta_2 = -120°$; es ergeben sich die Strecken $[P_1Q_1]$ und $[P_2Q_2]$.
b) Konstruiere und bezeichne Symmetrieachsen, an denen die Strecke [*PQ*] durch Achsenspiegelung ebenfalls auf die Strecke $[P_1Q_1]$ abgebildet werden kann; die Achse a_1 soll dabei parallel zur Rechtswertachse verlaufen.
c) Was muss in Aufgabe b) nur geändert werden, damit [*PQ*] auf $[P_2Q_2]$ abgebildet wird?

6 Verschiebung

Gegeben sind ein Punkt P und ein Verschiebungspfeil $\overrightarrow{RS}$, der durch die Punkte R und S festgelegt ist. Dann gilt:

$$\left.\begin{array}{l}\text{Parallele zu } RS \text{ durch } P \\ \text{Kreis um } P \text{ mit Radius } \overline{RS}\end{array}\right\} \Rightarrow P' \;;$$

dabei muss $\overrightarrow{PP'}$ dieselbe Orientierung wie $\overrightarrow{RS}$ erhalten.

Beispiel

Verschiebe Dreieck ABC durch den Vektor $\overrightarrow{RS}$:

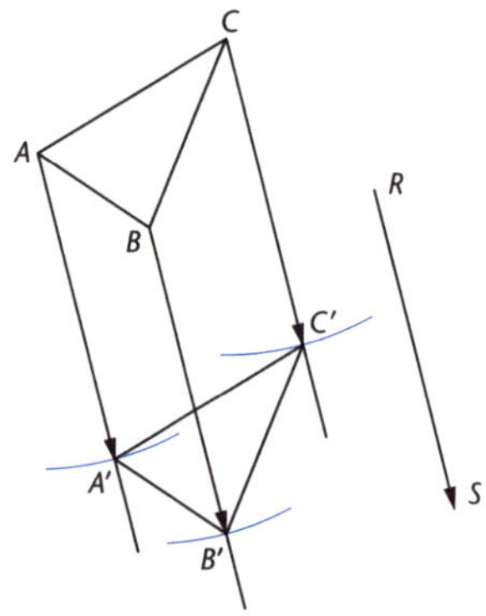

Eine Verschiebung kann ersetzt werden durch zwei hintereinander ausgeführte Achsenspiegelungen; die Achsen müssen zueinander parallel sein, auf der Verschiebungsrichtung senkrecht stehen, die halbe Länge eines Verschiebungspfeils als Abstand haben und in Verschiebungsrichtung nummeriert sein.
Die Verschiebung ist geraden-, längen- und winkeltreu. Die Bilder von Vielecken haben also stets geradlinige Seiten, gleiche Form und gleiche Größe wie das gegebene Vieleck!

Tipp

Die entsprechenden Seiten des gegebenen und des verschobenen Vielecks sind zueinander parallel. Deshalb brauchst du nur eine Ecke zu verschieben, den Rest der Bildfigur erhältst du durch Zeichnen von Parallelen!

Die Menge aller Verschiebungspfeile heißt *Vektor.*
Verschiebt man das Bild einer Verschiebung noch einmal, so entsteht eine Verkettung von Verschiebungen. Eine Verkettung aus beliebig vielen Verschiebungen kann stets durch eine einzige Verschiebung ersetzt werden.

Übung 1

In einem Koordinatensystem (13 cm x 11 cm) ist die Raute *AMEF* mit $A(4|5)$, $M(5|6,5)$, $E(4|8)$ und $F(3|6,5)$ gegeben.

a) Verschiebe *AMEF* durch den Vektor $\overrightarrow{FM}$. Es entsteht die Raute *BCDM*.
b) Verschiebe das Sechseck *ABCDEF* durch die Vektoren $\overrightarrow{DB}$, $\overrightarrow{EC}$, $\overrightarrow{CA}$ und $1{,}5 \cdot \overrightarrow{EB}$.
c) Verschiebe das Sechseck *ABCDEF* durch den Vektor $\overrightarrow{BF}$, das Bildsechseck durch $\overrightarrow{FD}$, das neue Bild durch $3\overrightarrow{MC}$ und das wiederum neue Bild durch $2\overrightarrow{EA}$.

Übung 2

In einem Koordinatensystem (11 cm x 10 cm) ist das Viereck *ABCD* mit $A(1|7)$, $B(5{,}5|6)$, $C(7|9{,}5)$ und $D(2{,}5|9{,}5)$ gegeben. Durch $P(7|3)$ und $Q(9{,}5|1{,}5)$ ist der Vektor $\vec{a} = \overrightarrow{PQ}$, durch $R(11|9)$ und $S(9{,}5|3)$ der Vektor $\vec{b} = \overrightarrow{RS}$ gegeben.

Verschiebe *ABCD* durch $\vec{a}$ und $\vec{b}$, indem du
a) jede Ecke mit Zirkel und Lineal verschiebst,
b) nur eine Ecke mit Zirkel und Lineal verschiebst und dann den Tipp verwendest,
c) Netzpunkte abzählst, wobei du ähnlich wie in a) bzw. in b) verfahren kannst.

Übung 3

In einem Koordinatensystem (14 cm x 13 cm) ist das Dreieck *ABC* mit $A(4|6)$, $B(7|6)$ und $C(4|8)$ gegeben. Durch $P(3|9)$ und $Q(9{,}5|12{,}5)$ ist der Vektor $\vec{a} = \overrightarrow{PQ}$, durch $R(5{,}5|12)$ und $S(1|3)$ der Vektor $\vec{b} = \overrightarrow{RS}$ gegeben.
a) Verschiebe Dreieck *ABC* mit dem Vektor $\vec{a}$ auf Dreieck $A_1B_1C_1$.
b) Zeichne und bezeichne zwei Achsen a_1 und a_2 so, dass bei Spiegelung an ihnen das Dreieck *ABC* ebenfalls auf das Dreieck $A_1B_1C_1$ verschoben würde. a_1 soll dabei durch *B* gehen.
c) Verschiebe Dreieck $A_1B_1C_1$ mit dem Vektor $\vec{b}$ auf Dreieck $A_2B_2C_2$.
d) Gib einen Repräsentanten des Vektors an, mit dem Dreieck *ABC* direkt auf Dreieck $A_2B_2C_2$ verschoben werden könnte.

7 Kongruenzsätze

Figuren, die durch Achsenspiegelungen, also auch durch Punktspiegelungen, Drehungen, Verschiebungen und deren Verkettungen aufeinander abgebildet werden können, heißen zueinander kongruente Figuren.
Für Dreiecke gelten folgende vier **Kongruenzsätze:**

Kongruenzsatz SSS:
Dreiecke sind schon kongruent, wenn sie in den drei Seiten übereinstimmen.

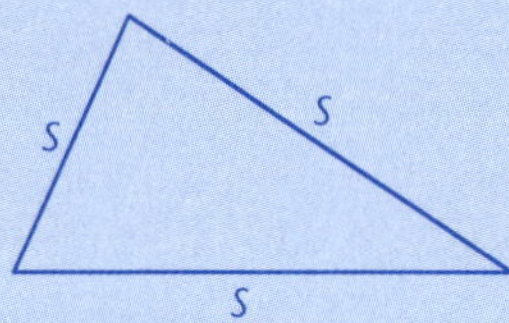

Kongruenzsatz SWS:
Dreiecke sind schon kongruent, wenn sie in zwei Seiten und dem Zwischenwinkel übereinstimmen.

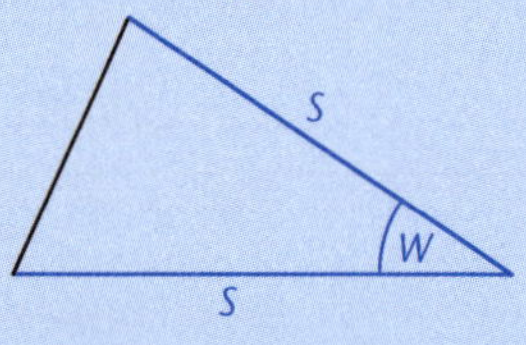

Kongruenzsatz WSW bzw. **SWW:**
Dreiecke sind schon kongruent, wenn sie in einer Seite und zwei gleichliegenden Winkeln übereinstimmen.

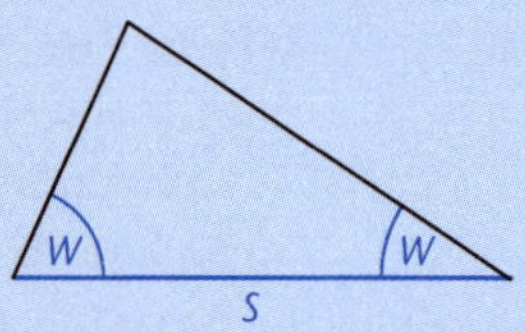

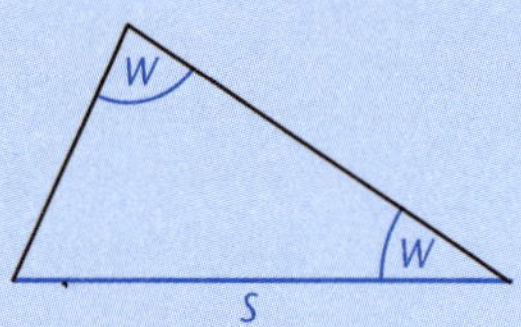

Kongruenzsatz SsW:
Dreiecke sind schon kongruent, wenn sie in zwei Seiten und dem der größeren Seite gegenüberliegenden Winkel übereinstimmen.

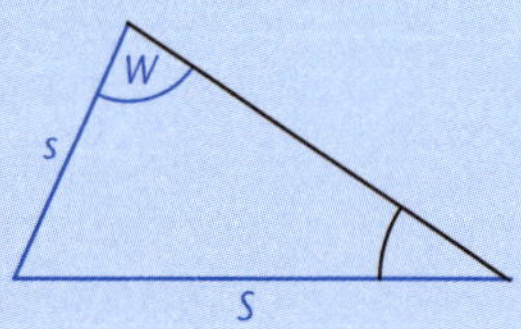

Tipp

Lerne die Kongruenzsätze auswendig!

Mithilfe der Kongruenzmerkmale kann man geometrische Beweise führen, denn es gilt:
Sind Dreiecke kongruent, so stimmen sie in allen Seiten und Winkeln überein, d. h., sofern für zwei Dreiecke einer der Kongruenzsätze gilt, so sind auch die übrigen einander entsprechenden Seiten und Winkel gleich groß!
Außerdem bildet die Kongruenz von Dreiecken die Grundlage für Konstruktionen.

Übung 1

Von den beiden – nicht maßstabsgetreu gezeichneten – Dreiecken *ABC* und $A_1B_1C_1$ sei bekannt, dass folgende Stücke gleich groß sind; gib das Kongruenzmerkmal an, nach dem die Dreiecke jeweils kongruent sind:

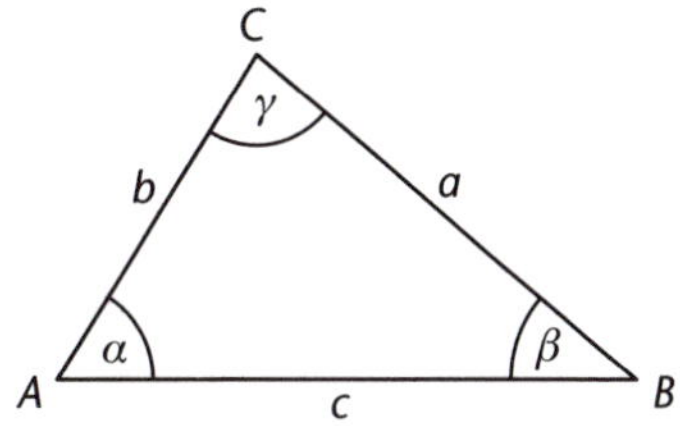

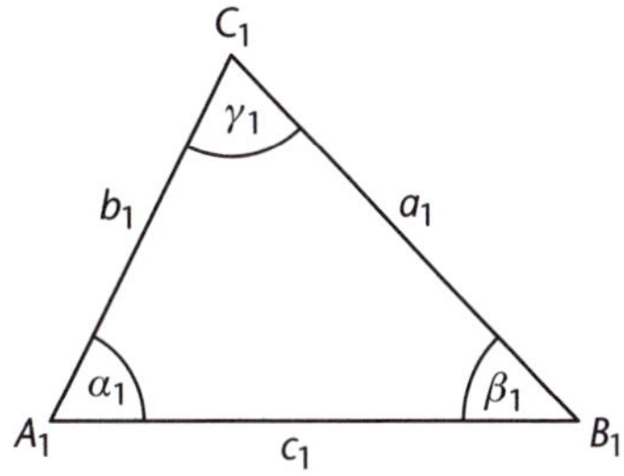

a) $\overline{AB} = \overline{A_1C_1}$, $\overline{BC} = \overline{A_1B_1}$, $\overline{AC} = \overline{B_1C_1}$

b) $\overline{AC} = \overline{B_1C_1}$, $\alpha = \gamma_1$, $\gamma = \beta_1$

c) $b = c_1$, $c = a_1$, $\alpha = \beta_1$

d) $a = b_1$, $\gamma = \gamma_1$, $\alpha = \beta_1$

e) $c = c_1$, $b = a_1$, $\gamma = \gamma_1$ und $c > b$ und $c_1 > a_1$

Übung 2

Von den beiden – nicht maßstabsgetreu gezeichneten – Dreiecken *ABC* und $A_1B_1C_1$ in Übung 1 sei bekannt:

a) $a = c_1$, $c = b_1$, $\beta = \gamma_1$ b) $a = b_1$, $\beta = \alpha_1$, $\alpha = \gamma_1$

Gib die Begründung an, warum die Dreiecke i. Allg. nicht kongruent sind.

Übung 3

Die Teildreiecke *ADC* und *DBC* des gleichschenkligen Dreiecks *ABC* stimmen in drei Stücken überein. Welche sind es? Warum sind die Teildreiecke trotzdem nicht kongruent?

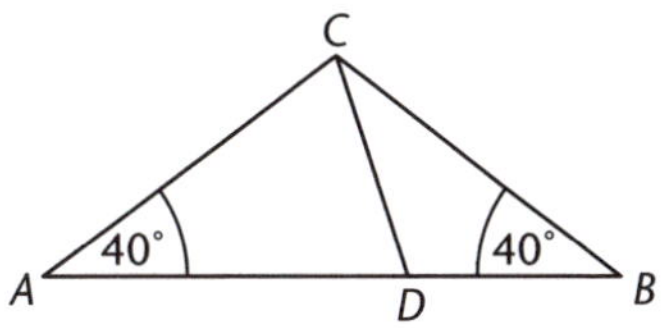

Übung 4

Fertige jeweils zunächst eine Planfigur, in die du die gegebenen Stücke farbig einzeichnest, und konstruiere die Dreiecke aus den gegebenen Stücken:

a) $a = 6{,}0$ cm, $b = 5{,}0$ cm, $c = 7{,}5$ cm
b) $b = 9$ cm, $c = 6{,}0$ cm, $\alpha = 65°$
c) $c = 7{,}0$ cm, $\alpha = 80°$, $\beta = 40°$
d) $a = 4{,}0$ cm, $b = 7{,}0$ cm, $c = 9{,}5$ cm
e) $a = 4{,}5$ cm, $b = 6{,}5$ cm, $\gamma = 70°$
f) $a = 4{,}5$ cm, $b = 6{,}5$ cm, $\beta = 75°$
g) $c = 5{,}0$ cm, $\alpha = 30°$, $\gamma = 20°$
h) $a = 6{,}0$ cm, $b = 8{,}5$ cm, $c = 3{,}5$ cm
i) $a = 5{,}0$ cm, $b = 4{,}0$ cm, $\beta = 45°$ (!)
j) $b = 5{,}5$ cm, $\beta = 45°$, $\gamma = 70°$
k) $b = 6{,}0$ cm, $c = 5{,}5$ cm, $\gamma = 55°$ (!)

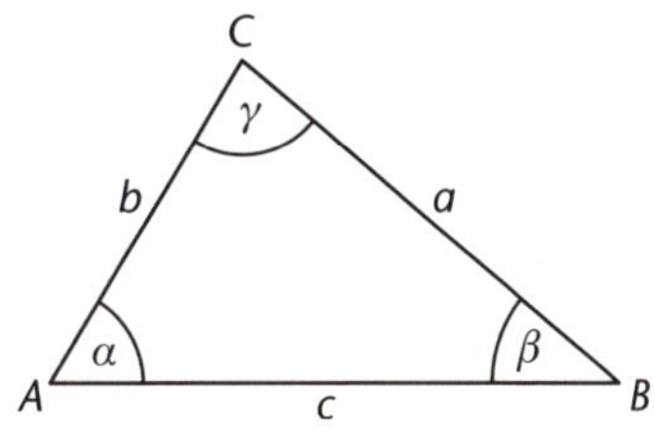

8 Vermischte Aufgaben (II)

Übung 1

Zeichne ein gleichseitiges Dreieck *ABC* mit 6 cm Seitenlänge.

a) Wo liegt das Zentrum Z_1 der Drehung mit $\delta = 60°$, die *C* auf *A* abbildet? Wohin fällt dann der Bildpunkt *B*?

b) Wo liegt das Zentrum Z_2 der Drehung mit $\delta = 180°$, die *C* auf *A* abbildet? Welcher Art ist die entstehende Gesamtfigur?

c) Konstruiere das Zentrum Z_3 der Drehung mit $\delta = 120°$, die *C* auf *A* abbildet. Wohin fallen dann die Bildpunkte von *A* und *B*?

d) Konstruiere für die Drehung in Aufgabe c) das Achsenpaar der zugehörigen Zweifachspiegelung, bei dem a_2 durch *B* geht.

e) Konstruiere das Zentrum Z_4 der Drehung mit $\delta = -120°$, die *C* auf *A* abbildet, und führe die Abbildung durch.

Übung 2

In einem Koordinatensystem (10 cm x 10 cm) sind die Punkte $A(0|3)$, $B(2|6)$, $C(7|4)$ und $F(5|8)$ gegeben.

a) Konstruiere *D* so, dass die Strecke $[AB]$ durch eine Halbdrehung auf $[CD]$ abgebildet wird.

b) Zeichne zwei Achsen a_1 und a_2 so, dass die Spiegelung an ihnen die Abbildung von Aufgabe a) ersetzt.

c) Konstruiere *E* so, dass $[AB]$ durch Verschiebung mit dem Vektor $\overrightarrow{AC}$ auf $[CE]$ abgebildet wird.

d) Zeichne und bezeichne zwei Achsen b_1 und b_2 mit $F \in b_1$ so, dass die Spiegelung an ihnen die Abbildung von Aufgabe c) ersetzt.

Übung 3

In einem Koordinatensystem (12 cm x 9 cm) sind die Punkte $A(1|5)$, $B(4|4)$, $C(2|7)$, $P(0|4)$, $P_1(2|0)$ und $M(6|5)$ gegeben.

a) $\overrightarrow{PP_1}$ ist ein Repräsentant des Schiebungsvektors, durch den Dreieck *ABC* auf Dreieck $A_1B_1C_1$ abgebildet wird. Anschließend wird Dreieck $A_1B_1C_1$ durch eine Drehung um *M* mit $\delta = 130°$ auf Dreieck $A_2B_2C_2$ abgebildet. Konstruiere diese Abbildungen!

b) Dreieck *ABC* könnte durch eine andere Drehung auch direkt, also nicht über Dreieck $A_1B_1C_1$, auf Dreieck $A_2B_2C_2$ abgebildet werden. Konstruiere das Zentrum *Z* dieser Drehung, zeichne den Drehwinkel δ' ein und bestimme seine Größe durch Messung!

Übung 4

In einem Koordinatensystem (11 cm x 11 cm) sind durch $A(7|3)$, $B(10|1)$, $C(10|3)$ und $A_2(6|11)$, $B_2(4|8)$, $C_2(6|8)$ zwei Dreiecke ABC und $A_2B_2C_2$ gegeben.

a) Bilde Dreieck ABC durch die Verschiebung mit dem Vektor $\overrightarrow{PQ}$ mit $P(6|0)$ und $Q(0|1)$ auf Dreieck $A_1B_1C_1$ ab.

b) Zeige durch Konstruktion: $\triangle A_1B_1C_1 \cong \triangle A_2B_2C_2$. Beginne mit B_1.

c) Durch welche (Direkt-)Abbildung könnte man die Konstruktion von Aufgabe b) ersetzen? Genaue Beschreibung!

d) Wie viele Achsen sind mindestens nötig, um $\triangle ABC$ durch Achsenspiegelungen direkt (also nicht über $\triangle A_1B_1C_1$) auf $\triangle A_2B_2C_2$ abzubilden? Begründung!

e) $\triangle A_2B_2C_2$ kann durch eine Drehung auf $\triangle ABC$ abgebildet werden. Zeichne den Fixpunkt dieser Abbildung und gib den Drehwinkel an!

Übung 5

Von zwei Dreiecken ABC und $A'B'C'$ ist bekannt:
$a = a' = 5$ cm, $b = b' = 4$ cm, $\beta = \beta' = 45°$.
Sind die Dreieck sicher kongruent? Begründe!

Übung 6

Satz: Ein Dreieck mit zwei gleich großen Winkeln ist gleichschenklig.

a) Zeichne eine Planfigur mit $\alpha = \beta$, trage h_c als Hilfslinie ein und beweise den Satz mithilfe eines Kongruenzmerkmals.

b) Zeichne eine Planfigur mit $\beta = \gamma$, trage als Hilfslinie eine geeignete Winkelhalbierende ein und beweise den Satz mithilfe eines Kongruenzmerkmals.

Übung 7

Es soll die Breite eines Flusses ermittelt werden. Dazu bestimmt man unmittelbar am einen Ufer die 20 m lange Strecke $[AB]$. Dann misst man von A und B aus die Winkel zu einem Punkt C am anderen Ufer; sie betragen 52° und 103°.
Ermittle aus einer Zeichnung im Maßstab 1 : 500 die Flussbreite durch Messung.

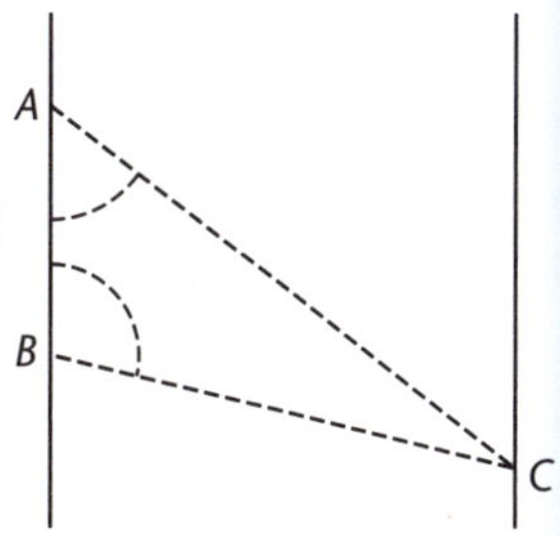

Übung 8

Konstruiere mithilfe einer Planfigur ein gleichschenkliges Dreieck aus Schenkel $a = c = 6,0$ cm und $h_c = 4,5$ cm.

9 Besondere Dreiecke

Das gleichschenklige Dreieck
Das gleichschenklige Dreieck hat zwei gleich lange Seiten, die *Schenkel*. Die der Basis anliegenden Winkel, die *Basiswinkel*, sind gleich groß. Die durch die *Spitze* gehende Höhe, Winkelhalbierende, Seitenhalbierende und Mittelsenkrechte fallen zusammen.
Beachte: Die Basis muss nicht stets unten liegen!

Das gleichseitige Dreieck
Das gleichseitige Dreieck hat drei gleich lange Seiten; alle Winkel sind gleich groß, also 60°. Alle Höhen, Winkelhalbierenden, Seitenhalbierenden und Mittelsenkrechten durch eine Ecke fallen jeweils zusammen.

Konstruktion besonderer Winkel
Mithilfe eines gleichseitigen Dreiecks kannst du den 60°-Winkel konstruieren. Durch fortgesetzte Halbierung sowie Vervielfachung erhältst du weitere Winkel.
Mithilfe der Lotkonstruktion kannst du den 90°-Winkel konstruieren. Durch fortgesetzte Halbierung erhältst du weitere Winkel.
Auch durch Addition und Subtraktion solcher Winkel ergeben sich weitere Winkel.

Das rechtwinklige Dreieck
Das *rechtwinklige Dreieck* hat einen rechten Winkel zwischen den beiden Katheten; die dem rechten Winkel gegenüberliegende Seite ist die *Hypotenuse*. Die beiden anderen Winkel sind stets spitz; daher ist die Hypotenuse die längste Seite im Dreieck.
Beachte: Die Hypotenuse muss nicht stets unten liegen!

Thalessatz:
Die Gegenecke der Hypotenuse eines rechtwinkligen Dreiecks liegt auf einem Kreis mit der Hypotenuse als Durchmesser.

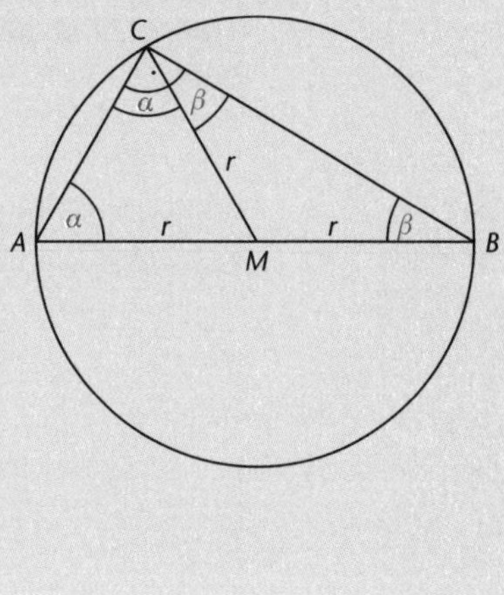

Der Thaleskreis ist also der Umkreis eines rechtwinkligen Dreiecks!
Aus dem Thalessatz folgt: Ein rechtwinkliges Dreieck lässt sich in zwei gleichschenklige Dreiecke zerlegen.

Übung 1

Konstruiere jeweils mithilfe einer Planfigur ein gleichschenkliges Dreieck aus

a) $b = 4{,}0$ cm, Basis $c = 4{,}5$ cm;
b) Basis $a = 3{,}7$ cm, $b = 6{,}4$ cm;
c) Schenkel $a = 4{,}5$ cm, Basiswinkel $\beta = 30°$;
d) Schenkel $c = 7{,}0$ cm, Winkel an der Spitze $\beta = 30°$;
e) Basis $c = 5{,}8$ cm, $h_c = 3{,}0$ cm;
f) Basis $b = 5{,}0$ cm, $h_b = 5{,}0$ cm.

Übung 2

Konstruiere jeweils mithilfe einer Planfigur ein rechtwinkliges Dreieck aus

a) den Katheten $a = 3{,}5$ cm und $b = 5{,}5$ cm;
b) den Katheten $b = 4{,}2$ cm und $c = 3{,}8$ cm;
c) der Hypotenuse $c = 7{,}0$ cm und $a = 3{,}0$ cm (2 Wege!);
d) der Hypotenuse $c = 8{,}5$ cm und $\alpha = 72°$;
e) der Hypotenuse $c = 6{,}5$ cm und $h_c = 2{,}5$ cm;
f) der Hypotenuse $b = 8{,}5$ cm und $\gamma = 36°$;
g) der Hypotenuse $a = 7{,}5$ cm und $h_a = 3{,}0$ cm.

Übung 3

Konstruiere folgende Winkel; verdeutliche deine Konstruktionsidee mit Hilfe einer kleinen Rechnung:

a) 30°, 150°, 15°, 75°, 165°, 120°, 7,5°, 67,5°, 52,5°
b) 45°, 135°, 22,5°, 157,5°, 67,5°, 112,5°
c) 195°, 187,5°, 105°, 52,5°, 37,5°, 127,5°

Übung 4

Beweise anhand der Skizze auf der vorigen Seite den Satz:
Liegen die Ecken eines Dreiecks so auf einem Kreis, dass eine Seite Durchmesser des Kreises ist, so ist das Dreieck rechtwinklig.

Übung 5

In einem rechtwinkligen Dreieck ABC ist $\overline{AM} = \overline{BM}$ und $M \in [AB]$.

a) Begründe: Dreieck AMC ist gleichschenklig.
b) $\gamma = \measuredangle BMC = 110°$. Berechne $\measuredangle MAC$ und $\measuredangle CBM$.

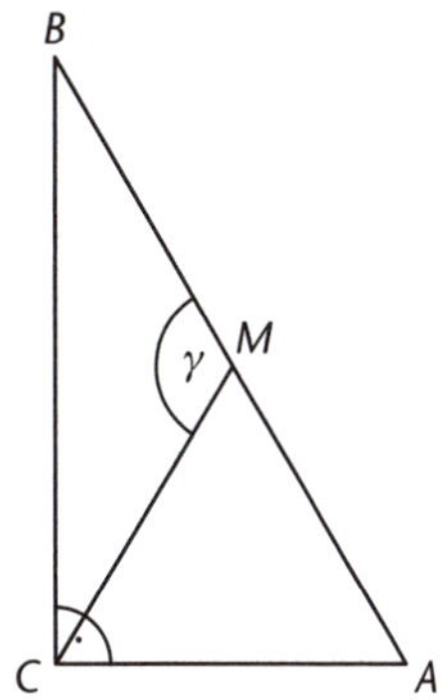

Übung 6

Zeichne einen Kreis mit Radius r; trage r von einem beliebigen Kreispunkt aus als Sehne hintereinander an, sodass ein reguläres Sechseck entsteht.
Begründe, dass r nicht nur ungefähr, sondern exakt sechsmal abgetragen werden kann.

10 Konstruktion mithilfe von Teildreiecken

Eine vollständige *Konstruktion* besteht aus Planfigur, Formaltext und eigentlicher Konstruktion.
Zeichne die **Planfigur** so, dass sie gegebene Besonderheiten der Figur (gleichschenklig, rechtwinklig ...) enthält, jedoch auf keinen Fall zu speziell ist (z. B. darf ein allgemeines Dreieck nicht gleichschenklig gezeichnet werden!). Sehr wichtig an der Planfigur ist die Farbe, mit der du gegebene Stücke markierst. Bezeichne alle Punkte!
Der Formaltext beginnt i. Allg. mit einer gegebenen Strecke, die zwei Punkte festlegt. In jedem weiteren Schritt werden die beiden Bedingungen, die ein Punkt der Figur erfüllen muss, in zwei geometrische Linien umgesetzt; deren Schnitt ergibt den gesuchten Punkt. Bis jetzt musst du folgende Möglichkeiten in Erwägung ziehen und beherrschen:

gegebene Bedingung	**entsprechende Linie (Punktmenge)**
Länge einer Strecke	Kreis um den Anfangspunkt mit der Strecke als Radius
Größe eines Winkels	Halbgerade, die den 2. Schenkel bildet (freier Schenkel)
rechter Winkel	Lot auf 1. Schenkel
freischwebender rechter Winkel	Thaleskreis
Länge einer Höhe ohne bekannten Fußpunkt	Parallele im Abstand der Länge der Höhe
Lage auf bekannter Geraden	Halbgerade in Richtung des gesuchten Punktes

Beispiel

Konstruiere ein Dreieck aus b, γ und h_c!
Planfigur:

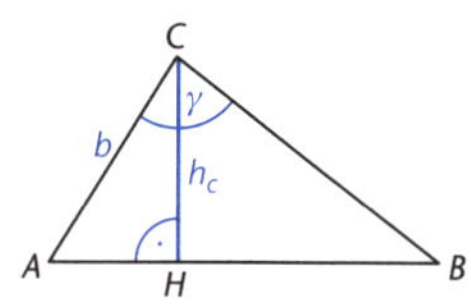

Formaltext: Teildreieck AHC konstruierbar:

1. $h_c \Rightarrow H,C$

2. $A: \begin{cases} \text{Lot auf } HC \text{ in } H \\ k(C;b) \end{cases}$

3. $B: \begin{cases} [AH \\ \text{freier Schenkel } \gamma \text{ an } [CA \end{cases}$

oder

1. $b \Rightarrow A,C$

2. $H: \begin{cases} \text{Thaleskreis über } [AC] \\ k(C;h_c) \end{cases}$

3. $B: \begin{cases} [AH \\ \text{freier Schenkel } \gamma \text{ an } [CA \end{cases}$

Tipp

Verwende zur Konstruktion ordentliches Zeichengerät (gespitzter Bleistift, Farben und Zirkel, intaktes Geo-Dreieck; halte den Radiergummi bereit). Arbeite genau und trotzdem flott!
Denke daran, dass es auch zwei Lösungen geben kann! Diese Möglichkeit besteht bei der Konstruktion eines Dreiecks aus zwei Seiten und einem Winkel, der nicht Zwischenwinkel ist.

Übung 1

Führe zum Beispiel der vorigen Seite die Konstruktion für $b = 4{,}5$ cm, $\gamma = 85°$, $h_c = 3{,}5$ cm durch.

Übung 2

Konstruiere jeweils mithilfe von Planfigur und Formaltext ein gleichschenkliges Dreieck aus

a) Schenkel $a = b = 6{,}0$ cm, $h_c = 4{,}5$ cm (2 Wege!);
b) Schenkel $a = c = 8{,}0$ cm, $w_\beta = 7{,}0$ cm (2 Wege!);
c) Basis c, $s_c = 3{,}5$ cm, $\beta = 28°$;
d) Schenkel $b = c = 8{,}2$ cm, Umkreisradius $r = 4{,}5$ cm.

Übung 3

Konstruiere mit Hilfe von Planfigur und Formaltext

a) ein gleichseitiges Dreieck mit $h = 4{,}3$ cm;
b) ein gleichseitiges Dreieck mit dem Inkreisradius $\rho = 2{,}6$ cm (2 Wege!);
c) ein rechtwinkliges Dreieck mit Hypotenuse c, $b = 3{,}7$ cm und $w_\gamma = 3{,}2$ cm;
d) ein rechtwinkliges Dreieck mit Hypotenuse b, $w_\gamma = 3{,}5$ cm und $\gamma = 70°$;
e) ein rechtwinkliges Dreieck mit $s_c = \overline{CM} = 4{,}3$ cm, $\sphericalangle CMA = 54°$ und $\gamma = 90°$.

Übung 4

Konstruiere aus folgenden Stücken ein Dreieck (mit Planfigur und Formaltext!):

a) $b = 4{,}7$ cm, $c = 5{,}8$ cm, $h_c = 4{,}0$ cm, beginne mit b (2 Wege!)
b) $a = 6{,}5$ cm, $c = 7{,}0$ cm, $h_b = 6{,}0$ cm (3 Wege!) (!)
c) $b = 4{,}2$ cm, $s_b = 5{,}6$ cm, $\alpha = 57°$
d) $c = 3{,}5$ cm, $s_a = 4{,}0$ cm, $\beta = 55°$
e) $c = 4{,}0$ cm, $s_a = 3{,}5$ cm, $\beta = 55°$ (!)
f) $a = 4{,}6$ cm, $w_\beta = 5{,}1$ cm, $\beta = 66°$ (2 Wege!)
g) $s_a = \overline{AM} = 6{,}0$ cm, $\beta = 44°$, $\sphericalangle AMB = 115°$
h) $a = 7{,}3$ cm, $\alpha = 48°$, $h_c = 3{,}5$ cm (2 Wege!)
i) $h_c = 3{,}9$ cm, $w_\gamma = 4{,}4$ cm, $\gamma = 75°$ (2 Wege!)
j) $a = 5{,}8$ cm, $\gamma = 76°$, Umkreisradius $r = 3{,}5$ cm (2 Wege!)

Übung 5

Der Böschungs-(Schütt-)Winkel von trockenem Kies beträgt 35°. Wie breit muss ein Lagerplatz mindestens sein, auf dem Kies 5 m hoch aufgeschüttet werden soll? Nimm an, dass der Kies zu einem Kegel geschüttet wird, und löse die Aufgabe durch eine Zeichnung im Maßstab 1 : 100.

⑪ Besondere Vierecke – Viereckskonstruktion

Besondere Vierecke

Ein *Parallelogramm* ist ein punktsymmetrisches Viereck; Zentrum ist der Schnittpunkt seiner Diagonalen. Es hat je zwei zueinander parallele, gleich lange Gegenseiten, je zwei Gegenwinkel sind gleich groß.

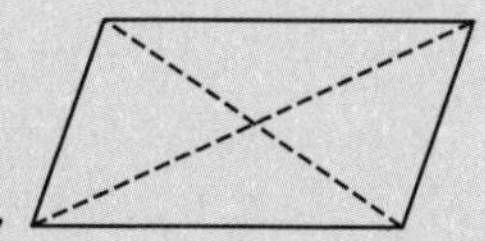

Ein *Rechteck* ist ein Parallelogramm mit vier rechten Innenwinkeln. Es hat zwei Achsen durch die Seitenmitten der Gegenseiten und einen Umkreis.

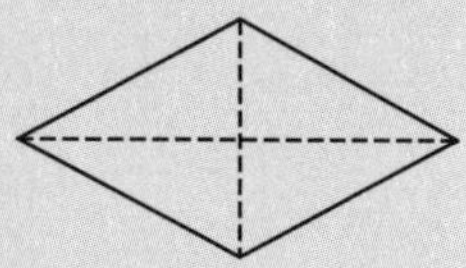

Eine *Raute* ist ein Parallelogramm mit vier gleich langen Seiten. Sie hat zwei Achsen durch die Gegenecken und einen Inkreis.

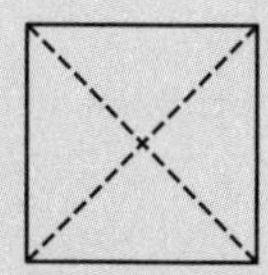

Ein *Quadrat* ist ein Parallelogramm mit vier rechten Innenwinkeln und vier gleich langen Seiten. Es hat vier Achsen, einen Umkreis sowie einen Inkreis.

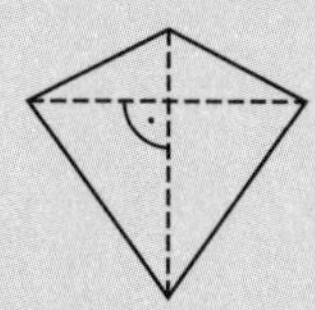

Ein *Drachenviereck* ist ein achsensymmetrisches Viereck; Achse ist eine Diagonale. Je zwei anliegende Seiten sind gleich lang, zwei Gegenwinkel sind gleich groß. Die Diagonalen stehen aufeinander senkrecht, wobei die eine halbiert wird. Das Drachenviereck hat einen Inkreis.

Ein Drachenviereck, bei dem jede Diagonale Achse ist, ist eine Raute.

Ein *Trapez* ist ein Viereck mit zwei parallelen Gegenseiten (*Grundlinien*); die beiden anderen Seiten heißen *Schenkel*.

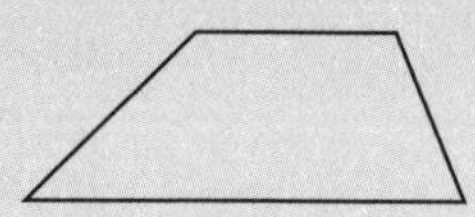

Ein Trapez mit gleich langen Schenkeln ist achsensymmetrisch; Achse ist die Mittelsenkrechte der parallelen Gegenseiten. Die diesen Seiten jeweils anliegenden Winkel sind gleich groß. Die Diagonalen sind gleich lang. Das gleichschenklige Trapez hat einen Umkreis.

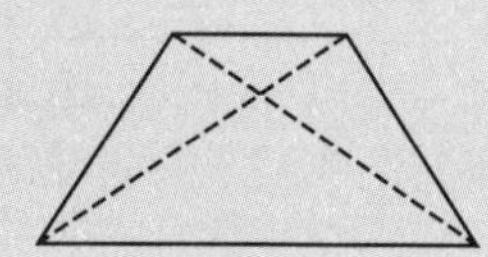

Viereckskonstruktionen

Jedes Viereck kann – oft durch seine Diagonalen – in Teildreiecke zerlegt werden. Zur Konstruktion eines Vierecks ist es also nötig, dass du in ihm ein konstruierbares Teildreieck erkennst; dann kannst du wie in Kapitel 10 fortfahren.

Bezeichnungen im Viereck: Beachte – im Unterschied zum Dreieck – insbesondere die Benennung der Seiten und der Diagonalen:

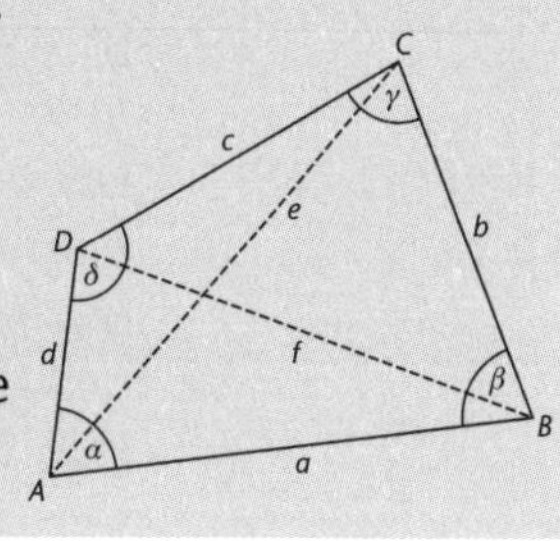

Übung 1

Konstruiere aus folgenden Stücken (mit Planfigur und Formaltext!)

a) ein Quadrat: Diagonale $e = 3{,}7$ cm;
b) ein Rechteck: $e = 6{,}0$ cm, Abstand $g = 2{,}0$ cm einer Ecke von einer Diagonalen;
c) eine Raute: Diagonalen $e = 5{,}8$ cm und $f = 4{,}3$ cm;
d) eine Raute: $a = 4{,}5$ cm, $h = 1{,}8$ cm.

Übung 2

Konstruiere aus folgenden Stücken ein Parallelogramm (mit Planfigur und Formaltext!):

a) $b = 4{,}2$ cm, $\gamma = 45°$, $e = 9{,}0$ cm
b) $a = 6{,}7$ cm, $f = 5{,}6$ cm, $\alpha = 52°$ (!)
c) $a = 7{,}6$ cm, $f = 6{,}0$ cm, $h_a = 3{,}2$ cm

Übung 3

Konstruiere aus folgenden Stücken ein Drachenviereck (mit Planfigur und Formaltext!); das Drachenviereck hat die Symmetrieachse *AC*:

a) $b = 3{,}5$ cm, $e = 7{,}0$ cm, $f = 5{,}0$ cm
b) $f = 5{,}0$ cm, $\gamma = 90°$, $\delta = 110°$
c) $a = 7{,}2$ cm, $\alpha = 54°$, $\beta = 90°$

Übung 4

Zeichne aus folgenden Stücken ein Trapez, in dem $AB \parallel CD$ gilt (mit Planfigur und Formaltext!):

a) $b = 3{,}7$ cm, $\beta = 71°$, $\delta = 128°$, $\measuredangle BDC = 36°$
b) $b = c = d$, $e = 8{,}0$ cm, $\measuredangle CAD = 25°$
c) $c = 3{,}0$ cm, $e = 5{,}8$ cm, $h = 4{,}0$ cm, $\beta = 46°$

Übung 5

Zeichne aus folgenden Stücken ein Viereck (mit Planfigur und Formaltext!):

a) $a = 7{,}0$ cm, $b = 3{,}0$ cm, $c = 4{,}7$ cm, $\beta = 80°$, $\measuredangle CAD = 40°$ (!)
b) $c = 6{,}9$ cm, $e = 6{,}0$ cm, $\gamma = 94°$, $\measuredangle CAD = 90°$, $\measuredangle CBD = 70°$
c) $d = 4{,}6$ cm, $e = 9{,}4$ cm, $f = 4{,}5$ cm, $e \perp f$, $\measuredangle ADB = 67°$

Übung 6

Fertige nur eine Planfigur und den Formaltext zur Konstruktion eines Vierecks aus folgenden Stücken; überlege, ob die Lösung eindeutig ist:

a) $a, b, c, e, \measuredangle DBA$
b) $a, e, \delta = 90°, \measuredangle BAC, \measuredangle DBA$
c) $c, d, \alpha, \beta, \gamma$
d) $b, f, \alpha, \beta, \gamma$

12 Geometrischer Beweis

Jeder Lehrsatz enthält mindestens eine Voraussetzung sowie eine Behauptung. Vertauscht man eine Voraussetzung mit der Behauptung inhaltlich, so entsteht ein *Kehrsatz*. Zu einem Satz mit mehreren Voraussetzungen lassen sich also mehrere Kehrsätze formulieren. Da diese auch falsch sein können, muss jeder Kehrsatz ebenfalls bewiesen werden!
Bis jetzt hast du in der Geometrie folgende Beweisarten kennen gelernt:

Der Rechenbeweis – benützt die Sätze über Winkel an Kreuzung, Doppelkreuzung (mit parallelen Geraden) und Dreieck sowie Regeln der Algebra.

Der Kongruenzbeweis – benützt die vier Kongruenzmerkmale sowie den Satz, dass in kongruenten Dreiecken entsprechende Stücke gleich groß sind.

Der indirekte Beweis – zeigt, dass die der Behauptung entgegengesetzte Annahme auf einen Widerspruch führt.

Ein Gegenbeispiel – genügt, um zu zeigen, dass eine Behauptung falsch ist.

Der Symmetriebeweis – benützt die Axiome und Eigenschaften der Achsensymmetrie.

Ein vollständiger geometrischer Beweis besteht aus Beweisfigur, Voraussetzung, Behauptung und eigentlichem Beweis.
Zeichne die **Beweisfigur** so, dass sie gegebene Besonderheiten des Satzes (gleich lange Strecken, rechte Winkel, ...) enthält, jedoch auf keinen Fall zu speziell ist (z. B. darf ein Parallelogramm nicht als Rechteck gezeichnet werden!). Bezeichne alle Punkte!

Tipp

Wenn du dir bewusst machst, welche Besonderheiten du in die Beweisfigur einzeichnen musstest, dann hast du oft die Voraussetzungen des Satzes inhaltlich schon gefunden!
Verliere beim Zeichnen der Beweisfigur nicht unnötig Zeit, d. h., fertige insbesondere keine Konstruktionen, sondern benütze alle Tricks für schnelles Zeichnen!

Nummeriere die **Voraussetzungen** und formuliere sie in mathematischer Schreibweise; du findest sie hinter dem „wenn" des Satzes, den du (im Kopf) auf die „Wenn-Dann-Form" gebracht hast.
Formuliere die **Behauptung** in mathematischer Schreibweise; du findest sie hinter dem „dann" des Satzes.

Jeder Schritt des **Beweises** soll (stichpunktartig) begründet werden; dazu geeignet sind die Voraussetzungen des Satzes – nicht jedoch die Behauptung –, Definitionen, Axiome und bereits bewiesene Lehrsätze. Häufig sind Hilfskonstruktionen nötig; diese dürfen den Geltungsbereich des Satzes nicht einschränken.

Übung 1

Beweise folgende Sätze aus Kapitel 1:

a) Die Summe der Innenwinkel im Viereck beträgt 360°.

b) Jeder Außenwinkel eines Dreiecks ist so groß wie die Summe der nicht anliegenden Innenwinkel.

Übung 2

Formuliere von den folgenden Sätzen jeweils den Kehrsatz. Überprüfe Satz und Kehrsatz auf Gültigkeit; gib bei einem falschen Satz oder Kehrsatz mithilfe einer Skizze ein Gegenbeispiel an (*ein Gegenbeispiel erfüllt die Voraussetzung, nicht jedoch die Behauptung!*):

a) Ein Dreieck mit zwei gleich großen Innenwinkeln ist gleichseitig.

b) Die Diagonalen einer Raute stehen aufeinander senkrecht.

c) Im gleichseitigen Dreieck beträgt die Summe zweier Innenwinkel 120°.

d) Ein Viereck mit zwei gleich langen Diagonalen ist ein Quadrat.

Übung 3

Beweise folgende Sätze mithilfe der Kongruenz:

a) Ist in einem Dreieck eine Höhe auch Seitenhalbierende, so ist das Dreieck gleichschenklig.

b) Im gleichschenkligen Dreieck sind die Schnittpunkte zweier Winkelhalbierenden mit den Schenkeln von der Spitze gleich weit entfernt.

Übung 4

Im Dreieck *ABC* sei *F* die Mitte von [*AC*]; durch *F* werden Parallelen zu *AB* und *BC* gezogen, weitere Schnittpunkte sind *D* und *E*. *FD* und *FE* heißen Mittelparallelen.

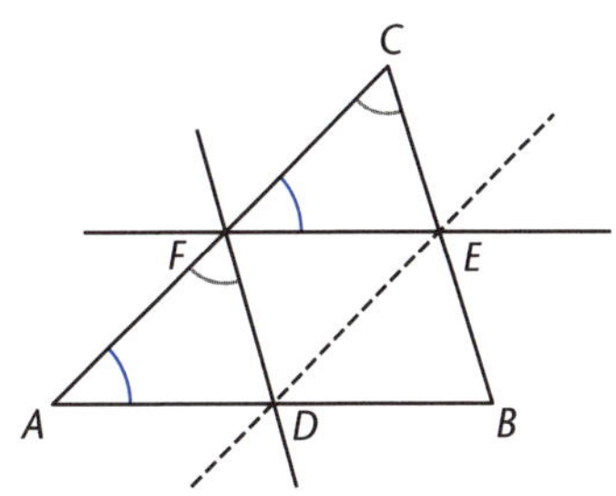

a) Begründe: $\overline{DB} = \overline{FE}$

b) Begründe: $\sphericalangle AFD = \sphericalangle FCE$ und $\sphericalangle DAF = \sphericalangle EFC$

c) Beweise mithilfe der Kongruenz: $\overline{AD} = \overline{FE}$

d) Begründe: *D* ist der Mittelpunkt von [*AB*].
Ebenso folgt: *E* ist der Mittelpunkt von [*BC*]. Also gelten folgende Sätze:

Satz: Die Mittelparallele zu einer Seite eines Dreiecks halbiert die beiden anderen Seiten.

Satz: Die Mittelparallele eines Dreiecks ist halb so lang wie die zu ihr parallele Dreiecksseite.

13 Kreise und Geraden

Eine *Sekante* schneidet einen Kreis in 2 Punkten und legt dabei eine Sehne fest.
Eine *Tangente berührt* einen Kreis in 1 Punkt und steht auf dem Berührradius senkrecht; diese Eigenschaft wird bei den beiden Arten von Tangentenkonstruktionen benützt:

Konstruktion der Tangente in einem Kreispunkt *T*

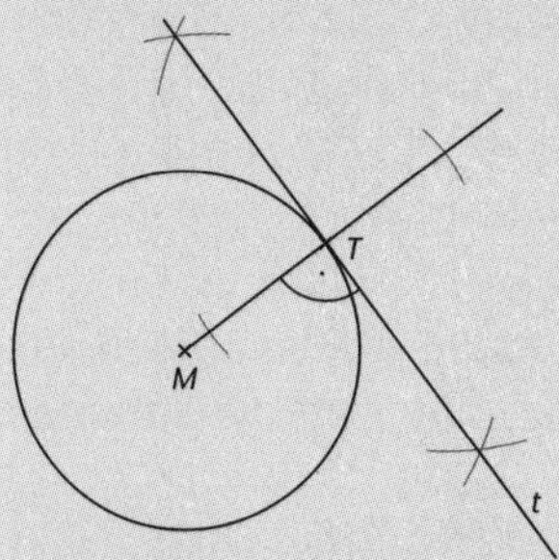

Konstruktion des Tangentenpaares von einem Punkt *P* außerhalb eines Kreises an den Kreis

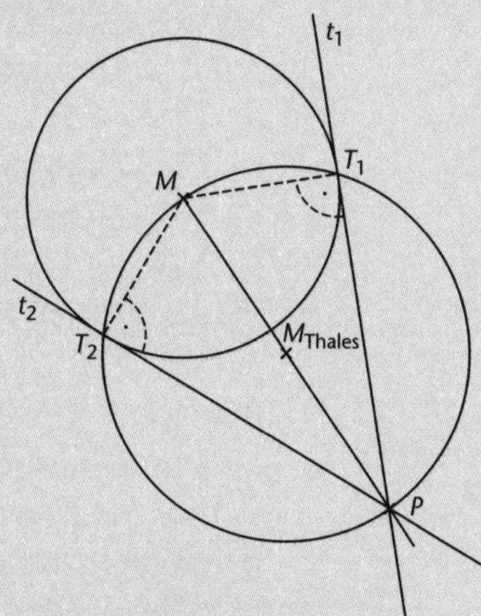

Sehnenviereck
Vier Sekanten durch vier Punkte eines Kreises bestimmen ein Sehnenviereck; es hat also einen Umkreis.

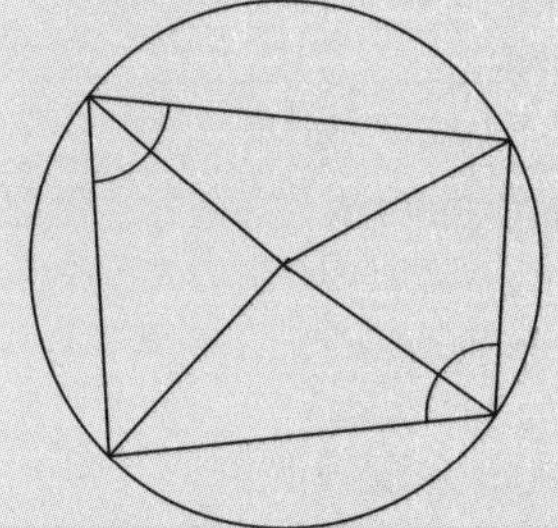

Satz – Im Sehnenviereck beträgt die Summe der Gegenwinkel jeweils 180°

Tangentenviereck
Vier Tangenten eines Kreises bestimmen ein Tangentenviereck; es hat also einen Inkreis.

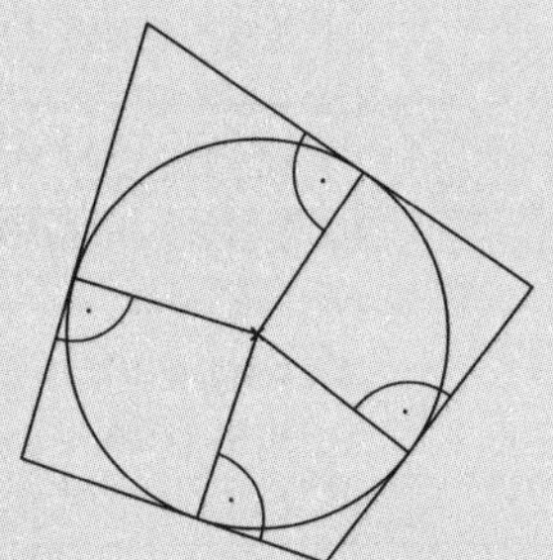

Satz – Im Tangentenviereck sind die Summen der Längen der Gegenseiten gleich

Übung 1

Es sei $M(5|6)$, $T(4|9)$ und $P(7|1)$.

a) Zeichne $k(M; r = \overline{MT})$ und konstruiere die Tangente t in T an k.

b) Konstruiere das Tangentenpaar t_1 und t_2 von P an $k \Rightarrow T_1, T_2$.

c) Beweise mithilfe der Kongruenz: $\overline{PT_1} = \overline{PT_2}$ (*Tangentenstrecken*)

Übung 2

Gegeben sind ein Punkt M, der Kreis $k(M; 2{,}5\text{ cm})$ und ein Punkt Q mit $\overline{MQ} = 6$ cm.

a) Konstruiere die Kreistangenten t_1 und t_2 durch Q; sie schließen den spitzen Winkel α ein.

b) Konstruiere diejenigen Kreistangenten t_3 und t_4 an k, die mit t_1 bzw. t_2 jeweils den Winkel α einschließen.

Übung 3

Zeichne in einen Kreis mit 2,0 cm Radius eine 3,0 cm lange Sehne s ein. Konstruiere die zu s parallelen Tangenten an den Kreis.

Übung 4

Zeichne die Strecke $[MP]$ der Länge 7,0 cm. Konstruiere alle Geraden durch P, die von M den Abstand 4,0 cm haben.

Übung 5

Bestätige die Sätze über Sehnen- und Tangentenviereck durch Messung an den beiden Skizzen der vorigen Seite sowie an beliebigen selbst gefertigten Sehnen- und Tangentenvierecken.

Übung 6

Konstruiere ein Sehnenviereck aus

a) $a = 6{,}5$ cm, $\beta = 85°$, $f = 7{,}2$ cm, $r = 3{,}9$ cm (!);

b) $a = 2r$, $b = 4{,}8$ cm, $c = 5{,}5$ cm, $\alpha = 70°$;

c) $d = 6{,}0$ cm, $\beta = 85°$, $\gamma = 64°$, Lot l von B auf AD mit $l = 3{,}4$ cm.

Übung 7

Konstruiere ein Tangentenviereck aus

a) $a = d = 3{,}2$ cm, $b = 4{,}4$ cm, $\alpha = 101°$;

b) $a = 6{,}4$ cm, $b = 7{,}1$ cm, $\beta = 62°$, $\varrho = 2{,}5$ cm;

c) $a \| c$, $c = 3{,}0$ cm, $\gamma = 127°$, $\delta = 111°$.

Übung 8

Welche Typen von Vierecken besitzen einen Umkreis, welche einen Inkreis? Welche Vierecke besitzen Um- und Inkreis?

14 Fasskreisbogenpaar

Lässt man drei Ecken eines Sehnenvierecks fest und bewegt die vierte Ecke auf dem Kreisbogen, so bleibt der Innenwinkel dieser vierten Ecke immer gleich groß (s. Satz in Kap. 13).
Die Schenkel eines solchen Umfangswinkels gehen durch die Endpunkte einer Kreissehne, sein Scheitel liegt auf einem der zugehörigen Kreisbögen.

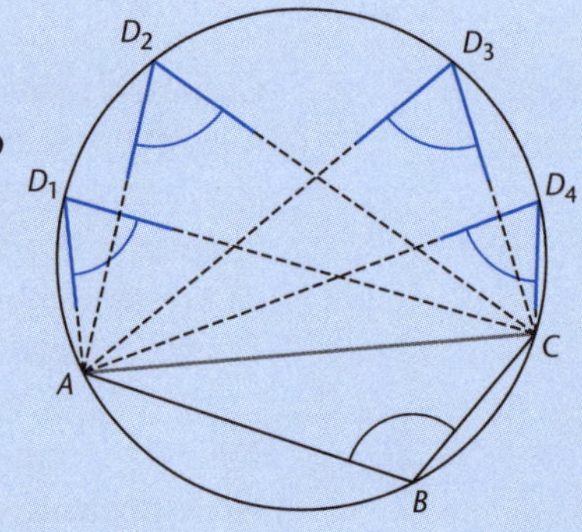

Satz – Alle Umfangswinkel über demselben Kreisbogen sind gleich groß.

Zu jeder Kreissehne gibt es jeweils einen spitzen Umfangswinkel am größeren und einen stumpfen Umfangswinkel am kleineren Bogen!

Der Winkel δ zwischen einer Tangente und der Berührsehne heißt Sehnen-Tangenten-Winkel.

Satz – Der Sehnen-Tangenten-Winkel ist so groß wie der Umfangswinkel auf der anderen Seite der Sehne: $\varphi = \delta$

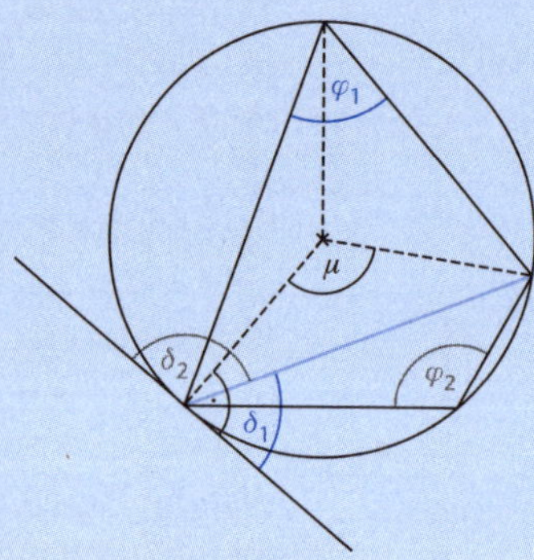

Die Menge aller Punkte, von denen aus eine Strecke unter einem festen Winkel erscheint, ist das Fasskreisbogenpaar zu diesem Winkel über der Strecke als Sehne.

Beispiel

Konstruktion des Fasskreisbogenpaares zum Winkel 110° über der Strecke s mithilfe des Sehnen-Tangenten-Winkels:

1. s antragen $\Rightarrow A, B$
2. freier Schenkel $\delta = \varphi = 110°$ an $[AB$
3. $M_1: \begin{cases} \text{Lot zu freiem Schenkel in } A \\ \text{Mittelsenkrechte zu } [AB] \end{cases}$
4. $M_2: \begin{cases} \text{Mittelsenkrechte zu } [AB] \\ k(A;\, r = \overline{AM_1}) \end{cases}$
5. $k(M_1;\, \overline{M_1A})$
6. $k(M_2;\, \overline{M_2A})$

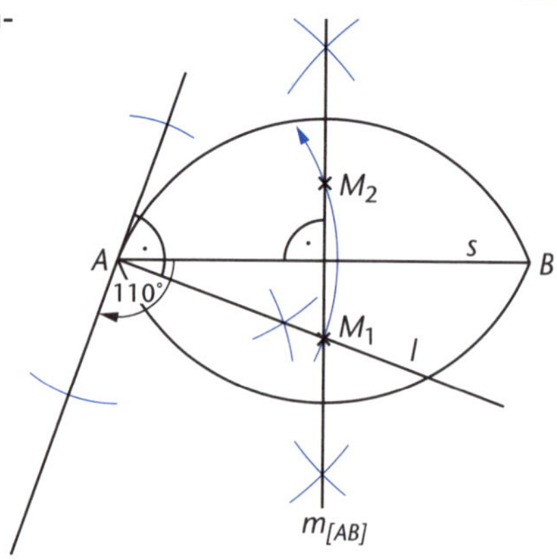

Übung 1

a) Zeichne in einen Kreis von 5,0 cm Radius eine Sehne von 9,0 cm Länge; zeichne auf beiden Seiten der Sehne mehrere Umfangswinkel und vergleiche ihre Größe durch Messung.

b) Zeichne eine Strecke von 6,0 cm Länge und markiere die Endpunkte; lege dein Geodreieck mit einer der 45°-Ecken auf mehrere Arten zwischen die Endpunkte der Strecke und markiere jeweils den Scheitel. Auf welcher Linie liegen die Scheitel? Wiederhole die Übung mit dem 90°-Winkel.

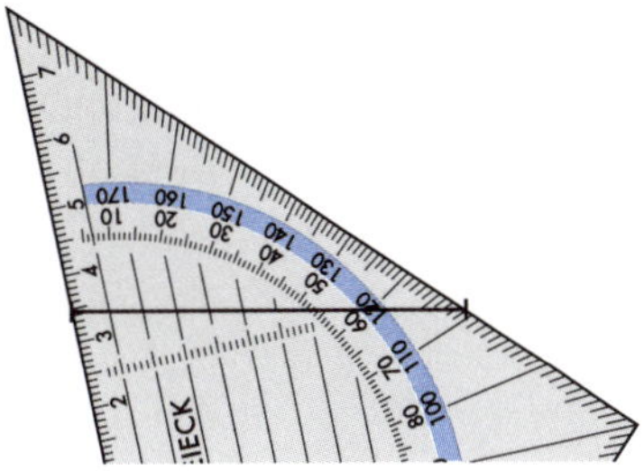

Übung 2

Konstruiere das Fasskreisbogenpaar zum Winkel φ über der Strecke s; warum hast du bei der Konstruktion von c) und d) einen Vorteil?

a) $s = 9{,}0$ cm, $\varphi = 140°$ b) $s = 6{,}0$ cm, $\varphi = 50°$

c) $s = 7{,}5$ cm, $\varphi = 115°$ d) $s = 7{,}5$ cm, $\varphi = 65°$

Übung 3

Den Sehnen-Tangenten-Winkel-Satz kannst du anhand der mittleren Zeichnung auf der vorigen Seite für φ_1 folgendermaßen beweisen:

a) Der Radius teilt φ_1 in φ' und φ''. Drücke die restlichen beiden Mittelpunktswinkel durch φ' bzw. φ'' aus; die Summe aller Mittelpunktswinkel ergibt den Vollwinkel $\Rightarrow \varphi = \frac{\mu}{2}$

b) Addiere δ_1, 90° und den Basiswinkel ε des Dreiecks mit μ an der Spitze zum gestreckten Winkel $\Rightarrow \varphi = \frac{\mu}{2} \Rightarrow \varphi = \delta$

Übung 4

Konstruiere ein Viereck aus

a) $a = f = 7{,}0$ cm, $b = 6{,}0$ cm, $e = 5{,}0$ cm, $\delta = 120°$;

b) $a = 6{,}0$ cm, $b = 4{,}0$ cm, $d = 7{,}0$ cm, $\gamma = 100°$, $\sphericalangle ABD = 45°$;

c) $a = 6{,}0$ cm, $d = 5{,}0$ cm, $\alpha = 100°$, $\gamma = 130°$; außerdem erscheinen die Seiten a und d von der Ecke C aus unter dem gleichen Winkel.

d) $b = 6{,}0$ cm, $e = 7{,}0$ cm, $\delta = 110°$; der Abstand der Ecke D von AC soll $g = 2{,}0$ cm betragen; außerdem soll es in dem Viereck einen Punkt geben, von dem aus alle vier Seiten unter dem gleichen Winkel erscheinen (!).

15 Flächeninhalt von Parallelogramm und Dreieck

Satz – Der Flächeninhalt des Parallelogramms ist gleich dem Produkt aus einer Grundlinie und der zugehörigen Höhe.

$A_{\text{Parallelogramm}} = g \cdot h$

Beispiele

$A = a \cdot h_a$

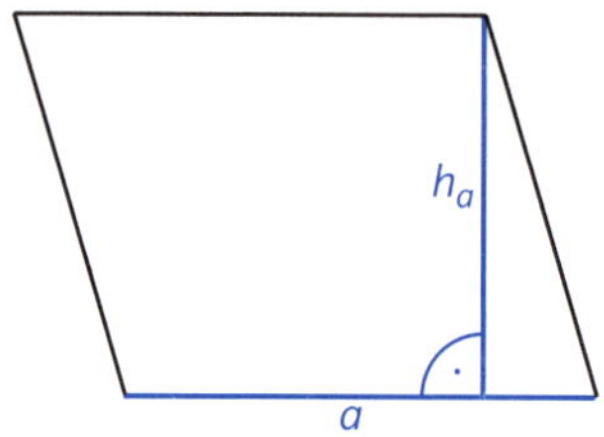

$A = d \cdot h_d$

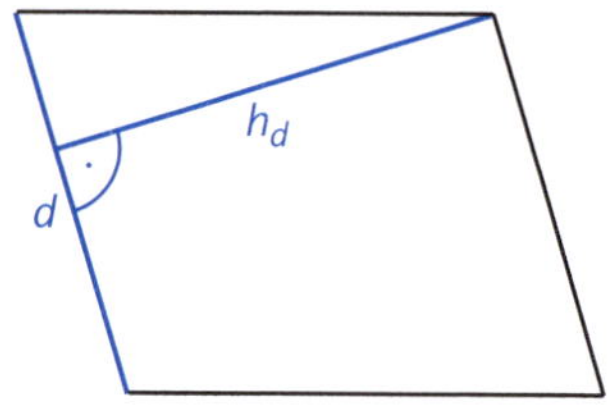

Tipp Zeichne Höhen im Parallelogramm stets von einer Ecke aus!

Satz – Der Flächeninhalt des Dreiecks ist gleich dem halben Produkt aus einer Grundlinie und der zugehörigen Höhe.

$A_{\text{Dreieck}} = \frac{1}{2} \cdot g \cdot h$

Beispiele

$A = \frac{1}{2} \cdot c \cdot h_c$

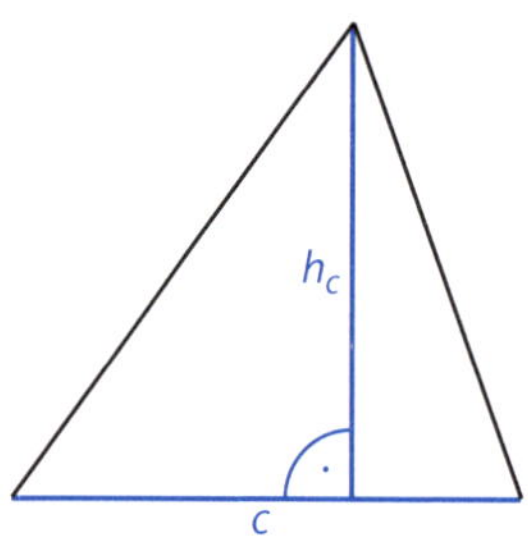

$A = \frac{1}{2} \cdot a \cdot h_a$

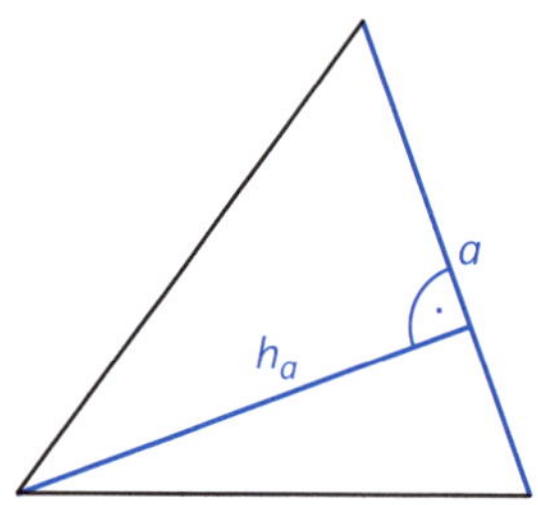

Einheiten:

$1\ m^2 = 100\ dm^2$	$1\ dm^2 = 100\ cm^2$	$1\ cm^2 = 100\ mm^2$
$1\ km^2 = 100\ ha$	$1\ ha = 100\ a$	$1\ a = 100\ m^2$

Tipp Die Katheten eines rechtwinkligen Dreiecks sind gleichzeitig Höhen; der Flächeninhalt ist also das halbe Produkt der Kathetenlängen!

Übung 1

Rechne in die angegebene Einheit um:

a) $35{,}2\ \text{cm}^2$ [dm^2]
b) $7{,}5\ \text{cm}^2$ [mm^2]
c) $0{,}0304\ \text{m}^2$ [cm^2]
d) $519\ \text{mm}^2$ [dm^2]
e) $13\ \text{dm}^2\ 8\ \text{cm}^2$ [cm^2]
f) $12{,}00\ \text{cm}^2$ [m^2]
g) $1\ \text{cm}^2\ 8\ \text{mm}^2$ [dm^2]
h) 7,0 a [ha]
i) 0,0406 ha [m^2]

Übung 2

Berechne den Flächeninhalt A des Parallelogramms/des Dreiecks mit

a) $a = 7{,}5$ cm, $h_a = 3{,}0$ cm;
b) $b = 11{,}0$ cm, $h_b = 4{,}5$ cm.

Übung 3

Ein Parallelogramm/ein Dreieck hat den Flächeninhalt $A = 27{,}3\ \text{cm}^2$; berechne

a) c, wenn $h_c = 4{,}2$ cm;
b) h_b, wenn $b = 0{,}7$ dm.

Übung 4

a) Ein Parallelogramm hat den Flächeninhalt $A = 0{,}189$ a; berechne seinen Umfang, wenn $h_a = 3{,}5$ m und $h_d = 2{,}1$ m ist.
b) Ein Dreieck hat den Flächeninhalt $A = 816\ \text{cm}^2$; berechne seinen Umfang, wenn $b = 5{,}1$ dm, $h_a = 3{,}4$ dm und $h_c = 1{,}2$ dm ist.
c) In einem Dreieck ist $a = 3{,}45$ cm, $h_a = 2{,}4$ cm und $b = 4{,}6$ cm; berechne h_b.

Übung 5

a) Zeige: Eine Raute mit den Diagonalen e und f hat den Flächeninhalt

$$A = \frac{1}{2}ef\ .$$

b) Eine Raute hat den Flächeninhalt $21{,}66\ \text{cm}^2$, eine ihrer Diagonalen ist 5,7 cm lang; berechne die Länge der anderen Diagonalen.

Übung 6

Ein Parallelogramm hat den Flächeninhalt $57{,}2\ \text{cm}^2$; eine Diagonale ist 8,8 cm lang. Wie groß sind die Abstände g der Gegenecken von dieser Diagonalen?

Übung 7

In der Figur gilt: $AB \parallel DC$, $ED \parallel BC$,

$\overline{AE} = 20$ cm, $\overline{AD} = 16$ cm,

$\overline{ED} = 12$ cm und $\overline{EB} = 10$ cm.
Berechne den Flächeninhalt des Trapezes $ABCD$.

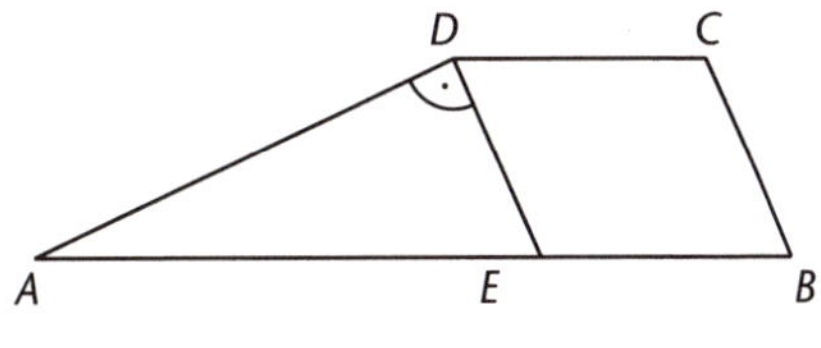

Übung 8

Über den Seiten eines Parallelogramms mit den Höhen $h_1 = 6{,}9$ cm und $h_2 = 2{,}3$ cm und dem Flächeninhalt $A_P = 17{,}25\ \text{cm}^2$ sind Dreiecke mit den gleich langen Höhen $h_D = 3{,}3$ cm errichtet. Berechne den Flächeninhalt A der Gesamtfigur.

16 Vermischte Aufgaben (III)

Übung 1

a) Beweise mithilfe der eingezeichneten Hilfslinie $[DG]$ den Satz: Die Mittelparallele im Trapez ist halb so lang wie die Summe der beiden Grundlinien:
$m = \frac{a + c}{2}$

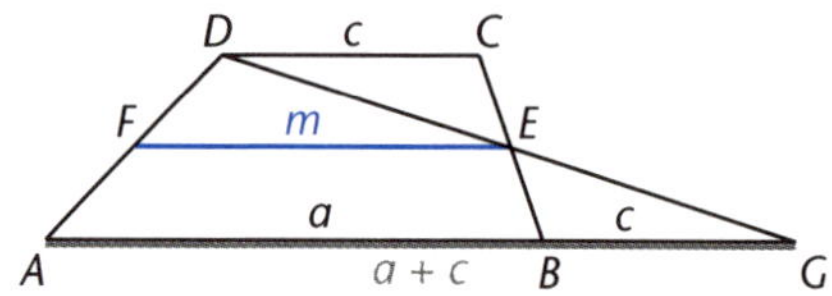

b) Zeichne als Hilfslinie die Parallele zu BC durch D und beweise den Satz.

Übung 2

Zeichne

a) ein Dreieck aus $a = 6$ cm, $h_c = 4{,}5$ cm und der zu b gehörigen Mittelparallelen $m_b = 3{,}5$ cm;
b) ein Dreieck aus $h_b = 5{,}0$ cm, $s_b = 5{,}5$ cm und $m_a = 3{,}0$ cm;
c) ein Trapez aus $m = 6{,}3$ cm, $d = 4{,}4$ cm, $e = 6{,}7$ cm und $\alpha = 65°$;
d) ein Trapez aus $a + c = 17{,}5$ cm, $d = 6{,}4$ cm, $f = 8{,}7$ cm und $\alpha = 36°$;
e) ein Trapez aus b, h_a, m und $f = [BD]$ (nur Planfigur und Formaltext).

Übung 3

a) Beweise: Die Verbindungsstrecken einer Ecke eines Quadrats mit den Mitten der beiden dieser Ecke nicht anliegenden Seiten sind gleich lang.
b) Im Quadrat von Übung a) ist die Seite $a = 4$ cm. Berechne den Flächeninhalt des von den Verbindungsstrecken erzeugten Drachenvierecks.

Übung 4

Fertige nur Planfigur und Formaltext zur Konstruktion eines Dreiecks aus

a) a, ϱ und b;
b) h_c, ϱ und b;
c) ϱ, a und b.

ϱ ist dabei der Radius des Inkreises des Dreiecks.

Übung 5

Ein *reguläres* Vieleck hat n gleich lange Seiten sowie Um- und Inkreis; es ist aus n kongruenten gleichschenkligen *Bestimmungsdreiecken* zusammengesetzt. Zeichne ein reguläres

a) Sechseck
b) Dreieck
c) Achteck
d) 9-Eck

Übung 6

Auf zwei Tangenten eines Kreises mit den Berührungspunkten *A* und *B* werden von einer dritten Tangente die Strecken [*AC*] und [*BD*] abgeschnitten. Beweise, dass gilt: $\overline{CD} = \overline{AC} + \overline{BD}$

Übung 7

Ein Umfangswinkel und sein Mittelpunktswinkel betragen zusammen 150°. Wie groß ist jeder?

Übung 8

Konstruiere ein Sehnenviereck aus a, f, β und $\measuredangle CAD = \varepsilon$.

a) Begründe mithilfe der Planfigur, warum $\measuredangle CBD = \measuredangle CAD$.
b) Fertige mithilfe von Übung a) einen Formaltext zur Konstruktion des Vierecks an.

Übung 9

In einem Viereck mit dem Flächeninhalt 42 cm² stehen die beiden Diagonalen aufeinander senkrecht (fertige als Skizze *kein* Drachenviereck!). Die eine Diagonale ist 8 cm lang, der eine Abschnitt der anderen 6 cm. Wie lang ist die zweite Diagonale?

Übung 10

Über den Seiten a, b und c eines Dreiecks sind jeweils Dreiecke errichtet, deren Höhen auf a, b bzw. c gleich der Höhe h_c des Dreiecks ABC sind. Die gesamte Figur hat den Flächeninhalt A.

a) Fertige eine Skizze an (nicht konstruieren!) und stelle eine Formel zur Berechnung von h_c auf.
b) Berechne h_c für $a = 3$ cm, $b = 4$ cm, $c = 5$ cm und $A = 0{,}204\ \text{dm}^2$.

Übung 11

Zeichne das Parallelogramm $ABCD$ mit $a = 7{,}0$ cm, $b = 4{,}0$ cm und $\alpha = 48°$. Verwandle das Parallelogramm (in zwei Schritten!) in ein flächengleiches Rechteck $A''B''C''D''$ mit einer Seitenlänge $b' = 6{,}0$ cm.

17 Flächeninhalt weiterer Figuren

Flächeninhalt des regulären Vielecks
Ein *reguläres Vieleck* hat n gleich lange Seiten und einen Umkreis. Es ist aus n kongruenten gleichschenkligen Teildreiecken zusammengesetzt. Ein solches Dreieck heißt *Bestimmungsdreieck*. Das reguläre n-Eck hat also den n-fachen Flächeninhalt seines Bestimmungsdreiecks:

$$A_n = n \cdot A_{\text{Dreieck}} = n \cdot \frac{1}{2} \cdot s \cdot h_s$$

Beispiel

Im regulären Sechseck ist
$\mu = \sphericalangle AMB = 360° : 6 = 60°$.
Für $r = s = 4{,}5$ cm ist
$h \approx 3{,}9$ cm und

$$A \approx 6 \cdot \frac{1}{2} \cdot 4{,}5\text{ cm} \cdot 3{,}9\text{ cm} = 52{,}6\text{ cm}^2$$

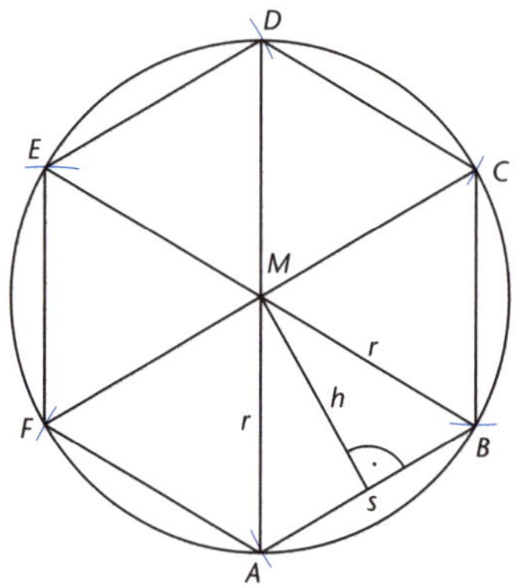

Flächeninhalt des Trapezes
Sind g_1 und g_2 die parallelen *Grundlinien* des Trapezes, so hat seine *Mittelparallele* m die Länge $m = \frac{1}{2} \cdot (g_1 + g_2)$.
(→ Vermischte Aufgaben III, Übung 1)

Satz – Der Flächeninhalt eines Trapezes ist gleich dem Produkt aus Mittelparallele und Höhe.

$$A_{\text{Trapez}} = m \cdot h = \frac{1}{2} \cdot (g_1 + g_2) \cdot h\,.$$

Beispiel

$g_1 = 8$ cm, $g_2 = 5$ cm, $h = 3$ cm

$$\Rightarrow A = \frac{1}{2} \cdot (8\text{ cm} + 5\text{ cm}) \cdot 3\text{ cm} = 19{,}5\text{ cm}^2$$

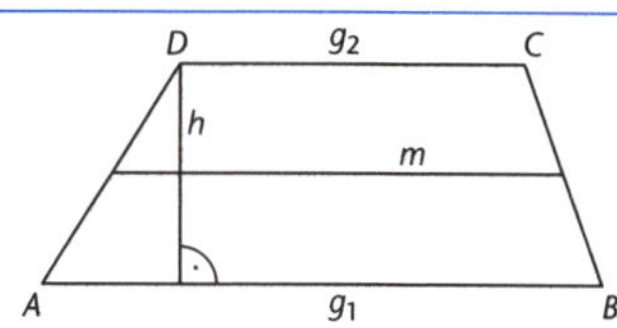

Tipp

Zeichne die Höhe im Trapez stets von einer Ecke aus!

Flächeninhalt eines allgemeinen Vielecks
Die Fläche eines allgemeinen Vielecks kann stets in berechenbare Teilflächen zerlegt und als Summe der Inhalte dieser Teilflächen berechnet werden. Da hierzu i. Allg. Längen *gemessen* werden müssen, erhält man nur Näherungslösungen!

Übung 1

Berechne den Flächeninhalt des regulären 4-Ecks mit der Seite $a = 5{,}0$ cm mithilfe seines Bestimmungsdreiecks. Kontrolliere das Ergebnis durch die übliche Flächenberechnung.

Übung 2

Berechne den Flächeninhalt des regulären 8-Ecks mit der Seite $a = 4{,}5$ cm mithilfe einer Skizze seines Bestimmungsdreiecks.

Übung 3

a) Berechne den Flächeninhalt A des Trapezes mit $g_1 = 6{,}9$ cm, $g_2 = 5{,}7$ cm und $h = 4{,}2$ cm.
b) Von einem Trapez sind $g_2 = 1{,}7$ dm, $m = 13$ cm und $h = 3{,}5$ cm gegeben. Berechne g_1 und A.

Übung 4

Ein Trapez hat den Flächeninhalt $A = 23{,}94\ \text{cm}^2$; berechne
a) m, wenn $h = 4{,}2$ cm;
b) h und $g_1 = 2g_2$, wenn $m = 1{,}05$ dm.

Übung 5

a) Löse die Formel $A_{\text{Trapez}} = m \cdot h = \frac{1}{2} \cdot (g_1 + g_2) \cdot h$ nach allen Variablen auf.

b) Ein Trapez hat die Höhe der Länge 2,8 cm, eine Grundlinie der Länge 5,5 cm und den Flächeninhalt $12{,}88\ \text{cm}^2$; berechne die Länge der anderen Grundlinie.

Übung 6

In der nebenstehenden Figur beträgt der Flächeninhalt des Parallelogramms *ABCD* $24\ \text{cm}^2$, derjenige des Trapezes *AECD* $36\ \text{cm}^2$; die Höhe [*DF*] ist 4 cm lang.
a) Berechne $\overline{AB}$ und $\overline{EF}$.
b) Die Lote von *A* bzw. *D* auf *EC* sind 4,8 cm lang. Berechne die Länge der Grundlinien des Trapezes *AECD*.

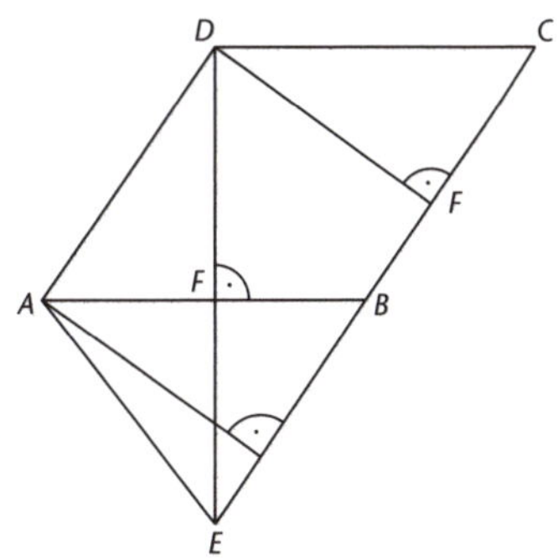

Übung 7

Zeichne das Trapez *ABCD* mit $a = 5{,}0$ cm, $d = 3{,}5$ cm, $\alpha = 80°$ und $\beta = 65°$.
a) Verwandle das Trapez in ein inhaltsgleiches Dreieck *AB′D*, bei dem *B′* auf *AB* liegt!
b) Verwandle dann das Dreieck *AB′D* in ein inhaltsgleiches Dreieck *A′B′D′*, bei dem *D′* auf *B′D* liegt und $a' = \overline{B'D'} = 10{,}0$ cm ist!

18 Prisma

Ein *Prisma* ist ein geometrischer Körper, der durch die Verschiebung eines Vielecks im Raum erzeugt wird. Steht die Verschiebungsrichtung auf der durch das Vieleck bestimmten Ebene senkrecht, so ist das Prisma *gerade*, sonst *schief*.
Grund- und Deckfläche G eines Prismas sind kongruent und zueinander parallel; ihr gegenseitiger Abstand ist die *Körperhöhe* h_K. Die *Seitenflächen* des Prismas bilden zusammen die *Mantelfläche M*.
Klappt man Mantel und Grund- und Deckfläche in eine Ebene, so entsteht das Netz des Prismas.

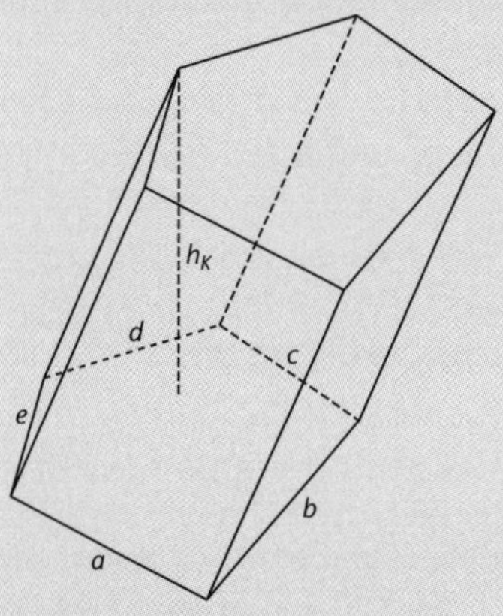

schiefes Prisma

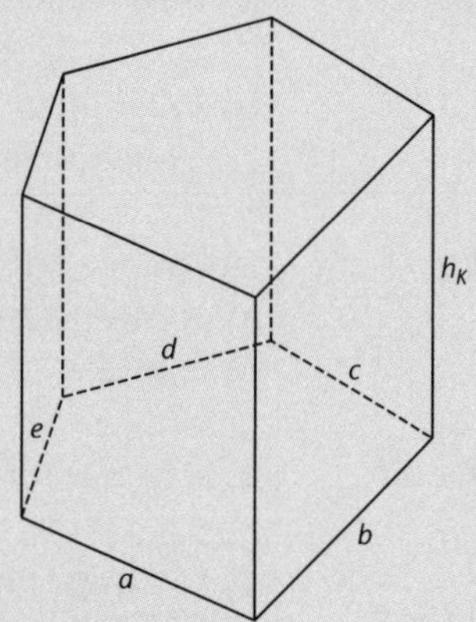

gerades Prisma

Der Mantel des geraden Prismas ist ein Rechteck mit dem Umfang u der Grundfläche als Länge; deshalb gilt:
Satz – Der Oberflächeninhalt des geraden Prismas ist gleich dem Flächeninhalt seines Netzes und somit gleich der Summe der Inhalte von Grund- und Deckfläche und Mantel
$O_{Prisma} = 2 \cdot G + M = 2 \cdot G + u \cdot h_K$ mit $u = a + b + c + \ldots$
Die Berechnung des Inhalts G der Grundfläche richtet sich nach ihrer jeweiligen Form.

Satz – Das Volumen des geraden Prismas ist gleich dem Produkt aus Grundflächeninhalt G und Körperhöhe h_K:
$V_{Prisma} = G \cdot h_K$

Einheiten:
$1\ m^3 = 1000\ dm^3$
$1\ dm^3 = 1000\ cm^3$
$1\ cm^3 = 1000\ mm^3$

Übung 1

Ein gerades Prisma hat die Höhe $h_K = 6{,}0$ cm und ein rechtwinkliges Dreieck mit den Katheten $a = 4{,}0$ cm und $b = 3{,}0$ cm als Grundfläche.

a) Zeichne ein Schrägbild mit der vorderen Grundkante a sowie das Netz des Prismas.

b) Berechne Mantelfläche, Oberfläche und Rauminhalt des Prismas.

Übung 2

Ein gerades Prisma hat als Grundfläche ein rechtwinkliges Dreieck mit den Katheten $a = 2{,}0$ m und $b = 1{,}5$ m und der Hypotenuse $c = 2{,}5$ m. Berechne die Höhe h_K des Prismas, wenn seine Oberfläche 48 m^2 beträgt!

Übung 3

Die Grundfläche eines geraden Prismas ist ein Dreieck mit den Seiten $a = 65$ cm, $b = 71$ cm, $c = 82$ cm und der Grundflächenhöhe $h_a = 69$ cm; die Oberfläche des Prismas beträgt 97,17 dm^2. Berechne das Volumen des Prismas.

Übung 4

Ein gerades Prisma hat das Volumen 0,588 m^3 und die Höhe 1,6 m. Die Grundfläche ist ein rechtwinkliges Dreieck mit der Hypotenuse der Länge 8,75 dm und einer Kathete der Länge 5,25 dm.

a) Berechne den Inhalt der Grundfläche sowie die Länge der zweiten Kathete.

b) Berechne den Inhalt der Oberfläche des Prismas.

Übung 5

Bleistifte haben häufig ein reguläres Sechseck als Querschnittsfläche; die Breite einer Seitenfläche beträgt 4 mm, der Abstand paralleler Seitenflächen 7 mm. Berechne den Rauminhalt eines ladenfrischen – ungespitzten – Bleistifts von 18 cm Länge.

Übung 6

Ein Deich ist an der Sohle 15,0 m und an der Krone 5,2 m breit; die Böschungen sind 4,0 m bzw. 9,0 m hoch und schließen einen rechten Winkel ein.

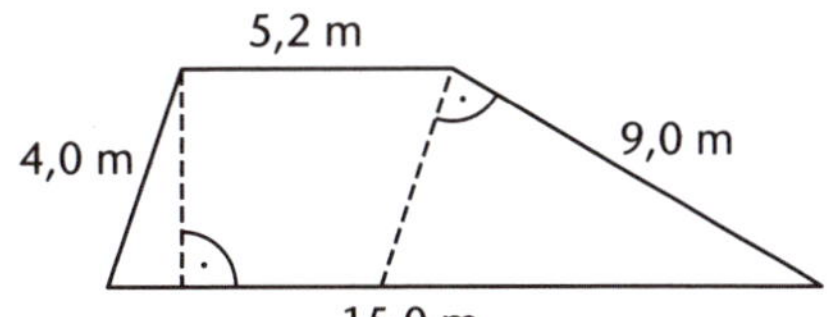

a) Berechne die Dammhöhe.

b) Wie viel Erde benötigt man für ein 1 km langes Deichstück?

Übung 7

Der Querschnitt eines Alu-Profils von 1,00 m Länge hat die angegebenen Maße; die Dichte von Aluminium beträgt 2,70 $\frac{g}{cm^3}$. Berechne die Masse des Profils.

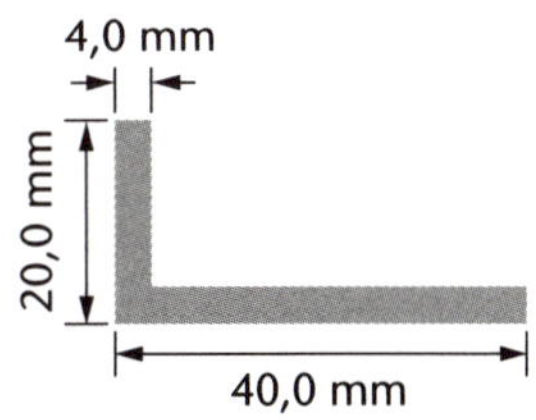

19 Vermischte Aufgaben (IV)

Übung 1

Zeichne in einen Kreis von 6,0 cm Radius ein reguläres 10-Eck und bestimme seinen Flächeninhalt möglichst genau.

Übung 2

In einem Trapez *ABCD* sei g_1 doppelt so lang wie g_2 . Die Parallele zu *AD* durch *C* schneide *AB* in *E* (Skizze!). Die Trapezfläche betrage 26,25 cm², g_1 = 10 cm.

a) Berechne die Höhe des Trapezes.

b) Zeige: Die Fläche des Dreiecks *CDA* ist so groß wie diejenige des Dreiecks *EBC*.

Übung 3

Der Bleistifteinsatz für einen Zirkel hat nebenstehenden Längsschnitt; der Winkel an der Spitze beträgt 45°, die Gesamtlänge 25 mm, der Durchmesser 2 mm. Berechne den Flächeninhalt des Längsschnitts.

Übung 4

In einem Koordinatensystem (11 cm x 10 cm) ist ein unregelmäßiges Sechseck durch die Punkte *A*(2|2,5), *B*(7|0,5), *C*(10,5|6), *D*(7,5|10), *E*(2|10) und *F*(1|6) gegeben. Sein Flächeninhalt kann mit verschiedenen Methoden bestimmt werden; in jedem Fall wird die Fläche in Teilflächen zerlegt:

a) Teilfigur *FCDE* hat eine spezielle Form; berechne ihren Inhalt mithilfe einer Formel.

b) Teilfigur *ABCF* kann auf zwei Arten durch eine Diagonale in Teildreiecke zerlegt werden; berechne ihren Inhalt auf beide Arten nach Messung benötigter Größen. Wie groß ist also der Inhalt der Gesamtfläche?

c) Teilfigur *ABCF* kann durch Lote von *A* und *B* auf *FC* in berechenbare Teilflächen zerlegt werden. Berechne den Inhalt der Gesamtfläche.

d) Berechne zunächst den Flächeninhalt eines Kästchens des Netzes in deinem karierten Heft. Zähle dann alle ganzen Kästchen im Inneren des Sechsecks; die Kästchen, die von einer Seite des Sechsecks zerschnitten werden, zählst du ebenfalls, teilst ihre Summe aber durch 2. Berechne nun den Flächeninhalt.

e) Vergleiche die Fehler, die bei den Methoden b) und d) entstehen.

Teil IV:
Englisch

If-Sätze und Futurformen

Übungen

Themenübersicht Teil IV

A Futurformen

Im Englischen gibt es eine Reihe verschiedener Möglichkeiten, zukünftige Geschehen auszudrücken. Welche Zukunftsform man verwendet, hängt davon ab, ob es sich z. B. um ein schon länger geplantes Vorhaben oder um einen spontanen Entschluss, einen offiziellen Zeitplan oder eine persönliche Verabredung handelt.

1. Will-Future für Vermutungen und Vorhersagen

Verwendung

a) für Vorhersagen → *The weather will be nice tomorrow.*

b) für Vermutungen → *I think Dad will be late today.*

Bildung:

bejahter Satz

will + Grundform (Kurzform: *'ll*) → *Dinner will be ready in twenty minutes.*

verneinter Satz

will + *not* + Grundform (Kurzform: *won't*) → *We won't have soup today.*

Fragesatz

(Fragewort +) *will* + Subjekt + Grundform → *Will Ben pass his driving test?*

Merke

Signalwörter

a) *tomorrow, in (3 weeks), next (summer), in (2007)*

b) *I think, I'm sure, probably, perhaps*

Übung 1

Familie Parker aus Reading lauscht dem Wetterbericht. Wie wird das Wetter morgen in Großbritannien? Setze die richtige Verbform ein.

Tomorrow it .... (be) warm and sunny in South England. There .... (be) light winds from the South-West only.

The Midlands .... (be) cloudy, but it .... (stay) dry.

It .... (rain) heavily in Scotland tomorrow.

In the Highlands there .... (be) strong winds from the North-West and the temperature there .... (not go) above 8°C.

In Wales it .... (be) cloudy, but it .... (not rain) all day.

You .... (even, have) some sunny spells *(dt. sonnige Abschnitte)* in the early evening.

In Northern Ireland it .... (be) cloudy with lots of rain.

Temperatures .... (not climb) above 10°C.

Übung 2

Die 13-jährige Sarah Parker schreibt einen Aufsatz zum Thema *„When I'm thirty"*. Bilde aus ihrer „Stoffsammlung" Sätze.

earn lots of money → I will ....

have husband and children → ....

have to cook dinner for my family → ....

not have to be at home at 8 p.m. → ....

not go to bed at 10 p.m. → ....

my parents be over 60 → ....

Übung 3

Sarahs deutsche Brieffreundin Laura will von einer berühmten englischen Wahrsagerin Auskünfte über ihre Zukunft ... Übersetze ihre Fragen ins Englische.

1. Werde ich mich bald verlieben *(engl. fall in love)*?

....

2. Werde ich gute Noten bekommen?

....

3. Wird Petra wirklich aus München wegziehen?

....

4. Werde ich ein Snowboard zu meinem Geburtstag bekommen?

....

A 2. Will-Future für spontane Entschlüsse und Angebote

Verwendung

c) für spontane Entschlüsse, die erst im Moment des Sprechens gefasst werden → *(A: Oh, I forgot the milk.) B: No problem, I'll go and buy some.*

d) für Angebote und Vorschläge: *shall* (dt. sollen) → wird nur mit *I* und *we* verwendet! → *Shall I open the window? Shall we go swimming today?*

e) nach bestimmten Verben, die in die Zukunft weisen, z. B. *expect, hope, promise, wonder, suppose* (dt. annehmen) → *I promise I'll be back at 9 p.m.*

Beachte:

Das englische will-Future wird im Deutschen oft mit dem Präsens wiedergegeben:

I'll go and buy some bread. → Ich geh' und kaufe etwas Brot.

Nicht verwechseln:

I will go now.	↔	*I want to go now.*
Ich werde jetzt gehen. / Ich gehe jetzt.	↔	Ich will jetzt gehen.

Übung 1

Am *Mother's Day* wollen Sarah, Steve und Ben Parker ihrer Mutter jeden Wunsch erfüllen. Schwester Julie ist krank und könnte die Überraschung verderben.
Finde das passende Verb und setze es in die richtige Form.
buy – do – sit – stay – go

1. Mrs Parker: "Look at all these dirty dishes ..."

   Sarah: "I .... the washing-up for you, Mum."

2. Mrs Parker: "We haven't got any biscuits."

   Ben: "No problem, Mum, I .... and buy some."

3. Mrs Parker: "Yesterday I dropped my favourite bottle of perfume on the floor and broke it."
   Ben & Steve: "We .... a new bottle for you."

4. Mrs Parker: "I'd like to go out with Fred tonight, but Julie is ill ..."

   Sarah & Steve: "We .... at home and we .... at her bedside all night, Mum."

Übung 2

Übersetze ins Deutsche, was Mrs Parker noch zu Steve und Sarah sagt, als sie und ihr Mann abends das Haus verlassen.

1. I promise we'll return at 11 p.m.

....

2. I hope there won't be a traffic jam *(dt. Stau)*.

....

3. I suppose Julie's temperature won't rise any (hier: *dt. noch)* further *(dt. weiter)*.

....

4. I expect Julie will fall asleep soon.

....

Übung 3

Als Mr und Mrs Parker weggegangen sind, machen Sarah und Steve der 8-jährigen Julie ein paar Vorschläge, was sie machen könnten. Was haben sie auf Englisch gesagt?

1. Julie: „Mir ist so langweilig. Was sollen wir heute Abend machen?"

   "I'm so bored. ...."

2. Sarah: „Soll ich dir eine Tasse Tee holen?"

....

3. Steve: „Soll ich den Fernseher anmachen?"

....

4. Sarah & Steve: „Sollen wir dir eine Geschichte vorlesen?"

....

5. Steve: „Soll ich dein Malbuch *(engl. colouring book)* bringen?"

....

Übung 4

Sarah will in einem Brief „testen", ob Laura schon die verschiedenen Aspekte des will-Future kennt. Kannst du ihr bei der Zuordnung helfen?

1. Shall we go to the cinema tonight?
2. I wonder what the film will be like.
3. There will be seven billion *(dt. Milliarden)* people on our planet soon.
4. A: I like this sweater. – B: I'll buy it for you.
5. I think Sarah will get a good mark in her German test.

a) Vorhersage
b) Vermutung
c) spontanes Angebot
d) Vorschlag
e) will-Future nach bestimmten Verben

3. Going to-Future

Verwendung

- für feste, bereits länger bestehende Pläne, Absichten und Vorsätze → *We're going to visit Grandma on Sunday.*
- für absehbare Ereignisse (Anzeichen sind vorhanden) → *(Look at these black clouds.) It is going to rain soon.*

Bildung:

bejahter Satz
am / are / is + *going to* + Grundform → *Steve is going to learn canoeing in the summer holidays.*

verneinter Satz
am / are / is + *not* + *going to* + Grundform → *I'm not going to do the washing-up alone again.*

Fragesatz
(Fragewort +) *am / are / is* + Subjekt + *going to* + Grundform → *Is Sarah going to stay overnight at Vicky's house?*

Beachte:
Das going to-Future verwendet man <u>nicht</u> bei *come* und *go*.
Hier bevorzugt man das Present Progressive (vgl. Kap. 7).
My cousin is coming this afternoon. We are going swimming.

Übung 1

Nach Julie ist Mrs Parker krank geworden. Die Kinder haben nun viel zu erledigen. – Ergänze den Dialog.

Mrs Parker: Steve, have you done the shopping yet?

Steve: Not yet, Mum. I .... (do) it later.

Mrs Parker: Sarah, have you cleaned the rooms yet?

Sarah: I've cleaned Ben and Steve's room as well as mine. But Julie's room looks such a mess. I .... (not clean) it.

Mrs Parker: I've just talked to her. She .... (clean) the room herself.

Sarah: Has she got time to do it? It's her turn to scrub *(dt. schrubben)* the kitchen floor, isn't it?

Mrs Parker: You are right, Sarah. It *is* her turn, but she .... (not scrub) the floor. She said she's still too ill …

Übung 2

Mrs Parker hat einen schlimmen Albtraum. Gleich wird etwas passieren! Vervollständige die Sätze mit dem passenden Verb in der richtigen Form.

flood *(dt. überschwemmen)* **boil over** *(dt. überkochen)* **have** **fall off**

1. Julie has put milk onto the stove. She forgets to turn the hot-plate *(dt. Herdplatte)* off.
   The milk ……………………………………………………
2. Steve and Eric are climbing up an old ladder to pick apples. One rung *(dt. Sprosse)* of the ladder is loose. They …………………………………… the ladder.
3. Sarah is running a bath (run a bath, *dt. sich ein Bad einlaufen lassen)*.
   She leaves the bathroom and talks to her friend Vicky on the phone for an hour.
   The water …………………………………… the whole house.
4. Ben is driving a car without a driver's licence *(dt. Führerschein)*. He hasn't slept for 24 hours. He …………………………………… an accident.

Übung 3

Sarah und ihr Zwillingsbruder Steve werden bald 14.
Laura möchte wissen, wie sie feiern werden.
Kannst du ihr helfen, den Brief auf Englisch zu verfassen?

Liebe Sarah,
in deinem letzten Brief hast du geschrieben, dass du zusammen mit Steve eine große Party geben wirst …

Wo werdet ihr feiern *(engl. celebrate)*?
Wen wirst du einladen *(engl. invite)*?

Welche Musik werdet ihr spielen?

Wird deine Mutter wieder ihre köstlichen Salate machen?

Was wirst du Steve zum Geburtstag schenken (= geben)? Ich wünschte, ich könnte mit euch feiern.

Deine Laura

Dear Sarah,
You wrote in your last letter that you
……………………………………………………
a big party together with Steve …

Where ……………………………………………
……………………………………………………
……………………………………………………

What kind of music ……………………………
……………………………………?

……………………………………………………
her delicious salads again?

……………………………………………………
Steve for his birthday? I wish I could celebrate with you.

Yours, Laura

4. Will-Future und going to-Future im Vergleich

Verwendung:

will-Future

- für spontane Entschlüsse (die Entscheidung fällt im Moment des Sprechens)

A: *This is a beautiful sweater.*
B: *I'll buy it for you.*

- für zukünftige Ereignisse, die man nicht beeinflussen kann
  It will rain tomorrow.
  The twins will be 14 next week.
- für reine Vermutungen
  I think Steve will like our present.
- für Angebote und Vorschläge
- nach bestimmten Verben

going to-Future

- für länger gehegte Pläne (die Entscheidung fiel schon vor dem Moment des Sprechens)
  I'm going to buy a pair of shoes this afternoon.
- für zukünftige Ereignisse, die man selbst bestimmen kann
  Sarah is going to visit her grandma tomorrow.
- für absehbare Ereignisse (Anzeichen sind vorhanden)
  Tom has been too lazy.
  He is going to fail his exams.

Merke

Signalwörter:

will-Future

- *probably, perhaps, I think, I'm sure*
- Textzusammenhänge, die deutlich machen, dass die Entscheidung erst im Moment des Sprechens gefällt wird

going to-Future

- Textzusammenhänge, die darauf hinweisen, dass die Entscheidung schon vorher getroffen wurde

Übung 1

Welche Pläne hast du für heute Abend, nächstes Wochenende und die Ferien? Wie sieht's mit deinen Eltern, Freunden und Geschwistern aus? Bilde Sätze.

I my parents my brother / my sister my friend	watch TV / read ? play ? visit ? ?	tonight next weekend in the holidays

1. ....

2. ....

3. ....

4. ....

5. ....

6. ....

7. ....

Übung 2

Sarah und Steve brauchen noch ein paar *„helping hands"* für ihre Party. Ein paar Freunde bieten spontan ihre Hilfe an. Welche Futurform passt hier?

1. Sarah: "We haven't got enough biscuits."

   Vicky: "I .... (bake) some."

2. Steve: "We've only got fifteen CDs."

   Joe: "I .... (bring) my CD collection."

3. Sarah: "Oh no! I've dropped the chocolate cake!"

   Karen & Amy: "Never mind. We .... (make) a new one."

4. Steve: "Look! We've only got twenty glasses. We need another ten or twelve."

   Susan: "No problem. I .... (go) and get you twenty if you like."

Übung 3

Vor der Party unterhalten sich Freunde von Steve und Sarah. Bilde Sätze in der wörtlichen Rede. Verwende die richtigen Futurformen.

1. Karen fragt Vicky, ob sie denkt, dass Sarah ihr Geschenk gefallen wird.

   Karen: "Vicky, ... our present?"

2. Vicky ist sich sicher, dass sie es lieben wird.

   Vicky: "I .... it."

3. Eric fragt Justin, was er Steve schenken (= geben) wird.

   Eric: "What .... Steve?"

4. Justin antwortet, dass er ihm ein Poster von Andre Agassi schenken wird.

   Justin: "I .... a poster of Andre Agassi."

5. Justin fügt hinzu, dass er annimmt, dass Steve es sich an die Wand hängen wird.

   Justin: "I .... onto the wall."

5. Will-Future und going to-Future: Mixed Exercises

Übung 1

Mr und Mrs Parker sind auch zur Party gekommen und machen eine Reihe von Vorschlägen und Angeboten. Bilde Sätze.

1. Vicky: "It's really hot in here."

   Mrs Parker: ".. (I, open, window)?"

2. Sarah: "I've been dancing for two hours. I'm completely exhausted."

   Mr Parker: ".. (I, get, you, chair)?"

3. Steve: "I think we're running out of lemonade."

   Mr & Mrs Parker: ".. (we, go) and get some more?"

4. Eric: "I hate this techno music."

   Mr Parker: ".. (I, play) one of my Beatles cassettes?"

5. Amy: "I have to be home at 10 p.m. But my parents can't collect me because they haven't got a car this week."

   Mrs Parker: ".. (I, drive, you, home)?"

6. Sarah: "Karen would like to stay overnight."

   Mrs Parker: ".. (I, make, guest bed) for her?"

Übung 2

Sarah und Steve haben von ihrer Großmutter zum Geburtstag Geld bekommen. Als sie zwei Wochen später wieder kommt, möchte sie wissen, was Sarah und Steve damit vorhaben. Verwende die richtigen Futurformen.

Grandma: Well, Steve and Sarah, what .... (you, do) with the money I gave you?

Sarah: I've already decided that I .... (save) half of it.

Grandma: And what about the other half?

Sarah: I haven't had the time to spend it yet, but I .... (definitely, buy) the brand new *Spice Girls* CD.

Grandma: And what .... (you, do) with the rest?

Sarah: I .... (give) Mum and Dad tickets for the theatre because they helped us so much with our party.

Grandma: That's very nice of you, Sarah. And what .... (you, do) with the money, Steve?

Steve:	Well, unlike Sarah, I .... (certainly, not, save) any of it.
Grandma:	What .... (you, buy) then?
Steve:	I haven't thought about it so far. Perhaps I .... (buy) a pair of new tennis shoes. I hope I .... (find) nice ones. And tomorrow I .... (do) a cycling tour with James and Eric. I'm sure I .... (need) some money.
Grandma:	Have you listened to the weather forecast?
Steve:	Yes, I have. It .... (be) cloudy but it .... (not, rain).

Übung 3

Hier kommt der Expertentest:
Kannst du jeweils begründen, warum das Futur mit *will / shall* bzw. *going to* gebildet werden muss?

1. It will be rather cold tomorrow. → Vorhersage → *will*
2. Shall we go swimming? → ....
3. I'm going to watch a video tonight. → ....
4. I promise I'll be back in 5 minutes. → ....
5. Look at the sky. It's going to rain. → ....
6. I think Ben will pass the test easily. → ....
7. (A: I'm too tired to do the shopping.)
   B: No problem. I'll do it for you. → ....

6. Simple Present mit zukünftiger Bedeutung

Mit dem Simple Present kann man nicht nur regelmäßige Handlungen in der Gegenwart zum Ausdruck bringen, man verwendet es auch, um über bereits festgelegte zukünftige Ereignisse zu sprechen.

Verwendung

• für zukünftige Geschehen, die durch Fahr- und sonstige Zeitpläne, Kalender, Programme etc. festgelegt sind	→ *Mrs Parker's train leaves at 4.30 p.m.*
→ typische Verben hierfür sind: *arrive, begin, close, end, finish, leave, open, start, stop*	→ *He arrives in Birmingham at 6.30 p.m.*
• in Nebensätzen der Bedingung (Typ I) und der Zeit, die sich auf die Zukunft beziehen (im Hauptsatz → *will-future*)	→ *If the weather is nice tomorrow, Steve and his friends will enjoy their cycling tour.*
→ Konjunktionen: *if, when, while, before, as soon as, not … until*	→ *Steve will phone his parents as soon as they get to the youth hostel.*

Bildung

Verb in der Grundform	→ *The museums close at 4 p.m.*
bei der 3. Pers. Sing.: + *-(e)s*	→ *The film finishes at 9.30 p.m.*

Beachte:

Umschreibung mit *do / does* in Frage und Verneinung	→ *When does the museum open?*

Merke

Signalwörter

Datums- und Zeitangaben, z. B. *on (May 17th), at (4 o'clock)*

Übung 1

Steve und seine Freunde wollen mit dem Bus in die Stadt. Ergänze ihre Unterhaltung mit Mr Hill, dem Herbergsvater.

Steve: Excuse me, Mr Hill, when .... the next bus to the city centre .... (leave)?

Mr Hill: It .... (leave) in about ten minutes. What are you going to visit?

Eric: Well, first of all we'd like to go on a sight-seeing tour. Do you know where the tours start?

Mr Hill: They .... (start) in front of the town hall on the hour.

Steve: And I'd like to go to the *British Handcraft Museum*.

Mr Hill: You'll have to hurry then, boys. The museum .... (close) at 4 o'clock.

Eric: And when .... (it, open) tomorrow morning? Just in case we don't manage to get there in time …

Mr Hill: I think it .... (open) at 9 a.m. I can check that for you. Why don't you go to the inline-disco tonight?

James: Inline-disco? Great! Where .... (it, take place, *dt. stattfinden)* and when .... (it, begin)?

Mr Hill: It's in the sports centre in Beechwood Road. And it .... (start) at 8 p.m. and .... (finish) at 11 p.m. But don't forget that the youth hostel .... (close) at 10.30 p.m.

Übung 2

Bilde Sätze mit den angegebenen Konjunktionen.
Achte auf die richtige Zeitform in Haupt- und Nebensatz.

1. Steve / go to bed / as soon as / he / return / from the cycling tour

....

....

2. Sarah / take a shower / before / she / go to the cinema

....

....

3. Mr Parker / phone / his wife / when / he / arrive in Birmingham

....

....

4. The children / not / start / breakfast / until / their parents / sit down at the table

....

....

7. Present Progressive mit zukünftiger Bedeutung

Das Present Progressive kann nicht nur gerade ablaufende Handlungen beschreiben, es kann auch Zukünftiges ausdrücken.

Verwendung

- für feste Verabredungen und Pläne in der (nahen) Zukunft → *Steve is playing tennis tomorrow morning.*

Bildung:

bejahter Satz

am / are / is + Grundform + *-ing* → *Ben is watching TV tonight.*

verneinter Satz

am / are / is + *not* + Grundform + *-ing* → *Mr and Mrs Parker aren't watching the film tonight.*

Fragesatz

(Fragewort +) *am / are / is* + Subjekt + *Grundform* + *-ing* → *What time is Sarah meeting Vicky tomorrow?*

Merke

Signalwörter

Zeitangaben oder Zeitadverbien der Zukunft, z. B. *tomorrow, next (week), at (8 o'clock / 9.30 p.m.), on (Wednesday) …*

Übung 1

Was haben die Parkers in der kommenden Woche vor? Bilde Sätze im Present Progressive. Verwende, falls nicht angegeben, die Verben *go (to), take (to), have* oder *play*.

	Mr Parker	Mrs Parker	Ben	Sarah	Steve	Julie
Mon						ballet class
Tue					tennis	
Wed	dentist			visit Karen		
Thu			cinema			
Fri	car / garage		basketball			art class
Sat		meet Liz		shopping	tennis	
Sun						walk dog

1. Mr Parker .... on Wednesday.

   He .... on Friday.

2. Mrs Parker .... her friend Liz on Saturday.

3. Ben .... on Thursday evening.

   On Friday he ....

4. Sarah .... on Wednesday afternoon.

She .... on Saturday.

5. Steve .... on Tuesday and Saturday.

6. Julie .... a ballet class on Monday and an art class on Thursday.

On Sunday she .... Mrs Pearson's dog.

Übung 2

Samstagvormittag bei den Parkers ...
Vervollständige den Dialog mit den richtigen Verbformen.

Julie: Mum, Jackie has just called. She .... (go swimming) in the afternoon. Can you drive me to the pool?

Mrs Parker: I'm sorry, but I can't. I .... (meet) Liz at 3 p.m.

Julie: What about Dad? He surely .... (not, join) you and Liz, is he?

Mrs Parker: Of course not. But he is busy, too. He .... (put up) new shelves *(dt. Regale)* in his study *(dt. Arbeitszimmer)*.

Julie: That's too bad. But Ben could take me on his motorbike, couldn't he?

Mrs Parker: You needn't ask him, Julie. He's just told me that he and Emma

.... (watch) videos in the afternoon.

Why .... (you, not, go) by bike?

Julie: It's got a puncture *(dt. Platten)*, Mum.

Übung 3

Was hast du für die nächste Zeit schon vor bzw. ausgemacht?
Bilde Sätze im Present Progressive.

1. I .... this afternoon.

2. I .... tonight.

3. My best friend and I .... at the weekend.

4. I .... next week.

8. Gegenwartsformen mit zukünftiger Bedeutung im Vergleich

Verwendung:

Present Progressive

- für Pläne und zukünftige Verabredungen, die man selbst festgesetzt hat

  Mr and Mrs Parker are going to the theatre tonight.

Simple Present

- für Pläne und zukünftige Ereignisse, die „offiziell" festgelegt sind, wie z. B. Fahrpläne und Programme

  The performance starts at 8 p.m.

Nicht vergessen:
Verlaufsformen können nur von Tätigkeitsverben gebildet werden!

Beachte:
Für die Verwendung der Gegenwartsformen mit zukünftiger Bedeutung gibt es keine eindeutigen Signalwörter.
Achte daher auf den Text- bzw. Satzzusammenhang, um herauszufinden, ob es sich um „offizielle" oder um eigene Pläne handelt!

Übung 1

Sam, ein Junge aus Sarahs Klasse, möchte sich mit Sarah verabreden. – Welche Gegenwartsform mit zukünftiger Bedeutung passt hier? Setze die richtige Verbform ein.

Sam: Hi, Sarah. Would you like to go to the cinema with me tonight?

Sarah: I'd love to, but I can't. I .... (play) tennis with Steve at 7 p.m.

Sam: That's a pity. How about tomorrow?

Sarah: I'm sorry, but Julie and I .... (visit) our grandparents tomorrow evening.

Sam: What about Thursday evening then?

Sarah: I think that's not possible either. On Thursday I .... (help) my parents in the garden. You know, there's so much to do in spring time.

But are *you* free on Friday? Vicky and I .... (go) to the cinema Friday night. You can join us if you like.

Sam: Of course I do …

Übung 2

Es ist Freitagabend. Sarah, Vicky und Sam haben sich bei den Parkers getroffen und diskutieren noch. – Verwende die passende Gegenwartsform mit zukünftiger Bedeutung.

Sarah: Well, which film would *you* like to watch, Vicky?

Vicky: I'd like to watch *American Beauty*.

Sam: When .... (it, start)?

Vicky: It .... (start) at 8 o'clock in the *City House* and at 10 o'clock in the *Odeon*.

Sam: And what time .... (the film, finish)?

Vicky: Well, it .... (last, *dt. dauern)* 90 minutes, so it .... (finish) at about 9.30 in the *City House* and at 11.30 in the *Odeon*.

Sarah: The last bus .... (leave) at 11.15, which means that we can't watch it in the *Odeon*. And we really have to hurry if we want to make it in time for the 8 o'clock performance. It's already 7.25.

Sam: When .... (next bus, leave)?

Sarah: It .... (leave) at 7.30 and it .... (arrive) at the cinema at 7.50. Well, hurry up, folks …

Übung 3

Sarah und Steve gehen nächste Woche auf Klassenfahrt. Laura telefoniert mit Sarah und möchte noch einiges wissen.
Bilde Sätze in der wörtlichen Rede.
Verwende Gegenwartsformen mit zukünftiger Bedeutung.

Laura möchte wissen …

1. wohin sie fahren — "Where ....?"
2. wie lange sie bleiben — ....
3. ob sie mit dem Reisebus *(engl. coach)* oder dem Zug fahren — ....
4. wann ihr Zug abfährt — ....
5. wann er in Bath ankommt — ....
6. wo sie übernachten (= bleiben) — ....

9. Future Progressive

Im Englischen gibt es nicht nur in der Gegenwart und Vergangenheit eine Verlaufsform, sondern auch in der Zukunft.

Verwendung

- für Handlungen, die zu einem bestimmten Zeitpunkt in der Zukunft gerade ablaufen werden → *Mr Parker will be having a meeting tomorrow at 10 o'clock.*
- für Zukunftspläne und Beschreibungen von zukünftigen Geschehen → *This time next week Sarah will be sitting on the train to Bath.*
- für höfliche Fragen, die sich auf die Zukunft beziehen → *Will you be using your computer tomorrow?*

Bildung:

bejahter Satz
will + *be* + Grundform + *-ing* → *Sarah and Steve will be spending a week in Bath.*

verneinter Satz
won't + *be* + Grundform + *-ing* → *Ben won't be watching TV at 7 o'clock.*

Fragesatz
(Fragewort +) *will* + Subjekt + *be* + Grundform + *-ing* → *What will you be doing this weekend?*

Merke

Signalwörter
tonight, tomorrow, next (week), this time next (week) sowie Datums- und Zeitangaben, z. B. *at (11 a.m.), on (November 15th)*

Übung 1

Hier siehst du einen Auszug aus Mr Parkers Terminkalender. Sind die folgenden Aussagen wahr oder falsch? Kreuze an.

9.30–1.00	Meet new team assistant
11.00–1.00	Discuss new project
1.00–2.00	Lunch with Mr Donovan
3.15–4.00	See Mr Jackson
4.00–5.00	Have sales talk *(dt. Verkaufsgespräch)*

	true	false
1. Mr Parker will be having lunch at 2.30 p.m.	○	○
2. Mr Parker will be discussing the new project at 11.30 a.m.	○	○
3. Mr Parker will be meeting the new team assistant at 9 a.m.	○	○
4. Mr Parker will be seeing Mr Jackson before lunch.	○	○
5. Mr Parker will be having a sales talk in the afternoon.	○	○

Übung 2

Sarah träumt schon von der Klassenfahrt nach Bath. Bilde Sätze im Future Progressive.

Next week …

1. … I .... (sleep) in a youth hostel.
2. … Mum .... (not prepare) breakfast for me.
3. … Vicky, Karen and I .... (have) breakfast together.
4. … we .... (visit) the famous Roman baths.
5. … I .... (send) a postcard to Laura from Bath.
6. … Sam and Daniel .... (live on) cheeseburgers.
7. … Steve .... (not play) tennis.
8. … I .... (talk to) Vicky for hours.
9. … I .... (not sleep) at 10.30 p.m.
10. … Steve and I .... (miss) our parents.

Übung 3

Wie du sicher weißt, sind die Briten immer sehr auf Höflichkeit bedacht. Kannst du die folgenden Fragen im Future Progressive bilden?

1. Was machst du heute Abend?

....

2. Wirst du dir morgen das Tennisspiel anschauen?

....

3. Verwendest du nächste Woche dein Lexikon *(engl. dictionary)*?

....

4. Wann wirst du heute Nachmittag das Haus verlassen?

....

5. Wirst du vor 11 Uhr zurückkommen?

....

6. Wann werdet ihr heute zu Abend essen?

....

10. Future Perfect

Verwendung

- für Ereignisse, die zu einem bestimmten Zeitpunkt in der Zukunft abgeschlossen sein werden

→ *Julie will have finished her homework in ten minutes.*

Bildung:

bejahter Satz

will + *have* + 3. Form d. Verbs

→ *Next month Mr Parker will have worked in this firm for ten years.*

verneinter Satz

won't + *have* + 3. Form

→ *Laura won't have received Sarah's postcard by the time Sarah gets home.*

Fragesatz

(Fragewort +) *will* + Subjekt + *have* + 3. Form

→ *When will you have finished your book?*

Merke

Signalwörter

by (dt. bis) *tomorrow / (7) o'clock / next (Friday) …*
not … until (dt. nicht vor) *next (Sunday) / (10) o'clock …*
in (twenty) minutes / hours …, next (week / month) …, when?

Übung 1

Bald sind es zehn Jahre, dass Mr Parker als Programmierer bei *Top-Soft* arbeitet. Was wird er bis zu seinem Jubiläum alles geleistet haben? Bilde Sätze im Future Perfect.

1. Next month Mr Parker .... (work) about two thousand days in this company.
2. He .... (spend) about three thousand hours on trains, buses and planes.
3. He .... (talk) to more than a thousand different customers.
4. He .... (develop) more than eighty computer programmes.
5. He .... (give) about 250 lectures (give a lecture, *dt. einen Vortrag halten*).
6. He .... (travel) to forty European cities.

Übung 2

Morgen steht bei den Parkers wieder der Frühjahrsputz an. Wann wird was von wem (noch nicht) erledigt sein? Bilde Frage- und Antwortsätze im Future Perfect.

	Mr & Mrs Parker	**Ben & Steve**	**Sarah & Julie**
9.00–11.00	paint front door	vacuum[1] carpets	——
11.00–1.00	——	scrub floors	clean cupboards
2.00–4.00	take curtains down	——	dust[2] furniture

[1] vacuum, *dt. staubsaugen*
[2] dust, *dt. abstauben*

1. .... Mr and Mrs Parker .... the front door by 11 o'clock? – Yes, they .... it by 11 o'clock.
2. .... they .... the curtains down by 3 o'clock? – No, they .... them down until 4 o'clock.
3. .... Ben and Steve .... the carpets by 12 o'clock? –
   ....
4. .... they .... the floors by 12 o'clock? –
   .... them until 1 o'clock.
5. .... Sarah and Julie .... the cupboards by 12 o'clock? –
   ....
6. .... they .... the furniture by 6 o'clock ? –
   ....

Übung 3

Übersetze ins Englische.

1. Die Parkers werden den Frühjahrsputz *(engl. spring-cleaning)* bis 16 Uhr beendet haben.
   ....
   ....
2. Nächsten Monat werden die Parkers seit 20 Jahren hier wohnen.
   ....
3. Wird Mr Parker das Haus bis 8 Uhr verlassen haben?
   ....

11. Futurformen im Überblick

Futurform	**Verwendung**
will-Future	• für Vorhersagen und Vermutungen • für Angebote und Vorschläge *(→ shall)* • für spontane Entschlüsse • nach bestimmten Verben
going to-Future	• für feste Absichten und Pläne • für Ereignisse, für die es Anzeichen gibt
Simple Present	• für zukünftige Geschehen, die durch Zeitpläne oder Programme festgelegt sind • in Nebensätzen der Zeit oder Bedingung
Present Progressive	• für Verabredungen und Pläne in der nahen Zukunft
Future Progressive	• für Handlungsabläufe in der Zukunft • für Zukunftspläne und zukünftige Geschehen • für höfliche Fragen (bzgl. der Zukunft)
Future Perfect	• für Ereignisse, die zu einem zukünftigen Zeitpunkt bereits vorbei sein werden

Übung 1

Bist du noch fit?
Bilde zu den Verben die angegebenen Futurformen.

buy	going to-Future	(bejaht) (Frage)	I .... you ....?
do	Future Perfect	(bejaht) (verneint)	he .... we ....
arrive	Simple Present	(Frage) (verneint)	.... it ....? it ....
lie	Future Progressive	(bejaht) (Frage)	she .... they ....?

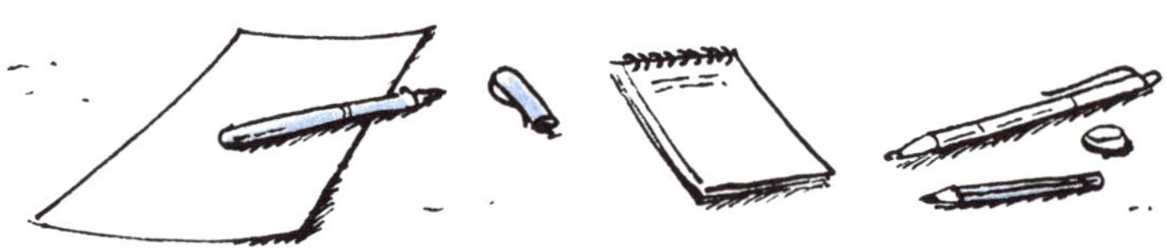

rain	will-Future	(Frage) (verneint)	.... it ....? it ....
stay	Present Progressive	(bejaht) (Frage)	I .... he ....?

Übung 2

Als Futur-Profi könntest du die folgenden Situationen sicher auch auf Englisch meistern.
Welches ist die passende Futurform bei den unterstrichenen Sätzen? Kannst du deine Entscheidung begründen?

1. Beim Stadtbummel: „Das ist ja ein tolles T-Shirt! Das kauf ich mir!"

   Futurform im Englischen: ....

   Begründung: ....

2. Am Bahnschalter: „Wann fährt der nächste Zug nach Köln?"

   Futurform im Englischen: ....

   Begründung: ....

3. Du träumst abends im Bett vor dich hin: „Morgen um diese Zeit sitze ich im Zug."

   Futurform im Englischen: ....

   Begründung: ....

4. Du schaukelst in der Schule ganz wild auf deinem Stuhl.
   Dein Lehrer meint: „Du wirst gleich runterfallen!"

   Futurform im Englischen: ....

   Begründung: ....

5. Du bringst dein kaputtes Fahrrad zum Reparieren und fragst:
   „Wann werden Sie das Rad repariert haben?"

   Futurform im Englischen: ....

   Begründung: ....

6. Eine Freundin möchte wissen, was du morgen machst.
   Du sagst: „Meine Cousine kommt morgen."

   Futurform im Englischen: ....

   Begründung: ....

12. Abschlusstest Futurformen

Übung 1

Morgen fahren Steve und Sarah mit ihrer Klasse nach Bath. Sieh dir ihren Tagesablauf an und entscheide, welches Ereignis gerade ablaufen oder bereits vorbei sein wird.

8.30 a.m.	leave Reading	1.00–2.00 p.m.	volleyball
8.30–10.00	train journey *(dt. Zugfahrt)*	2.30	go to the city centre
10.00	arrival at Bath	3.00–4.00	visit Roman baths
10.15–10.45	allocation *(dt. Zuteilung)* of rooms	4.00	coffee break
		4.30–5.30	Museum of Local Art
11.30–12.30	lunch	6.00	return to youth hostel

1. At 8.45 a.m. Steve and Sarah .... (leave) Reading.
   They .... (sit) in the train to Bath.
2. At 10.15 they .... (arrive) in Bath.
3. At 10.30 the allocation of the rooms .... (take place, *dt. stattfinden*).
4. At 12 o'clock everybody .... (have) lunch.
5. At 1.30 p.m. they .... (play) volleyball.
6. By 2.45 the class .... (go) to the city centre.
7. At 3.30 they .... (visit) the Roman baths.
8. At 4 o'clock they .... (have) a coffee break.
9. At 5 o'clock everybody .... (look) at the beautiful art objects in the Museum of Local Art.
10. By 6.30 the class .... (return) to the youth hostel.

Übung 2

Am Abend wird das Programm für den folgenden Tag besprochen. – Hier kommen nun alle Futurformen vor!

Steve: What .... (we, do) tomorrow?

Mr Jackson: Well, tomorrow we .... (go) on a sightseeing tour first.

Emily: When .... (it, start)?

Mr Jackson: The tour .... (start) at 9 o'clock. Our bus .... (leave) from in front of the youth hostel at half past eight and .... (arrive) at the town hall *(dt. Rathaus)* at eight-fifty.

Jenny: What do we have to take with us?

Mrs Leech: I think you ………………………… (need) an umbrella. I've just listened to the weather forecast. Tomorrow it ………………………… (be) cloudy with some showers of rain.

Jenny: Oh no! I have forgotten my umbrella!

Sarah: No problem. I ………………………… (lend) you one. I've got two, you know.

Sam: When ………………………………………… (tour, finish)?

Mr Jackson: It ………………………… (finish) at 11.30 a.m.

Donna: What ………………………………………… (do) afterwards?

Mrs Leech: If you want to, you can spend the lunch-break together in groups of three or four.

Daniel: Great! ………………………… *(dt. Sollen wir)* have lunch at McDonald's?

Sam: Good idea, Daniel! ………………………………………… (you, eat) seven cheeseburgers again?

Daniel: If I have enough time, I ………………………… (be able) to eat eight or more.

Mr Jackson: But don't forget to be back at the town hall at 1 p.m.

Sam: We promise we ………………………… (be) back on time. By this time Daniel ………………………………………… (surely, finish) his eighth cheeseburger. – Sarah, what ………………………… (you, do) at lunch time?

Sarah: Well, Vicky and I have decided to spend the lunch-break at the river. At 12 o'clock we ………………………… (sit) on a bench in the sunshine.

Sam: But there ………………………… (not, be) any sunshine tomorrow …

Sarah: That's a pity. But I think Vicky and I ………………………… (have) a nice break all the same. Without loads of cheeseburgers!

B If-Sätze

1. Grundlagen

Aufbau
If-Sätze bestehen aus zwei Teilen, nämlich
a) einem Nebensatz *(if-clause / if-Satz)* und
b) einem Hauptsatz *(main clause)*
(a) *If the weather is fine tomorrow,* (b) *we will go swimming.*

Bedingung und Folge
Im *if*-Satz wird eine Bedingung zum Ausdruck gebracht, im Hauptsatz steht die Folge aus dieser Bedingung:
Bedingung: (a) Wenn das Wetter morgen schön ist,
Folge: (b) gehen wir schwimmen.

Stellung und Kommasetzung
Steht der Nebensatz vor dem Hauptsatz, werden die beiden Satzteile durch ein Komma voneinander getrennt.
Der Hauptsatz kann aber auch vor dem *if*-Satz stehen; in diesem Fall wird kein Komma gesetzt:
(b) We will go swimming (a) if the weather is fine tomorrow.

Arten von Bedingungen
Die verschiedenen *if*-Satz-Typen im Englischen ergeben sich aus den unterschiedlichen Arten von Bedingungen:

1. wahrscheinliche oder erfüllte Bedingungen → *If it rains tomorrow, Steve and Eric will play computer games.*
2. unwahrscheinliche oder unmögliche Bedingungen → *If Ben had a lot of money, he would buy a car.*
3. nicht mehr erfüllbare Bedingungen → *If Steve had done his maths homework, his teacher wouldn't have been angry with him.*

Beachte:
Das deutsche „wenn" hat im Englischen unterschiedliche Entsprechungen:

1. *if* (dt. wenn, falls) gibt eine Bedingung an:
   If Sam meets Sarah, he'll invite her to his party.
   (→ Es ist nicht klar, ob Sam Sarah trifft.)
2. *when* (dt. wenn, sobald) nennt einen Zeitpunkt:
   When Sam meets Sarah, he'll invite her to his party.
   (→ Es steht bereits fest, dass Sam Sarah treffen wird.)

Übung 1 Welcher Satzteil stellt die Bedingung und welcher die Folge dar?

1. Mr Parker / win / in the lottery — he / buy / a car / for Ben

   Bedingung .... Folge ....

2. Sarah / go / to Sam's party — he / invite / her

   ....

3. Mrs Parker / be / happy — Julie / help / her / with the housework

   ....

4. Steve / work / harder — he / get / a good mark

   ....

5. Julie and Jackie / not go / to the zoo — it / rain / tomorrow

   ....

6. The Parkers / go on holiday / to Spain — they / have / enough money

   ....

Übung 2 In welchen der folgenden if-Sätze muss ein Komma stehen? Setze es an die richtige Stelle.

1. If Mr Parker hurries he'll catch the train.
2. If I were you I would work harder.
3. We can go outside if it stops raining.
4. Can you answer the phone if it rings?
5. If Daniel hadn't eaten eight cheeseburgers he wouldn't have been sick afterwards.
6. Sarah would buy this skirt if it wasn't pink.
7. If you ever go to New York you must visit the *Museum of Modern Art*.
8. Ben would be really unhappy if he didn't pass his driving-test *(dt. Fahrprüfung)*.

Übung 3 Vervollständige die Sätze mit *if* bzw. *when*.

1. Sarah will take a hot shower .... she returns from Bath.
2. Laura will get the postcard next Wednesday .... Sarah posts it on Friday.
3. .... Steve were as old as Ben, he could take driving-lessons, too.
4. Ben: "I need more pocket money, Dad ..."

   Mr Parker: "You'll get five pounds .... you mow the lawn *(dt. den Rasen mähen)*." Ben: "O.K., I'll do it .... I've finished my homework."

B 2. Typ I mit will-Future

Verwendung

- für (a) wahrscheinliche oder (b) erfüllte Bedingungen (→ Was ist, wenn ...?) → *(a) If Ben passes his driving test, he'll give a big party.* *(b) If Eric likes tennis, he'll surely watch the match tonight.*

Bildung:

Verb im *if*-Satz	Verb im Hauptsatz
Simple Present *If the sun comes out later,*	will-future *Steve and Eric will play tennis.*

Nicht vergessen:

Vollverben müssen im Simple Present mit *do* bzw. *does* verneint werden → *Mum will get very angry if you don't come immediately.*

Beachte:

Das Simple Present bezieht sich (a) auf die Zukunft bei erfüllbaren Bedingungen oder (b) auf die Gegenwart, wenn gegenwärtig bestehende Zustände ausgedrückt werden (erfüllte Bedingungen). Zustandsverben sind z. B. *be, believe, belong, cost, forget, have got, hate, like, love, remember, seem, understand, want, wish*

Übung 1 **Verbinde die Satzhälften zu sinnvollen Sätzen.**

1. If Steve doesn't hurry,
2. If you read through the text carefully,
3. Tom will join us at the cinema
4. My mother will be angry with me
5. If you help me with the maths homework,
6. I will return this book to Sue
7. If you bring some sandwiches,

a) I'll help you with the French translation.
b) if I don't help her with the housework.
c) I'll bring some cans of lemonade.
d) if I see her today.
e) he'll miss the bus.
f) you'll be able to answer the questions easily.
g) if you don't mind.

Übung 2 **Sam möchte sich mal wieder mit Sarah verabreden. Setze die richtigen Verbformen ein.**

Sam: Hi, Sarah. What are you doing at the weekend?

Sarah: If the weather .... (be) nice, Vicky and I .... (go) shopping on Saturday.

Sam: And what .... (you, do) if the weather .... (not be) nice?

Sarah: We .... (probably, not stay) at home even if it .... (not be) sunny. But if it .... (rain), Vicky and I .... (meet) at my place and we .... (prepare) our geography paper *(dt. Referat)* together.

Sam: Do you need some help?

Sarah: If you .... (be) keen on that stuff *(dt. Zeugs)*, we .... (not send) you away.

Sam: What are you doing on Saturday evening? There's a good film at the *Odeon*.

Sarah: Well, my parents are spending a day in London on Saturday. And Julie mustn't be left alone. But if they .... (return) in time, I .... (be able) to join you.

Sam: And if they .... (not come back) in time?

Sarah: Hm … I've got an idea! If my parents .... (not return) in time, we .... (watch) some videos. Is that okay with you?

Sam: Great! See you tomorrow …

Übung 3

Was machst du unter folgenden Bedingungen? – Bilde anhand der Stichpunkte englische Bedingungssätze vom Typ I.

1. weather / be / nice / tomorrow

   If the weather .... nice tomorrow, I will ....

2. it / not rain / this afternoon

   ....

3. my friend X / visit / me / on Saturday

   ....

4. my parents / give / me / more pocket money / next month

   ....

   ....

3. Typ I mit Imperativ oder modalem Hilfsverb

Verwendung
s. Kap. B 2.

Bildung:

Verb im *if*-Satz	Verb im Hauptsatz
Simple Present *If it rains this afternoon,*	Imperativ *take an umbrella with you.*
Simple Present *If you don't have an umbrella,*	modales Hilfsverb + Grundform *you must stay indoors.* *you can stay indoors.* *you may stay indoors.*

Beachte:

I must ↔ I needn't	ich muss ↔ ich muss nicht
I may ↔ I mustn't	ich darf ↔ ich darf nicht

Übung 1

Verbinde die Satzhälften zu sinnvollen Sätzen.

1. If the water is too cold,
2. Julie must put on some weight
3. Steve can win the tennis trophy
4. If we don't hurry,
5. If you help me with the washing-up today,
6. You must do your homework on Sunday
7. If a stranger wants you to open the door,
8. Sarah can go to the cinema with Sam

a) you mustn't let him in.
b) if he is in good form tomorrow.
c) if Mr and Mrs Parker return in time.
d) you needn't help me tomorrow.
e) if you don't do it on Friday or Saturday.
f) we can't swim in the lake.
g) we won't see the beginning of the film.
h) if she weighs less than 20 kilos.

Übung 2

Sicher weißt du, welche Sehenswürdigkeiten man in welcher Stadt besichtigen kann (oder unbedingt muss). Bilde Sätze anhand der Vorgaben in der Tabelle.

Paris Vienna London Berlin Florence	can must	visit go to walk along see have a look at	the *Ku'damm.* the *Uffizien.* the *Eiffel Tower.* *St Paul's Cathedral.* the *Hofburg.*

1. If you go to Paris, you ....
2. If you visit Vienna, ...

3. If you ....

4. If ....

5. ....

Übung 3

Hier musst du nur noch die unterstrichenen Satzteile ins Englische übersetzen.

1. Wenn Julie in der Mathearbeit eine gute Note bekommt, darf sie in den Zoo gehen.

   If Julie gets a good mark in the maths test, she .... to the zoo.

2. Wenn Sarah heute nicht pünktlich zurück ist, darf sie morgen nicht ausgehen.

   If Sarah doesn't come back on time today, ...
   tomorrow.

3. Wenn Steve nicht um acht Uhr zurück ist, kann er den Film nicht anschauen.

   If Steve isn't back at 8 o'clock, ...

4. Wenn Ben mehr Taschengeld will, muss er seinem Vater im Garten helfen.

   If Ben wants more pocket money, ...

   ....

5. Wenn die Parkers eine Haushälterin einstellen, braucht Frau Parker nicht die ganze Hausarbeit allein zu machen.
   If the Parkers take on a housekeeper, ...

   ....

Übung 4

Sarah hat aufgeschrieben, welche Sätze ihrer Eltern sie am meisten nerven. Übersetze sie ins Deutsche.

1. Don't forget your umbrella if it rains.

   ....

2. Tidy up your room if you don't find your things.

   ....

3. Help me with the housework if you don't have anything better to do.

   ....

   ....

4. Typ I: Mixed Exercises

Verb im *if*-Satz	Verb im Hauptsatz
Simple Present	a) *will*-Future oder b) modales Hilfsverb oder c) Imperativ
If the sun shines tomorrow,	a) *we will play in the garden.* b) *we can play in the garden.* c) *go and play in the garden.*

Übung 1

Sarah möchte Laura in München besuchen.
Laura hat sich schon einiges überlegt.
Hilfst du ihr, den Brief ins Englische zu übersetzen?

Liebe Sarah,
hast du dich schon entschieden, wann du kommen möchtest?

Wenn du im August kommst, ist das Wetter sicher schön.

Falls du an den Sehenswürdigkeiten Münchens interessiert bist, können wir eine Stadtführung machen.

Aber wir müssen (auch) keine machen, wenn du das langweilig findest.

Wenn du gerne spazieren gehst, müssen wir (unbedingt) zum *Englischen Garten* gehen.

Falls du in München gerne Klamotten kaufen willst, werde ich dir ein paar tolle Geschäfte zeigen.

Ich bin mir sicher, dass wir zusammen eine tolle Zeit haben werden.
Schreib bald! Deine Laura

Dear Sarah,
Have you already decided when to come?

If you .... in August, the
....

If .... interested in the sights of Munich, we ....
a sight-seeing tour.

But we .... if
.... that's boring.

.... going for walks,
.... the
Englischer Garten.

....
clothes in Munich, ...
some fantastic shops.
I'm sure that we'll have a great time together.
Write soon. Love, Laura

Übung 2

Sam liegt abends in seinem Bett und plant das nächste *date* mit Sarah. – Setze die richtigen Verbformen ein.

1. If I .... (see) her tomorrow, I .... (ask) her whether she's got any plans for the weekend.
2. If she .... (not have) any plans, I .... (suggest, *dt. vorschlagen)* that we go on a cycling tour.
3. If she .... (not have) a bike, she .... (borrow, *können*) my sister's bike.
4. If she .... (not like) cycling, I .... (ask) her to go to the cinema with me.
5. If she .... (want) to go to the cinema, she .... (choose, *dürfen*) a film she would like to see.
6. If she .... (choose) a film I've already seen, I .... (not tell) her.
7. If she really .... (go) to the cinema with me, I .... (be) extremely happy.

Übung 3

Hier geht's nun um dich! Setze die fehlenden Bedingungen bzw. Folgen ein, so dass die Sätze auf dich zutreffen.

1. I'll be very happy if ....
2. If I get a good mark in my next English test, my parents ....

   ....
3. If my sister / brother uses my computer without asking me, I ....

   ....
4. I'll get very angry if ....
5. If it rains tomorrow, I ....
6. I'll be thankful *(dt. dankbar, froh)* if ....

B 5. Typ II mit unwahrscheinlicher Bedingung

Verwendung

- für Bedingungen, die unwahrscheinlich sind (→ Was würde geschehen, wenn …?) → *If Ben won a lot of money, he would buy a car.*

Bildung:

Verb im *if*-Satz	Verb im Hauptsatz
Simple Past	a) Conditional I: *would* + Grundform (Kurzform: *'d*) b) *could / might* + Grundform
If Mr Parker won in the lottery,	a) *he would buy a car for Ben.* b) *he could buy a car for Ben.*

Beachte:

Das Simple Past drückt hier keine Vergangenheit aus, sondern bezieht sich auf die Zukunft → *Steve would be sad if he lost the tennis match tomorrow.* (Es ist aber unwahrscheinlich, dass er es verlieren wird.)

Nicht vergessen:

Vollverben müssen im Simple Past mit *did* verneint werden → *Steve would be sad if he didn't win the tennis match tomorrow.*

Übung 1

Bei den Parkers könnte einiges anders werden, wenn …
Setze die richtigen Verbformen ein.

1. If Sarah .... (clean) her room more often, it .... (not look) such a mess.
2. Ben .... (get) more pocket money if he .... (help) his father more often in the garden.
3. If Steve .... (practise, *dt. trainieren)* even harder, he .... (become) the best tennis player in his school.
4. Julie .... (have) more time for painting pictures if she .... (not take) so many ballet classes.

Übung 2

Ben, Sarah, Steve und Julie spielen *Crazy Situations*. In der Tabelle siehst du die gegebenen (unwahrscheinlichen) Situationen sowie die verschiedenen Antworten. Bilde Sätze.

	Ben	**Sarah**	**Steve**	**Julie**
find a snake *(dt. Schlange)* in your bed	kill it	call the police	catch it	scream *(dt. schreien)*
meet an alien	say "hello"	ask its name	not do anything	be afraid

1. If Ben .... a snake in his bed, he .... it.
2. If Sarah .... a snake in her bed, she ....
3. If Steve .... a snake in his bed, ...
4. If Julie .... a snake in her bed, ...
5. If Ben .... an alien, he .... "hello".
6. If Sarah .... an alien, ...
7. If Steve ....
8. If Julie ....

Übung 3

Und was würdest du in diesen Situationen tun? Vervollständige die Sätze und übersetze sie ins Deutsche.

1. If I .... (find) a snake in my bed, I ....

   ....

   Wenn ich eine Schlange ....

   ....

2. If I .... (meet) an alien, I ....

   Wenn ich einen Außerirdischen ....

   ....

B 6. Typ II mit unmöglicher Bedingung

Verwendung

- für Bedingungen, die unmöglich sind, weil sie den gegebenen Tatsachen widersprechen (→ Was wäre, wenn …?)
  → *If Ben had a lot of money, he would buy a car.* (Er hat aber nicht viel Geld!)

Bildung:

Verb im *if*-Satz	Verb im Hauptsatz
Simple Past	*would / could / might* + Grundform

Beachte:

Das Simple Past drückt hier keine Vergangenheit aus, sondern bezieht sich auf die Gegenwart.
→ *If I had enough money, I would buy this T-shirt.* (Wenn ich (jetzt) genug Geld hätte …)

Um jemandem einen Rat zu geben, kann man den Ausdruck *If I were you* … verwenden.
→ *If I were you, I wouldn't buy these shoes.* (Wenn ich du wäre … / Ich an deiner Stelle …)

Übung 1

Sarah ist heute mal wieder total unzufrieden mit sich selbst und wünscht sich, dass vieles anders wäre.
Setze die richtigen Verbformen ein.
Beachte die Stellung von Bedingung und Folge.

1. If I .... (have) dark hair, I .... (look) much better.
2. If I .... (not have) such short legs, I .... (wear) mini-skirts.
3. I .... (be) much happier if my hair .... (not be) so curly.
4. If I .... (be) taller, I .... (wear) these fashionable trousers.
5. I .... (not be) so self-conscious *(dt. befangen)* if I .... (not have) so many spots *(dt. Pickel).*

Übung 2 **Steve hat sich in Lucy verliebt und würde sie gerne anrufen, weiß aber ihre Nummer nicht. Er träumt vor sich hin …**

1. I / know / Lucy's number, I / phone / her

   If I .... Lucy's number, I .... her.

2. she / not / be / so beautiful, I / dare *(dt. sich etw. trauen)* to tell / her / I love her

   If ....

3. she / be / my girl-friend, I / be / the happiest person in the world

   ....

4. I / have / lots of money, I / buy / her / anything she wants

   ....

Übung 3 **Freunde von dir wollen in den folgenden Situationen deinen Rat. Verwende die gegebenen Stichwörter.**

1. Friend A: "I look a mess. What shall I do with my hair?" (go / hairdresser's)

   You: "If I .... you, I ...."

2. Friend B: "I lied to my mother. I feel terrible." (tell / her / truth)

   You: "If I ....

3. Friend C: "I've put on weight (put on weight, *dt. zunehmen*)." (do / a lot of sport)

   You: "If ....

4. Friend D: "These trousers look great. But they're too small." (not / buy / them)

   You: ....

Übung 4 **Vollende die angefangenen Sätze in deinem Sinne und übersetze sie ins Deutsche.**

1. If I were eighteen, I ....

   ....

2. If I were a pop star, ...

   ....

3. If I had lots of money, ...

   ....

B 7. Typ I und Typ II im Vergleich

Typ I

Verwendung

- für wahrscheinliche oder erfüllte Bedingungen

Bildung:

if-Satz	Hauptsatz
Simple Present	will-Future modales Hilfsverb Imperativ

If it rains, Sarah and Sam will watch some videos.
(Auf Grund des Wetterberichts ist mit Regen zu rechnen.)

If it's cold outside, you can't wear shorts.
(Heute ist es kalt draußen.)

Typ II

- für unwahrscheinliche oder unmögliche Bedingungen

if-Satz	Hauptsatz
Simple Past	*would / could / might* + Grundform

↔ *If it didn't rain, Sarah and Sam would go swimming.*
(Es ist unwahrscheinlich, dass es nicht regnet.)

↔ *If it wasn't so cold now, Sarah could wear shorts.*
(Jetzt ist es aber kalt.)

Übung 1

Trage die folgenden if-Sätze in die richtige Spalte der Tabelle ein.

a) Steve and Eric can play tennis if the sun comes out later.
b) If I were you, I wouldn't tell her secrets any more.
c) If the sun shines, we won't stay indoors.
d) What would you do if you met the Queen in the street?
e) If Ben had enough time today, he could help his father in the garden.
f) Tidy up your room if you don't know what else to do.

Typ I	Typ II

Übung 2

Handelt es sich bei den folgenden if-Sätzen um Typ I oder Typ II? Setze die fehlende Verbform ein.

1. If my grandma .... (give) me some money, I can buy a new skateboard.
2. Sarah .... (phone) Laura more often if it was cheaper.
3. If you help me with the washing-up, I .... (clean) your shoes.
4. If I .... (be) you, I would tell my parents the truth.
5. Would you mind if I .... (open) the window?
6. .... (go) to your room if you keep on shouting like this.

Übung 3

Lies dir die folgenden Situationen durch und entscheide, ob die Bedingung erfüllbar ist oder nicht. Setze dann die richtigen Verbformen ein.

1. *Steve is alone in his room. He is thinking …*

   a) If Eric .... (be) here now, we .... (play) tennis.

   b) If he .... (come) later, we .... (play) tennis.

2. *Sarah and Vicky are in a shop. Sarah is trying on (try on,* dt. anprobieren) *a blue dress. She says:*

   a) "I .... (love) to buy this dress if it .... (be) red."

   b) "If I .... (find) a red one in another shop, I .... (buy) it."

3. *It is a warm, sunny day. Ben and Emma are sitting in the garden. Ben is thinking …*

   a) We .... (go) inside if it .... (get) colder later.

   b) If it .... (not be) sunny, we .... (not spend) the day in the garden.

4. *Julie's classmates often laugh at her and call her "little baby", because she still takes her doll to school.*

   a) If Julie .... (not take) her doll to school, they .... (not call) her "little baby".

   b) If she .... (leave) it at home next week, they .... (not laugh) at her any more.

B 8. Typ III

Verwendung

- für Bedingungen, die in der Vergangenheit nicht gegeben waren, also nicht mehr erfüllbar sind (→ Was wäre gewesen, wenn …?)

→ *If Ben had made one more mistake, he wouldn't have passed the driving-test.* (Er hat aber keinen weiteren Fehler mehr gemacht!)

Bildung:

Verb im *if*-Satz	**Verb im Hauptsatz**
Past Perfect	a) Conditional II: *would* + *have* + 3. Form b) *could / might* + *have* + 3. Form
If Steve had known Lucy's phone number, (Er wusste sie aber nicht!)	a) *he would have phoned her.* b) *he could have asked her to visit him.*

Beachte:

Die Kurzform *'d* steht

- im if-Satz für *had* → *If I'd known your number,*
- im Hauptsatz für *would* → *I'd have called you.*

Merke

Signalwörter

Zeitangaben der Vergangenheit, z. B. *yesterday, last (week) …*

Übung 1

Steht *'d* hier für *had* oder für *would*?
Schreibe die volle Form hinter die Kurzform.

1. If Ben had had enough time, he'd have helped = ………………………… his father in the garden.
2. Sarah wouldn't have gone to the cinema if she'd known = ………………………… that it was such a bad film.
3. If he'd felt = ………………………… better, Steve would have won the tennis match.
4. We'd have gone = ………………………… to the theatre if we'd had = ………………………… enough money.

Übung 2

Steve kommt nach seinem verlorenen Spiel nach Hause. Setze die richtigen Verbformen ein.

Mrs Parker: Hi, Steve. How was the match?

Steve: It was awful, Mum. I lost.

Mrs Parker: Never mind, Steve. But what happened?

Steve: It was just too hot. If it .... (not be) so hot, I .... (win) the match.

Mrs Parker: Why is that?

Steve: My hands were wet with sweat. If I .... (not sweat) so much, I .... (hit) more balls.

Mrs Parker: Did you have enough mineral water with you?

Steve: No, just one bottle. If I .... (take) more water with me, I .... (not get) tired so quickly. And to make things worse I even forgot my sunglasses. I'm sure I .... (play) much better if I .... (not forget) my sunglasses.

Mrs Parker: Don't blame it on the sunglasses, Steve. You just had a bad day.

Steve: You're probably right, Mum. If I .... (be) in form, I .... (not lose) the match.

Übung 3

Auch Sarah hatte einen schlechten Tag und überlegt, was anders hätte sein können, wenn ... – Bilde *if*-Sätze vom Typ III.

1. I went to bed late last night. That's why I overslept (oversleep, *dt. verschlafen*).

   If I .... to bed earlier, I ....

2. I was hungry all morning, because I didn't have time for breakfast.

   I wouldn't ....

   ....

3. I didn't study enough for the maths test. I couldn't answer all the questions.

   ....

   ....

9. Unmögliche Bedingungen im Vergleich (Typ II und Typ III)

Typ II

Verwendung

- für Bedingungen, die unmöglich sind, weil sie in der Gegenwart nicht erfüllt werden können

Typ III

- für Bedingungen, die unmöglich sind, weil sie in der Vergangenheit nicht erfüllt wurden

Bildung:

Typ II

if-Satz	Hauptsatz
Simple Past	*would / could / might* + Grundform

Typ III

if-Satz	Hauptsatz
Past Perfect	*would / could / might + have* + 3. Form

If the weather was nice, we would play outdoors.
(Es ist aber nicht schön!)

↔

If the weather had been nice, we would have played outdoors.
(Es war aber nicht schön!)

Merke

Signalwörter:

Typ II
Zeitangaben der Gegenwart, z. B. *today, now*

↔

Typ III
Zeitangaben der Vergangenheit, z. B. *last (year), yesterday, (two days) ago*

Übung 1

Die folgenden Satzpaare sind nur auf den ersten Blick ähnlich. Handelt es sich um *if*-Sätze des Typs II oder III? Setze die richtige Verbform ein.

1. If Sam had enough money, he .... (buy) a bunch of flowers for Sarah.
2. If Sam had had enough money last week, he .... (buy) a bottle of perfume for Sarah.
3. Ben would be sad if Emma .... (not be) here now.
4. Ben would have been sad if he .... (not pass) his driving-test.
5. Julie .... (paint) some pictures if it had rained yesterday.
6. Julie .... (not sit) in the garden if it was raining now.

Übung 2 **Forme die folgenden Sätze in *if*-Sätze vom Typ II bzw. III um.**

1. Julie can't draw now because she can't find her pencil.

   If Julie ………… her pencil, she ………… now.

2. Steve didn't play tennis yesterday because his right leg hurt.

   Steve ………… tennis yesterday if …………

   …………

3. Ben doesn't see Emma very often these days because he has such a lot of homework to do.

   …………

   …………

4. Sarah couldn't bake a cake last Sunday because she forgot to buy some eggs.

   …………

   …………

Übung 3 **Laura geht seit drei Wochen mit Jonas. In einem Brief will sie Sarah von ihrem ersten Streit berichten. Hilfst du ihr beim Übersetzen?**

… Wenn ich gestern nicht zu Hause gewesen wäre, hätte er mich (gar) nicht besuchen können. Wenn wir uns nicht getroffen hätten, hätten wir nicht gestritten (streiten, *engl. argue*).

Vielleicht wäre er nicht gegangen, wenn ich ihm zugehört hätte.

Jetzt bin ich total unglücklich.

Was würdest du an meiner Stelle tun? Ich wäre so glücklich, wenn er jetzt hier wäre …

If I ………… at home yesterday, he ………… me. If …………, we ………….

He …………

if I …………

I'm extremely unhappy now.

What …………

…………

…………

B 10. Typ I, Typ II und Typ III im Vergleich

Verwendung:
Folgende Tabelle zeigt dir den Zusammenhang zwischen Art der Bedingung und zeitlichem Bezug der Bedingung.

	Zukunft	Gegenwart	Vergangenheit
Typ I	wahrscheinlich	erfüllt	——
Typ II	unwahrscheinlich	unmöglich	——
Typ III	——	——	nicht mehr möglich

Beachte:
Bezieht sich eine Bedingung auf die Zukunft oder Gegenwart, musst du oft aus dem Textzusammenhang erschließen, ob du Typ I oder Typ II verwenden musst.

Bildung:

Typ I	*if*-Satz Hauptsatz	Simple Present will-Future / modales Hilfsverb / Imperativ
Typ II	*if*-Satz Hauptsatz	Simple Past *would / could / might* + Grundform
Typ III	*if*-Satz Hauptsatz	Past Perfect *would / could / might* + *have* + 3. Form

Typ I	*If it is warm tomorrow,* *Sarah and Vicky will go swimming.*
Typ II	*If it was warm now,* *Sarah and Vicky would spend the afternoon in the garden.*
Typ III	*If it had been warm yesterday,* *Sarah and Vicky would have done a cycling tour.*

Übung 1 **Stelle bei den folgenden if-Sätzen den Satztyp fest.**

1. If Julie found a purse in the street, she'd take it to the police. → Typ ....
2. Mr Parker will miss the train if he doesn't hurry. → Typ ....
3. Steve might have won the match if he had been in form. → Typ ....
4. If Ben has got enough money, he'll give a big party next week. → Typ ....
5. If Sarah hadn't forgotten her textbook at school, she would have been able to do her homework. → Typ ....

Übung 2

Bestimme bei den folgenden Sätzen den zeitlichen Bezug, die Art der Bedingung und somit den Typ I, II oder III.
Achte bei der Übersetzung insbesondere auf die Verbformen und die Stellung von Haupt- und Nebensatz.

1. Wenn Sarah zu Hause gewesen wäre, hätte Sam sie ins Kino eingeladen.

   zeitl. Bezug: .... Bedingung: .... Typ ....

   Übersetzung: If Sarah ....

   ....

2. *Der Wetterbericht hat für morgen schönes Wetter und Temperaturen bis zu 27°C vorhergesagt.*
   Wenn es morgen regnen würde, könnten Sarah und Sam kein Picknick machen (ein Picknick machen, *engl. to have a picnic*).

   zeitl. Bezug: .... Bedingung: .... Typ ....

   Übersetzung: ....

   ....

3. Sarah wird ihre neuen Shorts anziehen, falls es morgen richtig heiß wird.

   zeitl. Bezug: .... Bedingung: .... Typ ....

   Übersetzung: ....

   ....

4. Wenn Sam gerne schwimmt, kann er im See ein Bad nehmen *(engl. have a swim)*.

   zeitl. Bezug: .... Bedingung: .... Typ ....

   Übersetzung: ....

   ....

5. *Bevor Sam und Sarah am nächsten Tag losziehen, sagt Mrs Parker zu Sarah:*
   „Ich an deiner Stelle (= Wenn ich du wäre) würde ein Insektenschutzmittel *(engl. insect repellent)* mitnehmen."

   zeitl. Bezug: .... Bedingung: .... Typ ....

   Übersetzung: ....

   ....

B 11. Abschlusstest if-Sätze

Übung 1

Lies dir die folgenden if-Sätze durch und entscheide, welche der beiden Aussagen jeweils zutrifft. Kreuze an!

1. Ben wouldn't go to school by motorbike if it rained tomorrow. → ◯ es ist wahrscheinlich, dass es regnet ◯ es ist unwahrscheinlich, dass es regnet
2. If Jenny comes to Ben's party, she'll bring a chocolate cake. → ◯ mit Jennys Kommen ist zu rechnen ◯ mit Jennys Kommen ist nicht zu rechnen
3. Sarah wouldn't have got a bad mark if she had worked harder. → ◯ Sarah hat zu wenig für die Schule getan ◯ Sarah tut momentan zu wenig
4. If Vicky had known that Sarah was at home, she would have visited her. → ◯ Vicky wusste, dass Sarah zu Hause ist ◯ Vicky wusste nicht, dass Sarah zu Hause ist
5. Mr Parker could drive Julie to the pool if he was back at 4 p.m. → ◯ er wird um 16 Uhr wahrscheinlich zurück sein ◯ er wird um 16 Uhr wohl nicht zurück sein

Übung 2

Als Sarah Lauras Brief erhält, ruft sie sie sofort an, um zu erfahren, ob Laura und Jonas sich wieder versöhnt haben.
Setze die richtigen Verbformen ein.

Sarah: Hi, Laura. How are you?

Laura: Hi, Sarah. Not too good. Are you in a hurry?

Sarah: Of course I'm not. I .... (not phone) you if I .... (not have) time. Why are you asking?

Laura: Well, it's quite a long story … Jonas and I had another argument *(dt. Streit)*.

Sarah: Oh dear! What happened?

Laura: I was playing games on Jonas' computer when it suddenly crashed. I really felt sorry. If it .... (not be) me who was playing, it .... (not be) my fault *(dt. Fehler)*.

Sarah: I don't think that's such a big problem. What did Jonas do then?

Laura: He called me a fool. Then I went mad and threw some CDs at him. You know, I .... (not throw) CDs at him if he .... (not call) me a fool.

Sarah: Did they hit him?

Laura: No, the CDs missed him and landed on his bed. I think I .... (feel) sorry if I .... (hurt) him.

Sarah: What did you do then?

Laura: I left at once. And Jonas didn't stop me going.

Sarah: Have you heard anything from him since?

Laura: No, not yet. And I'm sure that he won't phone me. If he ………… (phone) and ………… (say) he was sorry that he'd called me a fool, everything ………… (be) all right again. But I think it's over. What ………… (you, do) if you ………… (be) me?

Sarah: Well, I think it's not just his fault. If I ………… (be) you, I ………… (call) him and ask him to forgive me as well.

Laura: Maybe you're right, Sarah. If he ………… (not call) me within the next few hours, I ………… (call) him. – Just a second, Sarah. The doorbell is ringing. If it ………… (be) Jonas, I ………… (tell) him that I'm really sorry and that I still love him …

Übung 3

Auch Sarah hat ein Problem: ihre verpatzte Matheschulaufgabe. Kannst du ihren Tagebucheintrag übersetzen?

May 26

I've got a 'D' *(dt. Note 4)* in the maths test. Ugh! If I had worked harder I wouldn't have got such a bad mark. And I might have done better if Mr Summer had explained the subject *(dt. Stoff)* properly *(dt. richtig, anständig)*. Sam said "I wouldn't worry if I were you. You've got enough good marks." Maybe he's right. If I don't get another 'D', there'll be a 'B' *(dt. Note 2)* in my report *(dt. Zeugnis)*.

26. Mai

…………

…………

…………

…………

…………

…………

…………

…………

…………

…………

B 12. Sonderformen

Neben den bisher aufgeführten Haupttypen der if-Sätze gibt es – abhängig von Art der Bedingung und zeitlichem Bezug – diverse Sonderformen.
Folgende Varianten können (je nach Bundesland, Schulart und Lehrbuch), müssen aber nicht, Stoff der 7. oder 8. Klasse sein.
Abweichungen gegenüber den Haupttypen sind unterstrichen.

Typ I

	***if*-Satz**	**Hauptsatz**
• wenn die Bedingung bereits erfüllt worden ist	Present Perfect	will-Future modales Hilfsverb Imperativ

→ *If you've been to Rome, you can tell me something about its sights.*

• bei bestehenden Fähigkeiten (→ *can*) oder Verpflichtungen (→ *must*)	modales Hilfsverb (bzw. zugehörige Ersatzverben)	will-Future modales Hilfsverb Imperativ

→ *If you can speak English, you'll be able to translate this.*

• wenn der Verlauf einer Bedingung betont wird	Present Progressive*	will-Future modales Hilfsverb Imperativ

→ *If it's raining, Julie will stay indoors.* * nur bei Tätigkeitsverben!

• wenn eine logische Folge ausgedrückt wird	Simple Present	Simple Present

→ *If you put ice into a hot oven, it melts* (*melt*, dt. schmelzen).

Typ II

• für eine bestehende (irreale) Bedingung mit Folgen für die Vergangenheit	Simple Past	*would / could / might* + *have* + 3. Form

→ *If Vicky's parents had more money, they would have spent their holiday at the seaside.*

Typ III

• für eine (irreale) Bedingung in der Vergangenheit mit Folgen für die Gegenwart	Past Perfect	*would / could / might* + Grundform

→ *If Sarah hadn't spent all her money, she could buy that CD now.*

Übung 1 **Ordne den Sätzen die jeweilige Begründung zu.**

1. If you mix red and blue, you get purple.
2. If Julie has finished her homework, she may visit Jackie.
3. Laura would be sad if she hadn't made it up (make it up, *dt. sich versöhnen)* with Jonas.
4. If you have to learn your vocabulary, you needn't help me with the washing-up.
5. Sam would have bought lots of presents for Sarah's birthday if he was rich.
6. Don't disturb Dad if he's working.

a) Bedingung ist im Verlauf
b) Bedingung liegt in der Vergangenheit, die Folge in der Gegenwart
c) Verpflichtung in der Gegenwart
d) Bedingung liegt in der Gegenwart, die Folge in der Vergangenheit
e) logische Folge
f) Bedingung ist bereits erfüllt worden

Übung 2 **Überlege, welche Art von Bedingung jeweils gegeben ist, und setze dann die richtige Verbform ein.**

1. Don't interrupt Mum if she .... (still, talk) on the phone.
2. If there's no battery in your personal stereo, it .... (not work).
3. Mr Parker .... (not be) angry with Sarah now if she hadn't been so lazy.
4. Steve may watch TV if he .... (already, clean) his room.
5. If Vicky's mother .... (speak, *können*) two foreign languages, she'll get the job.
6. If the Parkers had lots of money, they .... (fly) to Australia last year.

Übung 3 **Gleich hast du's geschafft! – Übersetze ins Englische.**

1. Wenn man zu viel Fastfood isst, wird man dick.

....

2. Julie wäre jetzt nicht krank, wenn sie gestern wärmere Kleidung getragen hätte.

....

....

3. Wenn du diese Sätze richtig übersetzt hast, darfst du dich Profi *(engl. pro)* nennen.

....

....

Teil I:
Deutsch

Aufsatz: Inhaltsangabe

Lösungen mit Beispielaufsätzen

Hinweis

Bei vielen Übungen sind mehrere Formulierungen möglich. Deine Lösung kann also auch dann richtig sein, wenn sie nicht genauso lautet, wie die Lösung, die du hier findest. Um dir den Vergleich leichter zu machen, sind daher die Begriffe, die auf jeden Fall in deinen Lösungen vorkommen sollten, in Blau gedruckt.

14 15

B Text 1: Die Sehnsucht fährt schwarz (Rafik Schami)
1. Wozu eine Inhaltsangabe dient und was du vor dem Schreiben tun solltest

Übung 1

Wichtig ist eine sachliche Begründung, z. B.
Mir gefällt die Geschichte, weil sie so wirklichkeitsnah ist.
Mir gefällt die Geschichte, weil die Gefühle der Personen verständlich werden.
Mir gefällt die Geschichte, weil man die Probleme von Gastarbeitern besser versteht.
Mir gefällt die Geschichte nicht, weil nicht wirklich etwas passiert.
Mir gefällt die Geschichte nicht, weil man zu wenig über die Personen erfährt.

Übung 2

1. Zusammengesetztes Substantiv aus Arbeiter und Gast (= Besucher, Fremder); jemand, der nicht aus dem Land stammt, in dem er arbeitet.
2. Istanbul, Izmir: Türkei; Bukarest: Rumänien; Sofia: Bulgarien
3. Er schaut bei der Abfahrt des Zuges zu, der in seine Heimat fährt.
4. Yunus stellt sich vor, er fahre mit diesem Zug zu seiner Familie.
5. Er würde gern in der Türkei bei seiner Frau und seinen Kindern leben und gleichzeitig in Deutschland Geld für sich und seine Familie verdienen.
6. Zwei Jahre.
7. Seine Mutter, seine Frau Songül, vier Kinder: Sohn Niyazi, 10 Jahre, Tochter Hülya, ein Kind wird nicht namentlich genannt, Sohn Kemal, drei Jahre.
8. Der jüngste Sohn, der erst ein Jahr alt war, als der Vater nach Deutschland ging.
9. Er erkennt seinen Vater nicht wieder, für ihn ist er ein Fremder mit kratzendem Bart.

Übung 3

Damit du besser verstehst, welche Wörter wichtig und welche weniger wichtig sind, haben wir hier alle Wörter aufgelistet und zu allen eine Begründung gegeben. Besonders wichtig sind die vier unterstrichenen Wörter.

1. Bahnhofsuhr. Sie verdeutlicht den Ablauf der Zeit bis zur Abfahrt des Zuges.
2. Bank. Es wird klar, dass die vier Freunde nicht am Gleis stehen, weil sie nicht gekommen sind, um jemanden zu verabschieden.
3. Vier Freunde. Yunus ist mit ihnen an den Bahnhof gekommen, um der Abfahrt des Zuges zuzusehen. Danach kommen sie nicht wieder vor.
4. Lautsprecher. Sie kündigen die bevorstehende Abfahrt des Zuges an.
5. Sehnsucht – Wichtig. Sie ist der Grund, warum die vier Freunde der Abfahrt zusehen und warum Yunus seine Heimreise träumt.
6. Reklame. Es wird die Stimmung geschildert, die der Anblick des im Neonlicht der Reklame abfahrenden Abendzuges hervorruft.
7. Kartons. Die Enge im Zug wird verdeutlicht.
8. Stier. Der Zug wird mit einem Stier verglichen.
9. Olivenzweig. Er symbolisiert das Alter und die Fruchtbarkeit der Mutter.
10. Krücken. Sie zeigen die fortschreitende Gebrechlichkeit der Mutter.
11. Mutter – Wichtig. Yunus stellt sich vor, wie er seine alte Mutter wiedersieht, was angesichts ihres hohen Alters nicht selbstverständlich ist.
12. Kinder – Wichtig. Yunus stellt sich vor, wie sehr sich seine vier Kinder freuen würden, wenn er heimkäme.
13. Wieder erkennen – Wichtig. Der jüngste Sohn erkennt ihn nicht und wendet sich weinend ab, woran Yunus merkt, wie lange er schon von Zuhause weg ist.

2. Beim zweiten Lesen

16 | 17

Übung 1

Die fünf Erzählabschnitte sind hier gleich in der richtigen Reihenfolge abgedruckt:

1. Vier Gastarbeiter am Münchner Hauptbahnhof: Zeile 1 bis 4
2. Beobachtung von vier Freunden am Münchner Hauptbahnhof: Zeile 5 bis 18
3. Yunus' Gefühle bei der Abfahrt des Zuges: Zeile 19 bis 23
4. Traumreise nach Izmir: Zeile 24 bis 65
5. Erkenntnis am Ende des Traumes: Zeile 66 bis 67

Übung 2

Zeile 34 bis 42: Ankunft bei der Familie am Ende der Traumreise
Zeile 43 bis 53: Erwartungen der drei größeren Kinder bei der Begrüßung
Zeile 54 bis 64: Ablehnung durch Kemal, das jüngste Kind
Zusammenfassendes Stichwort: Traumreise *(s. Übung 1, Abschnitt Nr. 4).*

Übung 3

Die Sehnsucht nach seiner Heimat und seiner Familie bewirkt, dass Yunus sich in einem Tagtraum in den abfahrenden Zug versetzt und von seiner Heimreise träumt.
Dazu auch: mentor Lernhilfe: Aufsatz 1, 8.–10. Klasse, S. 43–48, Einen Text abschnittweise zusammenfassen

Übung 4

Treffende Formulierung: 4.
In der Geschichte „Die Sehnsucht fährt schwarz" von Rafik Schami geht es um einen Gastarbeiter, der Heimweh hat und sich deshalb in einem Tagtraum zu seiner Familie in die Heimat versetzt.
Begründung: Die Formulierungen unter 1., 2. und 5. sind zu allgemein. 1. und 2. könnten auch zu einem Sachtext passen. In 3. wird nur eine Einzelheit erfasst.

Übung 5

Zeile 29/30; Yunus meint, die Sehnsucht erlaube ihm das Schwarzfahren, das heißt hier: diesen Traum über alle Grenzen und Kontrollen hinweg.

18 | 19

3. Der Stil der Inhaltsangabe

Übung 1

1. Die vier Freunde beobachten die Abfahrt des Zuges. *Oder:*
   Die vier Freunde blicken sehnsüchtig dem abfahrenden Zug hinterher.
2. Yunus stellt sich unterdessen die Ankunft in seiner Heimatstadt Izmir vor. *Oder:*
   Noch bevor der Zug außer Sichtweite ist, stellt sich Yunus vor, wie er in Izmir ankommt.
3. Die Mutter, wohl die Älteste der Familie, ist in den zwei Jahren Abwesenheit sichtbar gealtert. *Oder:*
   An seiner alten Mutter, Begründerin einer großen Familie, sind die zwei Jahre nicht spurlos vorübergegangen.
   Das Bild vom „fruchttragenden Olivenzweig" musst du entschlüsseln: Olivenbäume werden sehr alt (bis zu 1000 Jahre) und tragen lange Früchte. Das Bild steht also für das hohe Alter der Mutter und eine vermutlich recht große Anzahl von Kindern.

Übung 2

1. Yunus ist traurig, weil er nicht in seine zu weit entfernte Heimat fahren kann.
2. Die Reise im überfüllten Zug ist für die von der Arbeit müden Menschen anstrengend.
3. Die drei älteren Kinder freuen sich vor allem auf die Geschenke, die ihr Vater ihnen, wie sie glauben, mitgebracht haben könnte.
4. Yunus ist gerührt, als er sich vorstellt, wie er seine Frau wiedersieht, die ihn sehr vermisst hat.

Übung 3

Du kannst die indirekte Rede mit oder ohne Bindewort „dass" formulieren. Du musst nur darauf achten, dass eine gehäufte Verwendung von „dass" stilistisch unschön ist. In den „dass"-Sätzen kann unter bestimmten Umständen der Indikativ stehen (siehe dazu Übungsteil „Indirekte Rede", S. 22 und 23).

1. Der Lautsprecher verkündet, der Zug nach Istanbul fahre jetzt ab. *Oder:*
   Der Lautsprecher verkündet, dass der Zug nach Istanbul jetzt abfahre.
2. Yunus seufzt, die Heimat sei so weit weg. *Oder:*
   Yunus seufzt, dass die Heimat so weit weg sei.
3. Yunus sagt lachend, die Sehnsucht fahre immer schwarz. *Oder:*
   Yunus sagt lachend, dass die Sehnsucht immer schwarz fahre.
4. Die Kinder schreien, der Vater habe viele Koffer dabei. *Oder:*
   Die Kinder schreien, dass der Vater viele Koffer dabei habe.
5. Yunus fragt, ob er ihn nicht mehr kenne.
6. Kemal erkundigt sich, wer er denn sei.

Folgende Sätze würde ich weglassen: 1., 4. und 5., denn sie sind für das Verständnis der Geschichte nicht wirklich wichtig.

Welche der Sätze in deiner Inhaltsangabe wirklich vorkommen, hängt davon ab, wie du die Zusammenhänge sprachlich darstellst und wo deine Schwerpunkte liegen. In einem bestimmten Rahmen gibt es da natürlich Freiheiten.

Dazu auch: mentor Lernhilfe: Aufsatz 1, 8.–10. Klasse, S. 37–43, Direkte Rede – Indirekte Rede

4. Die Inhaltsangabe schreiben

20 21

Übung 1

1. An einem Abend/Eines Abends treffen sich vier Gastarbeiter am Münchner Hauptbahnhof.
2. Der Zug nach Istanbul steht zur Abfahrt bereit.
3. Im Traum besucht Yunus seine Familie.
4. Wegen ihres Alters geht seine Mutter an Krücken.

Übung 2

1. Vier Gastarbeiter befinden sich am Münchner Hauptbahnhof, weil sie sich nach ihrer Heimat sehnen.
2. Sie halten sich am Gleis 8 auf, von dem der Zug nach Istanbul abfährt.
3. Als der Zug abfährt, versetzt sich Yunus, einer der vier Freunde, in den Zug und träumt von seiner Heimkehr.
4. Als er ihn Izmir ankommt, erwartet ihn seine Familie schon.
5. Yunus war so lange weg, dass seine Mutter nicht gehofft hat, ihn noch einmal zu sehen.

Übung 3

Den Satz 3 solltest du in deine Inhaltsangabe nicht aufnehmen.

1. Grund: Satz 3. gibt den Inhalt nicht ganz richtig wieder: „Die Geschichte endet damit, dass Yunus' kleiner Sohn ihn ablehnt …" – *Das passiert nicht wirklich, sondern nur in Yunus' Vorstellung.* „… weil sein Bart ihn kratzt." – *Das ist nicht der wirkliche Grund, sondern Kemal erkennt seinen Vater deshalb nicht, weil er zu klein war, als dieser das Land verließ.*
2. Grund: Die Sätze 1., 2. und 4. enthalten für den Zusammenhang wichtige Informationen, sie werden in der Inhaltsangabe vorkommen.

Übung 4

Yunus, ein türkischer Gastarbeiter, sitzt mit drei Freunden am Münchner Hauptbahnhof und beobachtet, wie sich vor der Abfahrt des Zuges nach Istanbul Angehörige von den Reisenden verabschieden.
Yunus versetzt sich in den Zug und träumt seine Heimreise zu seiner Familie nach zwei Jahren.
Yunus' Traum endet mit der Erkenntnis, dass er nach so langer Abwesenheit nicht einmal von seinem eigenen Kind wieder erkannt würde.

Übung 5

So könnte deine Inhaltsangabe nun lauten:
In der Geschichte „Die Sehnsucht fährt schwarz" von Rafik Schami geht es um einen Gastarbeiter, der Heimweh hat und deshalb in einem Tagtraum zu seiner Familie in die Heimat reist.
An einem Abend treffen sich vier Gastarbeiter am Münchner Hauptbahnhof, weil sie sich nach ihrer Heimat sehnen, und beobachten, wie sich am Zug nach Istanbul Angehörige von den Reisenden verabschieden. Als der Zug abfährt, versetzt sich Yunus, einer der vier Freunde, in den Zug und träumt einen Tagtraum von seiner Heimreise zu seiner Familie nach zwei Jahren Abwesenheit.
Er stellt sich vor, wie er auf seiner Traumreise zu Hause ankommt und wie er von seiner alten, noch gebeugter gehenden Mutter, seiner Frau und seinen Kindern voller Freude begrüßt wird. Die Kinder hoffen auf Geschenke, doch die Eltern wehren ab, da sie trotz Yunus' Arbeit nicht viel Geld haben. Die drei größeren Kinder springen ohne Scheu um ihren Vater herum, nur der dreijährige Kemal bleibt abseits. Als sein Vater ihn auf den Arm nehmen will, bekommt er Angst und weint, denn er hält Yunus für einen Fremden, da er erst ein Jahr alt war, als dieser das Land verlassen hat.
Yunus Traum endet mit der Erkenntnis, dass er nach so langer Abwesenheit nicht einmal von seinen Kindern wieder erkannt würde, und seine Sehnsucht wird noch verstärkt.

22 | 23

C Übungsteil 1
Indirekte Rede

Übung 1

1. Das Mädchen erzählte, sie sei mit ihrer Familie aus Afghanistan geflohen. *Oder:*
   Das Mädchen erzählte, dass sie mit ihrer Familie aus Afghanistan geflohen sei.
2. Sie sagte, sie trage ein Kopftuch, weil sie Muslimin sei. *Oder:*
   Sie sagte, dass sie ein Kopftuch trage, weil sie Muslimin sei.
3. Die Lehrerin erklärte, gläubige Moslem-Frauen bedeckten ihre Haare mit einem Tuch. *Oder:*
   Die Lehrerin erklärte, dass gläubige Moslem-Frauen ihre Haare mit einem Tuch bedeckten/bedecken.
   Hier kann in der indirekten Rede auch der Indikativ stehen, weil die direkte Rede eine feststehende Tatsache enthält.
4. Interessiert fragten die Mädchen, ob sie das Kopftuch tragen müssten.

In Satz 3 und 4 steht der Konjunktiv 2, da die Formen des Konjunktiv 1 mit denen des Indikativ gleich wären (bedecken, müssen).

Übung 2

Die besten Lösungen sind:

1. Zusammenfassung, weil sie am kürzesten ist: Ein Moslem vergleicht das Kopftuch mit dem Kreuz, das Christen oft an einer Halskette tragen.
2. Indirekte Rede ohne „dass“, weil es eine Behauptung ist, die neutral wiedergegeben wird: Eine Frauenrechtlerin behauptet, das Kopftuch diene der Unterdrückung der Frauen.
3. Indirekte Rede mit „dass“ und Indikativ, weil es sich um eine feststehende Tatsache handelt: Der Diskussionsleiter erklärt, dass jede Religion ihre Rituale und Traditionen hat.
4. Siehe 2, persönliche Meinung: Ein junges Mädchen aus Persien meint, das Kopftuch könne auch Schutz bedeuten.

Natürlich geht es auch anders. Achte darauf, dass man manchmal ein anderes passendes Wort aus dem Wortfeld „sagen“ auswählen muss:

1. Ein Moslem sagt, man könne das Kopftuch mit dem Kreuz vergleichen.
   Ein Moslem sagt, dass man das Kopftuch mit dem Kreuz vergleichen könne.
2. Eine Frauenrechtlerin behauptet, dass das Kopftuch der Unterdrückung der Frauen diene.
   Eine Frauenrechtlerin führt die Unterdrückung der Frauen durch das Kopftuch an.
3. Der Diskussionsleiter erklärt das Kopftuch mit den Ritualen und Traditionen der Religionen.
   Der Diskussionsleiter erklärt, jede Religion habe ihre Rituale und Traditionen.
4. Ein junges Mädchen erwähnt den Aspekt des Schutzes durch das Kopftuch.
   Ein junges Mädchen meint, dass das Kopftuch auch Schutz bedeuten könne.

Übung 3

Du kannst da kürzen, wo die Rede und Gegenrede der Freunde, die schließlich zu Aysins Aussage führen, allzu ausführlich wiedergegeben wird.

Peter fragt Aysin, ob sie mit ins Schwimmbad komme/kommen wolle. Auch Elsie und ihre Freundinnen wollen sie überreden. Aber Aysin erklärt, sie könne nicht mitkommen, da sie nicht schwimmen könne.

Auf den Einwand, sie habe erzählt, ihr Onkel in der Türkei besitze einen Swimmingpool, in dem sie schon oft geschwommen sei, gibt sie zögernd zu, dass ihre Religion es ihr verbiete/verbietet, sich im Badeanzug vor Jungen zu zeigen.

D Text 2: Auf ziseliertem Silber (Josef Reding)

1. Lesen, verstehen, urteilen

27

Übung 1

1. In den USA, im Staat Louisiana, in der Stadt New Orleans.
2. In Louisiana herrscht subtropisches, feuchtwarmes Klima mit heißen, schwülen Sommern.
   Teile des Mississippi-Deltas sind eine periodisch oder dauernd überschwemmte Sumpflandschaft.
3. Das östliche Louisiana wurde 1682 von Ferdinand de La Salle für Frankreich in Besitz genommen und nach Louis XIV benannt. Es war bis 1763 französische Kolonie. Der westliche Teil Louisianas war von 1800 bis 1803 noch einmal französische Kolonie. Die Louisiana-Franzosen bilden auch heute noch die größte fremdsprachliche Gruppe in den USA.
4. Im Sommer, mittags; sonst gibt es keine Hinweise. Es handelt sich um eine unbestimmte Gegenwart.
5. Ein älteres Ehepaar, ein farbiger Kellner, der Geschäftsführer des Restaurants im Smoking, die zwei „Gorillas".
6. Ihre Hautfarbe: der Erzähler ist weißhäutig, Gloster, sein Freund, dunkelhäutig.
7. In Amerika gibt es immer noch die Rassentrennung und -diskriminierung.
   Ein Drittel der Bevölkerung Louisianas sind Schwarze oder Angehörige anderer Minderheiten. 1868 wurden den Schwarzen in den USA einige Rechte zugestanden, die später wieder aufgehoben wurden. Erst zwischen 1964 und 1966 wurde die Rassentrennung in den USA im öffentlichen Leben mithilfe von Gesetzen und Verfassungsänderungen offiziell verboten. Die Ermordung des Bürgerrechtlers Martin Luther King 1968 hatte ein Erstarken der radikalen afroamerikanischen Bewegung (Black Power) zur Folge, die Rassentrennung ist aber in Wirklichkeit bis heute aufrechterhalten worden. Vor allem gilt das für die Südstaaten.
   Der Autor der Erzählung, Josef Reding, geboren 1929, hat unter anderem in den USA studiert und war Mitglied der Bürgerrechtsbewegung Martin Luther Kings. Die 1977 in dem Band „Schonzeit für Pappkameraden" veröffentlichte Kurzgeschichte trägt also wohl autobiografische Züge.

Übung 2

Es gibt natürlich verschiedene Meinungen, wichtig ist eine überzeugende Begründung.

1. Die Geschichte ist spannend, weil man nicht gleich erfährt, was es mit Gloster auf sich hat. *Oder:*
   Die Geschichte ist spannend, weil nach einem eher ruhigen Anfang plötzlich viel geschieht.
2. Die Geschichte regt zum Nachdenken an, weil man sich über die Folgen der Rassentrennung Gedanken machen muss.
3. Die Geschichte ist langweilig, weil nichts Entscheidendes passiert. *Oder:*
   Die Geschichte ist langweilig, weil manches so ausführlich beschrieben wird, zum Beispiel, wie das Restaurant eingerichtet ist.
4. Die Geschichte ist lehrreich, weil man etwas über die Rassendiskriminierung in den Südstaaten der USA erfährt.
5. Man kann sich mit den Hauptpersonen nicht identifizieren, weil man zu wenig über sie erfährt. *Oder:*
   Man kann sich mit den Hauptpersonen identifizieren, weil die Situation, in die sie geraten, so eindringlich geschildert wird.

28 29 2. Beim zweiten Lesen

Übung 1

Zeile 37.

Form: Gloster wird vom Erzähler als „dunkel" wie der Kellner beschrieben, wobei ihn vor allem beeindruckt, dass beide von der feuchten Hitze nichts zu spüren scheinen.

Übung 2

1. Erzähler: Student , fremd im amerikanischen Universitätsbetrieb (Z. 2), nicht schwarz, verträgt Hitze nicht (Z. 4, 9/10, 34/35), wohlhabend (Z. 13, 17–19)
2. Gloster: Student (Z. 1–3), farbig (Z. 37, 63), nicht wohlhabend (Z. 15), an das Klima gewöhnt (Z. 35–37)

Übung 3

Z. 4: „feuchtigkeitsschwangere Luft"; Z. 6/7: „Klimaanlage"; Z. 10: „subtropisches Klima"; Z. 20–22: „Selbst die Autos schwitzen …"; Z. 34–36: „Das Hemd klebt an den Schulterblättern …"

Übung 4

Du kannst den Satz auch anders formulieren, aber alles, was blau gedruckt ist, muss in irgendeiner Form enthalten sein:

Der Ich-Erzähler, ein weißer Student, trifft eines Mittags einen farbigen Freund namens Gloster im sommerlich-heißen New Orleans, um von ihm Informationen über das amerikanische Universitätssystem zu bekommen.

Übung 5

1. Ab Zeile 1: Der Erzähler unterhält sich mit Gloster.
2. Ab Zeile 4: Er verträgt die Hitze nicht und schlägt vor, in ein Restaurant zu gehen.
3. Ab Zeile 20: Die Freunde gehen durch die heiße Stadt zu einem Lokal.
4. Ab Zeile 28: Sie betreten das Restaurant und nehmen Platz.
5. Ab Zeile 39: Reaktion des Kellners auf den Anblick Glosters.
6. Ab Zeile 46: Der Geschäftsführer greift ein.
7. Ab Zeile 55: Der Kellner bringt ein Tablett mit dem Zettel für Gloster.
8. Ab Zeile 68: Reaktionen der beiden Freunde auf den Zettel.
9. Ab Zeile 84: Der Erzähler beharrt auf seinem Recht und provoziert eine Schlägerei.
10. Ab Zeile 103: Sie werden gewaltsam hinausgeworfen.
11. Ab Zeile 113: Dialog, Gloster versteht das Verhalten des Freundes nicht.
12. Ab Zeile 120: Der Erzähler verschiebt seine Erklärungsversuche.

Übung 6

ziseliert: mit Mustern und Ornamenten verziert

Voliere: großer Vogelkäfig, in dem Vögel frei herumfliegen können

Gravur: eine in Metallflächen, Stein, Elfenbein u. a. eingeritzte bildliche Darstellung oder Schrift

Countdown: bis zu Null (= Start) zurückschreitende Ansage der Zeiteinheiten, z. B. vor dem Start von Raketen

3. Dinge und Abläufe zusammenfassen

30 31

Übung 1

Gegenstand	a) ausdrücklich erwähnt	b) unter einem Oberbegriff zusammengefasst
Handschuhe		x
Springbrunnen		x
Ziersträucher		x
Volieren		x
Leinen-Tischtuch		x
Speisekarte	x	
Lianenvorhang		x
Smoking		x
Schreibblock		x
Silbertablett	x	
Zettel	x	

Übung 2

Für Leinen-Tischtuch, Smoking: teures Restaurant
Für Springbrunnen, Ziersträucher, Volieren, Lianenvorhang: Dekoration wie ein Palmenhaus
Für Handschuhe: Gäste, die in übertriebener Weise Wert auf äußere Formen legen
Nicht wählen solltest du: Drei-Sterne-Lokal, *weil es nicht eigentlich um die Qualität der Speisen geht, und* Vornehmes Ehepaar, *denn es ist nicht vornehm, sich wegen so einer Lächerlichkeit zu streiten.*

Übung 3

1. Das Silbertablett ist für die Handlung wichtig, weil der Kellner darauf den Zettel zum Tisch der beiden Freunde bringt. Keiner will den Zettel berühren: Gloster nimmt ihn nicht, der Kellner lässt ihn einfach herunterfallen, indem er das Tablett schräg hält.
2. Es hat symbolische Bedeutung, weil es sehr fein und schön gestaltet ist, elegant wie das ganze Ambiente des Restaurants, und dadurch in krassem Gegensatz zum aggressiven und beleidigenden Text des Zettels steht.

Übung 4

Die Szene vor dem Lokal soll zeigen, dass
1. die Menschen, die das Lokal besuchen, in grotesker Weise (Handschuhe bei Sommerhitze!) Wert auf äußere Formen legen. Eine elegant gekleidete Schicht der Gesellschaft will dort unter sich sein. Schwarze haben keinen Zutritt.
2. es ein so genanntes „besseres" Lokal ist, das Leute besuchen, die sich für vornehm halten.

Übung 5

1. Der Erzähler schlägt einen Restaurantbesuch vor, weil er die Hitze nicht verträgt und dort mit einer Klimaanlage rechnen kann.
2. Der Kellner legt nur eine Speisekarte auf den Tisch, weil Gloster als Farbiger in dem Lokal nicht bedient wird.
3. Der Erzähler will das Lokal trotz der Aufforderung nicht verlassen, weil er sich im Recht glaubt.
4. Gloster lehnt sich nicht auf, weil er die ungerechte Behandlung gewohnt ist und weiß, dass er in solchen Situationen den Kürzeren zieht.
5. Die „Gorillas" behaupten, die Freunde seien betrunken, damit die Passanten den wahren Grund des Hinauswurfs nicht erfahren.

32 | 33

4. Die Inhaltsangabe überarbeiten

Übung 1

Die Kurzgeschichte „Auf ziseliertem Silber" von Josef Reding handelt von zwei Männern, von denen der eine weiß, der andere farbig ist und die gewaltsam zum Verlassen eines Restaurants gezwungen werden.
Umgangssprachliche Ausdrücke wie „schmeißen" gehören nicht in eine Inhaltsangabe.

Übung 2

In der Kurzgeschichte „Auf ziseliertem Silber" von Josef Reding geht es um Rassendiskriminierung und den unterschiedlichen Umgang damit.
Oder:
In der Kurzgeschichte „Auf ziseliertem Silber" von Josef Reding geht es um zwei Freunde unterschiedlicher Hautfarbe, die entsprechend verschieden auf eine Erfahrung der Benachteiligung wegen der Zugehörigkeit zu einer Minderheit reagieren.
*Der Begriff „**Rassendiskriminierung**" sollte sinngemäß erscheinen. Bedeutung: die aufgrund ethnischer Unterscheidungsmerkmale negative Beurteilung und Behandlung von Minderheiten.*

Übung 3

Der Erzähler schildert (*wegen der stilistischen Ungeschicklichkeit „Erzähler – erzählen"*), wie er einen amerikanischen Studienfreund in New Orleans trifft.
Obwohl die Geschichte autobiografische Züge trägt (siehe S. 209), sind Autor und Erzähler nicht identisch. Auch der Ich-Erzähler ist eine erfundene, aus verschiedenen Erfahrungen und Vorstellungen zusammengesetzte Figur.
Die Inhaltsangabe wird im Präsens geschrieben. Es handelt sich dabei um eine neutrale Zeit.

Übung 4

Das Gespräch über die Klimaanlagen ist für das Verständnis nicht wichtig.
Da der Erzähler die feuchtheiße Luft der Südstaaten schlecht verträgt, schlägt er vor, das Gespräch in ein klimatisiertes Restaurant zu verlegen.

Übung 5

Die Freunde gehen in der Mittagshitze durch die Stadt zu dem Restaurant. *Oder:*
Die Freunde durchqueren die fast menschenleere Stadt auf dem Weg zu dem Restaurant.

Übung 6

Nachdem die Freunde Platz genommen haben, kommt ein Kellner,
der wie Gloster ein Farbiger ist, mit zwei Speisekarten an ihren Tisch.
Als er Glosters Hautfarbe sieht, legt er nur vor den Erzähler eine Speisekarte.
Der Erzähler ist überrascht, weil/da er die zweite Karte wieder mitnimmt. *Oder:*
Der Erzähler ist überrascht, denn er nimmt die zweite Karte wieder mit.
Aber sie behelfen sich mit einer Karte. *Oder:* Trotzdem behelfen sie sich mit einer Karte.
Oder:
Obwohl der Erzähler überrascht ist, dass er die zweite Karte wieder mitnimmt, behelfen sie sich mit einer Karte.

Übung 7

In der Inhaltsangabe darf keine wörtliche Rede stehen.
Gloster fragt seinen Freund, warum er diesen Wirbel gemacht habe.
Er erklärt ihm, er sei es gewohnt/dass er es gewohnt sei, freiwillig zu verschwinden, wenn man ihn nicht haben wolle.

4. Die Inhaltsangabe überarbeiten
(Fortsetzung)

Übung 8

Muster einer Inhaltsangabe
Du wirst die meisten Sätze wiedererkennen, weil du sie schon einmal geschrieben hast: als Lösungen zu den Übungen.

Inhaltsangabe
In der Kurzgeschichte „Auf ziseliertem Silber" von Josef Reding geht es um die unterschiedliche Art, wie zwei Freunde verschiedener Hautfarbe auf eine Auswirkung der Rassendiskriminierung in den amerikanischen Südstaaten reagieren.

Der Ich-Erzähler, ein weißhäutiger Student, wohl aus Europa, trifft seinen farbigen Freund namens Gloster im sommerlich-heißen New Orleans, um von ihm wichtige Informationen über das amerikanische Universitätssystem zu erhalten.
Da der Erzähler im Gegensatz zu seinem dunkelhäutigen Freund die feuchtheiße Luft schlecht verträgt, schlägt er vor, das Gespräch in ein Restaurant zu verlegen.

Dass der Erzähler aus Europa ist, kann man indirekt schließen: Er kennt sich mit dem amerikanischen Universitätssystem nicht aus und er trägt Züge des Autors, der Deutscher ist. (Siehe S. 209, Übung 1).
Das ist erwähnenswert, weil es die verächtliche Behandlung des Freundes im eigenen Land noch deutlicher hervorhebt.

Da sein Freund, der einer sozialen Minderheit angehört, angibt, noch nie außerhalb der Mensa gegessen zu haben, wählt der Erzähler ein offenbar nicht billiges französisches Lokal aus, dessen Speisekarte er schon einmal studiert hat. Die Freunde durchqueren die mittäglich heiße, fast menschenleere Stadt. Vor dem Lokal angekommen, hören sie die Unterhaltung eines Ehepaars, die zeigt, dass es sich um ein elegantes Restaurant handelt, dessen Gäste in lächerlicher Weise Wert auf äußere Formen legen.

Gloster weist selbst darauf hin, als er betont, Restaurants seien „zu teuer für unsereins" (Z. 15).

Das kann man durchaus so sagen, da es in keiner Weise vornehm ist, bei der Hitze und in einem Restaurant Handschuhe zu tragen.

Sie betreten das wie ein Palmenhaus dekorierte Lokal und setzen sich an einen Tisch. Ein farbiger Kellner bringt zwei Speisekarten, legt aber, als er Glosters Hautfarbe sieht, nur eine auf den Tisch vor den Erzähler. Obwohl dieser sich wundert, behelfen sie sich mit der einen Karte. Während sie ihr Essen auswählen, sieht der Erzähler, wie der in einen Smoking gekleidete Geschäftsführer eine Notiz auf einen Zettel schreibt, diese auf ein schön verziertes Silbertablett legt und den farbigen Kellner damit an den Tisch der

Es würde auch genügen, auf die elegante Kleidung hinzuweisen.

33

4. Die Inhaltsangabe überarbeiten
(Fortsetzung)

Freunde schickt. Die Notiz ist für Gloster bestimmt und steht in krassem Gegensatz zu dem vornehmen Ambiente des Lokals: Gloster wird aufgefordert das Lokal zu verlassen, da man keine „Nigger" bediene.

Das Schimpfwort muss man wohl in Anführungszeichen zitieren, um zu zeigen, wie wenig vornehm der Geschäftsführer mit Minderheiten umgeht. Heute wird bei uns sogar das Wort „Neger" als diskriminierend empfunden, daher muss man sonst „Farbiger" oder „Schwarzer" schreiben.

Da sich der Erzähler wegen seiner Einladung in das Restaurant für das Geschehene verantwortlich fühlt, ruft er nach dem Manager, der als Reaktion zwei Angestellte beauftragt, die beiden Freunde aus dem Lokal zu werfen, was diese nach einer erfolglosen Aufforderung in einer kuriosen Mischung aus Englisch und Französisch auch versuchen. Gloster möchte der Aufforderung gern folgen, während sein Freund ihn auffordert sitzen zu bleiben, da er sich gegen die ungerechte Behandlung wehren will.

Das wird vom Erzähler fast wörtlich so gesagt (Z. 68–70). Hier gilt es aber, die kurzen Hauptsätze, die für den Sprachstil der Inhaltsangabe typisch sind, zu einem Satzgefüge zu verbinden.

Ob man das ausdrücklich erwähnen muss, sei dahingestellt, zumal es für New Orleans nicht ungewöhnlich ist.
Das muss man erschließen, ausdrücklich wird nicht gesagt, warum der Erzähler nicht Gloster folgt.

Die beiden „Gorillas" greifen Gloster an und es kommt zu einer Schlägerei, weil ihn der Erzähler zu verteidigen versucht. Trotzdem landen beide vor der Tür. Um kein Aufsehen bei den Passanten zu erregen, behaupten die Angestellten laut, es handle sich um Betrunkene.
Wegen der Verletzungen, die allerdings bewusst so beigebracht wurden, dass sie nicht sichtbar und damit nicht nachweisbar sind, bestätigen die beiden ungewollt diesen Eindruck, da sie sich nur torkelnd fortbewegen können.

Es ist schwer, einen sprachlich angemessenen Ausdruck für den „Beruf" des „Rausschmeißers" zu finden, also muss man sich hier wohl mit Anführungszeichen helfen.

Das kann man aus Z. 111 erschließen, wo es heißt, die Gorillas seien „geschickt" vorgegangen.

Am Schluss kommt es zu einem kurzen Dialog zwischen den Freunden, weil Gloster die ganze Szene für überflüssig hält, da er gewohnt sei zu verschwinden, wenn man ihn nicht haben wolle.

Man könnte sogar von einem „Streit" sprechen.

Der Erzähler findet, er sei zu erschöpft, um ihm seine Auffassung von Gerechtigkeit zu erläutern, und verschiebt es auf eine andere Gelegenheit.

Da es sich um einen Schlüsselbegriff zum Verständnis der Geschichte handelt, muss er ausdrücklich genannt werden.
Es wäre zu überlegen, wer von den beiden eher Recht hat und wer vernünftiger gehandelt hat. Das geht aber über die Aufgabe einer Inhaltsangabe hinaus.

E Übungsteil 2: Sätze verbinden

34 35

Übung 1

1. Unser Schulfest ist immer der Höhepunkt des Schuljahres, deshalb bereiten wir es gut vor.
2. Da jede Klasse ein Projekt anbieten soll, müssen die Kinder es sich rechtzeitig überlegen, wenn sie etwas vorbereiten wollen.

Übung 2

Vier Wochen vor dem letzten Schulfest, das unter dem Motto „Mode" stehen sollte, stellte sich heraus, dass die Klassen 5a, 6b, 6c, 7d und 10a kein Projekt hatten.
Da nur noch wenig Zeit blieb, wurden ihnen einfach Themen zugeteilt.
Das war aber/jedoch nicht so gut, denn es entstand ein Streit zwischen den Mitschülern.
Sollten sie sich zu den vorgegebenen Themen etwas ausdenken oder lieber ein eigenes Projekt entwickeln?
Und was würde mit den Klassen geschehen, die sich nicht einigen konnten?
Weil alle Schüler protestierten, drohte das ganze Fest ins Wasser zu fallen.
Nicht verwenden konntest du: dagegen, obwohl, hingegen.

Übung 3

Michi aus der 7d erzählt:
Nachdem wir letzten Montag von unseren Klassensprechern erfahren hatten, dass wir beim Sommerfest eine Modenschau organisieren sollten, gab es erst einmal eine lange Diskussion. Schließlich konnten wir uns einigen, das Projekt zu organisieren. Dann ging es erst richtig los: Da die Jungen nicht wussten, was sie dabei tun sollten, beschlossen Jungen und Mädchen, Kleider zu tauschen. So konnten alle mitmachen.
Bestimmt hast du es gemerkt: Alle „ups"-Wörter sind Konjunktionen, alle „boff"-Wörter sind Adverbien. Die nächsten Übungen macht noch deutlicher, worin der wesentliche Unterschied besteht.

Übung 4

1. Fritz kam im Abendkleid, denn/doch/jedoch/und Eva präsentierte einen Herrenanzug.
2. Fritz kam im Abendkleid, als/bevor/da/damit/(so)dass/weswegen/wenn Eva einen Herrenanzug präsentierte. *Oder:*
   Fritz kam im Abendkleid, nachdem Eva einen Herrenanzug präsentiert hatte.
   Bei „nachdem" musst du die Zeitenfolge beachten: Nach Präsens im Hauptsatz steht Perfekt (z. B. Fritz kommt im Abendkleid, nachdem Eva einen Herrenanzug präsentiert hat*), nach Präteritum steht Plusquamperfekt (z. B.* Fritz kam im Abendkleid, nachdem Eva einen Herrenanzug präsentiert hatte.*)*
3. Fritz kam im Abendkleid, dagegen/jedoch/daher/danach/dann/dennoch/deshalb/meistens/plötzlich/stattdessen präsentierte Eva einen Herrenanzug.

Übung 5

1. Fritz kam im Abendkleid, denn/doch/jedoch/und Eva präsentierte einen Herrenanzug.
2. Fritz kam im Abendkleid, als/bevor/da/damit/(so)dass/weswegen/wenn Eva einen Herrenanzug präsentierte. *Oder:*
   Fritz kam im Abendkleid, nachdem Eva einen Herrenanzug präsentiert hatte.
3. Fritz kam im Abendkleid, dagegen/jedoch/daher/danach/dann/dennoch/deshalb/meistens/plötzlich/stattdessen präsentierte Eva einen Herrenanzug.

38 | 39

F Text 3: Darum sind Behinderte in Mode (Claudia Mayer)

1. Der Umgang mit einem Sachtext

Übung 1

Absicht: Argumentation – die Autorin entwickelt einen Gedankengang zum Thema Pro und Contra Werbung mit Behinderten.
Form: Journalistischer Text, hier: Kommentar – die Autorin gibt ihre eigene Meinung wieder.

Übung 2

Der Kommentar (= Textsorte) von Claudia Mayer (= Autorin) mit dem Titel „Darum sind Behinderte in Mode" ist in „Jetzt", einem Magazin der Süddeutschen Zeitung (= Stelle der Veröffentlichung) vom 9. 11. 1998 (= Datum) erschienen.
Diese Informationen sind wichtig, weil der Leser deiner Inhaltsangabe, der sich genauer über den Text informieren will, ihn mit ihrer Hilfe leicht finden kann. Außerdem sagt auch der Ort der Publikation oft etwas über die angesprochene Lesergruppe (= Adressaten), den Inhalt oder die im Text vertretene Meinung aus.

Übung 3

Drei Stilmittel sind für diesen Text typisch:

1. Ellipsen: Z. 3–6, 19, z. B. „Schnell wegschauen.", „Noch ein schneller, heimlicher Blick – wieder weg."
2. Umgangssprache: Z. 24, 53, z. B. „Hingucker", „der … schockt"
3. schildernde Adjektive: Z. 5, 10, 13, 15, 31, 61, z. B. „rundgesichtig", „schmaläugig"

Übung 4

Unzutreffend: Nr. 2	*Die Werbung von Benetton ist nicht das Thema.*
Zu umfangreich: Nr. 5	*Ein Teil der Inhaltsangabe wird vorweggenommen.*
Zutreffend: Nr. 3	
Unvollständig: Nr. 1, 4	*Es wird nur ein Teilaspekt erfasst.*

Übung 5

Zeile 65 bis 76
Ergebnis: Die Aufmerksamkeit, die durch die Werbekampagnen auf Behinderte gelenkt wird, rechtfertigt solche Aktionen, denn der Anblick Behinderter bekommt dadurch mehr Selbstverständlichkeit. *Oder:* … denn der Anblick Behinderter verliert an Sensationswert.

2. Der Aufbau des Textes

40 41

Übung 1

1. Abschnitt, Zeile 1 bis 9: Gesellschaftliche Norm, Behinderte dürfe man nicht anschauen.
2. Abschnitt, Zeile 9 bis 19: Behinderte als Models für Werbeplakate, z. B. für Benetton
3. Abschnitt, Zeile 20 bis 59: Argumente **gegen** Werbekampagnen mit Behinderten
   a. Zeile 20 bis 46: Werbung mit Behinderten bewirkt keinen Bewusstseinswandel
   b. Zeile 47 bis 59: Werbung mit Behinderten bewirkt keine Verhaltensänderung
4. Abschnitt, Zeile 60 bis 72: Argumente **für** die Kampagne: Aufklärung und Gewöhnungseffekt
5. Abschnitt, Zeile 73 bis 76: Ausblick auf die persönliche Folgerung aus den Überlegungen

Übung 2

Typ 2
Die Autorin führt Argumente für und gegen die neue Form der Werbung mit Behinderten an.

Übung 3

3. Unmittelbarer Einstieg in eine szenische Darstellung

Gemeint ist die Szene zwischen Mutter und Kind in der U-Bahn.
Eine Besonderheit bei manchen Zeitungstexten ist, so wie hier, der Untertitel. Damit wird der Leser auf das Thema vorbereitet und er kann entscheiden, ob es ihn interessiert. Bei unserer Frage geht es aber um den eigentlichen Textbeginn.

Übung 4

Einleitung: Zeile 1 bis 19
Hauptteil: Zeile 20 bis 72
Schluss: Zeile 73 bis 76

Übung 4

2. Der Text beginnt mit einem szenischen Einstieg, aus dem sich die These ergibt, dass man Behinderte nicht als anomal betrachten solle.

Begründung: Der Inhalt der Anfangsszene (Mutter mit Kind in der U-Bahn) ist für die Inhaltsangabe nicht wichtig.

Übung 6

1. Gegen die Werbekampagne:
   kein Anstoß zum Nachdenken
   Befriedigung von Schaulust*
   keine Beeinflussung des Schönheitsideals
   Keine Änderung des Verhaltens gegenüber Behinderten
2. Für die Werbekampagne:
   Hinschauen bewirkt eine Art Aufklärung
   Gewöhnungseffekt: Behinderte werden als normal akzeptiert

* *„Voyeurismus" bedeutet hier: Trieb, etwas Ungewöhnliches oder etwas aus der Norm Fallendes anzuschauen. Eigentliche Bedeutung: die Perversion, Luststeigerung durch Betrachten sexueller Motive oder Handlungen zu suchen.*

42 43 3. Gedankliche Zusammenhänge formulieren

Übung 1

Deshalb, folglich, außerdem, darüber hinaus, des Weiteren, also, daher, davon abgesehen, nun, trotzdem, im Gegensatz dazu, im Weiteren, dennoch, nichtsdestotrotz, aber, jedoch, in Anbetracht, neben, infolgedessen, nichtsdestoweniger, obwohl, angesichts, nur, ausgenommen, auch, oder, zusammenfassend, abschließend, dadurch, deswegen, in Zusammenhang mit, wegen, …

Behaupten, in Frage stellen, erklären, erläutern, anführen, entgegenhalten, begründen, beweisen, erörtern, ausführen, darstellen, anregen, widersprechen, anfügen, darlegen, widerlegen, zusammenfassen, abschließen, sich fragen, beantworten, sich auseinander setzen, auslassen, annehmen, unterstellen, hinzufügen, belegen, ergänzen, erwähnen, …

Zur logischen Verbindung von Aussagen auch: mentor Lernhilfe: Aufsatz 1, 8.–10. Klasse, S. 48–61

Übung 2

1. Behinderte soll man trotz ihres auffallenden Äußeren nicht anstarren.
2. Jahrhundertelang galt das Schönheitsideal der Symmetrie und Makellosigkeit.
3. Evolutionsforscher sprechen von einem dem Menschen angeborenen Schönheitsideal.
4. Der Kleiderhersteller kann sich die Fertigung von spezieller Behindertenkleidung nicht vorstellen.
5. Man hofft auf eine Verhaltensänderung/Änderung des Verhaltens gegenüber Behinderten.

Allerdings solltest du darauf achten, dass du dieses Mittel der Verkürzung nicht zu oft einsetzt, da es sonst einen unschönen Stil bewirkt, den man „Nominalstil" nennt und der auch in sachlichen Texten schwerfällig wirkt.

Übung 3

1. Werbekampagnen sollen betroffen machen. Zeile 20–24
2. Werbekampagnen mit Behinderten oder Kranken könnten das Schönheitsideal beeinflussen. Zeile 34–38
3. Das Verhalten gegenüber Behinderten verändert sich durch diese Werbung nicht. Zeile 47–52
4. Nicht-Behinderte haben über Behinderte zu wenig Informationen. Zeile 60–64

Übung 4

Z. 9–19: Werbekampagnen, die Behinderte offen zur Schau stellen.
Z. 34–46: Meinungen zum Schönheitsideal
Z. 56–59: Erfolg der Werbekampagne ist kein Beweis für Veränderung

Übung 5

Statt Informationen beherrschen Halbwissen und Vorurteile das Denken.

4. Die Inhaltsangabe überarbeiten

44 45

Übung 1

Es ist kaum zu läugnen (R) → leugnen, das (R) → dass die Werbung mit Behinderten den „Voyeurismus" der Menschen befriedigt. Es stellt sich nichtsdestoweniger (A) → daher die Frage, ob diese Kampagnen nur negative oder auch positive Aspekte hätten (Gr) → haben. Zu bedenken ist, dass kein echter Bewusstseinswandel gegen Behinderte (A) → gegenüber Behinderten bewirkt und die feste Vorstellung von dem, das (A) → was schön ist, nicht beeinflußt (R) → beeinflusst wird.
Auch nach den neuen Rechtschreibregeln gibt es noch ein „ß". Es steht aber nur nach langen Vokalen (z. B. das Maß) und Doppellauten (Diphthongen) (z. B. äußern).

Übung 2

1. Eine gesellschaftliche Konvention fordert, dass man Behinderte nicht anschauen solle, während die neuen Werbeplakate dies ausdrücklich erlauben.
2. Die neue Werbung soll Aufmerksamkeit und Betroffenheit bewirken.
3. Die Behindertenorganisationen nahmen die Werbeaktionen positiv auf und sagten einen Bewusstseinswandel bei Nicht-Behinderten voraus.
4. Wenn die Behindertenorganisationen glauben, die Werbekampagnen bewirkten einen Bewusstseinswandel, da sie Gefühle erweckten, so ist diese Hoffnung sicher übertrieben.
5. Da viele von uns keine Behinderten aus dem Alltagsleben kennen, halten sich viele Vorurteile. *Oder:* Da für viele Menschen der Umgang mit Behinderten nicht selbstverständlich ist, haben sich viele Klischees im Bewusstsein verankert.
6. Durch die Plakate mit den behinderten Models kann eine Art Aufklärung erreicht werden. *Oder:* Durch die Plakate mit den behinderten Models können zumindest mit dem Aussehen der Behinderten wirkliche Erfahrungen gemacht werden.
7. Nur wenn auch in der normalen Werbung Behinderte selbstverständlich vorkommen, gewöhnen wir uns wirklich an sie.
8. Die Autorin zieht am Schluss das persönliche Fazit, sie könne es sich vorstellen, dass für sie der Anblick Behinderter in der Öffentlichkeit durch solche Aktionen mit der Zeit alltäglich werde.

Übung 3

Beachte bei deiner Stellungnahme, dass du keine Argumente aus dem Text einfach übernehmen darfst. Es sollte zumindest ein neuer Aspekt dazukommen.
Ich bin **gegen** die Werbung mit Behinderten, weil
- sie der öffentlichen Schaulust noch mehr ausgesetzt werden.
- sie von den Fotografen und den Großfirmen ausgenutzt werden.
- ihnen dadurch nicht geholfen wird.
- sie gerade dadurch als etwas Außergewöhnliches hervorgehoben werden.
- sie möglicherweise der Belustigung dienen, ohne sich wehren zu können.

Ich bin **für** die Werbung mit Behinderten, weil
- die Aufmerksamkeit der Öffentlichkeit auf eine Minderheit gelenkt wird, die es zu unterstützen gilt.
- Großkonzerne an ihre Verpflichtungen gegenüber Behinderten erinnert werden, zum Beispiel was die Erfüllung einer Anstellungsquote angeht.
- die Möglichkeit, dass auch Behinderte ein lebenswertes Leben führen können, verdeutlicht wird.
- das Schema der illusionären Werbewelt durchbrochen wird.
- Werbung einen Sinn bekommt, der über den rein kommerziellen Nutzen hinausgeht.

Zur Inhaltsangabe von Sachtexten: mentor Lernhilfe: 5.–7.Klasse, S. 69–84 und: Aufsatzschreiben 1, 8.–10. Klasse, S. 63–71

46 | 47

G Übungsteil 3
Sachlich schreiben

Übung 1

1. Die Wartung der Rakete beginnt.
2. Unter Beteiligung von mehreren hundert Menschen wird ein Zeltlager aufgebaut.
3. Millionen begrüßen den Mondaufgang.
4. Sie kamen bei hellem Mondschein an.
5. Beim Anblick der Mondreisenden sangen sie die Nationalhymne.
6. Ein Klang wie Donnerhall war über dem Lager. *Oder:* Ein Klang wie Donner hallte über das Lager.
7. Die Reisenden waren zum Einstieg bereit.

Übung 2

1. Um 22 Uhr verabschiedeten sich die Reisenden von ihren Freunden und begannen, in die Rakete einzusteigen, was einige Zeit in Anspruch nahm. *Oder:* Um 22 Uhr verabschiedeten sich die Reisenden von ihren Freunden und begannen den langwierigen Einstieg in die Rakete.
2. Als der Mond genau zwischen Horizont und Zenit* stand, wurde nach einem spannenden Countdown die Rakete mit einer gewaltigen und zerstörerischen Explosion gezündet.

* *Zenit = der senkrecht über dem Beobachtungsort liegende Punkt des Himmelsgewölbes*

Übung 3

1. Es blieb den Wartenden während langer Wochen versagt, den Mond zu sehen.
2. Er murmelte etwas Unverständliches.
3. Man musste beim Aufstellen der Zelte ausreichend Abstand einhalten, damit die Bewohner sich nicht gegenseitig störten.
4. Vom Moment seiner Erkrankung an hatte er an den Vorbereitungen zur Mondreise nicht mehr teilnehmen können. *(Erkrankung bezeichnet den Beginn der Krankheit)*
5. Das allgemeine Geschrei störte die Anwohner empfindlich.
6. Es lässt sich kaum beschreiben, mit welcher Begeisterung die Mondfahrer empfangen wurden. *(definieren = bestimmen, klarmachen, eine Begriffsbestimmung geben)*
7. Eine Folge des Abschusses war ein Erdbeben.
8. Dass die Begeisterung trotz der Zerstörungen groß war, ist verständlich.
9. Das Thema des Romans ist die Reise zum Mond.
10. Viele Menschen benehmen sich Benachteiligten gegenüber unsozial. *(Asozial ist, wer sich nicht in die Gemeinschaft einfügen kann.)*

Übung 4

Natürlich stimmt auch jeder andere Satz, in dem das betreffende Wort dieselbe Bedeutung hat.

1. Es ist untersagt, die Feuerlöscher von der Wand zu nehmen.
5. Schmerzhaftes Erleben macht empfindsam für das Leiden anderer. *(= feinfühlig)*
7. Der Politiker zog aus der Diskussion die Folgerung, dass er das Programm seiner Partei ändern müsse. *(= Schluss, Konsequenz)*
8. Das fünfjährige Kind ist schon recht verständig. *(= einsichtig, klug)*
9. Die Thematik des Werks ist die Geschichte der Rockmusik der letzten 20 Jahre. *(= Themenkreis)*
   Gerade der Begriff „Thematik" wird heute auch in den Medien oft unüberlegt eingesetzt, weil er gewichtiger klingt als „Thema".

H Text 4: Mechanischer Doppelgänger (Hermann Kasack)
1. Lesen und verstehen

50 | 51

Übung 1

1. Die Sekretärin, der Erzähler und Tobias Hull bzw. sein Doppelgänger.
2. Der Erzähler und „Tobias Hull". *Die Sekretärin dient nur als „Zeugin", damit der Erzähler glaubwürdig wirkt.*
3. Er fühlt sich gestört, da er einen der anscheinend häufigen Vertreterbesuche erwartet.
4. Er ist elegant, korrekt gekleidet, gut aussehend, in den besten Jahren, etwa Mitte vierzig, freundlich, sympathisch.
5. Er hat eine eigenartig vorsichtige Gangart, auffällig exakte, verbindliche Bewegungen, eine müde, etwas monotone Sprechweise, einen fremden Akzent und eine eigentümliche Art, ein leicht jaulendes „Oh!" zu Beginn jeder Rede vorzubringen.
6. Ein mechanischer Doppelgänger von Tobias Hull, dem Chef der Fabrik, in der solche Doppelgänger für Menschen hergestellt werden.
7. Er möchte für das Produkt werben, das in seiner Firma hergestellt wird, und der Erzähler soll einen, wenn nicht sogar zwei solche Automaten bestellen.
8. „Gemeinplätze" sind nichts sagende Redensarten, inhaltsleere Floskeln. Der Automat beherrscht eine Reihe davon, um Konversation machen zu können.

Übung 2

Wesentliche Vorteile: Herz und Verstand sind ausgeschaltet (Z. 32), sodass das routinemäßige (Z. 33) Vorgehen des Automaten nicht gestört wird. Demnach kann der Stellvertreter des Ich die Geschäfte besser erledigen (Z. 54) als das Original. Auch können Duplikat und Original an verschiedenen Orten gleichzeitig (Z. 53) sein. Weitere Vorteile: Der Mensch wird vor vielen unnötigen Zufällen des Lebens bewahrt (Z. 56). Wenn er stirbt, besteht sein Duplikat weiter, sein Tod fiele also nicht auf (Z. 56/57).

Übung 3

„erstaunt" (Z. 18); „das eigentümliche Wesen" (Z. 24); „verstört" (Z. 35); „zweifelnd, misstrauisch" (Z. 40); „seltsam" (Z. 40)

Übung 4

„Aber wenn Sie daran denken, dass die meisten Menschen heutzutage ganz schablonenmäßig leben, handeln und denken, dann werden Sie sofort begreifen, worauf sich unsere Theorie gründet." (Z. 29–32)

Übung 5

Der Erzähler hat bemerkt, dass viele Menschen, denen er begegnet, nicht sie selbst sind, sondern sich zumindest so benehmen, als wären sie ihre eigenen Doppelgänger-Automaten (Z. 82–85).

Übung 6

Gesellschaftliche Regeln/Normen; reines Funktionieren am Arbeitsplatz; Flüchtigkeit der Beziehungen zu anderen Menschen; Nachahmung von Idolen aus Medien, Werbung, Mode

Übung 7

In der Kurzgeschichte „Mechanischer Doppelgänger" von Hermann Kasack geht es darum, dass viele Menschen ihr Leben nicht bewusst und in Übereinstimmung mit sich selbst leben.

52 53 2. Eine Kurzgeschichte erkennen

Übung 1

Ort und Zeit: ein beliebiges Büro, keine Zeitangabe, nur: zur Unzeit/ungelegen
Personen: Chef, Sekretärin, eine Art Vertreter; keine Namen außer Tobias Hull, der aber nicht er selbst ist
Handlung: ein Besuch, der aber eine entscheidende Erkenntnis bewirkt, nämlich, dass die meisten Menschen nicht sie selbst sind.

Übung 2

Erzähler: Er ist ein Mensch wie viele andere, der sich normalerweise wohl nicht allzu viele Gedanken macht über das, was er tut.
Besucher: Er verkörpert eher eine Idee, z. B. das Gewissen oder die Verantwortung, zumal seine Erscheinung etwas Unwirkliches hat. Er tritt als eine Art Mahner auf.

Übung 3

1. Die Geschichte beginnt damit, dass eine Sekretärin ihrem Chef einen Besucher meldet.
2. Die Geschichte endet damit, dass der Erzähler über die Menschen nachdenkt.

Übung 4

Welche Sekretärin? In was für einer Firma ist sie angestellt? Wer ist das „Ich", das die Geschichte erzählt? Wann spielt die Geschichte? An welchem Ort?

Übung 5

Warum kommt der angekündigte Angestellte aus Tobias Hulls Firma nicht?
Wer war der angebliche Doppelgänger? Tobias Hull oder ein anderer?
Was wollte er wirklich von dem Erzähler?
Hat der Erzähler wirklich Interesse an einem Doppelgänger, da er hofft, die Aufmerksamkeit der Firma auf sich zu lenken?
Wenn es so ist – was will er dann damit anfangen? Oder hat er die Lehre verstanden, die ihm erteilt worden ist?

Übung 6

Er versucht, einen Doppelgänger-Automaten zu bekommen, oder er bemüht sich, er selbst zu sein und nicht wie sein eigener Doppelgänger schablonenmäßig zu leben.

Übung 7

Schlüsselwort: Doppelgänger
Varianten: Automat, Maschine in Menschenform, Ersatz, mechanischer Doppelgänger, Stellvertreter, Menschenautomaten, Doppelgänger-Automaten, Duplikat
Zeilen: 25, 26; 50, 54; 60, 64, 65, 66, 68
Interessant ist das gehäufte Vorkommen an bestimmten Stellen.

Übung 8

Z. 2: „Keine Vorstellung. Auf meinen fragenden Blick: ..."
Z. 4: „Anscheinend ein Ausländer. Immer diese Störungen. Irgendein Vertreter. Oder?"
Z. 11: „Mit der Hand zum Sessel weisend: ..."

3. Den Text gedanklich gliedern

54 55

Übung 1

Unter „Beschreibung der Automaten“ kann man zusammenfassen:

3. Statt Herz und Verstand: Routine
4. System elektrischer Ströme
6. Fremdsprachen
8. Konversation über Themen wie Wetter, Film, Politik, Malerei
11. Rennfahrer-Doppelgänger
12. Probleme der Doppelgänger

Übung 2

Eine solche bildliche Darstellung eines Gedankenganges nennt man Mind Map. Sie ist nützlich für Stoffsammlungen und Gliederungen.
Stellvertreter des Ich; Fremdsprachen usw.: Fähigkeiten
Routine; Mechanismus usw.: Funktion
kein Kontakt usw.: Probleme

Übung 3

Zeile 49–58: Der Besucher nimmt es für selbstverständlich, dass der Erzähler so einen Automaten haben will („Wie angenehm wird es für sein, wenn Sie sich erst einen mechanischen Doppelgänger von sich halten“) und schildert die Vorteile, die es ihm bringen wird.
Zeile 68–70: Erst hier stellt er die Frage, ob der Erzähler einen Doppelgänger bestellen wolle, lässt allerdings durch die Formulierung („Darf ich also ...“) kaum eine Ablehnung zu. Darüber hinaus kündigt er den Besuch eines Angestellten seiner Firma an.

Übung 4

A) Sekretärin meldet Tobias Hull an
B) Besuch des Doppelgängers von Tobias Hull
  I. Auftreten des Besuchers
  II. Beschreibung des Automaten
    1. Funktion
    2. Fähigkeiten
    3. Probleme
  III. Besucher bietet dem Erzähler einen Doppelgänger an
  IV. Ausbleiben des Angestellten der Doppelgänger-Firma
C) Erfahrung des Erzählers

Übung 5

Erster Eindruck: zunehmende Verunsicherung durch das selbstbewusste und überlegene Auftreten und den unwahrscheinlich klingenden Bericht („Taschenspielertrick“, Z. 41).
Wende ab Zeile 45, denn der Erzähler zeigt immer mehr Interesse und lässt sich nun auch auf eine Diskussion ein („Aber dann werden ja die Menschen allmählich ganz überflüssig.“, Z. 59).

Übung 6

Mögliche Gründe könnten sein:
Er will wissen, ob es wirklich Doppelgänger gibt.
Er glaubt, die Vorteile so eines Automaten sinnvoll nutzen zu können.
Er möchte herausfinden, was sich hinter der Gesellschaft verbirgt.

56

4. Die Inhaltsangabe schreiben und überarbeiten

Übung 1

Als Hilfe für dich kannst du dir zu den W-Fragen zunächst Stichpunkte machen:
WER: Sekretärin; Ich = Chef
WO: Büro; Firma (?)
WANN: Keine genaue; Störung (= unpassende Zeit)
WAS: Ankündigung eines Besuchers, Name: Tobias Hull
Eine Sekretärin meldet dem Ich-Erzähler, ihrem Chef, einen Besucher namens Tobias Hull. Obwohl es dem Erzähler offenbar ungelegen kommt, bittet er den Besucher herein.

Übung 2

Das Büro betritt ein freundlicher, elegant gekleideter, etwa 45 Jahre alter Mann, der auf den Erzähler durchaus sympathisch wirkt.

Übung 3

Der Besucher geht so vorsichtig, dass sich der Erzähler fragt, ob er leidend sei, seine Bewegungen wirken fast zu exakt und er hat eine eigentümlich monotone Art zu sprechen, wobei er jede Rede mit einem auffällig klingenden Oh! beginnt.
Dem aufmerksamen Leser wird auffallen, dass sich hier bereits das automatische oder mechanische Verhalten des Besuchers andeutet.

Übung 4

Der Besucher stellt sich vor und erzählt zur Überraschung des Erzählers, dass er ein Automat und ein Doppelgänger des echten Tobias Hull sei, der in seiner Fabrik solche Doppelgänger herstelle.
Oder:
Der Besucher stellt sich routiniert als automatischer Doppelgänger des echten Tobias Hull vor, Chef einer Firma zur Herstellung solcher Automaten.

Übung 5

Das Grundprinzip der Automaten sei, laut Tobias Hulls Doppelgänger, dass Herz und Verstand ausgeschaltet und durch Routine ersetzt seien.
Oder:
Der Vorteil der Automaten sei, laut Tobias Hulls Doppelgänger, dass Herz und Verstand ausgeschaltet seien und sie dank des Ersatzes durch die Routine alle Funktionen eines menschlichen Wesens hätten, sogar störungsfreier arbeiteten.

Übung 6

Es liegt nicht auf der Hand, dass ausgerechnet das, was den Menschen ausmacht, nämlich „Herz" und „Verstand", ihm Probleme bereiten können, also musst du dir überlegen, wie das gemeint sein kann.
Herz und Verstand stören den reibungslosen Ablauf im menschlichen Leben, da Gefühle und Wissen oder rationale Überlegungen oft Verwirrung schaffen.
Dem Automaten wird stattdessen eingegeben, wie er gewandt und geschickt (= routiniert) auf Situationen zu reagieren hat.

4. Die Inhaltsangabe schreiben und überarbeiten

Übung 7

Der Vertreter erklärt, dass er sich in sieben Sprachen verständigen könne. ~~Wenn er an den entsprechenden Knöpfen seiner Weste drehe, spreche er fließend Englisch, Französisch oder andere Fremdsprachen.~~
Über allgemeine, aber auch Themen, die eine gewisse Bildung voraussetzen, könne er Gespräche führen, ~~zum Beispiel über das Wetter, Politik, Film, Sport oder abstrakte Malerei.~~
Auch was die Geschwindigkeit seiner Fortbewegung angehe, sei er flexibel und könne sogar Rekorde erzielen. ~~So gebe es schon Duplikate berühmter Rennfahrer und Wettläufer, die ihre Rekorde ständig steigern würden.~~

Übung 8

Auf den Einwand des Erzählers hin, Menschen würden durch die Automaten überflüssig, gibt T. H. zu, dass die Automaten nicht alleine lebensfähig seien.
Oder:
Auf den Einwand des Erzählers hin, Menschen würden durch die Automaten überflüssig, gibt T. H. zu, dass die Doppelgänger nur durch den Kontakt zu echten Menschen funktionsfähig seien.

Übung 9

Obwohl der Erzähler der Herstellung eines Doppelgängers nicht ausdrücklich zustimmt, verspricht das Duplikat von Tobias Hull den Besuch eines Kollegen, der Maß nehmen und die Herstellung einleiten werde.
Oder:
Obwohl der Erzähler nicht wirklich einen Auftrag erteilt hat, verspricht der Doppelgänger, dass ein Angestellter seiner Firma vorbeikommen und für ein Duplikat Maß nehmen werde.

Übung 10

falscher Zusammenhang: Der Erzähler sagt ausdrücklich, er hoffe, die Aufmerksamkeit der Tobias-Hull-Gesellschaft auf sich zu lenken (Z. 79–81).
Wichtiges fehlt: Der Erzähler macht eine entscheidende Beobachtung, das Verhalten seiner Mitmenschen betreffend (Z. 82–85).

Übung 11

Es ist nicht einfach, den Schluss zu formulieren, weil der Erzähler innerhalb seiner Rolle in der Geschichte tatsächlich an die Doppelgänger-Automaten glaubt, während er andererseits im letzten Satz die Erkenntnis vorbereitet, zu der der Leser kommen soll. Die erste Fassung des Schlusses trägt dem Rechnung, während die zweite unbestimmt bleibt. Der Schluss einer Inhaltsangabe erlaubt aber durchaus eine mutige Deutung.
Es stellt sich jedoch heraus, dass weder an diesem noch an einem der folgenden Tage die versprochene Person auftaucht. Der Erzähler hofft aber weiterhin, mit der Firma in Kontakt zu treten, zumal er seit der eigenartigen Begegnung immer öfter Menschen beobachtet, die so leben, als wären sie ihre eigenen Doppelgänger: also leben sie nicht auf die ihnen eigene Art und Weise, sondern gehen vorgezeichnete Wege.
Oder:
Da jedoch weder am nächsten noch an einem der folgenden Tage ein Angestellter der Firma auftaucht, hofft der Erzähler weiter auf sein Erscheinen. Er sieht den Beweis der Existenz von mechanischen Doppelgängern darin, dass er seit dem seltsamen Besuch an vielen Menschen ein Verhalten bemerkt, das sie als ihre eigenen Doppelgänger erscheinen lässt.

59

I Text 5: Revanche (Gerd Gaiser)

Übung

In der Kurzgeschichte „Revanche" von Gerd Gaiser geht es darum, wie ein Soldat einem Kameraden eine Gegenleistung für einen erwiesenen Dienst verspricht und ihm tatsächlich noch als Toter indirekt das Leben rettet.

Der Erzähler gibt die Geschichte des Unteroffiziers Martin wieder. Während dieser mit seiner Kompanie in einer Kleinstadt in Garnison lag, hatte er einen Kameraden, der zwar recht gut aussah, sich aber durch einen Sprachfehler nur undeutlich artikulieren konnte und sich daher beim Reden eine eigentümliche Handbewegung angewöhnt hatte. Wegen dieser Auffälligkeit wurde er provoziert, verspottet und für unliebsame Dienste eingeteilt.

Eines Tages hat er trotz alledem ein Mädchen gefunden, das mit ihm ausgehen will. Als ihm gerade an diesem Tag eine Wache zugeteilt wird, springt Martin aus spontanem Mitleid heraus ein. Der dankbare Kamerad verspricht ihm nach seinem glücklich verbrachten Abend, sich bei Gelegenheit erkenntlich zu zeigen, was Martin zu seiner eigenen Verwunderung eher mit Schaudern zu Kenntnis nimmt.
Martin wird dann versetzt und nimmt, nun als Unteroffizier, an einem neuen Feldzug teil. Als er sich mit drei Soldaten seiner Gruppe auf Erkundungsgang an einem Hang befindet, sieht er am Waldrand einen mit einer Plane zugedeckten Toten liegen. Seine Leute zeigen sich uninteressiert, aber ihn zwingt eine unbezähmbare Neugier, den Umweg in Kauf zu nehmen, um nachzusehen, wer der Tote sei.

Als er gerade die Plane aufheben will, hört er das Geräusch von Geschossen und wirft sich auf den Boden. Ein erster Blick, nachdem Stille eingekehrt ist, zeigt ihm, dass seine Leute auf der Anhöhe von Granaten zerrissen wurden. Anstatt zu ihnen zu laufen, schaut er doch noch unter die Plane und entdeckt den früheren Kameraden, der sich nun tatsächlich, allerdings auf unbeabsichtigte Art, revanchiert und ihm das Leben gerettet hatte.

Die Entscheidung, ob Zufall oder Fügung im Spiel war, ist eine weltanschauliche Frage, die du hier nicht beantworten kannst und musst.

Teil II:
Mathematik

Bruchterme und Bruchgleichungen

Lösungen

64 | 65

1. Wiederholung: Bruchrechnen

Übung 1

a) $\frac{8}{16} = \frac{1}{2}$

b) $\frac{13}{39} = \frac{1}{3}$

c) $\frac{10}{40} = \frac{1}{4}$

d) $\frac{-7}{-14} = \frac{1}{2}$

e) $\frac{16}{16} = 1$

f) $\frac{21}{-3} = -7$

Übung 2

a) $\frac{8}{10} = \frac{80}{100}$

b) $\frac{8}{25} = \frac{32}{100}$

c) $\frac{8}{0{,}5} = \frac{1600}{100}$

d) $\frac{-8}{-50} = \frac{16}{100}$

Übung 3

a) $\frac{3}{8} + \frac{2}{8} = \frac{5}{8}$

b) $\frac{3}{8} - \frac{7}{8} = -\frac{4}{8} = -\frac{1}{2}$

c) $\frac{3}{8} + \frac{2}{16} = \frac{8}{16} = \frac{1}{2}$

d) $\frac{3}{80} - \frac{2}{8} = -\frac{17}{80}$

e) $\frac{3}{8} + \frac{5}{12} = \frac{19}{24}$

f) $\frac{1}{16} - \frac{5}{12} = -\frac{17}{48}$

Übung 4

a) $\frac{3}{8} \cdot 2 = \frac{6}{8} = \frac{3}{4}$

b) $\frac{3}{8} \cdot \frac{2}{7} = \frac{3}{4} \cdot \frac{1}{7} = \frac{3}{28}$

c) $11 \cdot \frac{3}{8} = \frac{33}{8}$ oder $4\frac{1}{8}$

d) $-\frac{3}{8} \cdot \left(-\frac{5}{11}\right) = \frac{15}{88}$

e) $-10 \cdot \frac{1}{30} = -\frac{10}{30} = -\frac{1}{3}$

f) $\frac{3}{4} \cdot \left(-\frac{8}{7}\right) = -\frac{6}{7}$

Übung 5

a) $\frac{3}{8} : 2 = \frac{3}{16}$

b) $\frac{3}{8} : \frac{1}{2} = \frac{3}{8} \cdot \frac{2}{1} = \frac{3}{4}$

c) $\frac{5}{7} : \frac{11}{2} = \frac{5}{7} \cdot \frac{2}{11} = \frac{10}{77}$

d) $-2 : \frac{3}{8} = -2 \cdot \frac{8}{3} = -\frac{16}{3}$ oder $-5\frac{1}{3}$

e) $-\frac{1}{8} : \frac{3}{8} = -\frac{1}{8} \cdot \frac{8}{3} = -\frac{1}{3}$

f) $-\frac{5}{4} : \left(-\frac{3}{2}\right) = \frac{5}{4} \cdot \frac{2}{3} = \frac{5}{6}$

Übung 6

a) $-\frac{1}{3} + \frac{2}{5} - \frac{1}{2} = -\frac{13}{30}$

b) $2\frac{7}{9} \cdot \frac{1}{5} = \frac{5}{9}$

c) $\frac{71}{238} - \frac{6}{476} = \frac{2}{7}$

d) $\frac{3}{13} : 4\frac{1}{8} = \frac{8}{143}$

e) $\frac{2{,}7}{-0{,}01} = -\frac{27000}{100}$

2. Bruchterme und ihre Definitionsmengen

66 | 67

Übung 1

x	−3	−2	−1	0	1	2	3
$T_Z(x) = x + 1$	−2	−1	0	1	2	3	4
$T_N(x) = x \cdot (x + 2)$	3	0	−1	0	3	8	15
$T(x) = \frac{x+1}{x \cdot (x+2)}$	$-\frac{2}{3}$	nicht definiert	0	nicht definiert	$\frac{2}{3}$	$\frac{3}{8}$	$\frac{4}{15}$

$\mathbb{D} = \mathbb{Q} \setminus \{-2; 0\}$

Übung 2

x	−3	−2	−1	0	1	2	3
$T_Z(x) = x - 2$	−5	−4	−3	−2	−1	0	1
$T_N(x) = x^2 - 1$	8	3	0	−1	0	3	8
$T(x) = \frac{x-2}{x^2-1}$	$-\frac{5}{8}$	$-\frac{4}{3}$	nicht definiert	2	nicht definiert	0	$\frac{1}{8}$

$\mathbb{D} = \mathbb{Q} \setminus \{-1; 1\}$

Übung 3

a) $\frac{x}{x-7}$ $\quad \mathbb{D} = \mathbb{Q} \setminus \{7\}$

b) $\frac{x+2}{x^2}$ $\quad \mathbb{D} = \mathbb{Q} \setminus \{0\}$

c) $\frac{x+5}{x+5}$ $\quad \mathbb{D} = \mathbb{Q} \setminus \{-5\}$

d) $\frac{x}{3x-6}$ $\quad \mathbb{D} = \mathbb{Q} \setminus \{2\}$

e) $\frac{5}{0{,}1x-7}$ $\quad \mathbb{D} = \mathbb{Q} \setminus \{70\}$

f) $\frac{3-5x}{8+9x}$ $\quad \mathbb{D} = \mathbb{Q} \setminus \left\{-\frac{8}{9}\right\}$

Übung 4

a) $\frac{a}{x \cdot (x-7)}$ $\quad \mathbb{D} = \mathbb{Q} \setminus \{0; 7\}$

b) $\frac{x}{(x-7)(x+3)}$ $\quad \mathbb{D} = \mathbb{Q} \setminus \{-3; 7\}$

c) $\frac{1}{x \cdot (x+7)(x+5)}$ $\quad \mathbb{D} = \mathbb{Q} \setminus \{-7; -5; 0\}$

d) $\frac{x}{x^2-7x} = \frac{x}{x \cdot (x-7)}$ $\quad \mathbb{D} = \mathbb{Q} \setminus \{0; 7\}$

e) $\frac{c}{x^2+2x^3} = \frac{c}{x^2 \cdot (1+2x)}$ $\quad \mathbb{D} = \mathbb{Q} \setminus \left\{-\frac{1}{2}; 0\right\}$

Übung 5

a) $\frac{x}{x^2-9}$ $\quad \mathbb{D} = \mathbb{Q} \setminus \{-3; 3\}$

b) $\frac{3}{25-x^2}$ $\quad \mathbb{D} = \mathbb{Q} \setminus \{-5; 5\}$

c) $\frac{75}{x^2-4x+4}$ $\quad \mathbb{D} = \mathbb{Q} \setminus \{2\}$

d) $\frac{2a}{x^2+10x+25}$ $\quad \mathbb{D} = \mathbb{Q} \setminus \{-5\}$

e) $\frac{x-4}{x^2+16}$ $\quad \mathbb{D} = \mathbb{Q} \setminus \{\,\} = \mathbb{Q}$

68 | 69

3. Bruchterme erweitern und kürzen

Übung 1

a) $\frac{75}{125} = \frac{3}{5}$

b) $\frac{5a}{25ac} = \frac{1}{5c}$

c) $\frac{5\cdot(a+b)}{5\cdot(a+b)} = 1$

d) $\frac{7{,}5ab}{-15b} = -\frac{a}{2}$

e) $\frac{5a^3b}{15ab^2} = \frac{a^2}{3b}$

f) $\frac{85a^3b^7c^2}{105a^3b^2c^4} = \frac{17b^5}{21c^2}$

Übung 2

a) $\frac{10x + 15xy}{5x^2 + 5x} = \frac{2 + 3y}{x + 1}$

b) $\frac{10x + 15xy}{2y + 3y^2} = \frac{5x}{y}$

c) $\frac{4x - 6y}{3y - 2x} = -2$

d) $\frac{x^2 - y^2}{x^2 - 2xy + y^2} = \frac{x + y}{x - y}$

e) $\frac{45x^2 - 20y^2}{21x - 14y} = \frac{5\cdot(9x^2 - 4y^2)}{7\cdot(3x - 2y)} = \frac{15x + 10y}{7}$

f) $\frac{15x + 15y}{3x^2 + 3y^2} = \frac{5\cdot(x + y)}{x^2 + y^2}$

Übung 3

a) $\frac{3}{-7} = \frac{-9}{21}$

b) $\frac{p}{7q} = \frac{3p^2q}{21pq^2}$

c) $\frac{3}{2pq} = \frac{12q^2r}{8pq^3r}$

d) $\frac{q - 1}{1 - p} = \frac{1 - q}{p - 1}$

e) $\frac{3}{p + q} = \frac{15}{5p + 5q}$

f) $\frac{5}{p} = \frac{5p + 5q}{p^2 + pq}$

Übung 4

a) $\frac{4u}{u + v} = \frac{4u^2 - 4uv}{u^2 - v^2}$ erweitert mit: $(u - v)$

b) $\frac{a - 2}{2a - 3} = \frac{2 - a}{3 - 2a}$ erweitert mit: (-1)

c) $\frac{2a - 1}{a + 3} = \frac{2a^2 + 5a - 3}{(a + 3)^2}$ erweitert mit: $(a + 3)$

d) $\frac{a - 2b}{3a - 2b} = \frac{3a^2 - 8ab + 4b^2}{9a^2 - 12ab + 4b^2}$ erweitert mit: $(3a - 2b)$

e) $\frac{1}{u^2 - v^2} = \frac{u^2 + v^2}{u^4 - v^4}$ erweitert mit: $(u^2 + v^2)$

f) $\frac{5a}{a - 7} = \frac{5a^2 + 10a}{a^2 - 5a - 14}$ erweitert mit: $(a + 2)$

g) $\frac{b - a}{-a - b} = \frac{2a - 2b}{2a + 2b}$ erweitert mit: (-2)

h) $\frac{b}{a - 2} = \frac{ab - 2b}{a^2 - 4a + 4}$ erweitert mit: $(a - 2)$

i) $\frac{x + 5}{2 - x} = \frac{x^2 + 8x + 15}{6 - x - x^2}$ erweitert mit: $(x + 3)$

j) $\frac{-x}{a - 5} = \frac{2x^3}{10x^2 - 2ax^2}$ erweitert mit: $-2x^2$

4. Hauptnenner von Bruchtermen

70 | 71

Übung 1

a) 42
b) $6abc$
c) $12xy^2$
d) $x^2\cdot(x+1)$
e) $x\cdot(x-1)(x+1)$
f) $30a^2b^3c^5$
g) $30\cdot(x+y)$
h) $a\cdot(a+b)$
i) $6\cdot(x-y)(x+y)$
j) $10xy^4$
k) $ax^2\cdot(x^2-9a^2)$
l) $ax\cdot(a-x)$

Übung 2

a) $\frac{1}{3a} = \frac{5b}{15ab}$; $\quad \frac{1}{5ab} = \frac{3}{15ab}$

b) $\frac{1}{3x^2} = \frac{5y}{15x^2y}$; $\quad \frac{1}{15xy} = \frac{x}{15x^2y}$

c) $\frac{1}{3u+3v} = \frac{5}{15\,(u+v)}$; $\quad \frac{1}{5u+5v} = \frac{3}{15\,(u+v)}$

d) $\frac{1}{-3a} = \frac{-2b}{6ab}$; $\quad \frac{1}{2ab} = \frac{3}{6ab}$

e) $\frac{5-a}{2a^2-8} = \frac{15-3a}{6\cdot(a^2-4)}$; $\quad \frac{a+3}{3a^2-12} = \frac{2a+6}{6\cdot(a^2-4)}$

f) $\frac{1}{6a-3} = \frac{4a^2}{12a^2\,(2a-1)}$; $\quad \frac{a^2+5}{8a^3-4a^2} = \frac{3a^2+15}{12a^2\cdot(2a-1)}$

Übung 3

a) HN $= a\cdot(a-1)(a+1)$; EF: $(a+1)$; $a\cdot(a-1)$

b) HN $= 2\cdot(x-y)(x+y)$; EF: $2\cdot(x+y)$; 2; $(x-y)$

c) HN $= 6x\cdot(x+y)(x-y)$; EF: $3\cdot(x-y)$; $2\cdot(x+y)$; $(x+y)(x-y)$

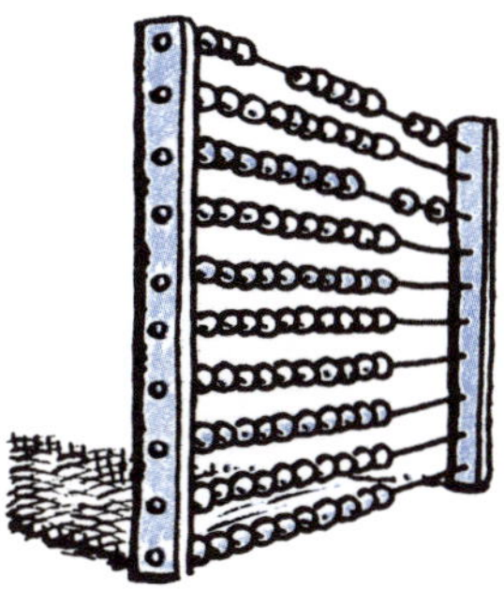

72 73 5. Addition und Subtraktion gleichnamiger Bruchterme

Übung 1

a) $\frac{1}{8}+\frac{5}{8}-\frac{3}{8} = \frac{3}{8}$

b) $\frac{7}{a}+\frac{4}{a}-\frac{1}{a} = \frac{10}{a}$

c) $\frac{2}{5b}+\frac{1}{5b}-\frac{4}{5b} = -\frac{1}{5b}$

d) $\frac{1}{7x}+\frac{2}{7x}+\frac{4}{7x} = \frac{1}{x}$

e) $\frac{4}{3a}-\frac{8}{3a}+\frac{4}{3a} = 0$

f) $\frac{b}{a^2}+\frac{2b}{a^2}-\frac{7b}{a^2} = -\frac{4b}{a^2}$

g) $-\frac{6+a}{y}+\frac{9}{y}-\frac{4-a}{y} = -\frac{1}{y}$

h) $\frac{xy-1}{xy}-\frac{2+3xy}{xy}+\frac{6xy+7}{xy}-\frac{2xy+4}{xy} = 2$

Übung 2

a) $\frac{2}{x+1}+\frac{5}{x+1}-\frac{10}{x+1} = -\frac{3}{x+1}$

b) $\frac{2}{a+b}+\frac{-3}{a+b}-\frac{-5}{a+b} = \frac{4}{a+b}$

c) $\frac{4x}{3x+1}+\frac{7x}{3x+1}-\frac{8x}{3x+1} = \frac{3x}{3x+1}$

d) $\frac{3x}{3x+1}+\frac{1}{3x+1} = 1$

e) $\frac{3a}{a+b}+\frac{5a}{a+b}-\frac{2b}{a+b} = \frac{8a-2b}{a+b}$

f) $\frac{2x}{x-y}+\frac{2y}{x-y}-\frac{4y}{x-y} = 2$

g) $\frac{1-8ax}{2-ax}+\frac{ax+2}{2-ax}-\frac{-2-7ax}{2-ax} = \frac{5}{2-ax}$

h) $-\frac{2y+3b^2}{y^2-4b^4}-\frac{b^2-3y}{y^2-4b^4}+\frac{6b^2}{y^2-4b^4} = \frac{1}{y-2b^2}$

Übung 3

a) $\frac{a-3c}{c} = \frac{a}{c}-3$

b) $\frac{2a-3b}{a} = 2-\frac{3b}{a}$

c) $\frac{x^2+xy}{y} = \frac{x^2}{y}+x$

d) $\frac{a^2-5a+2}{a^2} = 1-\frac{5}{a}+\frac{2}{a^2}$

e) $\frac{5a+10b}{5} = a+2b$

f) $\frac{3x^2+5x}{x} = 3x+5$

g) $\frac{3x+xy-5y}{2xy} = \frac{3}{2y}+\frac{1}{2}-\frac{5}{2x}$

Übung 4

a) $\frac{a-b}{a+b}+\frac{2a-b}{a+b} = \frac{3a-2b}{a+b}$

b) $\frac{2x-3y}{x+y}-\frac{5x-8y}{x+y} = \frac{-3x+5y}{x+y}$

c) $\frac{2\cdot(3a-1)}{2a+1}+\frac{3\cdot(1-2a)}{2a+1} = \frac{1}{2a+1}$

d) $\frac{a^2}{a+b}+\frac{2ab+b^2}{a+b} = \frac{(a+b)^2}{a+b} = a+b$

e) $\frac{10a^2}{a-b}-\frac{20ab-10b^2}{a-b} = 10\cdot(a-b)$

f) $\frac{a}{a+3}-\frac{a^2-2a}{a+3} = \frac{3a-a^2}{a+3}$

Übung 5

a) $\frac{10}{2a}+\frac{4}{a}+\frac{a}{a^2} = \frac{10}{a}$

b) $\frac{5}{x}+\frac{10}{2x}+\frac{1}{-x} = \frac{10+10-2}{2x} = \frac{9}{x}$

c) $\frac{2}{x}+\frac{-3}{-x}-\frac{4}{-x} = \frac{9}{x}$

d) $\frac{1}{a-b}+\frac{1}{-a+b} = 0$

e) $\frac{10a}{a-b}+\frac{b}{b-a} = \frac{10a-b}{a-b}$

f) $\frac{20}{10x}+\frac{0,5}{0,1x} = \frac{7}{x}$

6. Addition und Subtraktion ungleichnamiger Bruchterme

74 75

Übung 1

a) $\frac{1}{3a} - \frac{1}{2a} + \frac{1}{a} = \frac{5}{6a}$

b) $\frac{3}{4x} - \frac{1}{x} + \frac{5}{6x} = \frac{7}{12x}$

c) $\frac{4a}{7b} - \frac{2a}{5b} + \frac{a}{b} = \frac{41a}{35b}$

d) $\frac{4}{5c} + \frac{2}{-c} - \frac{8}{3c} = -\frac{58}{15c}$

e) $\frac{2}{3y} - \frac{5}{8y} - \frac{1}{-6y} = \frac{5}{24y}$

f) $\frac{b}{7a} + \frac{2b}{5a} - \frac{3}{1} = \frac{19b - 105a}{35a}$

Übung 2

a) $\frac{5}{a} - \frac{4}{b} = \frac{5b - 4a}{ab}$

b) $\frac{3}{xy} - \frac{2}{xz} = \frac{3z - 2y}{xyz}$

c) $\frac{5}{a^2} + \frac{2}{a} = \frac{5 + 2a}{a^2}$

d) $\frac{1}{x^4 y} - \frac{2}{xy^2} = \frac{y - 2x^3}{x^4 y^2}$

e) $\frac{1 + x^5}{x^7} - \frac{1 - x}{x^2} = \frac{1 + x^6}{x^7}$

f) $\frac{5}{x} - \frac{7}{x^3} + 3 = \frac{5x^2 - 7 + 3x^3}{x^3}$

Übung 3

a) $\frac{1}{x + y} - \frac{1}{y + z} = \frac{z - x}{(x + y)(y + z)}$

b) $\frac{3}{3 - x} - \frac{2}{x + 2} = \frac{5x}{(3 - x)(x + 2)}$

c) $\frac{x}{x - 1} - \frac{x}{1 - y} = \frac{2x - xy - x^2}{(x - 1)(1 - y)}$

d) $\frac{1}{x} - \frac{1}{x + 1} = \frac{1}{x \cdot (x + 1)}$

e) $\frac{1}{a + 1} + 1 = \frac{a + 2}{a + 1}$

f) $x - \frac{x^2 + y^2}{x} = -\frac{y^2}{x}$

g) $1 - \frac{a^2 - 2b^2}{a^2} = \frac{2b^2}{a^2}$

h) $\frac{1}{x - 1} + \frac{1}{1 - x} = 0$

Übung 4

a) $\frac{25x - 17y}{3x + 6y} - \frac{18x + 3y}{5x + 10y} = \frac{125x - 85y - 54x - 9y}{15 \cdot (x + 2y)} = \frac{71x - 94y}{15 \cdot (x + 2y)}$

b) $\frac{a}{10a + 20b} - \frac{2b}{3a + 6b} = \frac{3a - 20b}{30 \cdot (a + 2b)}$

c) $\frac{3x + 5y}{45x + 12y} + \frac{3x - 2y}{30x + 8y} = \frac{1}{6}$

d) $\frac{xy^2}{(x + y)^2} - \frac{y^2}{x + y} = -\frac{y^3}{(x + y)^2}$

e) $\frac{b}{a^2 + ab} - \frac{a}{ab + b^2} = \frac{b - a}{ab}$

f) $\frac{5a}{a - b} - \frac{3a}{b - a} = \frac{8a}{a - b}$

Übung 5

a) $\frac{3}{a + 1} + \frac{6}{a^2 - 1} = \frac{3 \cdot (a - 1)}{(a + 1)(a - 1)} + \frac{6}{(a + 1)(a - 1)} = \frac{3}{a - 1}$

b) $\frac{y}{x^2 + xy} + \frac{x - y}{(x + y)^2} = \frac{x^2 + y^2}{x \cdot (x + y)^2}$

c) $\frac{3}{xy - y^2} - \frac{5}{x^2 - y^2} = \frac{3x - 2y}{y \cdot (x - y)(x + y)}$

d) $\frac{3}{a + 1} - \frac{2}{a - 1} + \frac{6}{a^2 - 1} = \frac{1}{a - 1}$

e) $\frac{5a}{a + 3} - \frac{5a^2 - a}{(a + 3)^2} = \frac{16a}{(a + 3)^2}$

f) $\frac{a}{2a + 1} + \frac{1}{4a^2 + 4a + 1} + 1 = \frac{6a^2 + 5a + 2}{(2a + 1)^2}$

76 77

7. Multiplikation

Übung 1

a) $\frac{2}{3}\cdot\frac{3}{8} = \frac{1}{4}$ c) $\frac{1}{11}\cdot\frac{3}{5} = \frac{3}{55}$ e) $\left(-\frac{3}{8}\right)\cdot\left(-\frac{1}{3}\right) = \frac{1}{8}$

b) $-2\cdot\frac{1}{5} = -\frac{2}{5}$ d) $5\cdot\frac{2}{10} = 1$ f) $\frac{2}{7}\cdot 5 = \frac{10}{7}$

Übung 2

a) $\frac{3}{x}\cdot\frac{10}{y^2} = \frac{30}{xy^2}$ c) $\left(-\frac{3a}{2b}\right)^2 = \frac{9a^2}{4b^2}$ e) $6a\cdot\frac{b^2c}{a^2} = \frac{6b^2c}{a}$

b) $\left(-\frac{3x}{4}\right)\cdot\left(-\frac{2}{y}\right) = \frac{3x}{2y}$ d) $\left(-\frac{4a}{5b}\right)^3 = -\frac{64a^3}{125b^3}$ f) $\frac{xy}{z^2}\cdot z = \frac{xy}{z}$

Übung 3

a) $\frac{abc}{x}\cdot\frac{x^2}{b^2c} = \frac{ax}{b}$ e) $-4x^3\cdot\frac{x^2}{2y^2} = -\frac{2x^5}{y^2}$

b) $-2x^2\cdot\frac{yz}{x^3} = -\frac{2yz}{x}$ f) $-x\cdot\left(-\frac{x}{y}\right)^2 = -\frac{x^3}{y^2}$

c) $\frac{36a^2b}{5c^3}\cdot\frac{25bc}{9a} = \frac{20ab^2}{c^2}$ g) $\frac{5b}{a}\cdot\frac{xy}{2b}\cdot\frac{3a^2}{x} = \frac{15ay}{2}$

d) $\left(\frac{c}{ab}\right)^2\cdot\frac{a^2b^2}{c^2} = 1$ h) $\frac{-uv}{9x^3}\cdot\frac{8x}{u}\cdot\frac{3x^2}{-64v^2} = \frac{1}{24v}$

Übung 4

Beim Multiplizieren fehlt eine Klammer. Es muss heißen: $\frac{20+4}{2}\cdot\frac{2}{1} = \frac{(20+4)\cdot 2}{2\cdot 1}$

Übung 5

a) $\frac{x+5}{2x^2}\cdot\frac{4}{x} = \frac{2\cdot(x+5)}{x^3}$ d) $\frac{x^2+y^2}{x^2-y^2}\cdot\frac{x+y}{2} = \frac{x^2+y^2}{2\cdot(x-y)}$

b) $\frac{3a+3b}{xy}\cdot\frac{z}{5a+5b} = \frac{3z}{5xy}$ e) $\frac{6a-6b}{xy^2}\cdot\frac{y}{b-a} = -\frac{6}{xy}$

c) $\frac{5x+5y}{ab}\cdot\frac{c}{(x+y)^2} = \frac{5c}{ab\cdot(x+y)}$ f) $\frac{x}{a+b}\cdot\frac{a+b}{y} = \frac{x}{y}$

Übung 6

a) $\frac{15x+6y}{3a+3b}\cdot\frac{12\cdot(a+b)^2}{5x+2y} = 12\cdot(a+b)$ b) $\frac{16x+20}{9-x}\cdot\frac{4x^2-9}{16x^2-25} = \frac{4\cdot(4x^2-9)}{(9-x)(4x-5)}$

c) $\frac{a^2-10a+25}{a+1}\cdot\frac{a^2+2a+1}{a-5} = (a-5)(a+1)$

d) $\frac{3a+6b}{a-b}\cdot\frac{a^2-b^2}{(a+2b)^2} = \frac{3\cdot(a+b)}{a+2b}$

e) $(10a^2-140a+490)\cdot\frac{a}{a^2-49} = \frac{10a\cdot(a-7)}{a+7}$

f) $\frac{39a-3x}{9y^2+102y+289}\cdot\frac{289-9y^2}{13ax-x^2} = \frac{3\cdot(17-3y)}{x\cdot(17+3y)}$

8. Division

78 79

Übung 1

a) $\frac{1}{3} : \frac{1}{2} = \frac{2}{3}$

b) $\frac{2x}{y} : (5x) = \frac{2}{5y}$

c) $12 : \left(-\frac{1}{a}\right) = -12a$

d) $\frac{xy}{z^2} : \frac{x}{z} = \frac{y}{z}$

e) $\frac{5a}{6b} : \frac{2c}{3d} = \frac{5ad}{4bc}$

f) $-\frac{1}{a} : \left(-\frac{1}{ab}\right) = b$

Übung 2

a) $24a : \frac{12b}{5} = \frac{10a}{b}$

b) $100ab^2c^3 : \frac{25a^2}{9b} = \frac{36b^3c^3}{a}$

c) $\frac{64x^2y^2}{27z^3} : (16xy^2) = \frac{4x}{27z^3}$

d) $\frac{5\cdot(a+b)}{19x} : \frac{25}{3x^2} = \frac{3x\cdot(a+b)}{95}$

e) $\frac{51x^4y^6}{11a^2} : (85x^2y^4) = \frac{3x^2y^2}{55a^2}$

f) $\left(\frac{2x}{y} : \frac{2b}{a}\right) : \frac{b}{y} = \frac{ax}{b^2}$

g) $\frac{3a}{4b} : \left(-\frac{1}{2b^2}\right) = -\frac{3ab}{2}$

h) $-\frac{16av^3y^3c^5}{7x^2b} : \frac{2cv^3y^2u}{21b^4x^6} = -\frac{24ab^3c^4x^4y}{u}$

Übung 3

a) $\frac{a+b}{c} : \frac{2a+2b}{d} = \frac{d}{2c}$

b) $(3x+3y) : \frac{5x+5y}{-z} = -\frac{3}{5}z$

c) $\frac{a+b}{a-b} : \frac{a^2+b^2}{(a-b)^2} = \frac{(a+b)(a-b)}{a^2+b^2}$

d) $\frac{a-b}{a+b} : \frac{b-a}{b+a} = -1$

e) $\frac{a-b}{a+b} : \frac{a+b}{a-b} = \frac{(a-b)^2}{(a+b)^2}$

f) $\frac{5x+5y}{x} : (x+y)^2 = \frac{5}{x\cdot(x+y)}$

Übung 4

Hier wurde der falsche Bruch umgekehrt. Richtig ist: $\frac{12}{2} : \frac{3}{1} = \frac{12}{2} \cdot \frac{1}{3}$

Übung 5

a) $\frac{4x-3y}{x-3y} : \frac{36x-27y}{5x-15y} = \frac{5}{9}$

b) $\frac{x^2-3x}{x^3y-xy^3} : \frac{x-3}{x^2y+xy^2} = \frac{x\cdot(x-3)}{xy\cdot(x-y)(x+y)} \cdot \frac{xy\cdot(x+y)}{x-3} = \frac{x}{x-y}$

c) $\frac{4x^2-9y^2}{5xy} : (8x-12y) = \frac{2x+3y}{20xy}$

d) $(a^2+6a+9) : \frac{a+3}{a-3} = (a-3)(a+3)$

e) $\frac{a-1}{9b^2-12b+4} : \frac{a^2-2a+1}{2-3b} = \frac{a-1}{(3b-2)^2} \cdot \frac{2-3b}{(a-1)^2} = \frac{1}{(a-1)(2-3b)}$

f) $\frac{a^3+b^3}{a-b} : \frac{a+b}{a-b} = \frac{(a+b)(a^2-ab+b^2)}{a-b} \cdot \frac{a-b}{a+b} = a^2-ab+b^2$

80 81

9. Doppelbrüche

Übung 1

a) $\dfrac{3}{\frac{1}{8}} = 24$ b) $\dfrac{\frac{3}{7}}{1\frac{2}{3}} = \dfrac{9}{35}$ c) $\dfrac{\frac{11}{18}}{\frac{7}{6}} = \dfrac{11}{21}$ d) $\dfrac{\frac{39}{100}}{-13} = -\dfrac{3}{100}$

Übung 2

a) $\dfrac{\frac{2a}{b}}{d} = \dfrac{2a}{bd}$ c) $\dfrac{\frac{2a}{3b}}{6a^2} = \dfrac{1}{9ab}$ e) $\dfrac{\frac{u^2}{vw^2}}{\frac{u^2w}{v^2}} = \dfrac{v}{w^3}$

b) $\dfrac{\frac{ab}{d}}{\frac{ac}{b}} = \dfrac{b^2}{cd}$ d) $\dfrac{\frac{x^2}{5y}}{\frac{5x}{z}} = \dfrac{xz}{25y}$ f) $\dfrac{\frac{21ab^2x^5}{2yz}}{\frac{7a^2b^2}{26y^3z}} = \dfrac{39x^5y^2}{a}$

Übung 3

a) $\dfrac{\frac{1}{a-b}}{\frac{1}{a+b}} = \dfrac{a+b}{a-b}$ c) $\dfrac{\frac{a^2-b^2}{a}}{\frac{a+b}{b}} = \dfrac{(a-b)\cdot b}{a}$

b) $\dfrac{\frac{1}{3x+4y}}{\frac{3}{30x+40y}} = \dfrac{10}{3} = 3\frac{1}{3}$ d) $\dfrac{a-b}{\frac{b-a}{c}} = -c$

Übung 4

a) $\dfrac{\frac{1}{2}+\frac{1}{3}}{\frac{1}{2}-\frac{1}{3}} = 5$ c) $\dfrac{2+\frac{x}{y}}{2-\frac{x}{y}} = \dfrac{2y+x}{2y-x}$

b) $\dfrac{\frac{1}{a}+\frac{1}{b}}{\frac{1}{a}-\frac{1}{b}} = \dfrac{b+a}{b-a}$ d) $\dfrac{\frac{1}{abc}}{\frac{1}{ab}-\frac{1}{bc}} = \dfrac{1}{c-a}$

Übung 5

a) $\dfrac{\frac{1}{2x}}{\frac{1}{x+1}}$ $\mathbb{D} = \mathbb{Q} \setminus \{-1; 0\}$

b) $\dfrac{x+3}{\frac{1}{x}-\frac{1}{3}}$ $\mathbb{D} = \mathbb{Q} \setminus \{0; 3\}$

c) $\dfrac{\frac{1}{x+3}}{\frac{x}{x-2}}$ $\mathbb{D} = \mathbb{Q} \setminus \{-3; 0; 2\}$

10. Vermischte Aufgaben I

82 83

Übung 1

a) $\left(\frac{1}{2}+\frac{1}{3}\right):\frac{1}{4} = 3\frac{1}{3}$

c) $\left(\frac{3}{4}-\frac{7}{8}\right)\cdot\left(\frac{1}{12}+\frac{4}{3}\right) = -\frac{17}{96}$

e) $\left(\frac{1}{4}\cdot\frac{1}{3}\cdot\frac{1}{6}\right):\frac{1}{20} = \frac{5}{18}$

b) $\dfrac{\frac{1}{2}}{\frac{1}{4}-\frac{1}{3}} = -6$

d) $\left[\left(\frac{1}{16}:\frac{1}{8}\right):\frac{1}{4}\right]:\frac{1}{2} = 4$

f) $\left(-\frac{16}{32}\right)^5 = -\frac{1}{32}$

Übung 2

a) $\left(\frac{a}{b}+\frac{c}{b}\right)\cdot\frac{b^2}{a+c} = b$

d) $\left(\frac{a}{3b}+\frac{5}{a}\right)^2-\left(\frac{a}{3b}-\frac{5}{a}\right)^2 = \frac{20}{3b}$

b) $\left(1+\frac{b}{2a}\right)^2 = \frac{(2a+b)^2}{4a^2}$

e) $\left(\frac{1}{a}+\frac{1}{b}\right)\cdot\left(\frac{1}{c}+\frac{1}{d}\right) = \frac{ac+ad+bc+bd}{abcd}$

c) $\left(\frac{u}{v}+\frac{w}{3}\right)\cdot\left(\frac{u}{v}-\frac{w}{3}\right) = \frac{9u^2-v^2w^2}{9v^2}$

f) $\left(\frac{1}{u^2}-\frac{1}{v^2}\right)\cdot(-2uv) = \frac{2\cdot(u^2-v^2)}{uv}$

Übung 3

a) $(a+b):\left(\frac{1}{a}+\frac{1}{b}\right) = ab$

e) $\dfrac{\frac{u}{3}+\frac{v}{4}}{\frac{u}{3}-\frac{v}{4}} = \frac{4u+3v}{4u-3v}$

b) $(a-b):\left(\frac{1}{a}-\frac{1}{b}\right) = -ab$

f) $\dfrac{1-\frac{(x+y)^2}{4xy}}{1-\frac{x}{y}} = \frac{4xy-x^2-2xy-y^2}{4x\cdot(y-x)} = \frac{x-y}{4x}$

c) $\left(\frac{2x}{3y}+\frac{5x}{7y}\right):\left(\frac{2x}{3y}-\frac{5x}{7y}\right) = -29$

g) $\dfrac{\frac{1}{y}+\frac{1}{x}}{\frac{x}{y}-\frac{y}{x}} = \frac{1}{x-y}$

d) $\left(\frac{a}{b}-\frac{b}{a}\right):\left(\frac{1}{a}-\frac{1}{b}\right) = -a-b$

h) $(4v-3u)\cdot\left(\frac{u}{3}-\frac{v}{4}\right):\left(\frac{u}{4}-\frac{v}{3}\right) = 3v-4u$

Übung 4

a) $\frac{a^3bc}{a^2b^2c^4}$; $\frac{ab^3}{a^2b^2c^4}$; $\frac{c^5}{a^2b^2c^4}$

b) $\frac{y^2}{xy\cdot(x+y)}$; $\frac{(x+y)^2}{xy\cdot(x+y)}$; $\frac{x^2y}{xy\cdot(x+y)}$

c) $\frac{a\cdot(a-b)}{3\cdot(a+b)(a-b)}$; $\frac{3b}{3\cdot(a+b)(a-b)}$; $\frac{a\cdot(a+b)}{3\cdot(a+b)(a-b)}$

d) $\frac{5u}{5\cdot(u+5)^2}$; $\frac{u+5}{5\cdot(u+5)^2}$; $\frac{25\cdot(u+5)}{5\cdot(u+5)^2}$

Übung 5

Zum Beispiel so: a) $2+2+2 = 6$

b) $3\cdot3-3 = 6$ c) $5+5:5 = 6$ d) $6+6-6 = 6$ e) $7-7:7 = 6$

84 | 85 11. Wiederholung: Gewöhnliche Gleichungen

Übung 1

a) $\mathbb{L} = \{1\}$

b) $\mathbb{L} = \{\}$ $\left(x = \frac{2}{3} \notin \mathbb{N}\right)$

c) $\mathbb{L} = \mathbb{N}$

d) $\mathbb{L} = \{\}$ $(x = -2 \notin \mathbb{N})$

e) $\mathbb{L} = \{5\}$

f) $\mathbb{L} = \{\}$

Übung 2

a) $\mathbb{L} = \{4\}$; Probe: 22

b) $\mathbb{L} = \left\{\frac{2}{3}\right\}$; Probe: $59\frac{2}{3}$

c) $\mathbb{L} = \{5\}$; Probe: 115

d) $\mathbb{L} = \left\{\frac{1}{2}\right\}$; Probe: $11\frac{1}{2}$

e) $\mathbb{L} = \{7\}$; Probe: 266

f) $\mathbb{L} = -1\frac{13}{14}$; Probe: $-\frac{733}{14}$

Übung 3

a) $\mathbb{L} = \{a\}$ b) $\mathbb{L} = \{0{,}9a\}$ c) $\mathbb{L} = \left\{\frac{1}{2}a\right\}$ d) $\mathbb{L} = \{6p\}$ e) $\mathbb{L} = \{0\}$

Übung 4

a) $\mathbb{L} = \{3\}$ b) $\mathbb{L} = \{0\}$ c) $\mathbb{L} = \{\}$ d) $\mathbb{L} = \{1{,}6\}$ e) $\mathbb{L} = \mathbb{Q}$

Übung 5

a) $\mathbb{L} = \mathbb{Q}$ b) $\mathbb{L} = \{0\}$ c) $\mathbb{L} = \{1\}$ d) $\mathbb{L} = \left\{\frac{1}{2}\right\}$

Übung 6

a) $\mathbb{L} = \{0\}$ b) $\mathbb{L} = \mathbb{Q}$ c) $\mathbb{L} = \{\}$ d) $\mathbb{L} = \{0\}$

Übung 7

a) $\mathbb{L} = \{\}$ $(-15 \notin \mathbb{N})$ b) $\mathbb{L} = \{-15\}$ c) $\mathbb{L} = \{-15\}$

12. Definitionsmenge von Bruchgleichungen

86 87

Übung 1

a) $\mathbb{D} = \mathbb{Q} \setminus \{0\}$

b) $\mathbb{D} = \mathbb{Q} \setminus \{0\}$

c) $\mathbb{D} = \mathbb{Q} \setminus \{-2\}$

d) $\mathbb{D} = \mathbb{Q} \setminus \left\{-\frac{1}{5}\right\}$

e) $\mathbb{D} = \mathbb{Q} \setminus \{2\}$

f) $\mathbb{D} = \mathbb{Q}$

Übung 2

a) $\mathbb{D} = \mathbb{Q} \setminus \left\{-\frac{1}{2}; \frac{1}{2}\right\}$

b) $\mathbb{D} = \mathbb{Q} \setminus \left\{-\frac{1}{4}; \frac{1}{3}\right\}$

c) $\mathbb{D} = \mathbb{Q} \setminus \left\{\frac{1}{3}\right\}$

d) $\mathbb{D} = \mathbb{Q} \setminus \{-2; 0\}$

e) $\mathbb{D} = \mathbb{Q} \setminus \left\{-\frac{9}{5}; \frac{2}{11}\right\}$

Übung 3

a) $\mathbb{D} = \mathbb{Q} \setminus \{-1; 2\}$

b) $\mathbb{D} = \mathbb{Q} \setminus \left\{-5; -\frac{3}{2}\right\}$

c) $\mathbb{D} = \mathbb{Q} \setminus \left\{-2; \frac{3}{2}\right\}$

d) $\mathbb{D} = \mathbb{Q} \setminus \{-2; 2\}$

e) $\mathbb{D} = \mathbb{Q} \setminus \{-7; 7\}$

Übung 4

a) $\mathbb{D} = \mathbb{Q} \setminus \{-3\}$

b) $\mathbb{D} = \mathbb{Q} \setminus \{-2; 2\}$

c) $x^2 - 9x + 8 = (x-1)(x-8) \Rightarrow \mathbb{D} = \mathbb{Q} \setminus \{1; 8\}$

d) $x^2 - 2x - 15 = (x+3)(x-5) \Rightarrow \mathbb{D} = \mathbb{Q} \setminus \{-3; 5\}$

e) $\mathbb{D} = \mathbb{Q} \setminus \{-1; 0; 3\}$

f) $\mathbb{D} = \mathbb{Q} \setminus \{0\}$

88 | 89

13. Multiplizieren mit dem Nenner

Übung 1

a) $\mathbb{D} = \mathbb{Q} \setminus \{0\}$ $\quad \mathbb{L} = \left\{\frac{3}{7}\right\}$

b) $\mathbb{D} = \mathbb{Q} \setminus \{0\}$ $\quad \mathbb{L} = \{\,\}$

c) $\mathbb{D} = \mathbb{Q} \setminus \{0\}$ $\quad \mathbb{L} = \left\{\frac{1}{4}\right\}$

d) $\mathbb{D} = \mathbb{Q} \setminus \{2\}$ $\quad \mathbb{L} = \{4\}$

e) $\mathbb{D} = \mathbb{Q} \setminus \left\{\frac{1}{2}\right\}$ $\quad \mathbb{L} = \left\{\frac{3}{4}\right\}$

Übung 2

a) $\mathbb{D} = \mathbb{Q} \setminus \{0\}$ $\quad \mathbb{L} = \{5\}$

b) $\mathbb{D} = \mathbb{Q} \setminus \{-1\}$ $\quad \mathbb{L} = \{\,\}$

c) $\mathbb{D} = \mathbb{Q} \setminus \{1\}$ $\quad \mathbb{L} = \mathbb{Q} \setminus \{1\}$

d) $\mathbb{D} = \mathbb{Q} \setminus \{0\}$ $\quad \mathbb{L} = \{4\}$

e) $\mathbb{D} = \mathbb{Q} \setminus \left\{-\frac{3}{2}\right\}$ $\quad \mathbb{L} = \{1\}$

f) $\mathbb{D} = \mathbb{Q} \setminus \{7\}$ $\quad \mathbb{L} = \{4\}$

Übung 3

a) $\mathbb{D} = \mathbb{Q} \setminus \{-1\}$ $\quad \mathbb{L} = \mathbb{Q} \setminus \{-1\}$

b) $\mathbb{D} = \mathbb{Q} \setminus \{0\}$ $\quad \mathbb{L} = \{3\}$

c) $\mathbb{D} = \mathbb{Q} \setminus \left\{-\frac{2}{3}\right\}$ $\quad \mathbb{L} = \{-3\}$

d) $\mathbb{D} = \mathbb{Q} \setminus \left\{\frac{8}{3}\right\}$ $\quad \mathbb{L} = \{-7\}$

e) $\mathbb{D} = \mathbb{Q} \setminus \left\{-\frac{7}{8}\right\}$ $\quad \mathbb{L} = \left\{-\frac{1}{3}\right\}$

Übung 4

a) $\mathbb{D} = \mathbb{Q} \setminus \{0\}$ $\quad \mathbb{L} = \left\{\frac{3}{2}\right\}$

b) $\mathbb{D} = \mathbb{Q} \setminus \{0\}$ $\quad \mathbb{L} = \{1\}$

c) $\mathbb{D} = \mathbb{Q} \setminus \{0\}$ $\quad \mathbb{L} = \left\{\frac{1}{2}\right\}$

d) $\mathbb{D} = \mathbb{Q} \setminus \{2\}$ $\quad \mathbb{L} = \{1\}$

e) $\mathbb{D} = \mathbb{Q} \setminus \{0\}$ $\quad \mathbb{L} = \{1\}$

f) $\mathbb{D} = \mathbb{Q} \setminus \{0\}$ $\quad \mathbb{L} = \{\,\}$
$(x = 0 \notin \mathbb{D})$

14. Kreuzweises Multiplizieren

90 91

Übung 1

a) $\mathbb{D} = \mathbb{Q} \setminus \{0\}$ $\mathbb{L} = \left\{\frac{3}{5}\right\}$

b) $\mathbb{D} = \mathbb{Q} \setminus \{0\}$ $\mathbb{L} = \left\{\frac{21}{10}\right\}$

c) $\mathbb{D} = \mathbb{Q} \setminus \{2\}$ $\mathbb{L} = \{4\}$

d) $\mathbb{D} = \mathbb{Q} \setminus \left\{-\frac{1}{2}\right\}$ $\mathbb{L} = \{7\}$

e) $\mathbb{D} = \mathbb{Q} \setminus \left\{\frac{5}{3}\right\}$ $\mathbb{L} = \{3\}$

Übung 2

a) $\mathbb{D} = \mathbb{Q} \setminus \{0; 5\}$ $\mathbb{L} = \{-15\}$

b) $\mathbb{D} = \mathbb{Q} \setminus \{0; 4{,}75\}$ $\mathbb{L} = \{1\}$

c) $\mathbb{D} = \mathbb{Q} \setminus \{-2\}$ $\mathbb{L} = \{\,\}$

d) $\mathbb{D} = \mathbb{Q} \setminus \{0{,}25\}$ $\mathbb{L} = \{\,\}$

Übung 3

a) $\mathbb{D} = \mathbb{Q} \setminus \{0{,}5; 1{,}25\}$ $\mathbb{L} = \{11\}$

b) $\mathbb{D} = \mathbb{Q} \setminus \{-4; 3\}$ $\mathbb{L} = \{10\}$

c) $\mathbb{D} = \mathbb{Q} \setminus \{-3; 5\}$ $\mathbb{L} = \{-1\}$

d) $\mathbb{D} = \mathbb{Q} \setminus \left\{\frac{11}{15}; \frac{9}{5}\right\}$ $\mathbb{L} = \{5\}$

e) $\mathbb{D} = \mathbb{Q} \setminus \left\{-\frac{3}{5}; \frac{1}{5}\right\}$ $\mathbb{L} = \{-1\}$

f) $\mathbb{D} = \mathbb{Q} \setminus \left\{-5; \frac{2}{3}\right\}$ $\mathbb{L} = \left\{\frac{1}{10}\right\}$

Übung 4

a) $\mathbb{D} = \mathbb{Q} \setminus \{0; 3\}$ $\mathbb{L} = \left\{-\frac{5}{3}\right\}$

b) $\mathbb{D} = \mathbb{Q} \setminus \{2; 4\}$ $\mathbb{L} = \{6\}$

Stelle in c) und d) die Gleichung zuerst um, sodass auf jeder Seite ein Bruch steht!

c) $\mathbb{D} = \mathbb{Q} \setminus \left\{-3; \frac{1}{3}\right\}$ $\mathbb{L} = \{2\}$

d) $\mathbb{D} = \mathbb{Q} \setminus \{3; 6\}$ $\mathbb{L} = \{18\}$

e) $\mathbb{D} = \mathbb{Q} \setminus \{-2; 2\}$ Man erhält eine falsche Aussage, also $\mathbb{L} = \{\,\}$.

Übung 5

a) $\frac{x}{x-2} = \frac{x}{4-2x}$ $\mathbb{D} = \mathbb{Q} \setminus \{2\}$

$x \cdot (x-2) = 0$

$\Rightarrow \mathbb{L} = \{0\}$

b) $\frac{x+3}{3x-5} = \frac{8x-3}{3x+5}$ $\mathbb{D} = \mathbb{Q} \setminus \left\{-\frac{5}{3}; \frac{5}{3}\right\}$

$x \cdot (x-3) = 0$

$\Rightarrow \mathbb{L} = \{0; 3\}$

c) $\frac{4x-4}{3x+1} = \frac{2x-6}{x-3}$ $\mathbb{D} = \mathbb{Q} \setminus \left\{-\frac{1}{3}; 3\right\}$

$x^2 = 9$

$\Rightarrow \mathbb{L} = \{-3\}$

92 | 93

15. Multiplizieren mit dem Hauptnenner

Übung 1

a) $\mathbb{D} = \mathbb{Q} \setminus \{0\}$ HN $= 45x \Rightarrow 2 \cdot 15 - 4 \cdot 5x = 3 \cdot 9 - 1 \cdot 15x$ $\mathbb{L} = \left\{\frac{3}{5}\right\}$

b) $\mathbb{D} = \mathbb{Q} \setminus \{0\}$ HN $= 4x$ $\mathbb{L} = \{-2\}$

c) $\mathbb{D} = \mathbb{Q} \setminus \{0\}$ HN $= 78x$ $\mathbb{L} = \{\,\}$

d) $\mathbb{D} = \mathbb{Q} \setminus \{0\}$ HN $= 6x$ $\mathbb{L} = \left\{\frac{3}{2}\right\}$

e) $\mathbb{D} = \mathbb{Q} \setminus \{0\}$ HN $= 6x \Rightarrow 1 \cdot 6x - (2x - 10) \cdot 2 = (20 - x) \cdot 3$ $\mathbb{L} = \{8\}$

f) $\mathbb{D} = \mathbb{Q} \setminus \{0\}$ HN $= 30x$ $\mathbb{L} = \{-13\}$

g) $\mathbb{D} = \mathbb{Q} \setminus \{0\}$ HN $= 8x$ $\mathbb{L} = \left\{\frac{1}{3}\right\}$

Übung 2

a) $\mathbb{D} = \mathbb{Q} \setminus \{-7; 4\}$ HN $= (x - 4)(x + 7) \Rightarrow 14x - 49 = -31x + 76$ $\mathbb{L} = \left\{\frac{25}{9}\right\}$

b) $\mathbb{D} = \mathbb{Q} \setminus \{-1; 0\}$ HN $= x \cdot (x + 1)$ $\mathbb{L} = \left\{-\frac{2}{3}\right\}$

c) $\mathbb{D} = \mathbb{Q} \setminus \left\{\frac{3}{2}\right\}$ HN $= 3 - 2x$ oder $2x - 3$ $\mathbb{L} = \{3\}$

d) $\mathbb{D} = \mathbb{Q} \setminus \{-1\}$ HN $= 2 \cdot (x + 1) \Rightarrow 2 + 1 = 3$ (w) $\mathbb{L} = \mathbb{Q} \setminus \{-1\}$

e) $\mathbb{D} = \mathbb{Q} \setminus \{2\}$ HN $= 15 \cdot (x - 2) \Rightarrow 15 - 3 = 5$ (f) $\mathbb{L} = \{\,\}$

Übung 3

a) $\mathbb{D} = \mathbb{Q} \setminus \{1; 2\}$ HN $= 3 \cdot (x - 1)(x - 2)$ $\mathbb{L} = \{10\}$

b) $\mathbb{D} = \mathbb{Q} \setminus \left\{-\frac{1}{2}; -\frac{1}{3}\right\}$ HN $= 3 \cdot (3x + 1)(2x + 1)$ $\mathbb{L} = \left\{-\frac{11}{36}\right\}$

c) $\mathbb{D} = \mathbb{Q} \setminus \{-4; 0\}$ HN $= 4x \cdot (x + 4)$ $\mathbb{L} = \{4\}$

d) $\mathbb{D} = \mathbb{Q} \setminus \{0\}$ HN $= 6x^2$ $\mathbb{L} = \{2\}$

e) $\mathbb{D} = \mathbb{Q} \setminus \{0\}$ HN $= 60x^2$ $\mathbb{L} = \left\{\frac{60}{77}\right\}$

Übung 4

a) $\mathbb{D} = \mathbb{Q} \setminus \{0\}$ HN $= 12x$ $\mathbb{L} = \{1\}$

b) $\mathbb{D} = \mathbb{Q} \setminus \{0\}$ HN $= 3x$ $\mathbb{L} = \{7\}$

c) $\mathbb{D} = \mathbb{Q} \setminus \{0\}$ HN $= 2x$ $\mathbb{L} = \{4\}$

d) $\mathbb{D} = \mathbb{Q} \setminus \{0\}$ HN $= 10x$ $\mathbb{L} = \{5\}$

e) $\mathbb{D} = \mathbb{Q} \setminus \{0\}$ HN $= 24x$ $\mathbb{L} = \left\{\frac{1}{4}\right\}$

16. Bruchgleichungen I

94 | 95

Übung 1

a) $\mathbb{D} = \mathbb{Q} \setminus \{-1; 1\}$ HN $= (x+1)(x-1)$ $\mathbb{L} = \{2\}$

b) $\mathbb{D} = \mathbb{Q} \setminus \{-4; 4\}$ HN $= (x+4)(x-4)$ $\mathbb{L} = \mathbb{D} = \mathbb{Q} \setminus \{-4; 4\}$

c) $\mathbb{D} = \mathbb{Q} \setminus \{-7; 7\}$ HN $= (x+7)(x-7)$ $\mathbb{L} = \{-10\}$

d) $\mathbb{D} = \mathbb{Q} \setminus \{-9; 9\}$ HN $= (x+9)(x-9)$ $\mathbb{L} = \{0\}$

e) $\mathbb{D} = \mathbb{Q} \setminus \{-5; 5\}$ HN $= (x+5)(x-5)$ $\mathbb{L} = \mathbb{D} = \mathbb{Q} \setminus \{-5; 5\}$

Übung 2

a) $\mathbb{D} = \mathbb{Q} \setminus \left\{-\frac{3}{2}; \frac{3}{2}\right\}$ HN $= (2x+3)(2x-3)$ $\Rightarrow$ $3 \cdot (x-9) - 2 \cdot (x+9) = -45$

$\mathbb{L} = \left\{-\frac{1}{2}\right\}$

b) $\mathbb{D} = \mathbb{Q} \setminus \left\{-\frac{4}{5}; \frac{4}{5}\right\}$ HN $= (5x+4)(5x-4)$ $\mathbb{L} = \left\{\frac{2}{5}\right\}$

c) $\mathbb{D} = \mathbb{Q} \setminus \left\{-\frac{11}{3}; \frac{11}{3}\right\}$ HN $= (3x+11)(3x-11)$ $\mathbb{L} = \{-4\}$

d) $\mathbb{D} = \mathbb{Q} \setminus \{2\}$ HN $= 4 \cdot (x-2)^2$ $\Rightarrow$ $15 = 4 \cdot (x-2) + 2 \cdot (x-2)$

$\mathbb{L} = \left\{\frac{9}{2}\right\}$

e) $\mathbb{D} = \mathbb{Q} \setminus \{-3; 3\}$ HN $= 2 \cdot (x-3)(x+3)$ $\mathbb{L} = \{\,\}$ $(x = 3 \notin \mathbb{D})$

Übung 3

a) $\mathbb{D} = \mathbb{Q} \setminus \left\{-\frac{4}{3}; \frac{4}{3}\right\}$ HN $= (3x+4)(3x-4)$ $\Rightarrow$ $3 \cdot (3x-4) = 14 \cdot (3x+4) - 35$

$\mathbb{L} = \{-1\}$

b) $\mathbb{D} = \mathbb{Q} \setminus \left\{-\frac{3}{2}; \frac{3}{2}\right\}$ HN $= 2 \cdot (2x+3)(2x-3)$ $\mathbb{L} = \{11\}$

c) $\mathbb{D} = \mathbb{Q} \setminus \{-3; 2\}$ HN $= (x+3)(x-2)$ $\mathbb{L} = \{5\}$

d) $\mathbb{D} = \mathbb{Q} \setminus \left\{-\frac{5}{4}; \frac{5}{4}\right\}$ HN $= (4x+5)(4x-5)$ $\mathbb{L} = \{2\}$

e) $\mathbb{D} = \mathbb{Q} \setminus \left\{-\frac{7}{2}; \frac{7}{2}\right\}$ HN $= (2x+7)(2x-7)$ $\mathbb{L} = \{4\}$

Übung 4

a) $\mathbb{L} = \{-8; 2\}$ $(x+3 = 5$ oder $x+3 = -5)$

b) $\mathbb{D} = \mathbb{Q} \setminus \{-1\}$ $\mathbb{L} = \{-6; 4\}$

96 | 97

17. Bruchgleichungen II

Übung 1

a) $\mathbb{D} = \mathbb{Q} \setminus \{-3; 3\}$ $\quad$ $HN = (x+3)(x-3)$ $\quad$ $\mathbb{L} = \{11\}$

b) $\mathbb{D} = \mathbb{Q} \setminus \{-3; -2\}$ $\quad$ $HN = (x+2)(x+3)$ $\quad$ $\mathbb{L} = \{\,\}$ $\quad$ $(x = -3 \notin \mathbb{D})$

c) $\mathbb{D} = \mathbb{Q} \setminus \{-2; 2\}$ $\quad$ $HN = 3\cdot(x+2)(x-2)$ $\quad$ $\mathbb{L} = \{-3\}$

d) $\mathbb{D} = \mathbb{Q} \setminus \left\{0; \frac{2}{3}\right\}$ $\quad$ $HN = 5x\cdot(3x-2)$ $\quad$ $\mathbb{L} = \{\,\}$ $\quad$ $(x = \frac{2}{3} \notin \mathbb{D})$

Übung 2

a) $\mathbb{D} = \mathbb{Q} \setminus \{-8\}$ $\quad$ $HN = 4\cdot(x+8)^2$ $\quad$ $\mathbb{L} = \{0\}$

b) $\mathbb{D} = \mathbb{Q} \setminus \{5\}$ $\quad$ $HN = (x-5)^2 \Rightarrow 3\cdot(x-5) - 2\cdot(x-5) = 5$ $\quad$ $\mathbb{L} = \{10\}$

c) $\mathbb{D} = \mathbb{Q} \setminus \left\{\frac{1}{2}\right\}$ $\quad$ $HN = 10\cdot(2x-1)^2$ $\quad$ $\mathbb{L} = \{0\}$

d) $\mathbb{D} = \mathbb{Q} \setminus \{8\}$ $\quad$ $HN = 3\cdot(x-8)^2$ $\quad$ $\mathbb{L} = \{9\}$

Übung 3

a) $\mathbb{D} = \mathbb{Q} \setminus \left\{-\frac{4}{3}; \frac{4}{3}\right\}$ $\quad$ $HN = (3x+4)(3x-4)$ $\quad$ $\mathbb{L} = \{2\}$

b) $\mathbb{D} = \mathbb{Q} \setminus \{-12; 0; 9\}$ $\quad$ $HN = x\cdot(x+12)(x-9)$ $\quad$ $\mathbb{L} = \{36\}$

c) $\mathbb{D} = \mathbb{Q} \setminus \left\{-\frac{1}{2}; 0; \frac{1}{2}\right\}$ $\quad$ $HN = x\cdot(2x-1)(2x+1)$ $\quad$ $\mathbb{L} = \{3\}$

d) $\mathbb{D} = \mathbb{Q} \setminus \{-1; 0\}$ $\quad$ $HN = x\cdot(x+1)$ $\quad$ $\mathbb{L} = \{\,\}$ $\quad$ $(x = 0 \notin \mathbb{D})$

e) $\mathbb{D} = \mathbb{Q} \setminus \left\{-5; 0; \frac{3}{2}\right\}$ $\quad$ $HN = 2x\cdot(2x-3)(x+5)$ $\quad$ $\mathbb{L} = \left\{-\frac{3}{2}\right\}$ $\quad$ $(x = \frac{3}{2} \notin \mathbb{D})$

Übung 4

In der Ebene geht es nicht. Hier hilft nur die Flucht in die dritte Dimension, siehe Bild.
Mit ein bisschen Klebstoff nachhelfen, dann hält die Dreieckspyramide. (Man kann auch „Tetraeder" dazu sagen.)

Bravo, wenn du die richtige Lösung gefunden hast!

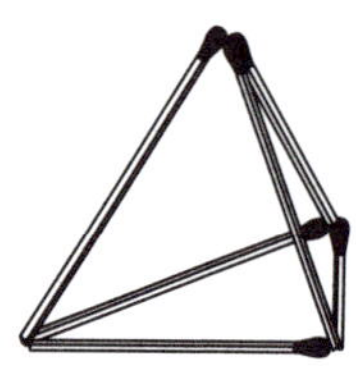

Übung 5

$x = \text{Anzahl} + 1 \quad \Rightarrow \quad \frac{x}{2} + \frac{x}{3} + \frac{x}{8} + 1 = x \qquad HN = 24$

$$24 = x$$

$\Rightarrow$ Abu Hammad besaß 23 Kamele.

18. Bruchgleichungen III

98 | 99

Übung 1

a) $\mathbb{D} = \mathbb{Q} \setminus \left\{-\frac{3}{2}; \frac{2}{3}\right\}$ HN $= 2\cdot(2x+3)(3x-2)$ $\mathbb{L} = \{2\}$

b) $\mathbb{D} = \mathbb{Q} \setminus \{-2; 3\}$ HN $= 2\cdot(x-3)(x+2)$ $\mathbb{L} = \{0\}$

c) $\mathbb{D} = \mathbb{Q} \setminus \{7; 13\}$ HN $= (x-7)(x-13)$ $\mathbb{L} = \left\{7\frac{7}{8}\right\}$

d) $\mathbb{D} = \mathbb{Q} \setminus \{-3; 5\}$ HN $= (x-5)(x+3)$ $\mathbb{L} = \{7\}$

Übung 2

a) $\mathbb{D} = \mathbb{Q} \setminus \{-1; 1\}$ HN $= (1-x)(x+1)$
$\Rightarrow \quad 2x\cdot(x+1) + 8\cdot(1-x) = 2x^2 - 6 - 2\cdot(x+1)$ $\mathbb{L} = \{4\}$

b) $\mathbb{D} = \mathbb{Q} \setminus \{-2; 2\}$ HN $= 6\cdot(2-x)(2+x)$ $\mathbb{L} = \{1\}$

c) $\mathbb{D} = \mathbb{Q} \setminus \{0; 1\}$ HN $= 12x\cdot(x-1)$ $\mathbb{L} = \{-32\}$

d) $\mathbb{D} = \mathbb{Q} \setminus \left\{-\frac{8}{3}; \frac{8}{3}\right\}$ HN $= 2\cdot(3x+8)(3x-8)$ $\mathbb{L} = \{-7\}$

e) $\mathbb{D} = \mathbb{Q} \setminus \{-7; -2; 5; 7\}$ HN $= (x+2)(5-x)(49-x^2)$ $\mathbb{L} = \{1\}$

Übung 3

a) $\mathbb{D} = \mathbb{Q} \setminus \left\{-\frac{3}{13}\right\}$ $\frac{7\cdot(3x-3)}{8\cdot(13x+3)} = \frac{1}{8}$ $\mathbb{L} = \{3\}$

b) $\mathbb{D} = \mathbb{Q} \setminus \left\{-\frac{1}{5}\right\}$ $\frac{14\cdot(4x-1)}{24\cdot(5x+1)} = \frac{7}{8}$ $\mathbb{L} = \left\{-\frac{5}{7}\right\}$

c) $\mathbb{D} = \mathbb{Q} \setminus \{-5; 0\}$ $\frac{25x}{x+5} = 24$ $\mathbb{L} = \{120\}$

d) $\mathbb{D} = \mathbb{Q} \setminus \{-3; 0\}$ $\frac{3x\cdot(2x-6)}{3x\cdot(x+3)} = \frac{2}{3}$ $\mathbb{L} = \{6\}$

e) $\mathbb{D} = \mathbb{Q} \setminus \left\{0; \frac{23}{48}\right\}$ $\frac{3x+5}{3x} - \frac{(4x-1)\cdot 12}{48x-23} = 0$ $\mathbb{L} = \left\{\frac{5}{9}\right\}$

Übung 4

a) $\mathbb{D} = \mathbb{Q} \setminus \{1; 4\}$ $\mathbb{L} = \{-2\}$

b) $\mathbb{D} = \mathbb{Q} \setminus \{3; 7\}$ $\mathbb{L} = \{-2\}$

c) $\mathbb{D} = \mathbb{Q} \setminus \{-3; -2; -1; 0\}$ $\mathbb{L} = \left\{-\frac{3}{2}\right\}$

d) $\mathbb{D} = \mathbb{Q} \setminus \{-1; 0; 1\}$ $\mathbb{L} = \left\{\frac{5}{3}\right\}$

19. Proportionen

Übung 1

a) $144 : 160 = 9 : 10$

b) $0{,}07 : 0{,}15 = 7 : 15$

c) $\frac{1}{4} : \frac{3}{8} = 2 : 3$

d) $1\frac{1}{3} : \frac{2}{3} = 2 : 1$

e) $2{,}5 : 3 = 5 : 6$

f) $0{,}3\% : 0{,}5\% = 3 : 5$

Übung 2

a) $a = 3\frac{3}{7}$

b) $b = 3\frac{1}{3}$

c) $c = 11\frac{5}{11}$

d) $d = 5\frac{5}{6}$

e) $e = -2$

f) $f = 4$

Übung 3

a) z. B.: $y = -x - 5 \Rightarrow x : (-5 - x) = 2 : 3; \Rightarrow x = -2; \quad y = -3$

b) z. B.: $y = 70 - x \Rightarrow x : (70 - x) = 5 : 2; \Rightarrow x = 50; \quad y = 20$

c) z. B.: $y = \frac{3}{8} - x \Rightarrow x : \left(\frac{3}{8} - x\right) = 2 : 1; \Rightarrow x = \frac{1}{4}; \quad y = \frac{1}{8}$

d) z. B.: $y = x - 6 \Rightarrow x : (x - 6) = 11 : 8; \Rightarrow x = 22; \quad y = 16$

e) z. B.: $y = x - 44 \Rightarrow x : (x - 44) = 1 : (-3); \Rightarrow x = 11; \quad y = -33$

f) z. B.: $y = -7 - x \Rightarrow x : (-7 - x) = \frac{1}{3} : 2; \Rightarrow x = -1; \quad y = -6$

Übung 4

a) z. B.: $1400 : 7 = x : 3$ (oder: $7 : 1400 = 3 : x$) Antwort: 600 g

b) z. B.: $8 : 280 = 5 : x$ Antwort: 175 Liter

c) z. B.: $3 : 7 = 123 : x$ Antwort: 287 HypCo-Aktien

d) z. B.: $3 : 4 = 1{,}2 : x$ Antwort: 1,6 Liter

e) z. B.: $3 : 5 = x : (56 - x); \quad y = 56 - x$ Antwort: 21 Schweine und 35 Schweine

f) z. B.: $56 : 88 = x : 220; \quad y = 220 - x$ Antwort: 140 g Eisen und 80 g Schwefel

g) z. B.: $4000 : 80 = 100 : x$ Antwort: 2 %

h) $48{,}6 : 51{,}4 = x : 1000$ Antwort: 946 Mädchen

20. Textaufgaben

102 | 103

Übung 1

Da negative Zeiten nicht sinnvoll sind, kann man hier als Grundmenge und damit auch als Definitionsmenge $\mathbb{Q}^+$ wählen.

a) $\frac{1}{16} + \frac{1}{14} = \frac{1}{x}$; $\mathbb{D} = \mathbb{Q}^+$; $x = 7\frac{7}{15}$

Die Mähdrescher brauchen zusammen 7 h 28 min oder gerundet 7,5 h.

b) $\frac{1}{6} + \frac{1}{8} - \frac{1}{4} = \frac{1}{x}$; $\mathbb{D} = \mathbb{Q}^+$; $x = 24$ Das Füllen des Teichs dauert 24 h.

c) $\frac{1}{8} + \frac{1}{10} + \frac{2}{12} = \frac{1}{x}$; $\mathbb{D} = \mathbb{Q}^+$; $x = \frac{120}{47}$

Die gemeinsame Arbeit dauert ca. 2,5 Tage.

Übung 2

a) Gesucht: $\frac{x}{x+8}$; bekannt: $\frac{x+3}{x+8+3} = \frac{1}{3}$; $\mathbb{D} = \mathbb{N}$; $x = 1$; Antwort: $\frac{1}{9}$

b) Gesucht: $\frac{x}{3x}$; bekannt: $\frac{x+5}{3x+5} = \frac{3}{7}$; $\mathbb{D} = \mathbb{N}$; $x = 10$; Antwort: $\frac{10}{30}$

c) Gesucht: $\frac{x}{x-7}$; bekannt: $\frac{x}{x-7} = \frac{x+5}{x-7+4}$; $\mathbb{D} = \mathbb{N} \setminus \{3; 7\}$; $x = 35$;
Antwort: $\frac{35}{28}$

d) Gesucht: $\frac{x+2}{x}$; bekannt: $\frac{x+2-7}{x-4} = \frac{x}{x+2}$; $\mathbb{D} = \mathbb{N} \setminus \{4\}$; $x = 10$;
Antwort: $\frac{12}{10}$

e) Die nächstgrößere gerade Zahl ist um 2 größer.

$\frac{x}{x+2} = \frac{3}{4}$; $\mathbb{D} = \{2; 4; 6; \ldots\}$; $x = 6$; Antwort: 6

f) Die übernächste ungerade Zahl ist um 4 größer.

$\frac{3}{x} = \frac{7}{x+4}$; $\mathbb{D} = \{1; 3; 5; \ldots\}$; $x = 3$; Antwort: 3

104 105

21. Bruchgleichungen mit Parameter

Übung 1

a) $\mathbb{L} = 2b + a^2$

b) $\mathbb{L} = \{b \cdot (5 - a)\}$

c) $\mathbb{L} = \left\{\frac{ab}{10}\right\}$

d) $x \cdot (a + b) = 8$ $\quad \mathbb{L} = \left\{\frac{8}{a+b}\right\}$ falls $a \neq -b$; $\mathbb{L} = \{\}$ falls $a = -b$

e) $x \cdot (p + q) = 10pq$ $\quad \mathbb{L} = \left\{\frac{10pq}{p+q}\right\}$ falls $p \neq -q$; $\mathbb{L} = \{\}$ falls $p = -q$

Übung 2

a) $\mathbb{D} = \mathbb{Q} \setminus \{1\}$ $\quad \mathbb{L} = \left\{\frac{p-1}{p-2}\right\}$ falls $p \neq 2$; $\mathbb{L} = \{\}$ falls $p = 2$

b) $\mathbb{D} = \mathbb{Q} \setminus \{0\}$ $\quad \mathbb{L} = \left\{\frac{p-1}{q}\right\}$ falls $p \neq 1$; $\mathbb{L} = \{\}$ falls $p = 1$

(wegen $x = \frac{p-1}{q} \neq 0$)

c) $\mathbb{D} = \mathbb{Q} \setminus \{p\}$ $\quad \mathbb{L} = \left\{\frac{1+p^2}{p}\right\}$

d) $\mathbb{D} = \mathbb{Q} \setminus \{q\}$ $\quad \mathbb{L} = \left\{\frac{3q}{3-p}\right\}$ falls $p \neq 3$; $\mathbb{L} = \{\}$ falls $p = 3$

e) $\mathbb{D} = \mathbb{Q} \setminus \left\{\frac{2p}{3}\right\}$ $\quad \mathbb{L} = \left\{\frac{2p}{p+3}\right\}$ falls $p \neq -3$; $\mathbb{L} = \{\}$ falls $p = -3$

f) $\mathbb{D} = \mathbb{Q} \setminus \{0\}$ $\quad \mathbb{L} = \{-p; p\}$

Übung 3

a) $\mathbb{D} = \mathbb{Q} \setminus \{a; b\}$ $\quad$ Beim Zwischenschritt $x \cdot (a - b) = a^2 - b^2$ auf Fallunterscheidung achten:

$\mathbb{L} = \{a + b\}$ falls $a \neq b$; $\mathbb{L} = \mathbb{D}$ falls $a = b$

b) $\mathbb{D} = \mathbb{Q} \setminus \left\{-\frac{1}{2a}; -\frac{1}{a}\right\}$ $\quad \mathbb{L} = \left\{-\frac{1}{3a}\right\}$

c) $\mathbb{D} = \mathbb{Q} \setminus \{-a; a\}$; $x = a \notin \mathbb{D}$ $\quad \mathbb{L} = \{\}$

d) $\mathbb{D} = \mathbb{Q} \setminus \left\{0; -\frac{b}{a}\right\}$ $\quad \mathbb{L} = \{1\}$ falls $a \neq b$; $\mathbb{L} = \mathbb{D}$ falls $a = b$

e) $\mathbb{D} = \mathbb{Q} \setminus \{2\}$ $\quad \mathbb{L} = \{a + 6\}$ falls $a \neq -4$; $\mathbb{L} = \{\}$ falls $a = -4$

f) $\frac{1}{a} + \frac{1}{b} = \frac{1}{x}$; $a, b > 0$; $\mathbb{D} = \mathbb{Q}^+$ Sie brauchen $\frac{ab}{a+b}$ Stunden.

22. Formelumstellung

106 | 107

Übung 1

a) $U = R \cdot I$ $I = \frac{U}{R}$

b) $v = \frac{s}{t}$ $t = \frac{s}{v}$

c) $g = \frac{2A}{h}$ $h = \frac{2A}{g}$

d) $r = \frac{u}{2\pi}$

e) $G = \frac{3V}{h}$ $h = \frac{3V}{G}$

f) $m = \varrho \cdot V$ $V = \frac{m}{\varrho}$

g) $p = \frac{h^2}{q}$ $q = \frac{h^2}{p}$

Übung 2

a) $a = \frac{2A}{h} - c$ $c = \frac{2A}{h} - a$ $h = \frac{2A}{a + c}$

b) $B = \frac{G \cdot b}{g}$ $G = \frac{B \cdot g}{b}$ $b = \frac{B \cdot g}{G}$ $g = \frac{G \cdot b}{B}$

c) $p_1 = \frac{p_2 V_2 T_1}{T_2 V_1}$ $V_1 = \frac{p_2 V_2 T_1}{T_2 p_1}$ $T_1 = \frac{p_1 V_1 T_2}{p_2 V_2}$

d) $v_0 = v - at$ $a = \frac{v - v_0}{t}$

e) $f = \frac{g \cdot b}{g + b}$ $g = \frac{b \cdot f}{b - f}$

Übung 3

a) $v_0 = \frac{s - \frac{1}{2}at^2}{t}$ $a = \frac{2\,(s - v_0 t)}{t^2}$

b) $\vartheta_M = \frac{m_1 \vartheta_1 + m_2 \vartheta_2}{m_1 + m_2}$

c) $m = \frac{2E}{v^2}$

d) $R_2 = \frac{R_1\,(U - U_1)}{U_1}$ $U_1 = \frac{R_1 U}{R_1 + R_2}$

e) $a = \frac{O - 2bc}{2\,(b + c)}$

108 | 109 23. Bruchungleichungen

Vergleiche bei jeder Lösungsmenge *genau*, ob du die Bereichsklammern richtig benutzt hast!

Übung 1

a) $2x + 1 > 7 \quad | -1$

$2x > 6 \quad | :2$

$x > 3 \qquad \mathbb{L} =]3; \infty[$

b) $-3x - 3 \geqq -6 \quad | +3$

$-3x \geqq -3 \quad | :(-3)$!

$x \leqq 1 \qquad \mathbb{L} =]-\infty; 1]$

c) $x < -\frac{1}{6} \qquad \mathbb{L} = \left]-\infty; -\frac{1}{6}\right[$

d) $x \leqq -3 \qquad \mathbb{L} =]-\infty; -3]$

e) $x > 1 \qquad \mathbb{L} =]1; \infty[$

f) $-7 > 10$ (f) $\qquad \mathbb{L} = \{\,\}$

Übung 2

a) $\frac{1}{x+1} > 0$ Fall 1: $1 > 0 \wedge x + 1 > 0$

$1 > 0 \wedge x > -1 \Rightarrow \mathbb{L}_1 =]-1; \infty[$

Fall 2: $1 < 0 \wedge x + 1 < 0 \Rightarrow \mathbb{L}_2 = \{\,\}$

$\Rightarrow \mathbb{L} =]-1; \infty[$

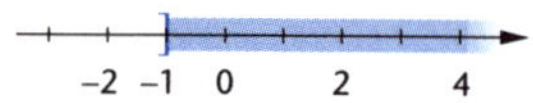

b) $\mathbb{L} =]2; \infty[\cup \mathbb{Q}^- = \mathbb{Q} \setminus [0; 2]$

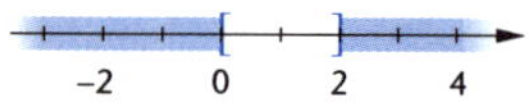

c) $\frac{2x+1}{x} < 0$ Fall 1: $2x + 1 < 0 \wedge x > 0$

$x < -\frac{1}{2} \wedge x > 0 \Rightarrow \mathbb{L}_1 = \{\,\}$

Fall 2: $2x + 1 > 0 \wedge x < 0$

$x > -\frac{1}{2} \wedge x < 0 \Rightarrow \mathbb{L}_2 = \left]-\frac{1}{2}; 0\right[$

$\Rightarrow \mathbb{L} = \left]-\frac{1}{2}; 0\right[$

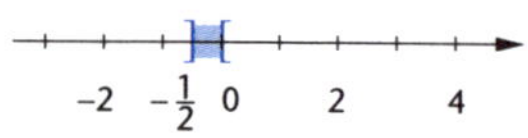

d) $\mathbb{L} =]1; \infty[\cup]-\infty; -1[= \mathbb{Q} \setminus [-1; 1]$

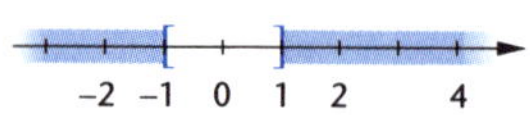

Übung 3

a) $\mathbb{L} = \left]\frac{1}{2}; \frac{5}{3}\right[$

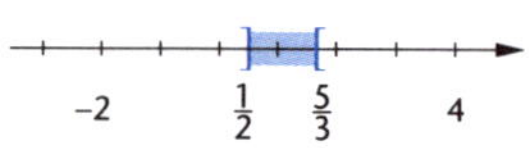

b) $\mathbb{L} = [2; 3[$

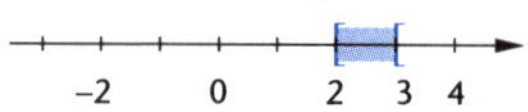

c) $\mathbb{L} =]-2; -1]$

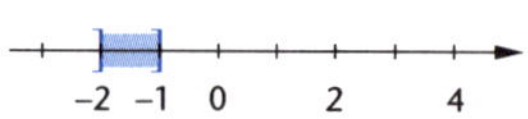

d) $\mathbb{L} = [2; \infty[\cup \left]-\infty; -\frac{8}{5}\right[= \mathbb{Q} \setminus \left[-\frac{8}{5}; 2\right[$

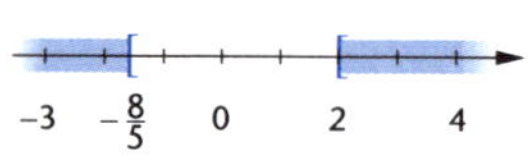

24. Vermischte Aufgaben II

110 111

Übung 1

a) $\mathbb{D} = \mathbb{Q} \setminus \{0\}$ $\quad \mathbb{L} = \{4\}$

b) $\mathbb{D} = \mathbb{Q} \setminus \left\{\frac{2}{7}\right\}$ $\quad \mathbb{L} = \{-1\}$

c) $\mathbb{D} = \mathbb{Q} \setminus \{-2; 2\}$ $\quad \mathbb{L} = \{6\}$

d) $\mathbb{D} = \mathbb{Q} \setminus \{-4\}$ $\quad \mathbb{L} = \{10\}$

e) $\mathbb{D} = \mathbb{Q} \setminus \left\{\frac{1}{2}\right\}$ $\quad \mathbb{L} = \{\,\}$

Übung 2

a) $HN = 24 \cdot (x + 5)$ $\quad \mathbb{D} = \mathbb{Q} \setminus \{-5\}$ $\quad \mathbb{L} = \{-1\}$

b) $HN = x - 5$ oder $5 - x$ $\quad \mathbb{D} = \mathbb{Q} \setminus \{5\}$ $\quad \mathbb{L} = \{8\}$

c) $HN = 4 \cdot (x + 1)(x - 1)$ $\quad \mathbb{D} = \mathbb{Q} \setminus \{-1; 1\}$ $\quad \mathbb{L} = \{5\}$

d) $HN = 2 \cdot (x + 3)$ $\quad \mathbb{D} = \mathbb{Q} \setminus \{-3\}$ $\quad \mathbb{L} = \{5\}$

e) $HN = (x + 3)(x - 3)$ $\quad \mathbb{D} = \mathbb{Q} \setminus \{-3; 3\}$ $\quad \mathbb{L} = \{-2\}$

Übung 3

a) $\mathbb{D} = \mathbb{Q} \setminus \{0\}$ $\quad \mathbb{L} = \left\{\frac{b}{3a - 1}\right\}$ falls $a \neq \frac{1}{3}$; $\mathbb{L} = \{\,\}$ falls $a = \frac{1}{3}$

b) $\mathbb{D} = \mathbb{Q} \setminus \{0\}$ $\quad \mathbb{L} = \left\{\frac{q \cdot (p + 1)}{p}\right\}$

c) $\mathbb{D} = \mathbb{Q} \setminus \{0\}$ $\quad \mathbb{L} = \left\{\frac{3 \cdot (b + 1)}{a}\right\}$

d) $\mathbb{D} = \mathbb{Q} \setminus \{0\}$ $\quad \mathbb{L} = \left\{\frac{ac}{a - b}\right\}$ falls $a \neq b$; $\mathbb{L} = \{\,\}$ falls $a = b$

Übung 4

a) $12 : 44 = 100 : x$ $\quad \mathbb{D} = \mathbb{Q}^+$ $\quad$ Antwort: 367 t

b) Die übernächste ungerade Zahl ist um 4 größer.

$\frac{6}{x} = \frac{14}{x + 4}$ $\quad \mathbb{D} = \{1; 3; 5; \ldots\}$ $\quad$ Antwort: 3

c) $\frac{1}{7} + \frac{1}{3} = \frac{1}{x}$ $\quad \mathbb{D} = \mathbb{Q}^+$ $\quad$ Antwort: 2 h 6 min

d) Hans x Jahre, Peter $\frac{3}{2}x$ Jahre

$\frac{x + 5}{x + 5} = \frac{3}{4}$ $\quad \mathbb{D} = \mathbb{N}$ $\quad$ Antwort: Hans ist 10, Peter 15 Jahre alt.

Übung 5

a) $\mathbb{L} = \{7\}$

b) $\mathbb{L} =]7; \infty[\; \cup \;]-\infty; -3[\; = \mathbb{Q} \setminus [-3; 7]$

c) $\mathbb{L} = [7; \infty[\; \cup \;]-\infty; -3[\; = \mathbb{Q} \setminus [-3; 7[$

d) $\mathbb{L} = \;]-3; 7[$

e) $\mathbb{L} = \;]-3; 7]$

Übung 6

a) $F_N = \frac{F_R}{\mu}$

b) $R = \frac{R_1 R_2}{R_1 + R_2}$; $\quad R_1 = \frac{RR_2}{R_2 - R}$

Teil III:
Mathematik

Geometrie

Lösungen

116 119

1. Winkel an einfachen Figuren

Übung 1

a) $\alpha_1 = \gamma_1 = 116°$, $\alpha_2 = \gamma_2 = 116°$
b) $\beta_1 = \delta_1 = 180° - \alpha_1 = 64°$, $\alpha_1 = \gamma_1 = 116°$
c) $\gamma_2 = \alpha_1 = 116°$
d) $\delta_2 = 180° - \alpha_1 = 64°$
e) $\delta_1 = \delta_2 = 64°$

Übung 2

$\beta = 90° - \alpha = 56°$ ($CE \perp CD$) $\quad \gamma = 90° - \beta = 34° = \alpha$ ($BC \perp AC$),
$\delta = \alpha + \beta + \gamma = 124°$ (Stufenwinkel)

Übung 3

$\alpha + \beta + \gamma = 5\beta + \beta + 100°\,48' = 180°$ (Winkelsumme im Dreieck) $\Rightarrow 6\beta = 79°\,12' \Rightarrow$
$\beta = 13°\,12' \Rightarrow \alpha = 180° - 100°\,48' - 13°\,12' = 66°$

Übung 4

$\alpha + \beta + \gamma + \delta = (2 \cdot 3\gamma - \gamma) + 3\gamma + \gamma + 2 \cdot 3\gamma = 360°$ (Winkelsumme im Viereck) $\Rightarrow$
$15\gamma = 360° \Rightarrow \gamma = 24° \Rightarrow \beta = 72°, \delta = 144°, \alpha = 120°$

Übung 5

$\beta = 180° - \alpha = 123°$ (Nebenwinkel, Stufenwinkel),
$\gamma = 180° - 90° - \alpha = 33°$ (Winkelsumme im Dreieck, Wechselwinkel)
$\delta = 180° - \gamma = 147°$ (Nebenwinkel, Stufenwinkel)

Übung 6

$\alpha^* = \beta + \gamma = 108{,}77°$ (Außenwinkel) $\Rightarrow \alpha = 71{,}23°$ (Nebenwinkel),
$\gamma^* = \alpha + \beta = 117°\,43'\,12'' = 117{,}72°$ (Außenwinkel) $\Rightarrow \gamma = 62{,}28°$ (Nebenwinkel),
$\beta^* = \alpha + \gamma = 133{,}51°$ (Außenwinkel) $\Rightarrow \beta = 46{,}49°$ (Nebenwinkel)

Übung 7

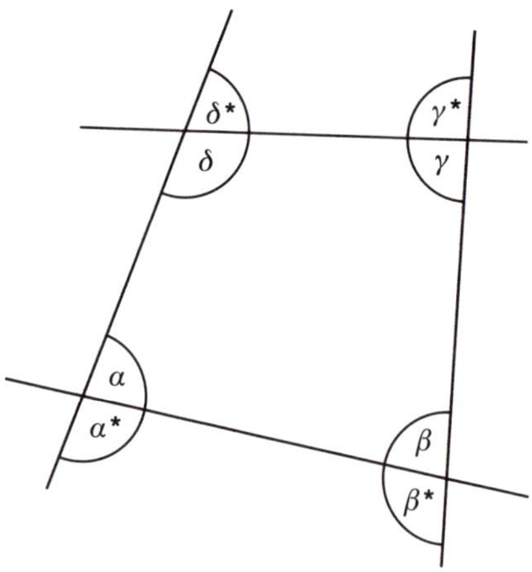

$\alpha^* + \beta^* + \gamma^* + \delta^* =$
$= (180° - \alpha) + (180° - \beta) + (180° - \gamma) + (180° - \delta) =$
$= 4 \cdot 180° - (\alpha + \beta + \gamma + \delta) = 720° - 360° = 360° = 2 \cdot 180°$

2. Achsenspiegelung

Übung 1

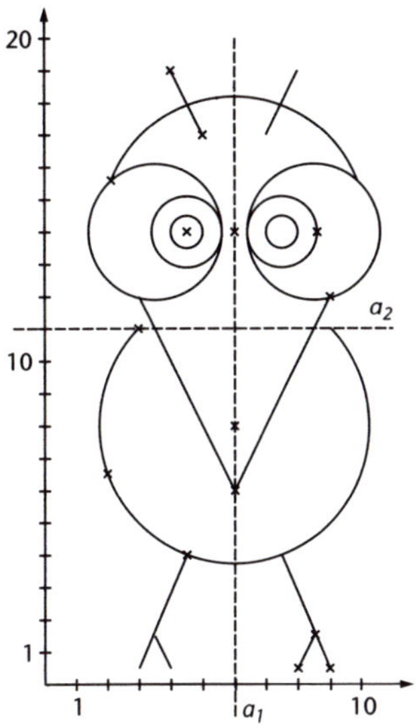

Übung 2

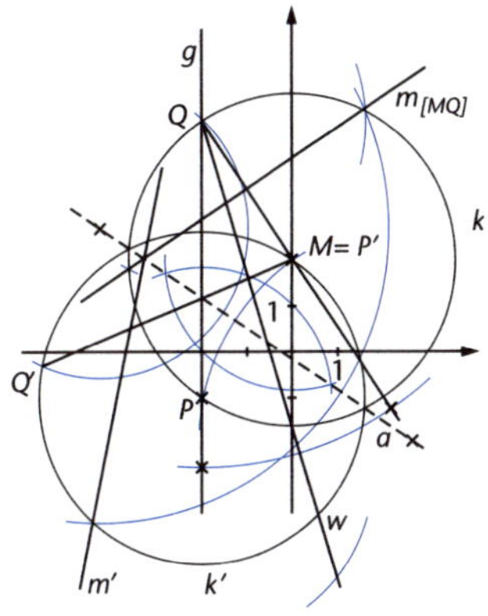

Übung 3

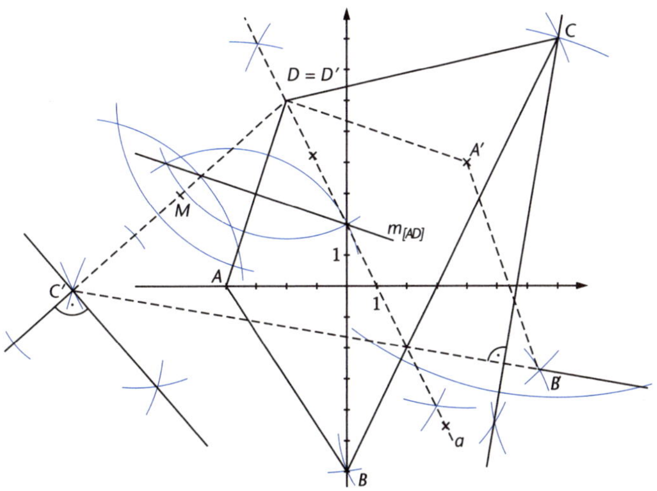

120 121

3. Transversalen im Dreieck

Übung 1

a)

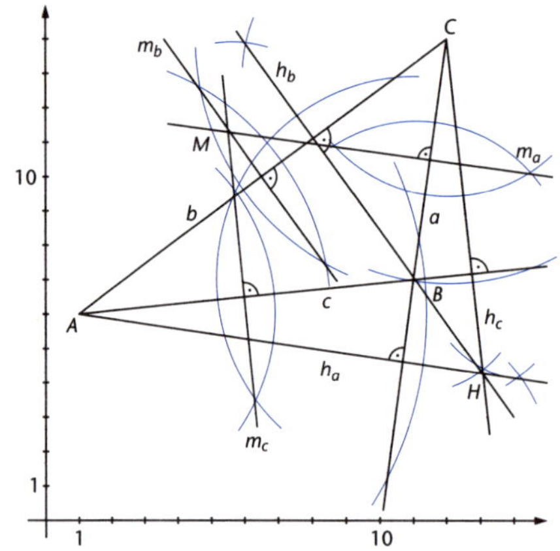

b)

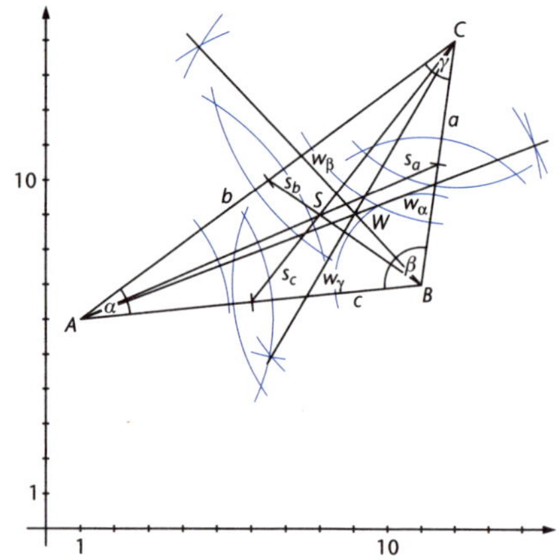

Wenn ein Dreieck stumpfwinklig ist, liegen *H* und *M* außerhalb.

Übung 2

a)

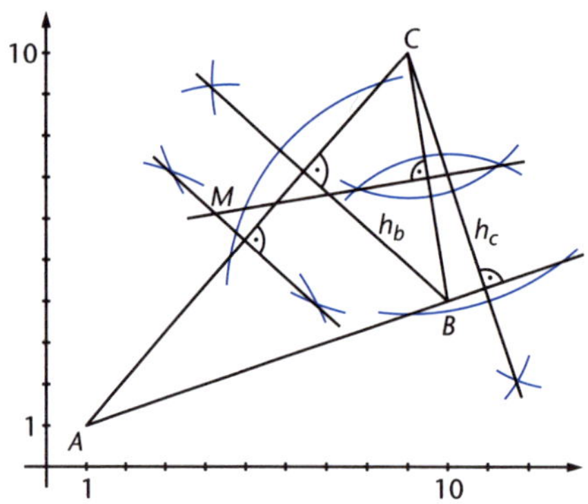

b)

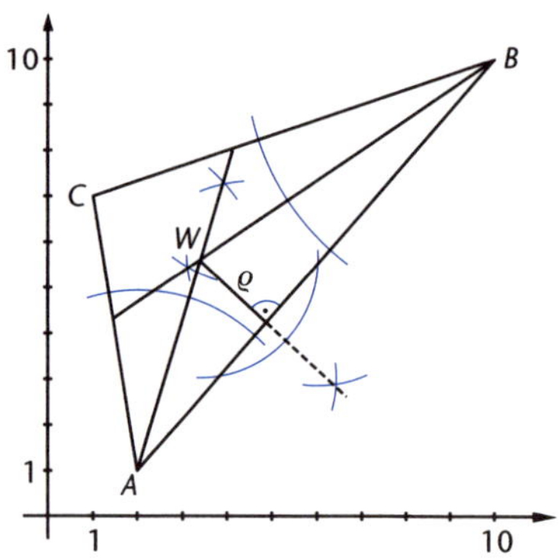

Übung 3

a) + b)

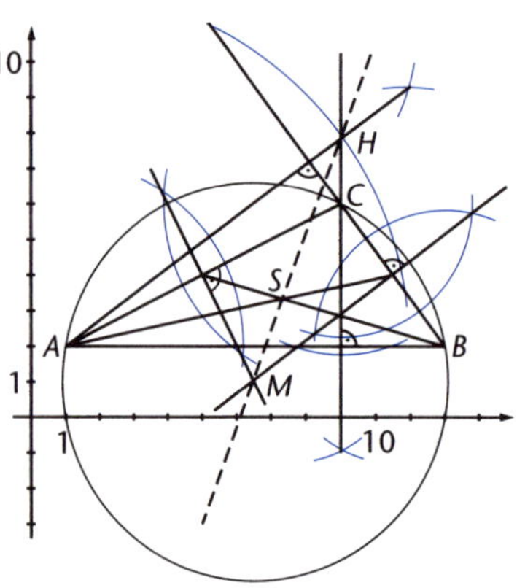

Übung 4

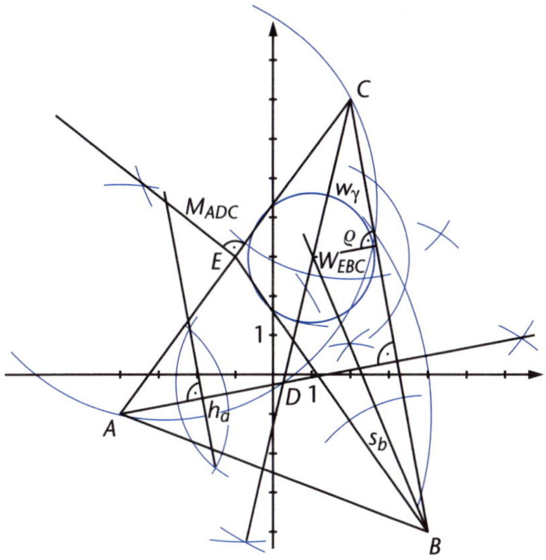

Übung 5

a) Der Umkreismittelpunkt *M* muss von den drei Ecken die gleiche Entfernung *r* haben; alle Punkte, die von je zwei Ecken die gleiche Entfernung haben, liegen auf der entsprechenden Mittelsenkrechten = Symmetrieachse; der Schnittpunkt zweier Mittelsenkrechten ist im Dreieck also von drei Ecken gleich weit entfernt.

b) Der Inkreismittelpunkt *W* muss von den drei Seiten den gleichen Abstand ϱ haben (da die Seiten Tangenten an den Inkreis sind); alle Punkte, die von je zwei Seiten den gleichen Abstand haben, liegen auf der entsprechenden Winkelhalbierenden = Symmetrieachse der Schenkel; der Schnittpunkt zweier Winkelhalbierenden hat also im Dreieck von drei Seiten den gleichen Abstand.

Übung 6

a) 3 Dreiecke: $\triangle ABC$, $\triangle ABD$ (rechtwinklig), $\triangle DBC$ (rechtwinklig)

b) 6 Dreiecke: $\triangle ABC$, $\triangle ADC$, $\triangle DBC$, $\triangle AEC$ (rechtwinklig), $\triangle EBC$ (rechtwinklig), $\triangle DEC$ (rechtwinklig)

c) 8 Dreiecke: $\triangle ABC$, $\triangle ADC$ (gleichschenklig), $\triangle DBC$ (gleichschenklig), $\triangle ABE$, $\triangle EBC$, $\triangle DBF$, $\triangle EFC$, $\triangle FBC$ (und das Viereck *ADFE*)

122 | 123

4. Vermischte Aufgaben (I)

Übung 1

$\alpha_1 = 180° - (62° + 71°) = 47°$ (Nebenwinkel)
$\beta_1 = 71°$ (Scheitelwinkel)
$\gamma_1 = 62°$ (Scheitelwinkel)
$\delta_1 = \alpha_1 = 47°$ (Scheitelwinkel)
$\beta_2 = \delta_1 = 47°$ (Wechselwinkel)
$\alpha_2 = 180° - \beta_2 = 133°$ (Nebenwinkel)
$\alpha_3 = 71°$ (Stufenwinkel)
$\beta_3 = 180° - \beta_1 = 109°$ (Nachbarwinkel)

Übung 2

$\alpha = 90° + \sphericalangle ACB = 90° + \gamma$ (Außenwinkel, Scheitelwinkel) $\Rightarrow \gamma = \alpha - 90°$
$\beta + \gamma + 90° = 180°$ (Winkelsumme) $\Rightarrow \beta = 90° - \gamma = 90° - (\alpha - 90°) = 180° - \alpha$

Übung 3

$\delta = \alpha + 90°$ (Außenwinkel)
$90° + \delta + 90° + (180° - \gamma) = 360°$ (Winkelsumme, Nebenwinkel) $\Rightarrow \delta = \gamma = \alpha + 90°$
$\beta + 90° = \gamma$ (Außenwinkel) $\Rightarrow \beta = \gamma - 90° = \alpha$
$\beta = \alpha$ und $\gamma = \delta$ folgt auch direkt aus dem Satz: Winkel, deren Schenkel paarweise aufeinander senkrecht stehen, sind entweder gleich oder ergeben zusammen 180°.

Übung 4

$\varepsilon_2 = 180° - \varepsilon_1 = 83°$ (Nebenwinkel)
$\beta_1 = 180° - \alpha - \varepsilon_2 = 23°$ (Winkelsumme)
$\beta_3 = 180° - 90° - \delta_1 = 49°$ (Winkelsumme)
$\beta_2 = 90° - \beta_1 - \beta_3 = 18°$ (Nachbarwinkel)

Übung 5

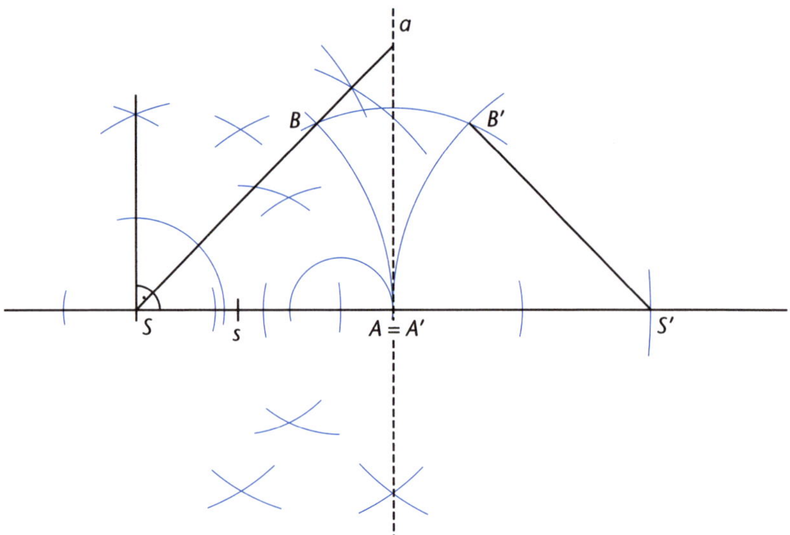

Übung 6

a)

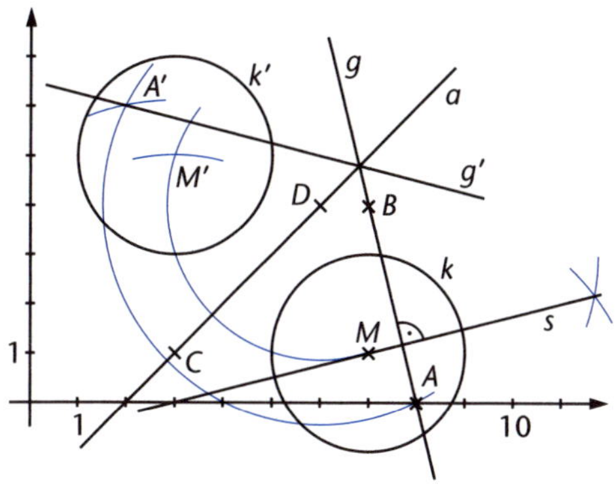

b) $M \in s$ und $s \perp g$

Übung 7

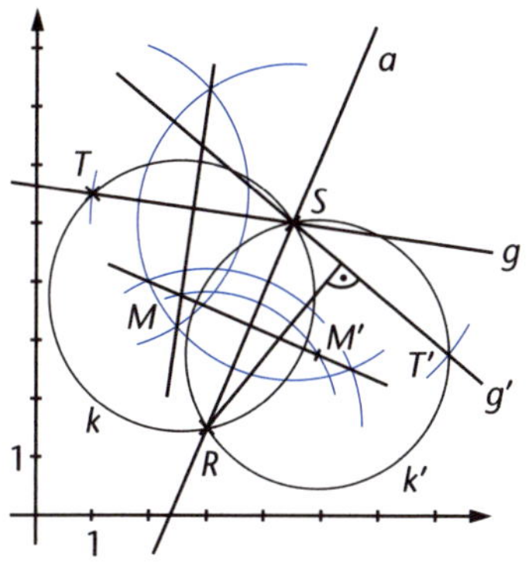

Übung 8

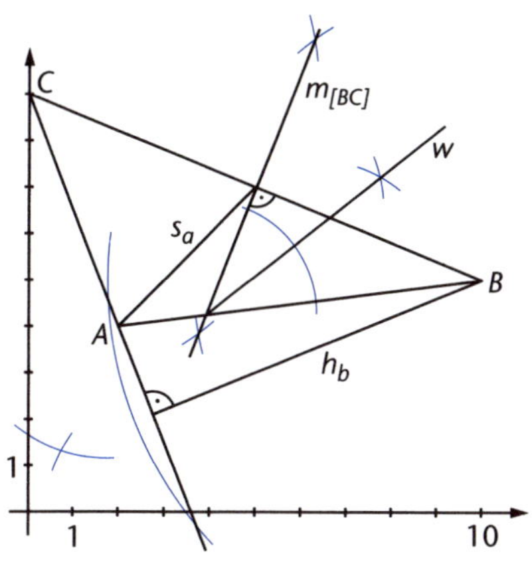

5. Punktspiegelung und Drehung

124 127

Übung 1

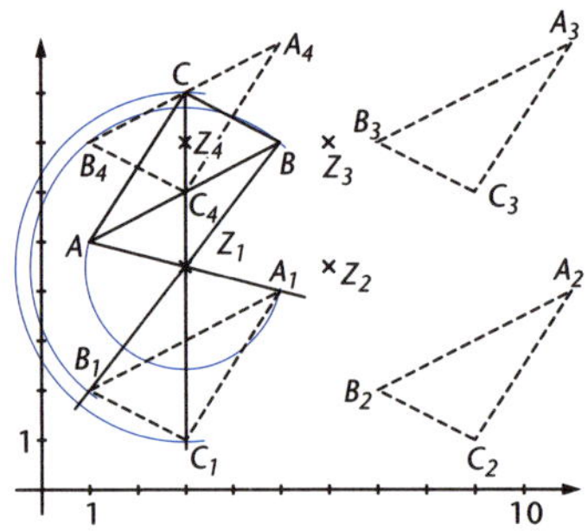

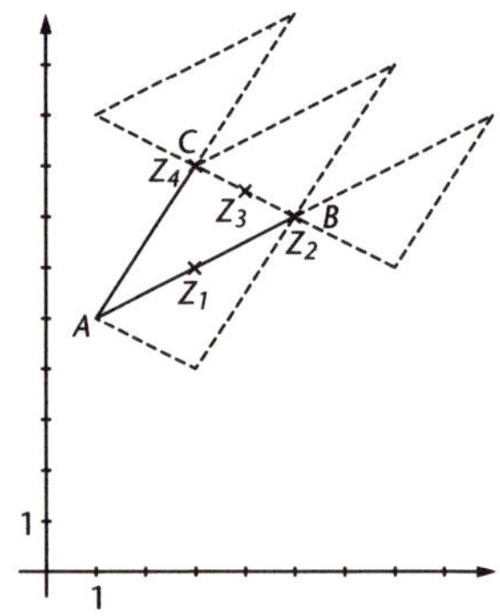

Übung 2
Übung 3

2

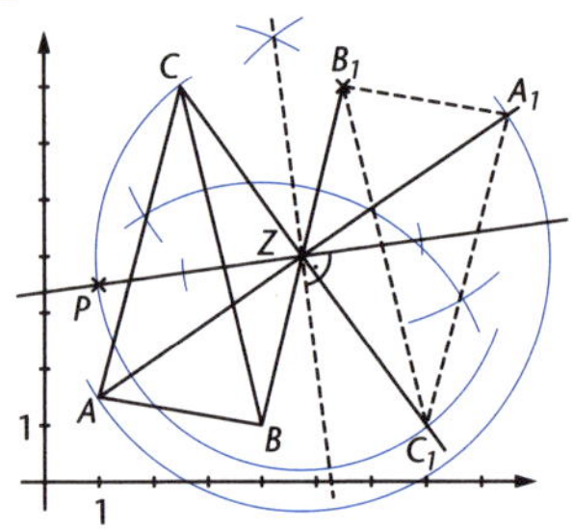

3

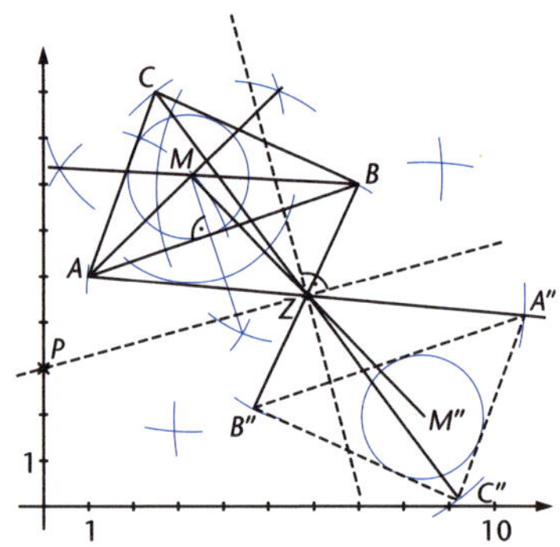

Übung 4
Übung 5

4

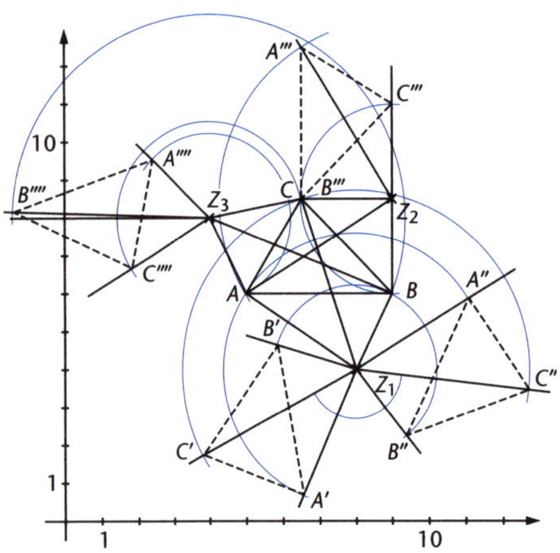

5

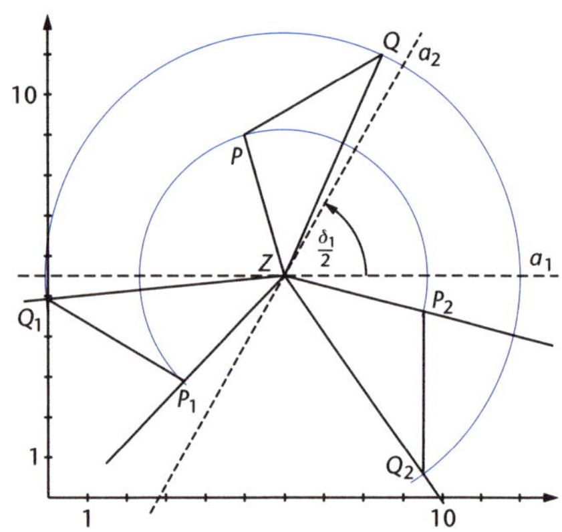

4e) $\delta = 145°$ oder $\delta = -215°$

5c) Es muss die Nummerierung der Achsen vertauscht werden

6. Verschiebung

Übung 1

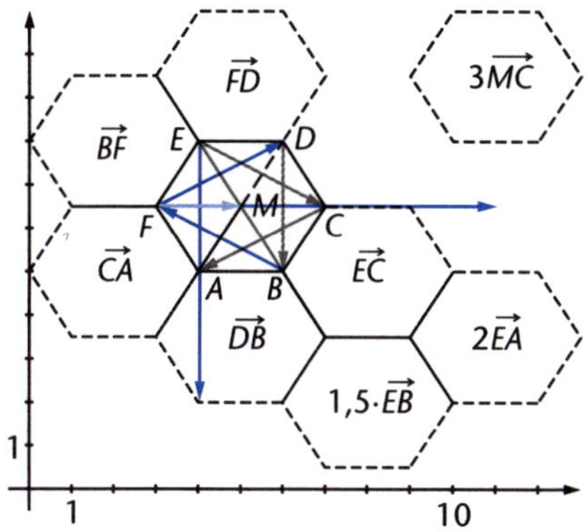

Übung 2

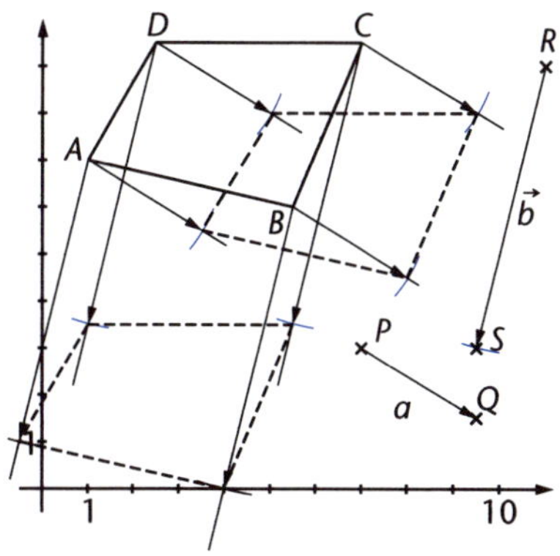

Übung 3

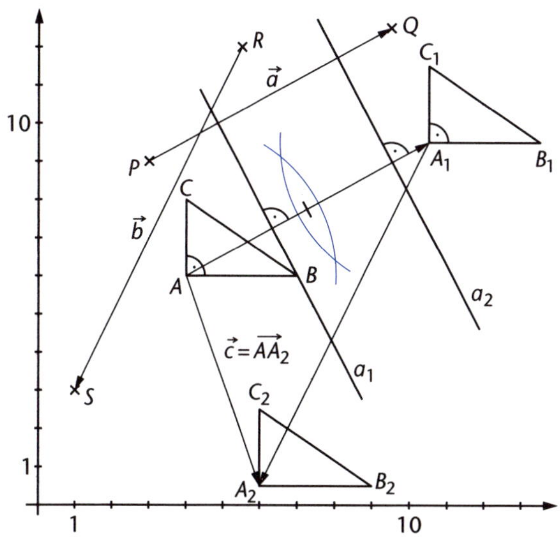

7. Kongruenzsätze

Übung 1

a) SSS

b) WSW

c) SWS

d) SWW

e) SsW

Übung 2

a) β ist Zwischenwinkel, γ_1 ist anliegender Winkel; die jeweils gegebenen Stücke gehören also zu verschiedenen Kongruenzmerkmalen

b) In $\triangle ABC$ ist α gegenüberliegender Winkel, in $\triangle A_1B_1C_1$ sind beide Winkel anliegend; die Winkel in beiden Dreiecken sind also nicht gleichliegend, wie in WSW bzw. SWW gefordert.

Übung 3

$\overline{AC} = \overline{BC}$, $\overline{CD} = \overline{CD}$, $\measuredangle DAC = \measuredangle CBD = 40°$; die Dreiecke sind nicht kongruent, da die Winkel jeweils der kleineren Seite $\overline{DC}$ gegenüberliegen, anders als in SsW gefordert.

Übung 4

a)

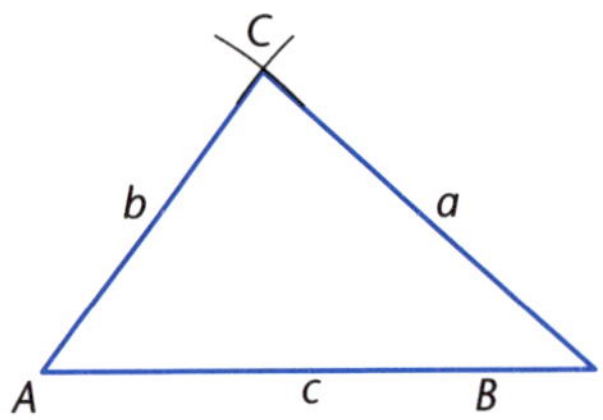

b)

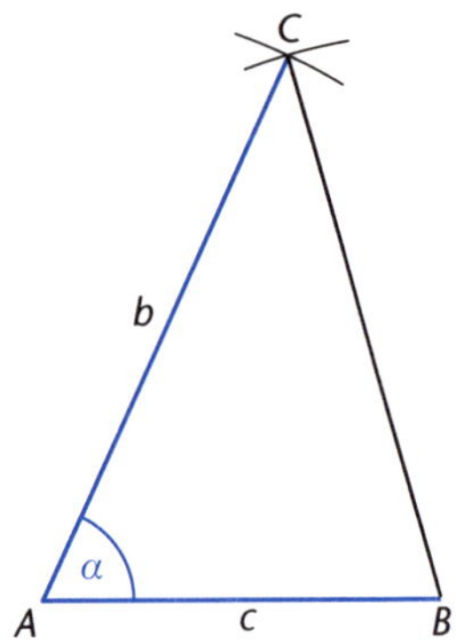

c)

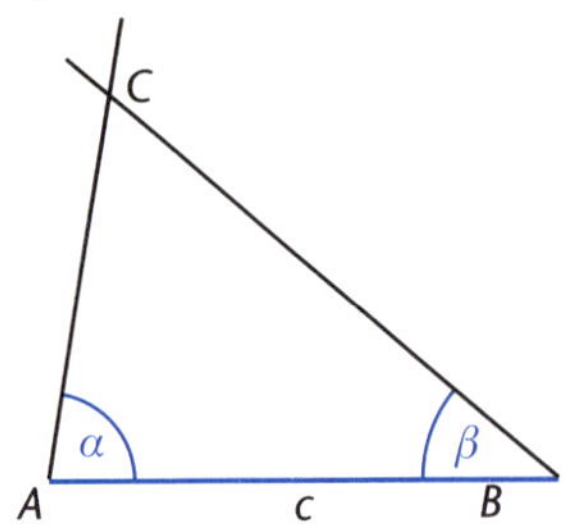

d)

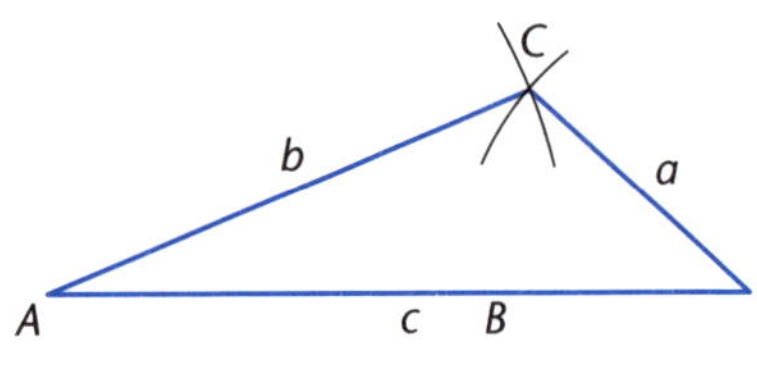

e)

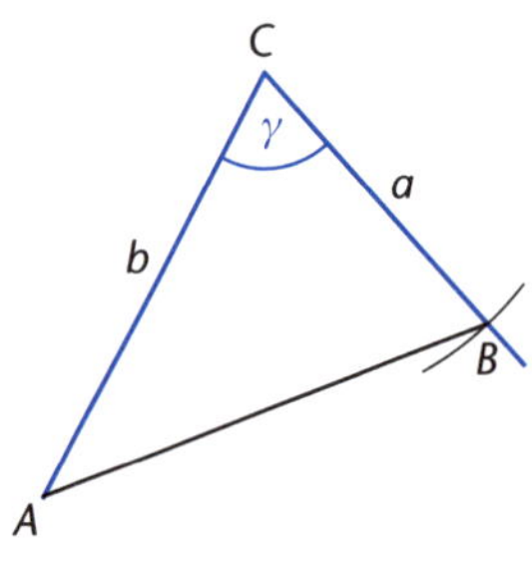

f)

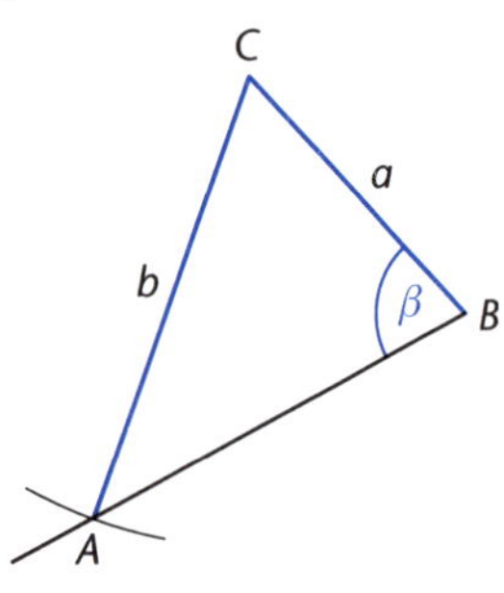

g) $\beta = 180° - (\alpha + \gamma) = 130°$

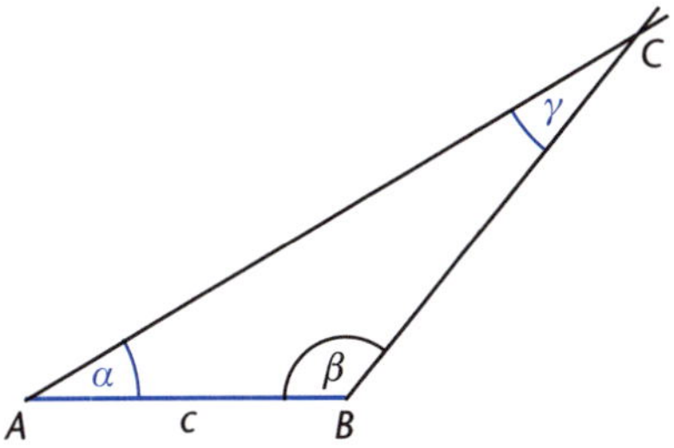

h)

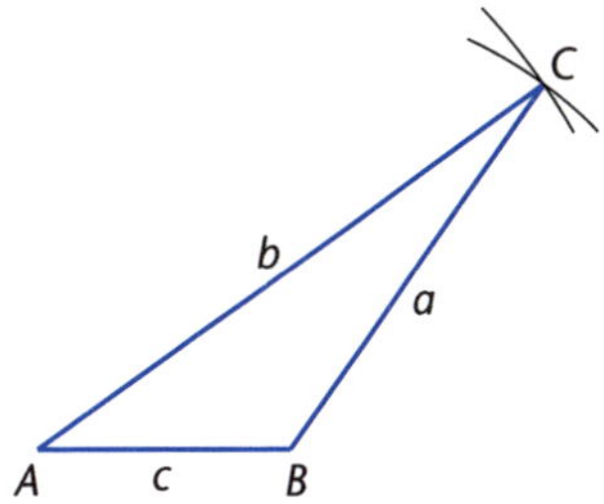

i)

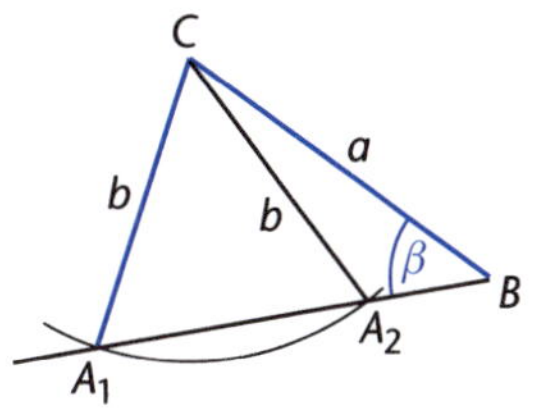

j) $\alpha = 180° - (\beta + \gamma) = 65°$

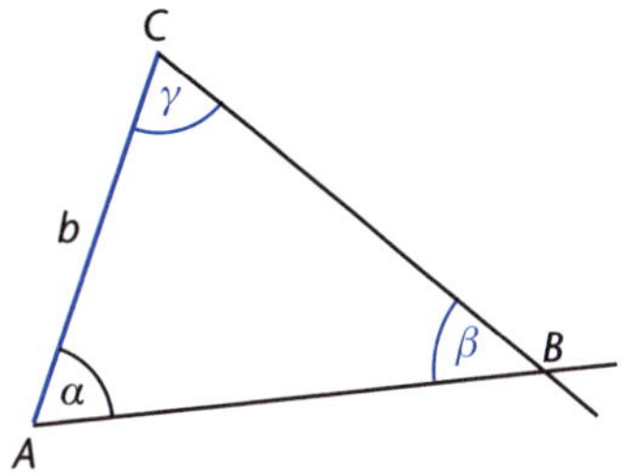

k)

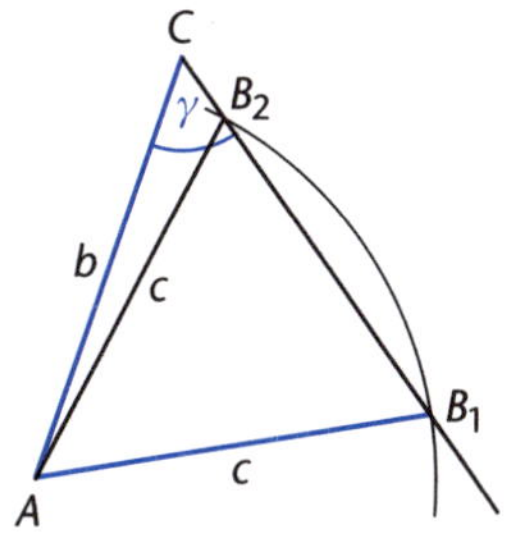

130 131

8. Vermischte Aufgaben (II)

Übung 1

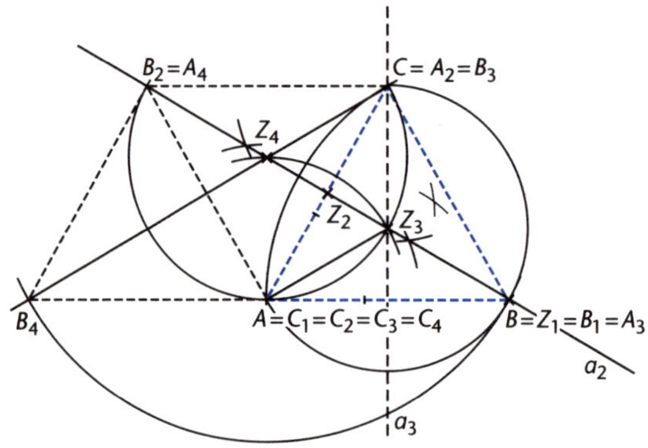

a) $Z_1 = B$, $B_1 = B$ (Fixpunkt)
b) $Z_2 \in AC$ mit $\overline{AZ_2} = \overline{Z_2C}$,
Raute $C_2BA_2B_2$
c) $A_3 = B$, $B_3 = C$
d) $\measuredangle(a_1; a_2) = 60°$,
$a_1 \cap a_2 = \{Z_3\}$

Übung 2

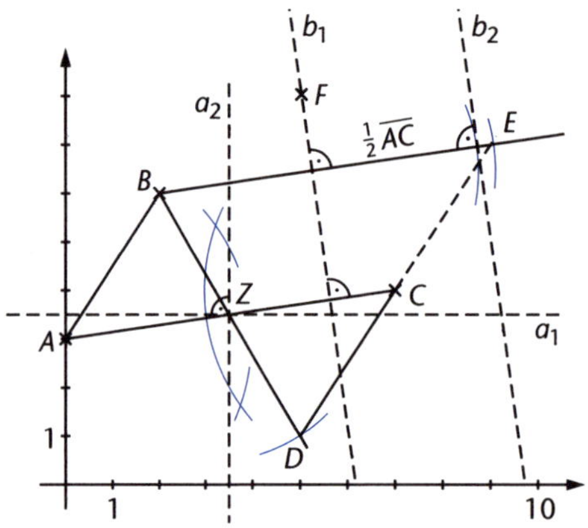

Übung 3

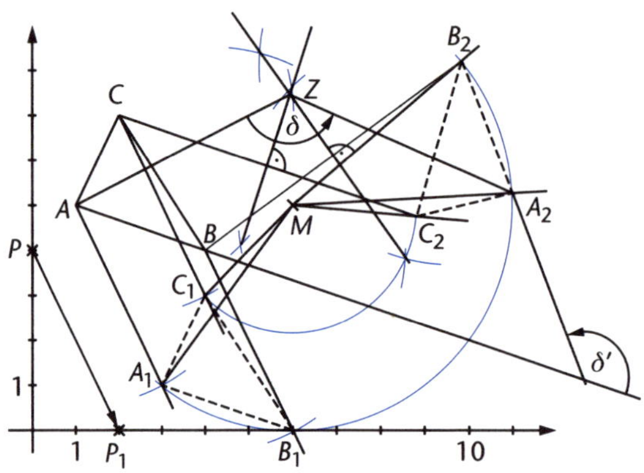

zu b) Punkt und Bildpunkt müssen auf einer Kreislinie liegen; deren Mittelpunkt liegt auf der Mittelsenkrechten der Strecke zwischen Punkt und Bildpunkt, das gesuchte Zentrum ist also der Schnittpunkt zweier solcher Mittelsenkrechten.
$\delta' = 130°$, auch $\delta' = -230°$.

Übung 4

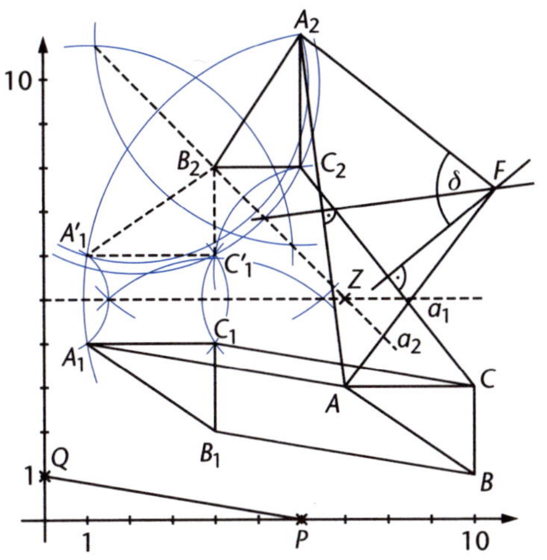

zu c) Drehung um den Schnittpunkt Z der Achsen a_1 und a_2 mit $\delta_1 = -90°$

zu d) Es sind genau 2 Achsen nötig, da Figur und Bildfigur gleichsinnig sind.

zu e) $\delta = 90°$

Übung 5

Da β der kleineren Seite b gegenüberliegt, sind die Dreiecke nicht sicher kongruent.

Übung 6

a) Planfigur:

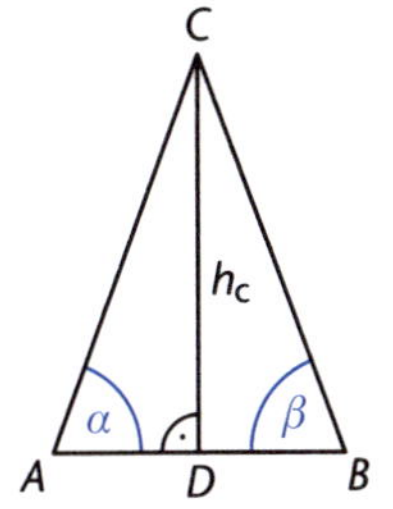

Beweis:

$\triangle ADC \cong \triangle DBC$, denn

1. $\overline{DC} = \overline{DC}$
2. $\sphericalangle DAC = \sphericalangle CBD$
3. $\sphericalangle CDA = \sphericalangle BDC = 90°$

(SWW) $\Rightarrow$ $\overline{AC} = \overline{BC}$

b) Planfigur:

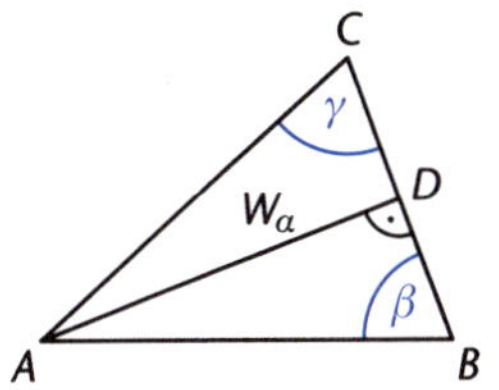

Beweis:

$\triangle ABD \cong \triangle ADC$, denn

1. $\overline{AD} = \overline{AD}$
2. $\sphericalangle DBA = \sphericalangle ACD$
3. $\sphericalangle BAD = \sphericalangle DAC = \frac{\gamma}{2}$

(SWW) $\Rightarrow$ $\overline{AB} = \overline{AC}$

Übung 7

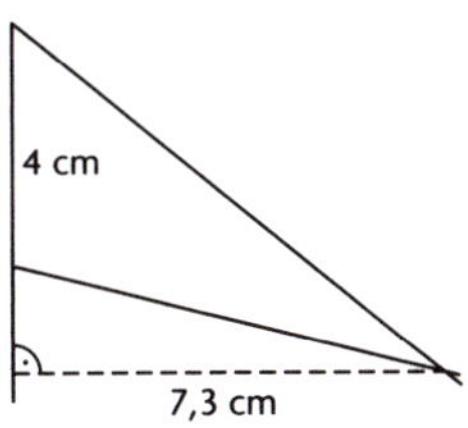

20 m : 500 = 4 cm;
7,3 cm · 500 = 36,5 m
Der Fluss ist etwa 37 m breit.

Übung 8

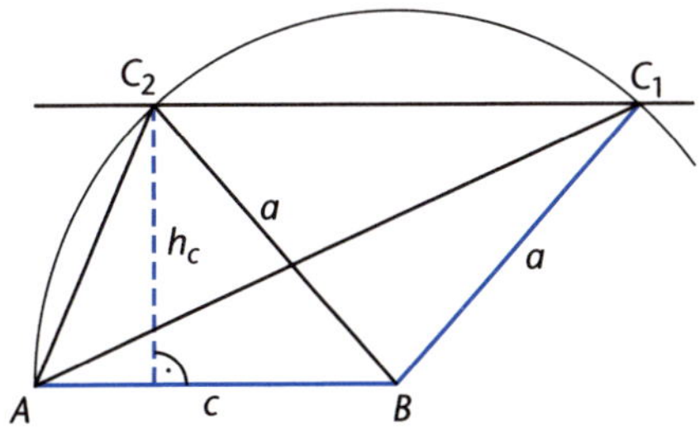

132 133

9. Besondere Dreiecke

Übung 1

a)

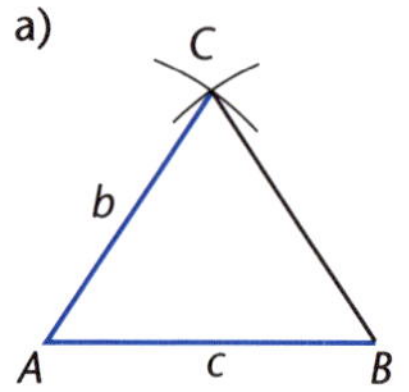

b)

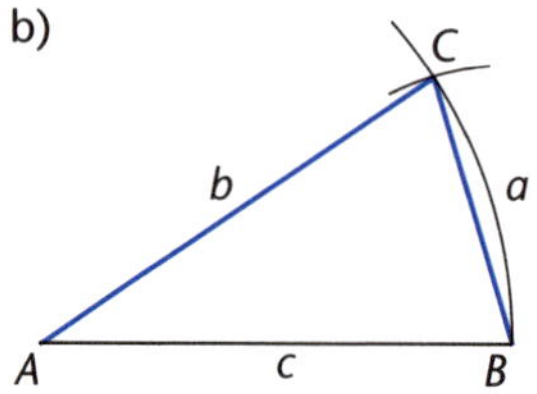

c)

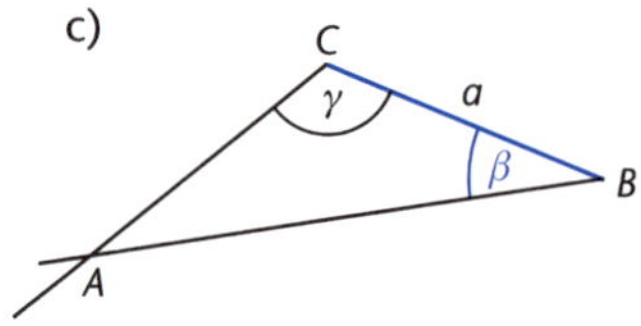

d)

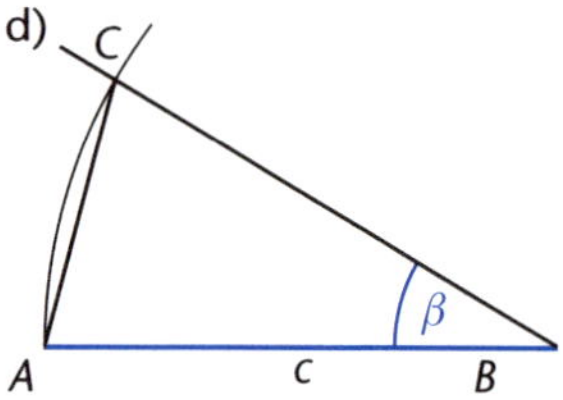

e)

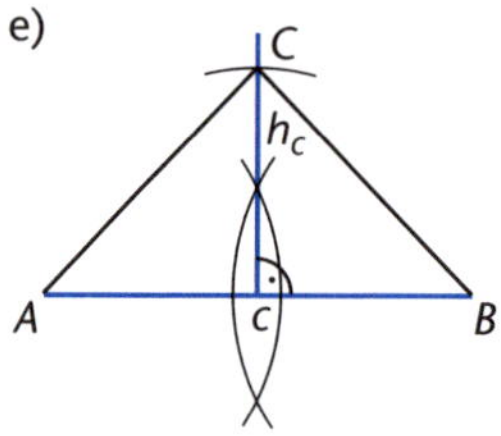

f)

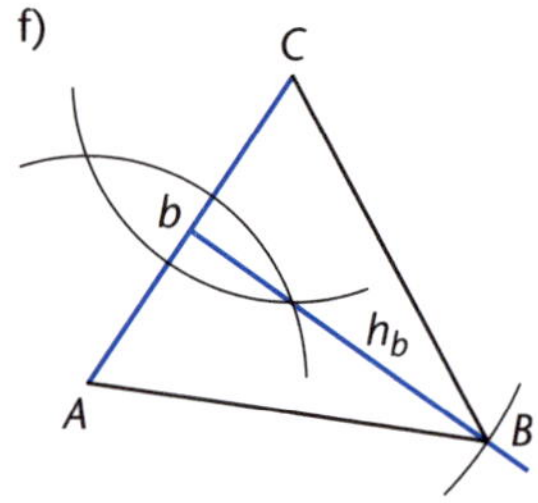

Übung 2

a)

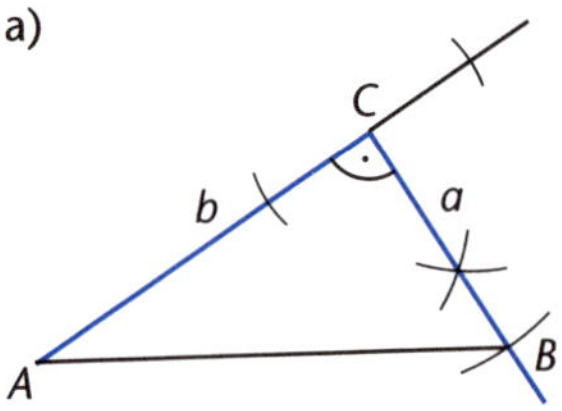

b)

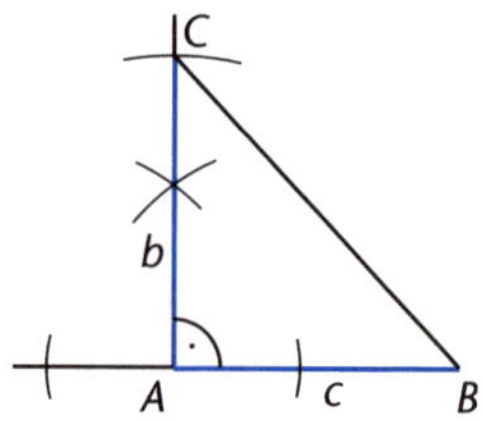

c_1)

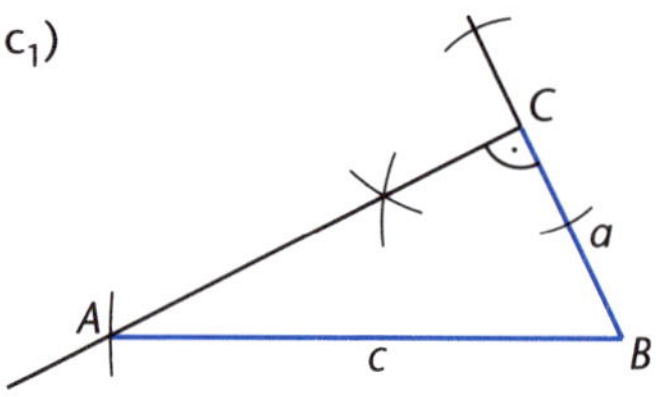

c_2)

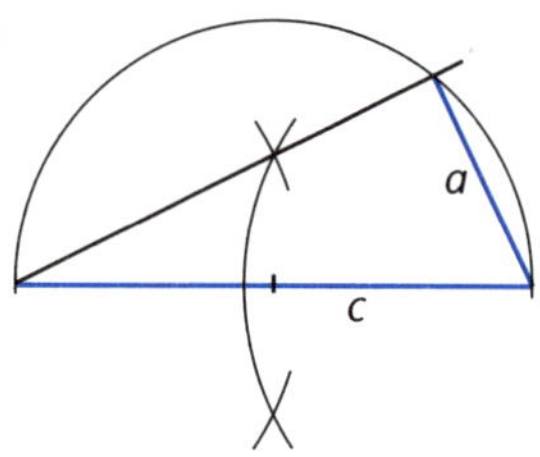

d)

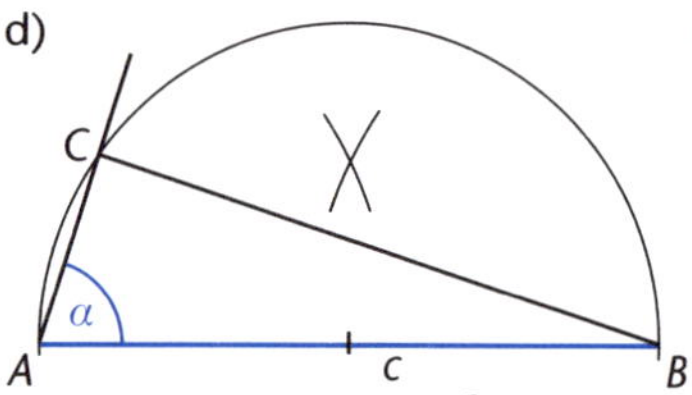

e)

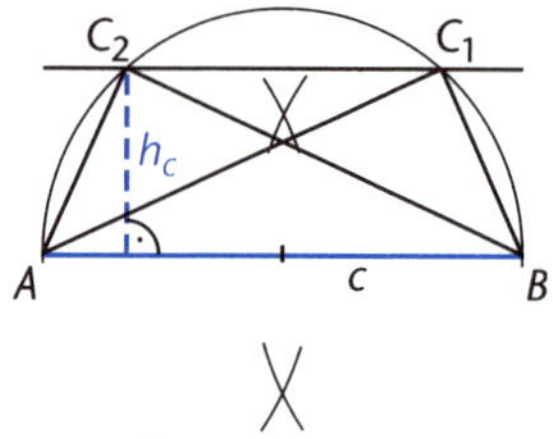

f)

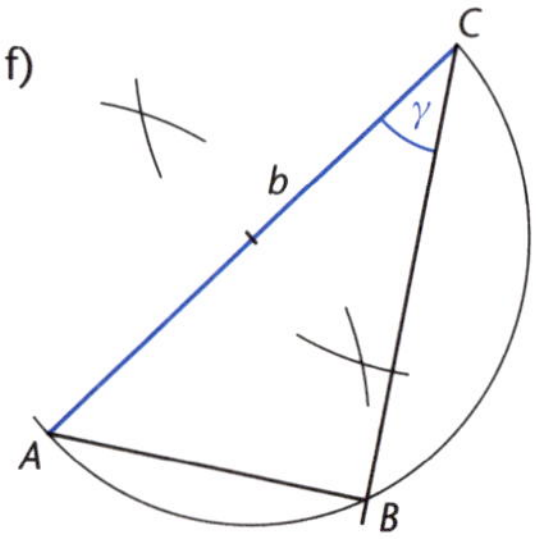

g)

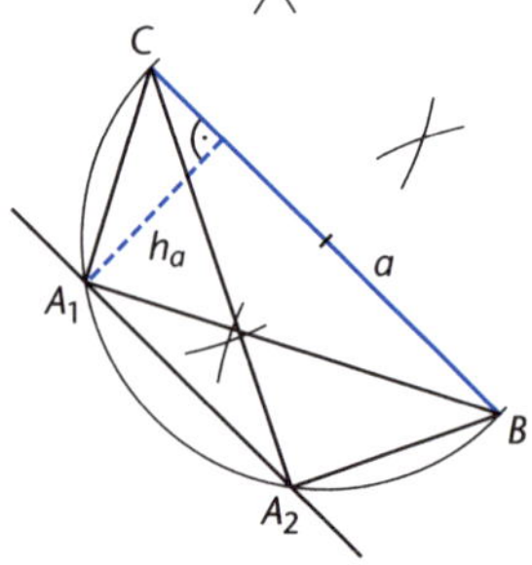

Übung 3

a) $30° = 60° : 2$ | $150° = 180° - 30°$ | $15° = 30° : 2$
$75° = 60° + 15°$ | $165° = 180° - 15°$ | $120° = 180° - 60°$
$7{,}5° = 15° : 2$ | $67{,}5° = 60° + 7{,}5°$ | $52{,}5° = 60° - 7{,}5°$

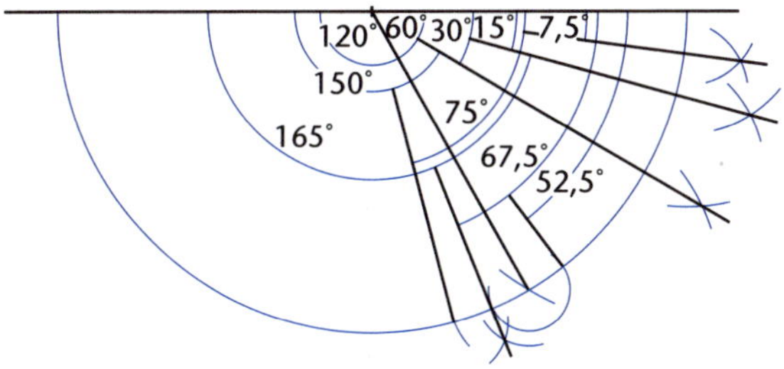

b) $45° = 90° : 2$ | $135° = 90° + 45°$ | $22{,}5° = 45° : 2$
$157{,}5° = 180° - 22{,}5°$ | $67{,}5° = 90° - 22{,}5°$ | $112{,}5° = 90° + 22{,}5°$

c) $195° = 180° + 15°$ | $187{,}5° = 180° + 7{,}5°$ | $105° = 90° + 15°$
$52{,}5° = 45° + 7{,}5° = 105° : 2 = 60° - 7{,}5° = 30° + 22{,}5°$
$37{,}5° = 30° + 7{,}5°$ | $127{,}5° = 90° + 37{,}5°$

Übung 4

Umkehrung des Thalessatzes!
$\overline{MA} = \overline{MC} \Rightarrow \measuredangle MAC = \measuredangle ACM = \alpha$ (Basiswinkel),
$\overline{MB} = \overline{MC} \Rightarrow \measuredangle CBM = \measuredangle MCB = \beta$ (Basiswinkel),
$\Rightarrow \alpha + \beta + (\alpha + \beta) = 180°$ (Winkelsumme im $\triangle ABC$)
$\Rightarrow 2\alpha + 2\beta = 180° \Rightarrow \alpha + \beta = 90° = \measuredangle ACB$

Übung 5

a) $\measuredangle ACB = 90° \Rightarrow C$ liegt auf dem Thaleskreis über $[AB] \Rightarrow \overline{CM} = \overline{AM} = r$

b) $\overline{CM} = \overline{AM} \Rightarrow \measuredangle MAC = \measuredangle ACM = \gamma : 2 = 55°$ (Basiswinkel, Außenwinkel
$\Rightarrow \measuredangle CBM = 90° - 55° = 35°$ (Winkelsumme im $\triangle ABC$)

Übung 6

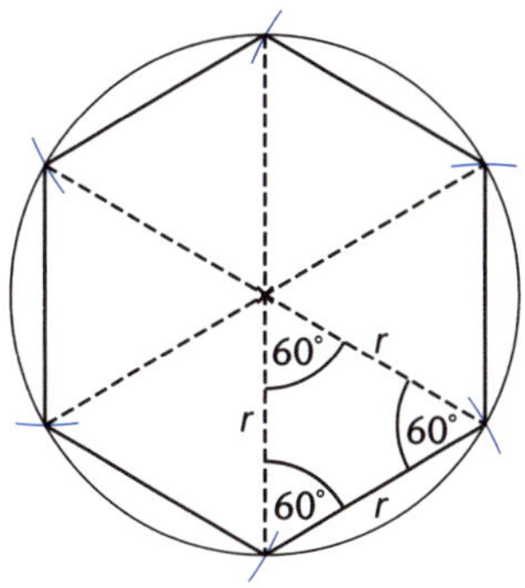

Jede Seite hat die Länge r, jedes der sechs Bestimmungsdreiecke ist also gleichseitig, jeder Mittelpunktswinkel beträgt also 60°; für den Vollwinkel um den Mittelpunkt gilt also:
$360° : 60° = 6 \Rightarrow$ Behauptung

134 135

10. Konstruktion mithilfe von Teildreiecken

Übung 1

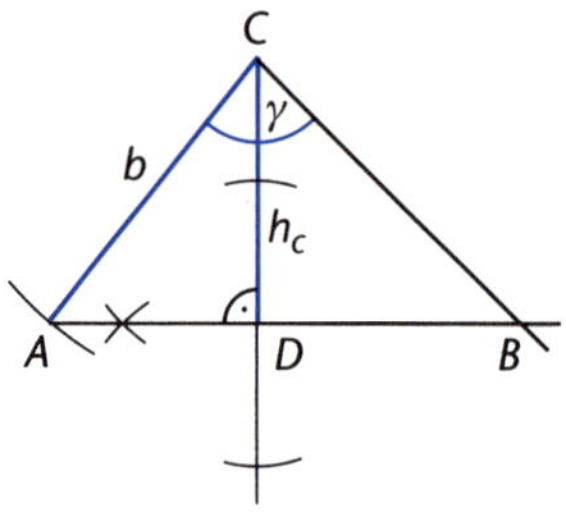

Übung 2

a) Planfigur:

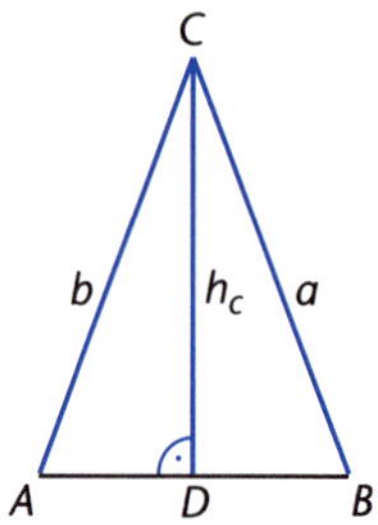

Formaltext:
Teildreieck *ADC* konstruierbar

1. $h_c \Rightarrow C, D$
2. $A: \begin{cases} \text{Lot auf } DC \text{ in } D \\ k(C;b) \end{cases}$
3. $B: \begin{cases} [AD \\ k(C;b) \end{cases}$

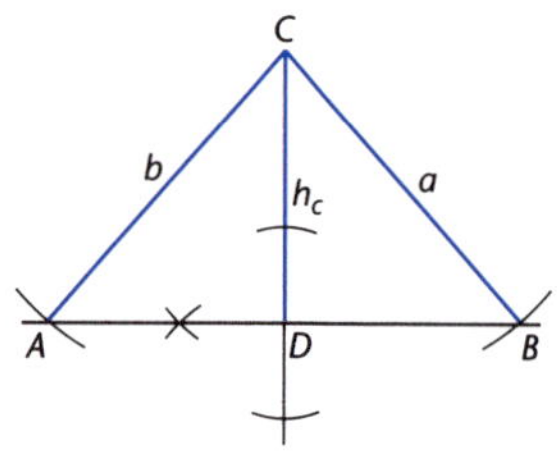

b) Planfigur:

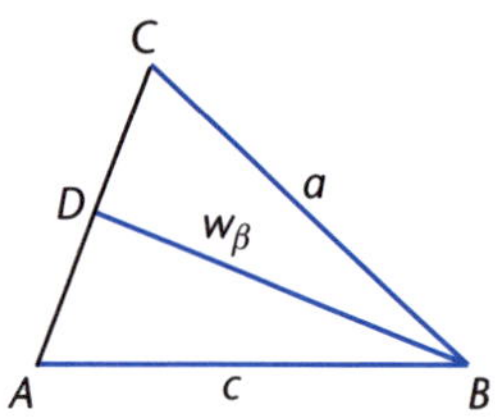

Formaltext:
Teildreieck *ABD* konstruierbar, da $w_\beta = h_b$

1. $w_\beta \Rightarrow B, D$
2. $A: \begin{cases} \text{Lot auf } BD \text{ in } D \\ k(B;c) \end{cases}$
3. $B: \begin{cases} [AD \\ k(B;a) \end{cases}$

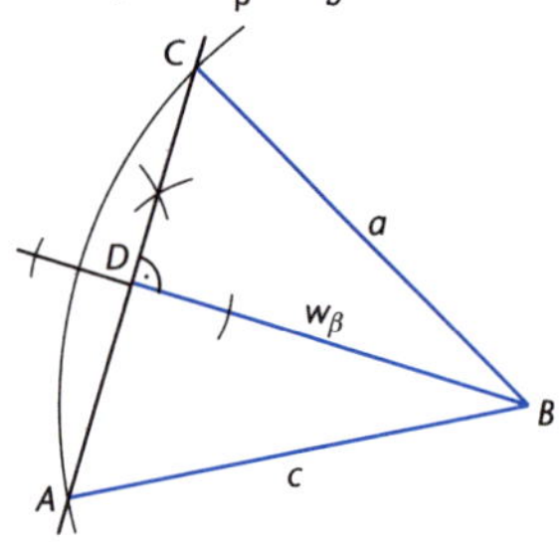

2. Weg: Mit *c* beginnen, Thaleskreis

c) Planfigur:

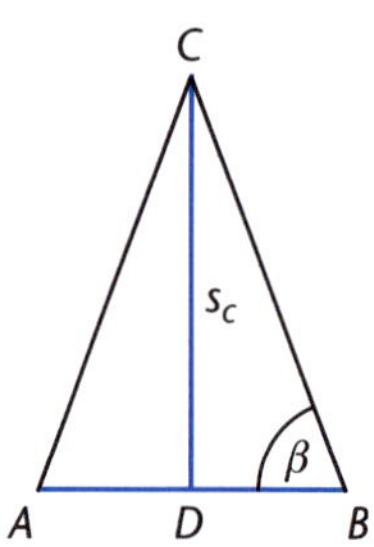

Formaltext:
Teildreieck *DBC* konstruierbar, da $s_c = h_c$ und $\sphericalangle DCB = 90° - \beta = 62°$

1. $s_c \Rightarrow C, D$
2. $B: \begin{cases} \text{Lot auf } CD \text{ in } D \\ \text{freier Schenkel } (90° - \beta) \text{ an } [CD \end{cases}$
3. $A: \begin{cases} [BD \\ k(C;a) \end{cases}$

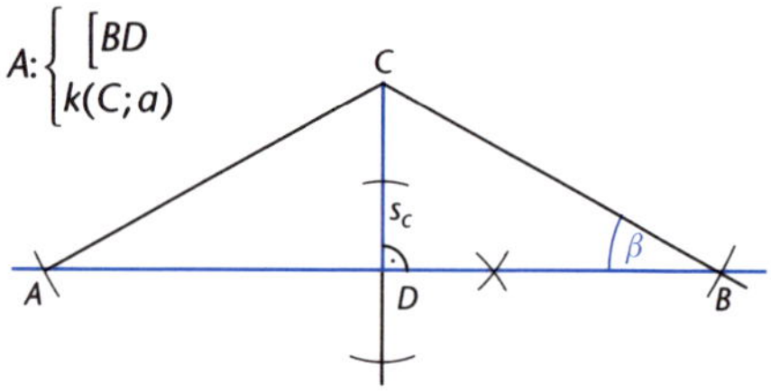

Übung 2

d) Planfigur:

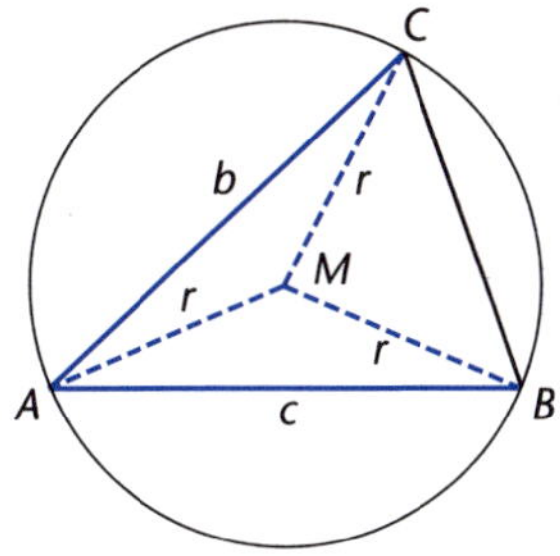

Formaltext: Teildreieck *ABM* konstruierbar

1. $c \Rightarrow A, B$
2. $M: \begin{cases} k(A;r) \\ k(B;r) \end{cases}$
3. $C: \begin{cases} k(M;r) \\ k(A;b) \end{cases}$

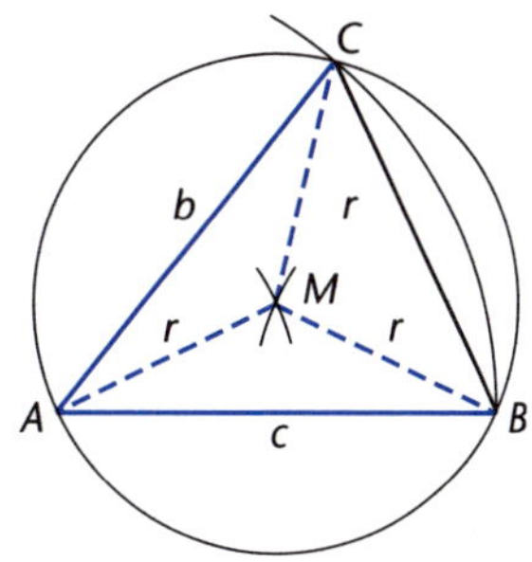

Übung 3

a) Wie Übung 2c) für $\beta = 60°$

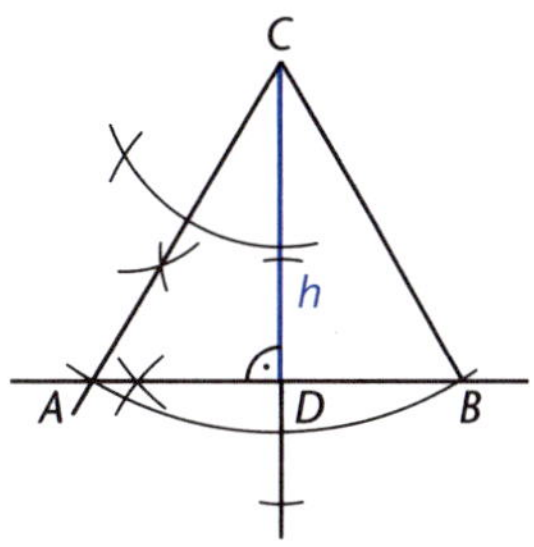

b) Planfigur:

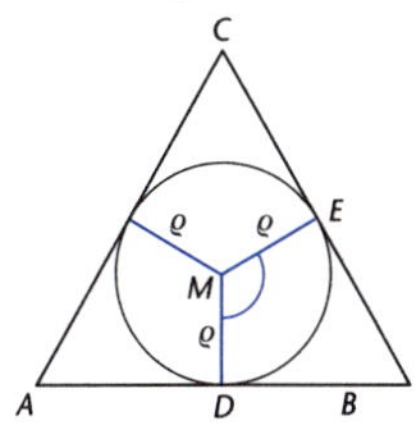

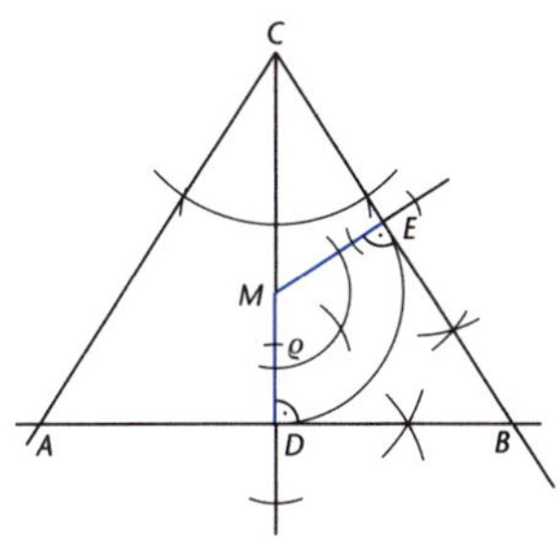

Formaltext: Teildreieck *MDE* konstruierbar:

1. $\varrho \Rightarrow M, D$
2. $E: \begin{cases} \text{fr. Sch. } 120° \text{ an } [MD \\ k(M;\varrho) \end{cases}$
3. $B: \begin{cases} \text{Lot auf } MD \text{ in } D \\ \text{Lot auf } ME \text{ in } E \end{cases}$
4. $C: \begin{cases} [DM \\ [BE \end{cases}$
5. $A: \begin{cases} [BD \\ \text{fr. Sch. } 30° \text{ an } [CM \end{cases}$

2. Weg: Teildreieck *ADM* konstruierbar

c) $b \rightarrow D \rightarrow B$

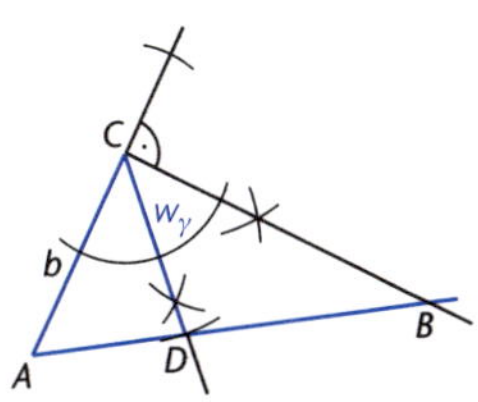

d) $w_\gamma \rightarrow B \rightarrow A$

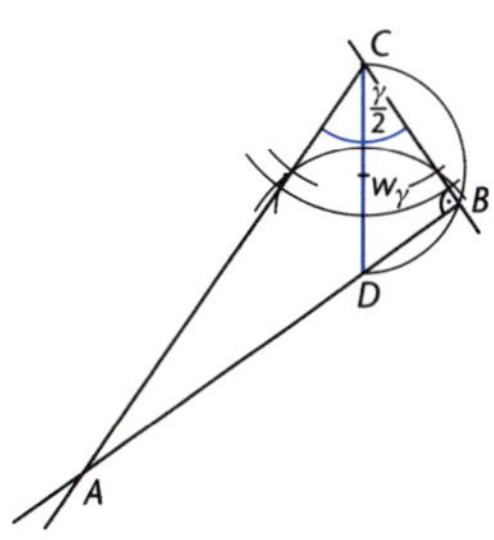

e) $r = s_c = [AM] \rightarrow C \rightarrow B$

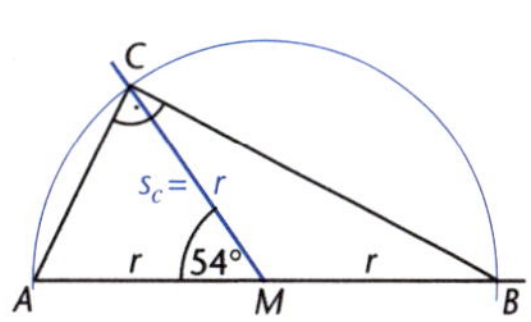

135 | 137

10. Konstruktion mithilfe von Teildreiecken (Fortsetzung)

Übung 4

a) $b \rightarrow D \rightarrow B$
oder $h_c \rightarrow A \rightarrow B$

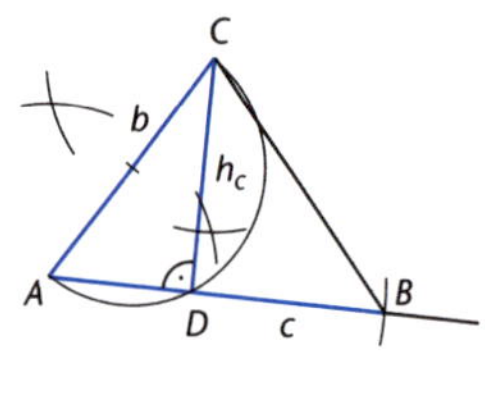

b) $c \rightarrow D \rightarrow C_{1/2}$
oder $a \rightarrow D \rightarrow A_{1/2}$
oder $h_c \rightarrow C_{1/2} \rightarrow A$

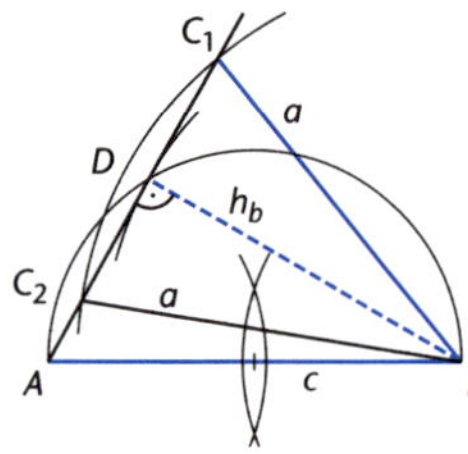

c) $b \rightarrow D \rightarrow B$

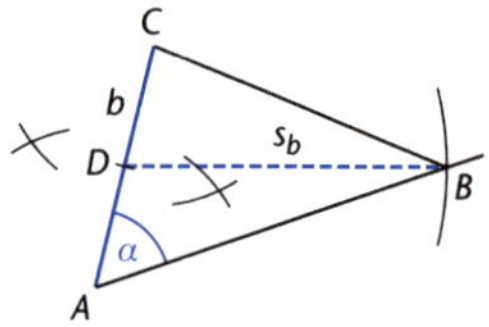

d) $c \rightarrow D \rightarrow C$

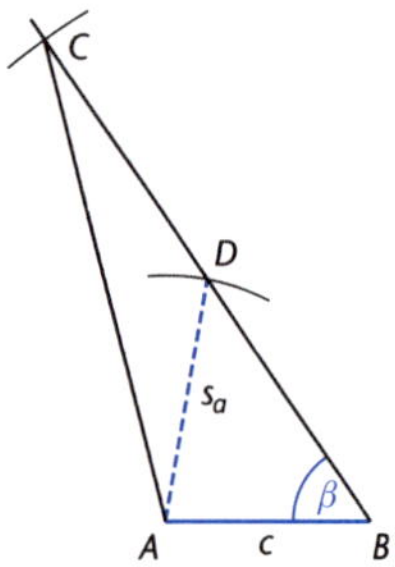

e) $c \rightarrow D_{1/2} \rightarrow C_{1/2}$

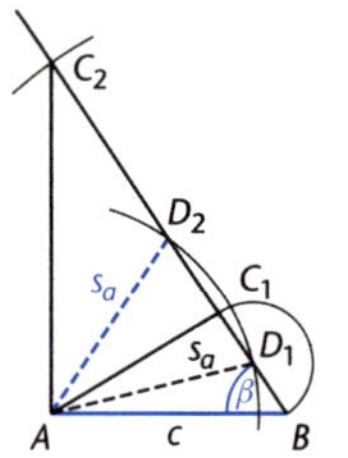

f) $w_\beta \rightarrow C \rightarrow A$ oder $a \rightarrow D \rightarrow A$

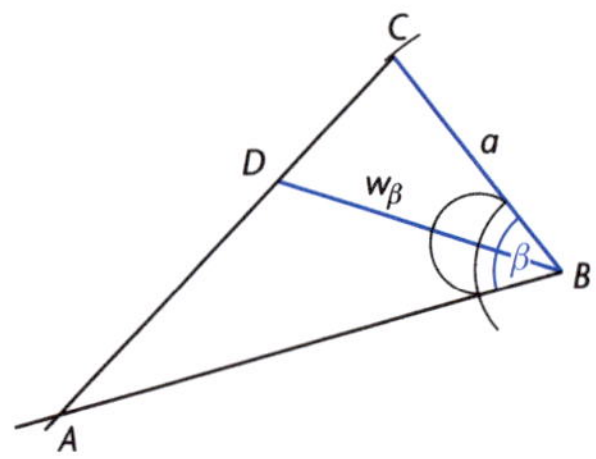

g) $s_a \rightarrow B \rightarrow C$

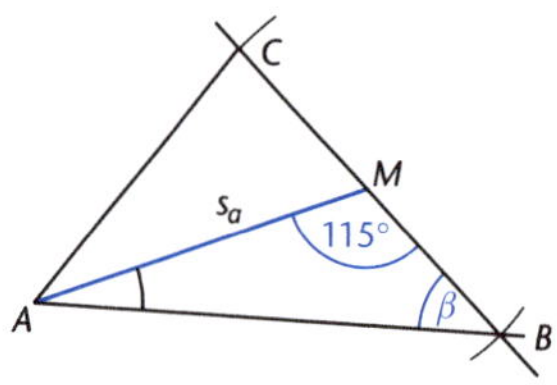

h) $h_c \rightarrow B \rightarrow A$ oder $a \rightarrow D \rightarrow A$

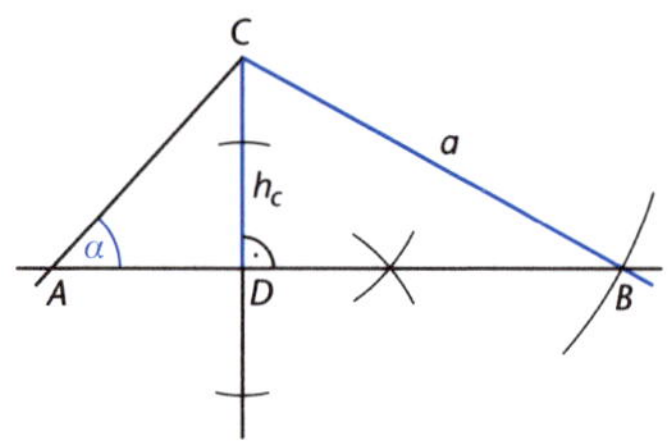

i) $h_c \rightarrow D \rightarrow A \rightarrow$ oder $w_\gamma \rightarrow E \rightarrow A \rightarrow B$

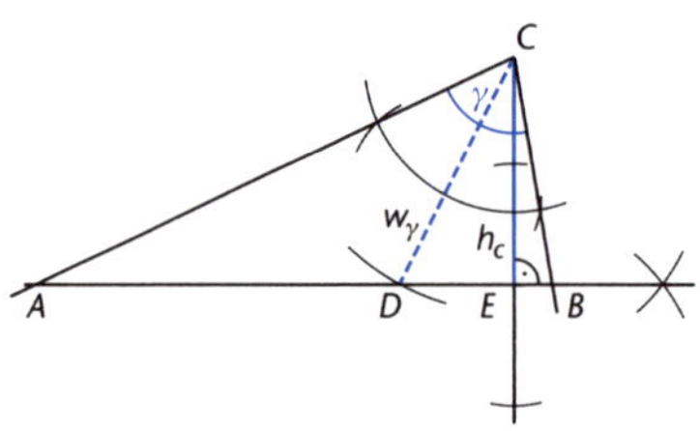

j) $a \rightarrow M \rightarrow A$

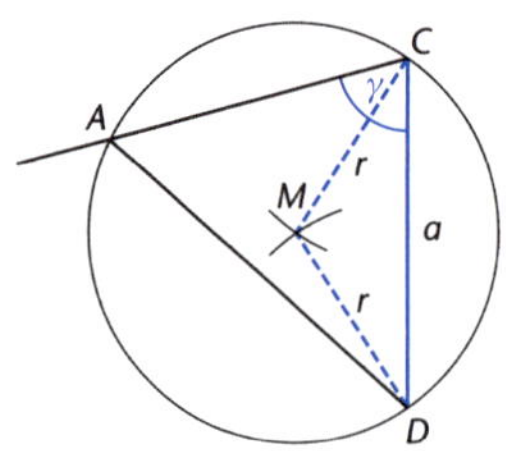

Übung 5 $h' = 5$ m : 100 = 5 cm; $h \rightarrow A \rightarrow B$ $c \approx 14{,}3$ cm · 100 ≈ 15 m

11. Besondere Vierecke – Viereckskonstruktion

Übung 1

a) $e \rightarrow M \rightarrow B, D$

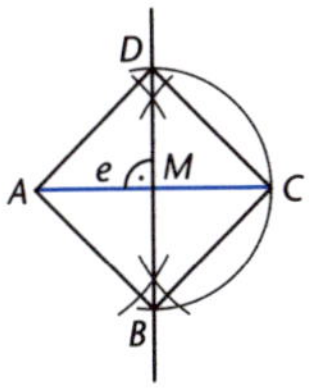

b) $e \rightarrow M \rightarrow B, D$

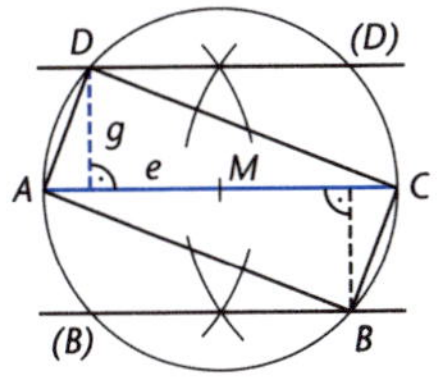

c) $f \rightarrow A, C$

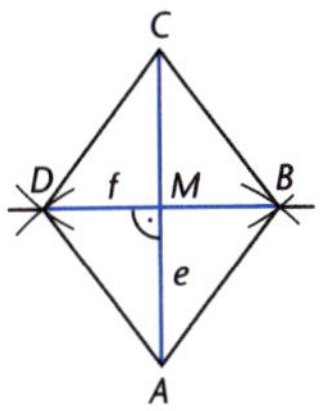

d) $a \rightarrow D, C$

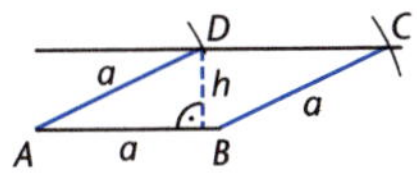

Übung 2

a) $b \rightarrow C \rightarrow D$; $\beta = 180° - \gamma$

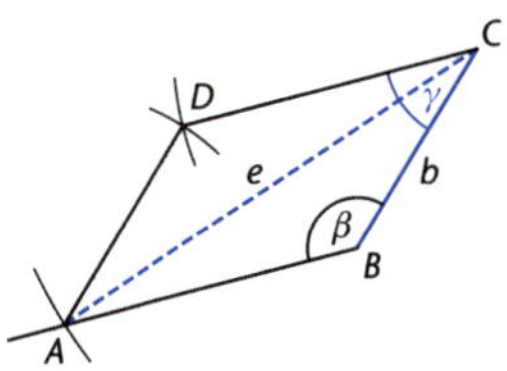

b) $\alpha \rightarrow D_{1/2} \rightarrow C_{1/2}$

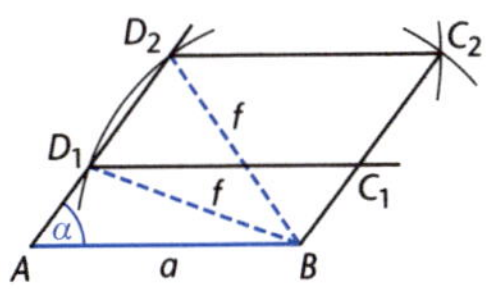

c) $a \rightarrow D \rightarrow C$

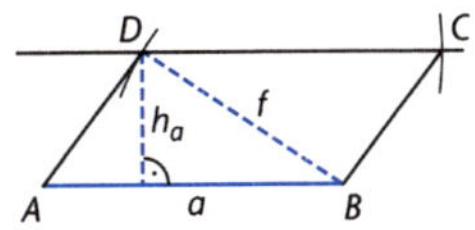

Übung 3

a) $f \rightarrow C \rightarrow A$

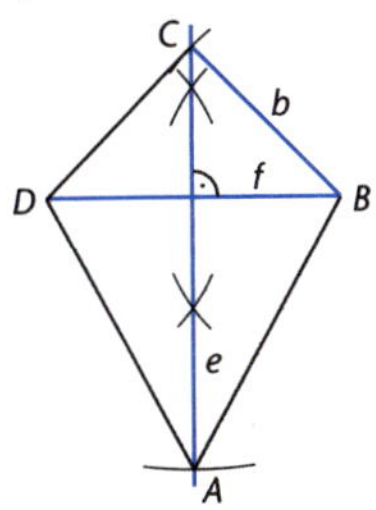

b) $f \rightarrow C \rightarrow A$; $\measuredangle(b;f) = (180° - \gamma) : 2$

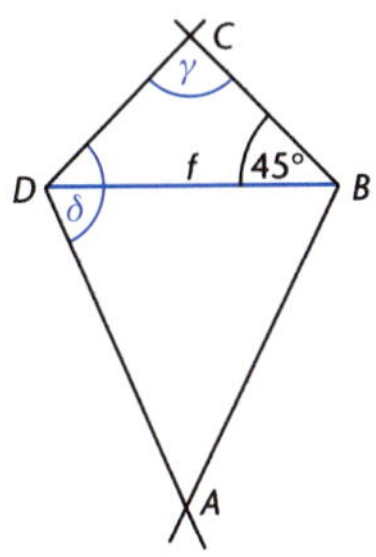

c) $a = d \rightarrow D \rightarrow C$

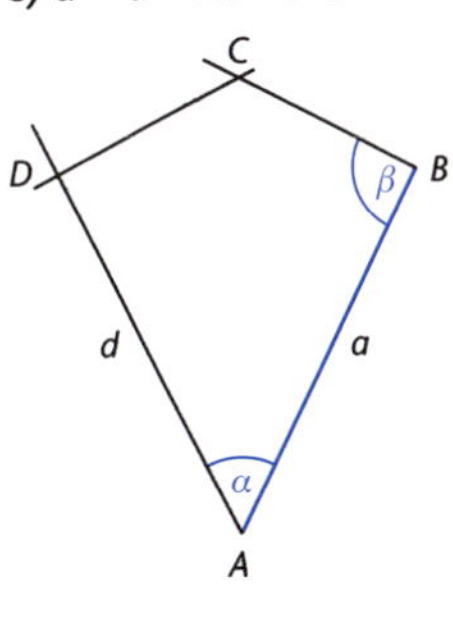

136 137

11. Besondere Vierecke – Viereckskonstruktion (Fortsetzung)

Übung 4

a) Teildreieck *BCD* konstruierbar: $b \to D \to A$;
$\gamma = 180° - \beta$; $\sphericalangle CBD = 180° - \gamma - \sphericalangle BDC$

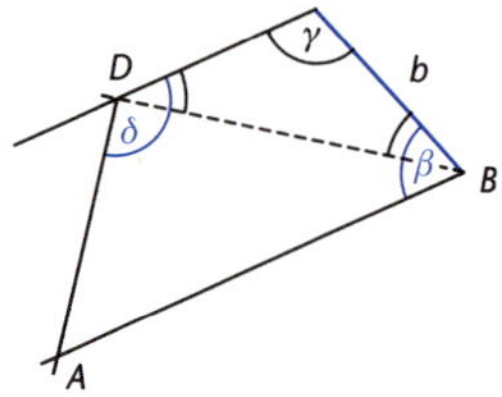

b) $e \to D \to B$

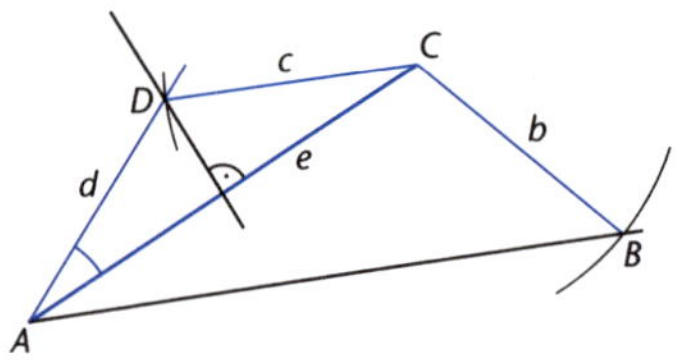

c) Teildreieck *AEC*; $h \to A \to D \to B$; $\gamma = 180° - \beta$

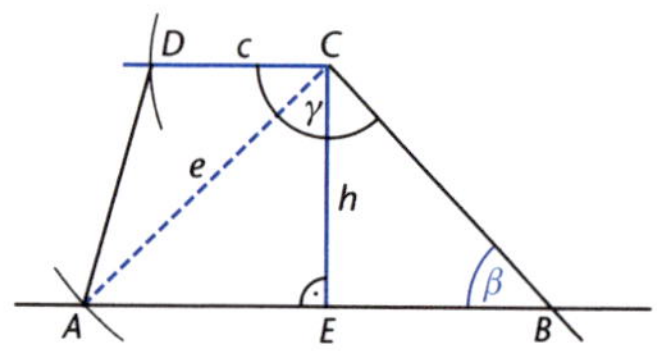

Übung 5

a) $a \to C \to D_{1/2}$

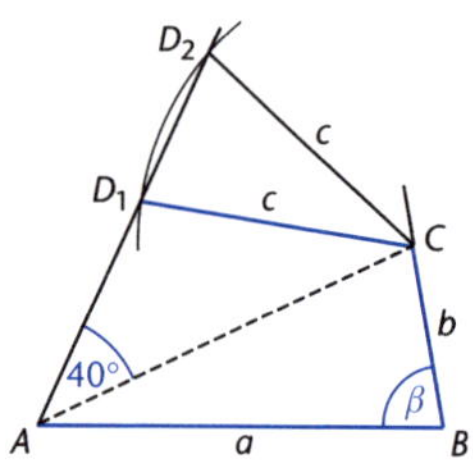

b) $e \to D \to B$; $\sphericalangle BDC = 180° - \gamma - \sphericalangle CBD$

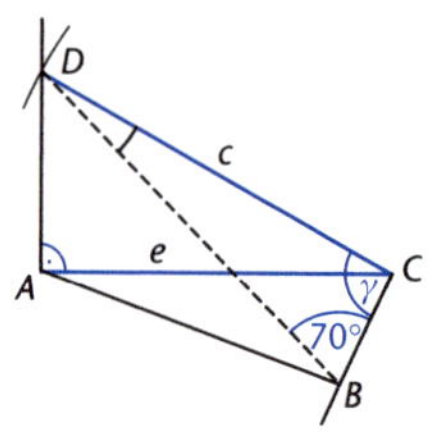

c) $d \to B \to C$

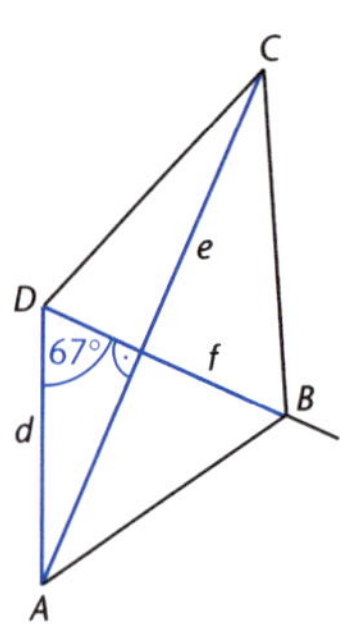

Übung 6

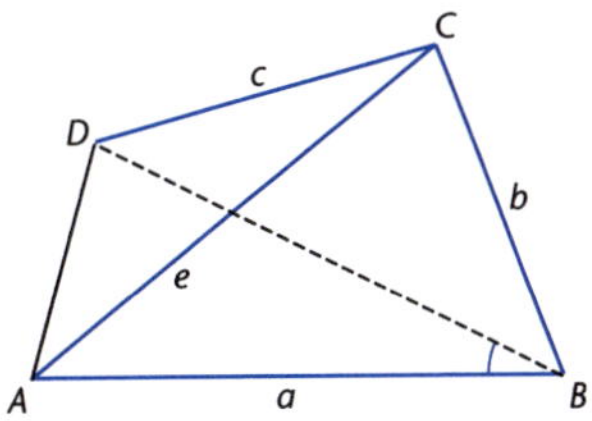

a)

1. $a \Rightarrow A, B$

2. $C: \begin{cases} k(A;e) \\ k(B;b) \end{cases}$

3. $D: \begin{cases} \text{fr. Sch. } \sphericalangle DBA \text{ an } [BA \\ k(C;c) \end{cases}$

eindeutig für $c > b$

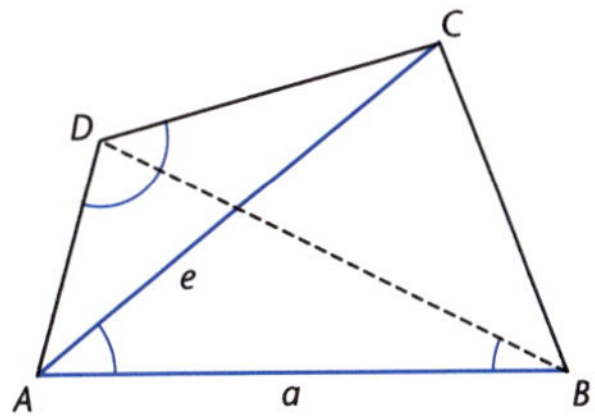

b)

1. $a \Rightarrow A, B$

2. $C: \begin{cases} \text{fr. Sch. } \sphericalangle BAC \text{ an } [AB \\ k(A;e) \end{cases}$

3. $D: \begin{cases} \text{fr. Sch. } \sphericalangle DBA \text{ an } [BA \\ \text{Thaleskreis über } [AC] \end{cases}$

2 Lösungen möglich

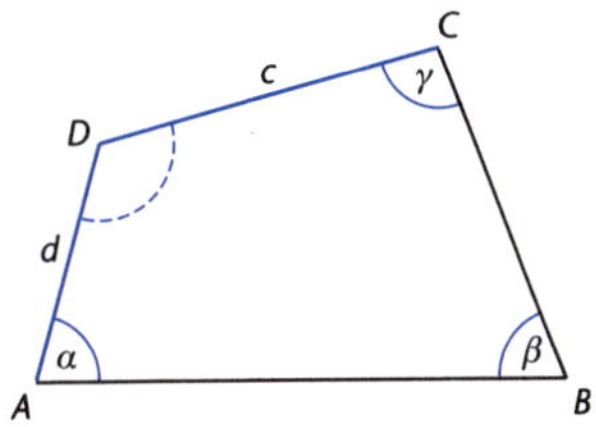

c)

1. $d \Rightarrow A, D$

2. $C: \begin{cases} \text{fr. Sch. } \delta = 360° - \alpha - \beta - \gamma \text{ an } [DA \\ k(D;c) \end{cases}$

3. $B: \begin{cases} \text{fr. Sch. } \alpha \text{ an } [AD \\ \text{fr. Sch. } \gamma \text{ an } [CD \end{cases}$

eindeutig

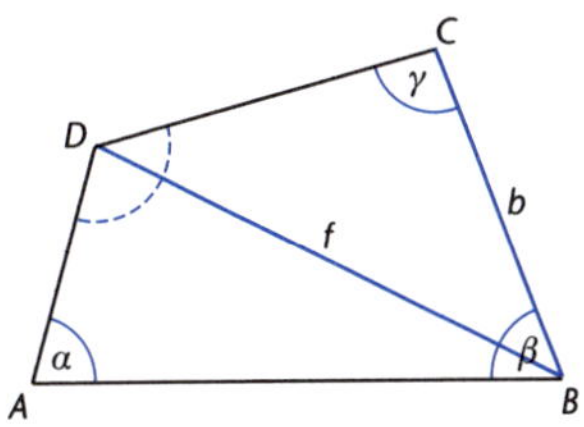

d)

1. $\beta \Rightarrow B, C$

2. $D: \begin{cases} \text{fr. Sch. } \gamma \text{ an } [CB \\ k(B;f) \end{cases}$

3. $A: \begin{cases} \text{fr. Sch. } \beta \text{ an } [BC \\ \text{fr. Sch. } \delta = 360° - \alpha - \beta - \gamma \text{ an } [DC \end{cases}$

eindeutig für $f > b$

138 | 139

12. Geometrischer Beweis

Übung 1

a)
BD teilt das Viereck in zwei Teildreiecke $\Rightarrow$
Voraussetzung: $\beta_1 + \beta_2 = \beta$, $\delta_1 + \delta_2 = \delta$

Behauptung: $\alpha + \beta + \gamma + \delta = 360°$

Beweis: $(\alpha + \beta_1 + \delta_2) + (\delta_1 + \beta_2 + \gamma) = 180° + 180°$
(Winkelsumme im Dreieck);
$\alpha + (\beta_1 + \beta_2) + \gamma + (\delta_1 + \delta_2) = 360° \Rightarrow$ Behauptung

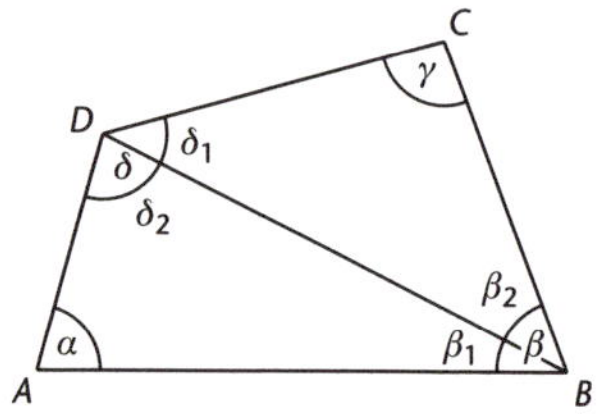

b) *Behauptung:* $\alpha + \beta = \gamma^*$

Beweis: $\alpha + \beta + \gamma = 180°$ (Winkelsumme)
$\gamma^* + \gamma = 180°$ (Nebenwinkel)
$\Rightarrow$ Behauptung

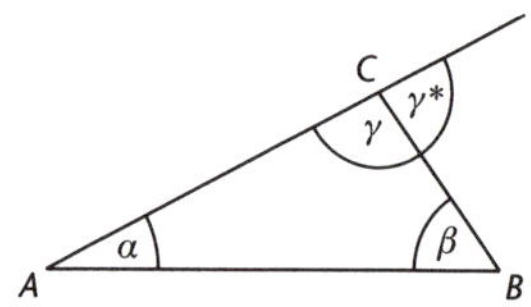

Übung 2

a) *Satz:* (wahr)
Kehrsatz: Ein gleichseitiges Dreieck hat zwei gleich große Innenwinkel (wahr).

b) *Satz:* (wahr)
Kehrsatz: Ein Viereck mit aufeinander senkrecht stehenden Diagonalen ist eine Raute (falsch).
Gegenbeispiel:

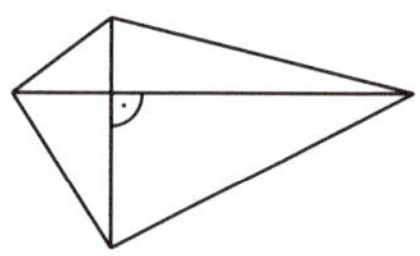

c) *Satz:* (wahr)
Kehrsatz: Beträgt in einem Dreieck die Summe zweier Innenwinkel 120°, so ist das Dreieck gleichseitig (falsch).
Gegenbeispiel: $\alpha = 50°$, $\beta = 70°$, $\gamma = 60°$ $\Rightarrow$ $\alpha + \beta = 120°$, aber nicht gleichseitig!

d) *Satz:* (falsch)
Gegenbeispiel:

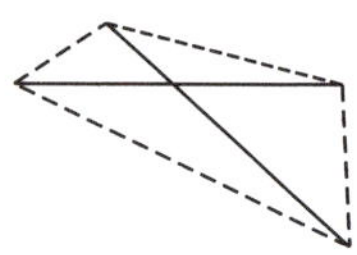

Kehrsatz:
Ein Quadrat hat zwei gleich lange Diagonalen (wahr).

Übung 3

a) *Beweisf.:*
Vor.: 1. $CD \perp AB$ 2. $\overline{AD} = \overline{DB}$

Beh.: $\overline{AC} = \overline{BC}$,
Bew.: $\triangle ADC \cong \triangle DBC$, denn

1. $\overline{DC} = \overline{DC}$ (Identität)
2. $\overline{AD} = \overline{DB}$ (Vor. 2)
3. $\sphericalangle CDA = \sphericalangle BDC = 90°$ (Vor. 1)

(SWS) $\Rightarrow$ $\overline{AC} = \overline{BC}$,

Übung 3

b) *Beweisf.:*

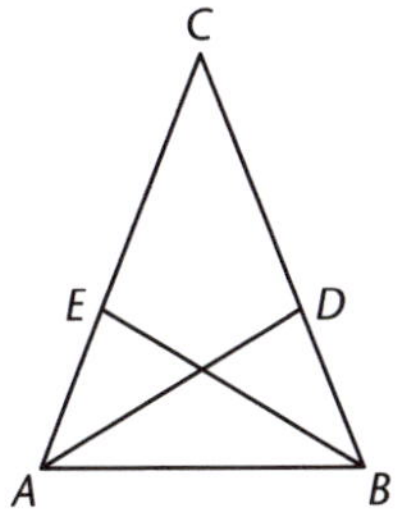

Vor.: 1. $\overline{AC} = \overline{BC}$,

2. $\sphericalangle BAD = \sphericalangle DAC$, $\sphericalangle CBE = \sphericalangle EBA$

Beh.: $\overline{EC} = \overline{DC}$

Bew.: $\triangle ADC \cong \triangle EBC$, denn

1. $\overline{AC} = \overline{BC}$ (Vor. 1)
2. $\sphericalangle ACB = \sphericalangle ACB$
3. $\sphericalangle DAC = \sphericalangle CBE$ (Vor. 1, Basiswinkel, Vor. 2)

(SWW) $\Rightarrow$ Beh.

Übung 4

a) Viereck *DBEF* ist Parallelogramm $\Rightarrow$ Gegenseiten sind gleich lang

b) Stufenwinkel an Doppelkreuzungen mit parallelen Geraden

c) $\triangle ADF \cong \triangle FEC$, denn

1. $\overline{AF} = \overline{FC}$ (*F* ist Mitte)
2. $\sphericalangle AFD = \sphericalangle FCE$ (s. Übung b)
3. $\sphericalangle DAF = \sphericalangle EFC$ (s. Übung b)

(WSW) $\Rightarrow$ $\overline{AD} = \overline{FE}$

d) $\overline{AD} = \overline{FE} = \overline{DB}$ (s. Übungen a und c)

13. Kreise und Geraden

140 | 141

Übung 1

c) $\triangle T_1PM \cong \triangle PT_2M$, denn

1. $\overline{PM} = \overline{PM}$
2. $\overline{MT_1} = \overline{MT_2} = r$ (Vor.)
3. $\sphericalangle PT_1M = \sphericalangle MT_2P$ ($r \perp t$)

(SsW) $\Rightarrow$ $\overline{PT_1} = \overline{PT_2}$

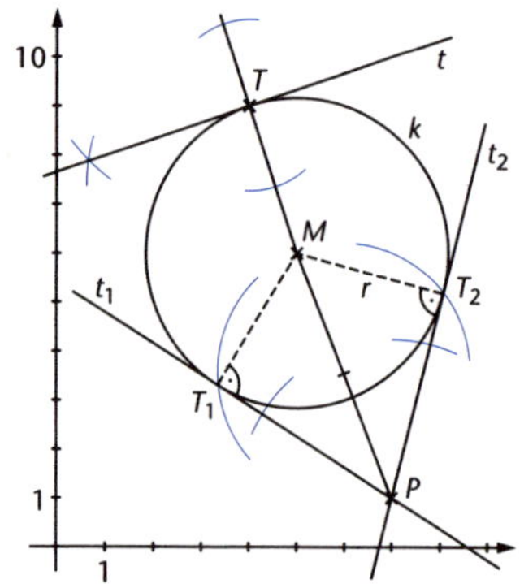

Übung 2
Übung 3

2

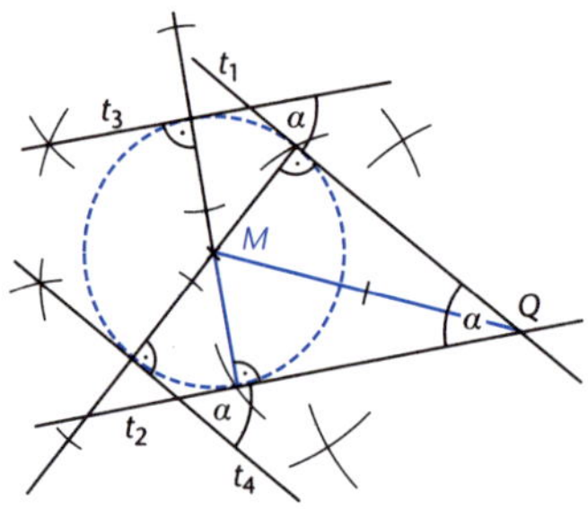

3

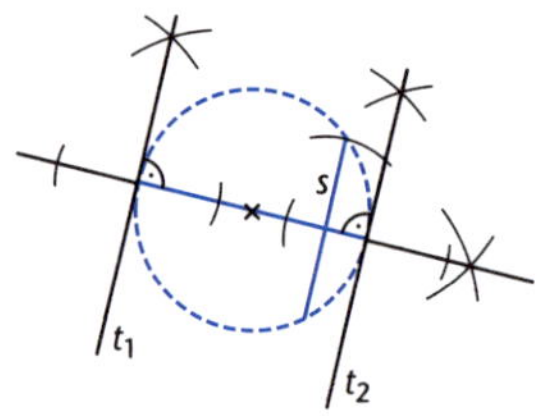

Übung 4
Übung 6

4

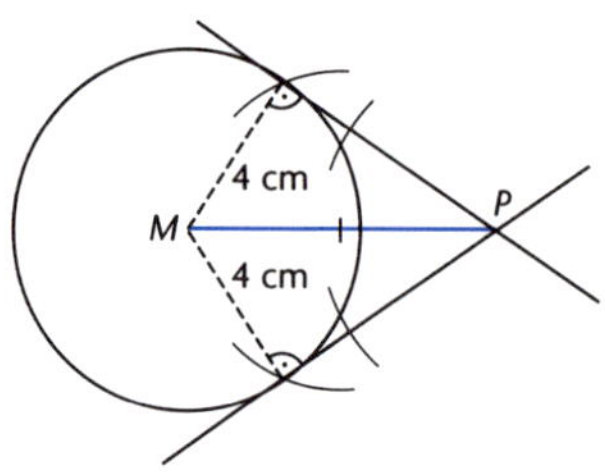

6

6a) $a \rightarrow M \rightarrow C \rightarrow D_{1/2}$

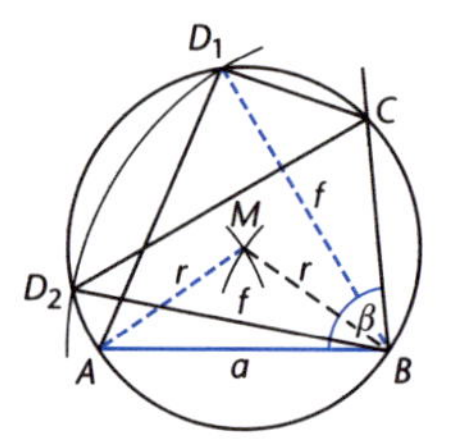

b) $b \rightarrow D \rightarrow M \rightarrow A$; $\gamma = 180° - \alpha$

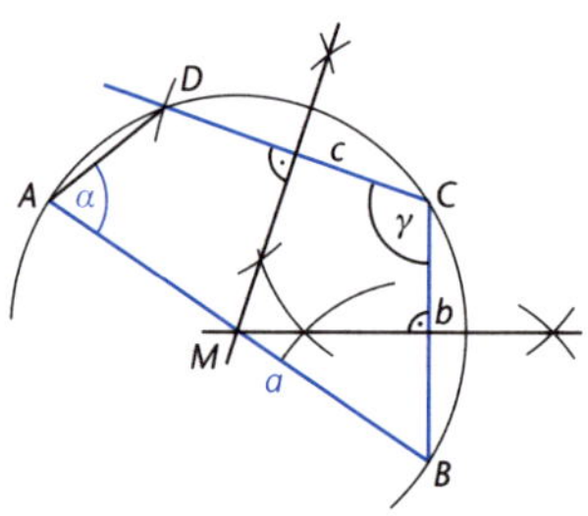

c) $d \rightarrow B \rightarrow (M \rightarrow)\ C$

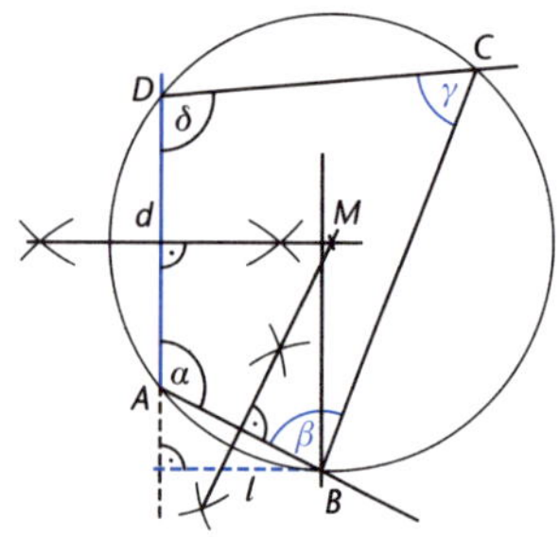

Übung 7

a) $a \to D \to C;\ a = d$
$\Rightarrow$ Drachenviereck

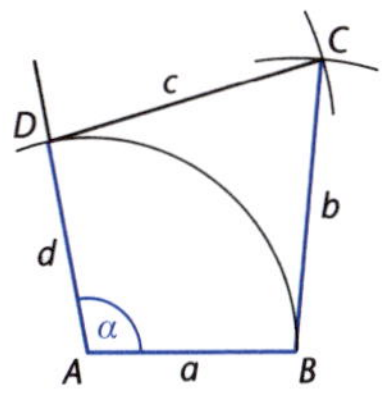

b)

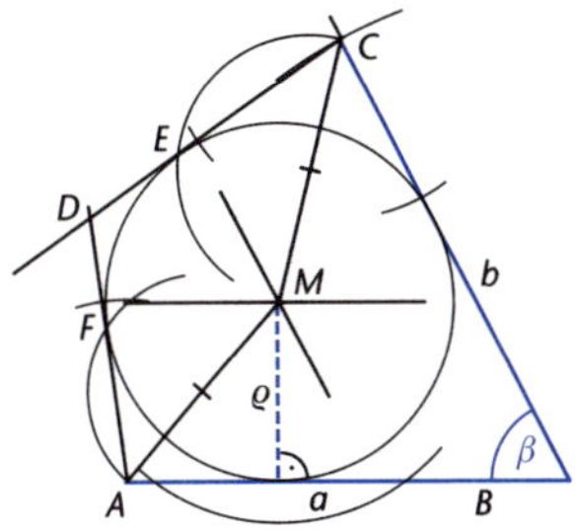

Formaltext:

1. $a \Rightarrow A, B$

2. $C: \begin{cases} \text{fr. Sch. } \beta \text{ an } [BA \\ k(B;b) \end{cases}$

3. $M: \begin{cases} \text{Parallele zu } AB \text{ im Abst. } \varrho \\ \text{Parallele zu } BC \text{ im Abst. } \varrho \end{cases}$

4. $E,F: \begin{cases} k(M;\varrho) \\ \text{Thaleskreis über } [MC] \text{ bzw. } [MA] \end{cases}$

5. $D: \begin{cases} [CE \\ [AF \end{cases}$

c)

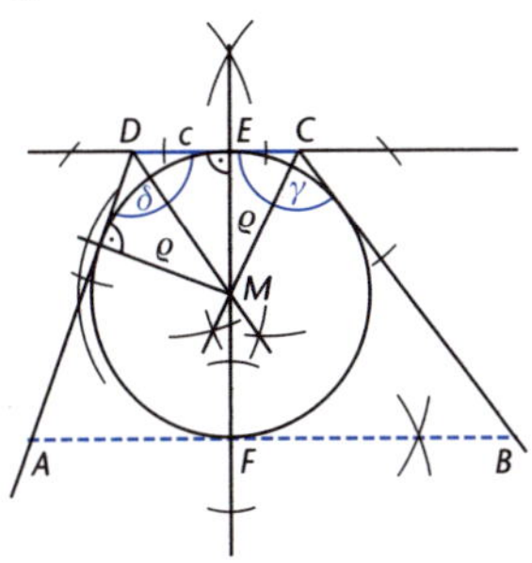

Formaltext:

1. $c \Rightarrow C, D$

2. $M: \begin{cases} \text{fr. Sch. } \dfrac{\gamma}{2} \text{ an } [CD \\ \text{fr. Sch. } \dfrac{\delta}{2} \text{ an } [DC \end{cases}$

3. $E: \begin{cases} CD \\ \text{Lot von } M \text{ auf } CD \end{cases}$

4. $F: \begin{cases} k(M;\varrho = \overline{ME}) \\ [EM \end{cases}$

5. $A,B: \begin{cases} \text{Lot auf } EM \text{ in } F \\ \text{fr. Sch. } \gamma \text{ bzw. } \delta \text{ an } [CD \text{ bz} \end{cases}$

Übung 8

Umkreis: Sehnenvierecke, gleichsch. Trapeze, Rechtecke, Quadrate
Inkreis: Tangentenvierecke, Drachenvierecke, Rauten, Quadrate
Um- und Inkreis: Quadrate

14. Fasskreisbogenpaar

142 | 143

Übung 1

a) $\varphi_1 = 64°$, $\varphi_2 = 116°$
b) Kreise mit 4,2 cm bzw. 3,0 cm (Thaleskreis!) Radius

Übung 2

a)

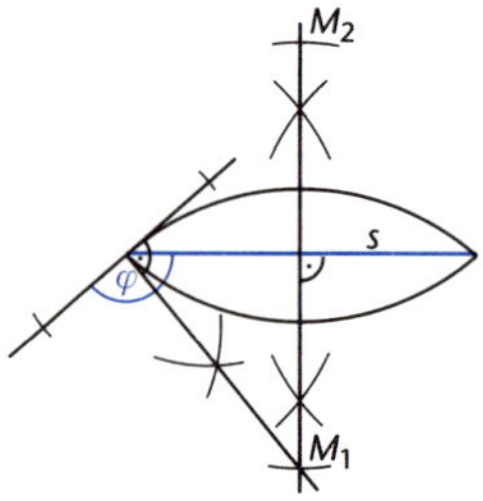

b)

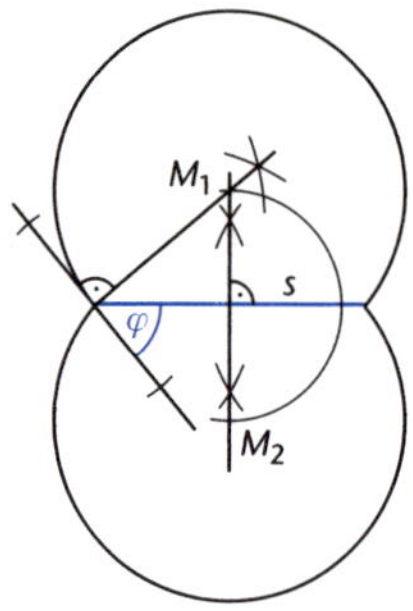

c) + d)

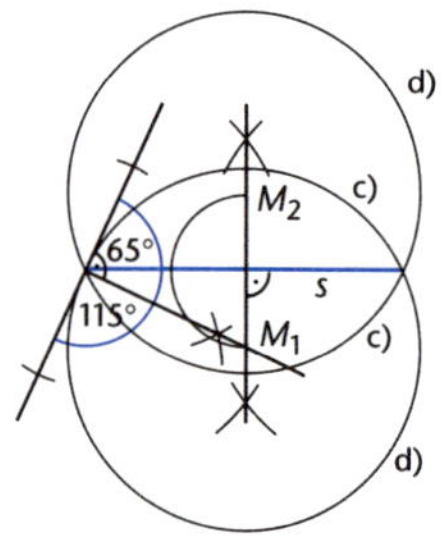

Übung 3

a) Die Teildreiecke sind gleichschenklig ⇒
$\mu' = 180° - 2\varphi'$, $\mu'' = 180° - 2\varphi''$
$\mu + \mu' + \mu'' = 360°$

$\Rightarrow \mu + (180° - 2\varphi') + (180° - 2\varphi'') = 360°$
$\mu - 2(\varphi' + \varphi'') = 0$
$\mu - 2\varphi = 0 \Rightarrow \varphi = \frac{\mu}{2}$

b) $\delta + 90° + \varepsilon = 180°$

$2\varepsilon = 180° - \mu \Rightarrow \varepsilon = 90° - \frac{\mu}{2}$

$\Rightarrow \delta + 90° + \left(90° - \frac{\mu}{2}\right) = 180°$

$\Rightarrow \delta = \frac{\mu}{2}$; wegen a) folgt $\varphi = \delta$

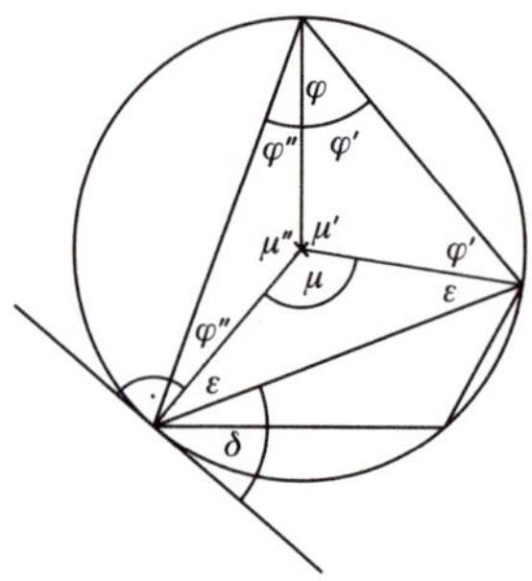

Übung 4

a) $a \rightarrow C \rightarrow D$

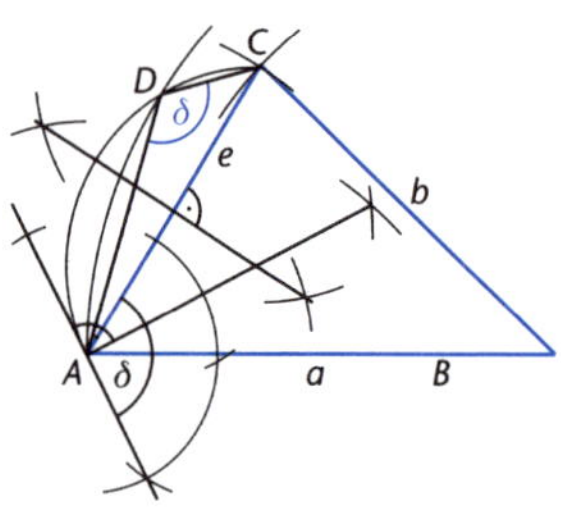

b) $a \rightarrow D \rightarrow C$

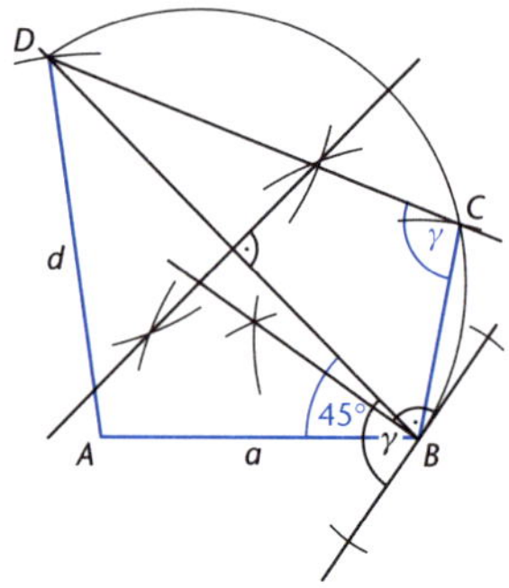

Übung 4

c)

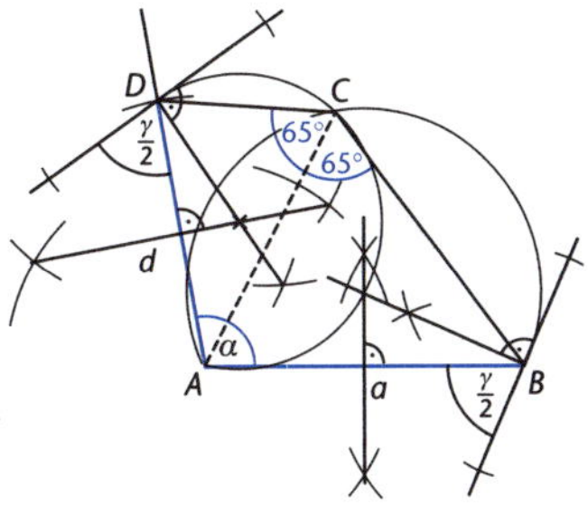

Formaltext:

1. $a \Rightarrow A, B$
2. $D: \begin{cases} \text{fr. Sch. } \alpha \text{ an } [AB \\ k(A; d) \end{cases}$
3. $C: \begin{cases} \text{Fasskreis über } [AB] \text{ für } \frac{\gamma}{2} \\ \text{Fasskreis über } [AD] \text{ für } \frac{\gamma}{2} \end{cases}$

d)

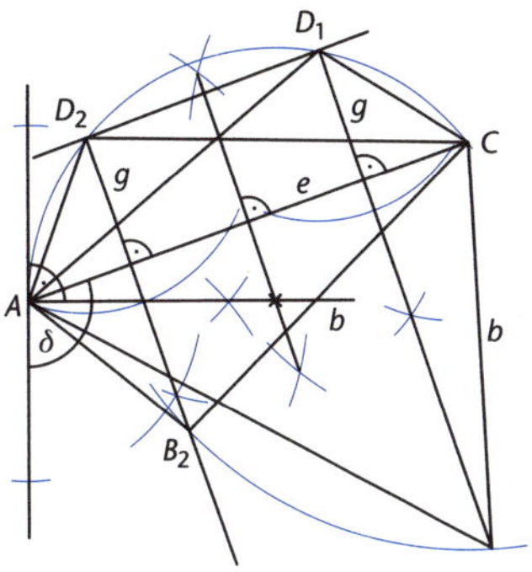

Formaltext:

1. $e \Rightarrow A, C$
2. $D_{1/2}: \begin{cases} \text{Fasskreis über } [AC] \text{ für } \delta \\ \text{Parallele zu } AC \text{ im Abstand } g \end{cases}$
3. $B_{1/2}: \begin{cases} k(C; b) \\ \text{Lot von } D_{1/2} \text{ auf } AC \end{cases}$

144 145

15. Flächeninhalt von Parallelogramm und Dreieck

Übung 1

a) $35{,}2\ \text{cm}^2 = 0{,}352\ \text{dm}^2$

b) $7{,}5\ \text{cm}^2 = 750\ \text{mm}^2$

c) $0{,}0304\ \text{m}^2 = 304\ \text{cm}^2$

d) $519\ \text{mm}^2 = 0{,}0519\ \text{dm}^2$

e) $13\ \text{dm}^2\ 8\ \text{cm}^2 = 1308\ \text{cm}^2$

f) $12{,}00\ \text{cm}^2 = 0{,}001200\ \text{m}^2$

g) $1\ \text{cm}^2\ 8\ \text{mm}^2 = 0{,}0108\ \text{dm}^2$

h) $7{,}0\ \text{a} = 0{,}070\ \text{ha}$

i) $0{,}0406\ \text{ha} = 406\ \text{m}^2$

Übung 2

a) $A_P = a \cdot h_a = 7{,}5\ \text{cm} \cdot 3{,}0\ \text{cm} = 22{,}5\ \text{cm}^2$ $A_D = \frac{1}{2} \cdot a \cdot h_a = 11{,}25\ \text{cm}^2$

b) $A_P = 11{,}0\ \text{cm} \cdot 4{,}5\ \text{cm} = 49{,}5\ \text{cm}^2$ $A_D = 24{,}75\ \text{cm}^2$

Übung 3

a) $c_P = A_P : h_c = 27{,}3\ \text{cm}^2 : 4{,}2\ \text{cm} = 6{,}5\ \text{cm}$ $c_D = 2A_D : h_c = 13{,}0\ \text{cm}$

b) $h_{b/P} = A_P : b = 27{,}3\ \text{cm}^2 : 7\ \text{cm} = 3{,}9\ \text{cm}$ $h_{b/D} = 2A_D : b = 7{,}8\ \text{cm}$

Übung 4

a) $a = A : h_a = 18{,}9\ \text{m}^2 : 3{,}5\ \text{m} = 5{,}4\ \text{m}$ $d = A : h_d = 9{,}0\ \text{m}$
$u = 2a + 2b = 2a + 2d = 2(a + d) = 28{,}8\ \text{m}$

b) $a = 2A : h_a = 48\ \text{cm}$ $c = 2A : h_c = 136\ \text{cm}$
$u = a + b + c = 235\ \text{cm} = 23{,}5\ \text{dm}$

c) $A = \frac{1}{2} \cdot a \cdot h_a = 4{,}14\ \text{cm}^2$ $h_b = 2A : b = 1{,}8\ \text{cm}$

Übung 5

a) $A_R = 2 \cdot A_D = 2 \cdot \left(\frac{1}{2} \cdot f \cdot \frac{e}{2}\right) = 2 \cdot \left(\frac{1}{2} \cdot e \cdot \frac{f}{2}\right) = \frac{1}{2} ef = \frac{ef}{2}$

b) $e = 2A : f = 7{,}6\ \text{cm}$

Übung 6

$A_P = 2 \cdot A_D = 2 \cdot \left(\frac{1}{2} \cdot e \cdot g\right) = eg$

$\Rightarrow g = A_P : e = 6{,}5\ \text{cm}$

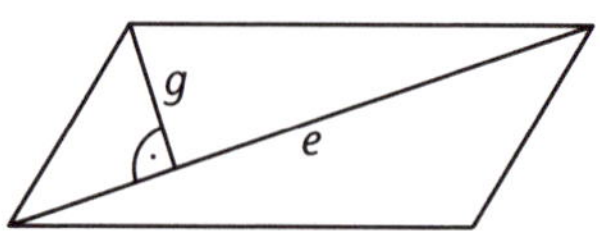

Übung 7

$$A_{AED} = \frac{1}{2} \cdot \overline{AD} \cdot \overline{ED} = 96\,\text{cm}^2 = \frac{1}{2} \cdot \overline{AE} \cdot h_{AE} \Rightarrow h_{AE} = \frac{2 \cdot A_{AED}}{\overline{AE}} = 9{,}6\,\text{cm}$$

$$A_{EBCD} = \overline{EB} \cdot h_{EB} = \overline{EB} \cdot h_{AE} = 96\,\text{cm}^2 \Rightarrow A_{ABCD} = A_{AED} + A_{EBCD} = 192\,\text{cm}^2$$

Übung 8

$a = A_P : h_1 = 2{,}5$ cm; $b = A_P : h_2 = 7{,}5$ cm;

$A_{D1} = \frac{1}{2} a h_D = 4{,}125\,\text{cm}^2$

$A_{D2} = \frac{1}{2} b h_D = 12{,}375\,\text{cm}^2$

$A = A_P + 2A_{D1} + 2A_{D2} = 50{,}25\ \text{cm}^2$

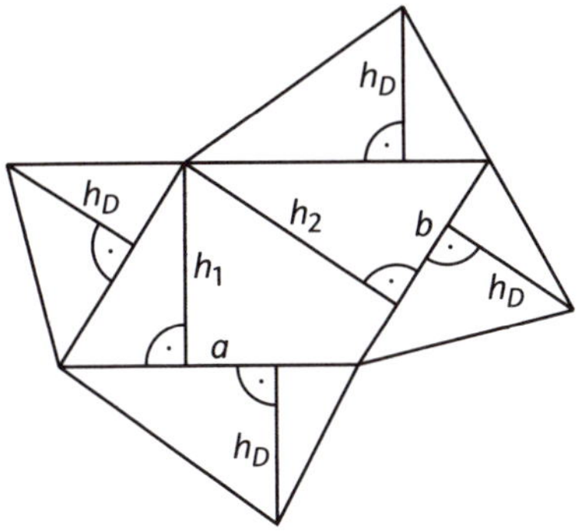

146 | 147

16. Vermischte Aufgaben (III)

Übung 1

a) Vor.: 1. $AB \| CD \| EF$ 2. $\overline{BE} = \overline{EC}$

Beh.: $m = \dfrac{a+c}{2}$

Bew.: $\triangle BGE \cong \triangle ECD$, denn
1. $\overline{BE} = \overline{EC}$ (Vor. 2)
2. $\measuredangle BEG = \measuredangle CED$ (Scheitelwinkel)
3. $\measuredangle GBE = \measuredangle DCE$ (Vor. 1, Wechselwinkel)

(WSW) $\Rightarrow$ $\overline{BG} = \overline{CD} = c$

Im $\triangle AGD$ gilt $\overline{AG} = a + c = 2 \cdot m$ (Mittelparallele im Dreieck) $\Rightarrow$ Beh.

b)

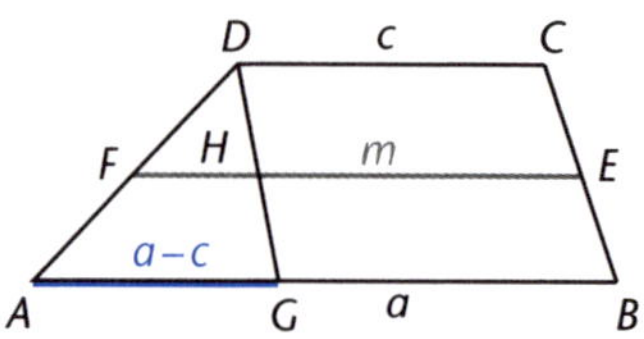

Vor.: 1. $AB \| CD \| EF$ 2. $DG \| BC$

Beh.: $m = \dfrac{a+c}{2}$

Bew.: $\overline{BG} = \overline{CD} = c$ (Parallelogramm)

$$\overline{AG} = a - c = 2 \cdot \overline{FH} = 2 \cdot \left(\overline{EF} - \overline{EH}\right) =$$
$$= 2(m - c)$$
$$\Rightarrow a - c = 2m - 2c$$
$$\Rightarrow a + c = 2m \Rightarrow \text{Beh.}$$

Übung 2

a) $b = 2m \to E \to B$

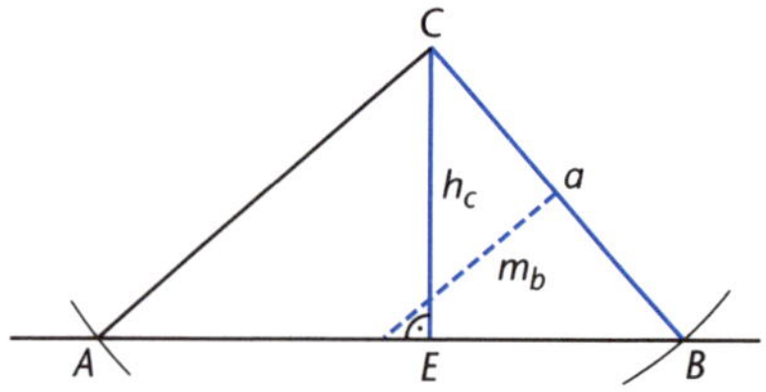

b) $a = 2m_a \Rightarrow h_b \to C \to M_{1/2} \to A_{1/2}$

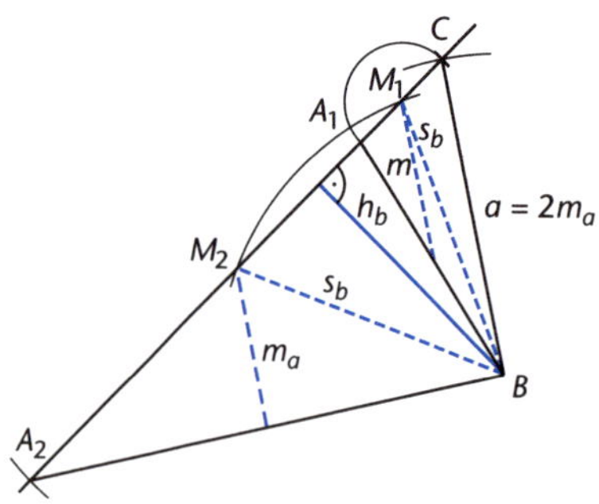

Übung 2

c) $d \rightarrow C \rightarrow F \rightarrow E \rightarrow B$; $\delta = 180° - \alpha$

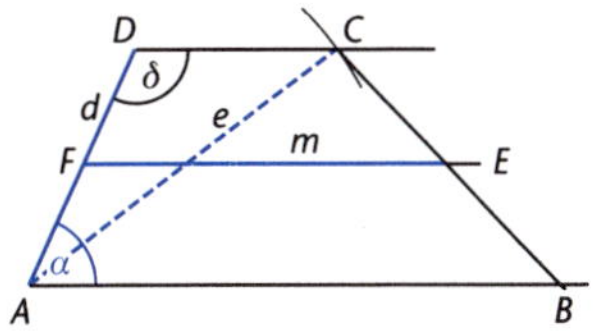

d) $a + c \rightarrow D \rightarrow B \rightarrow C$

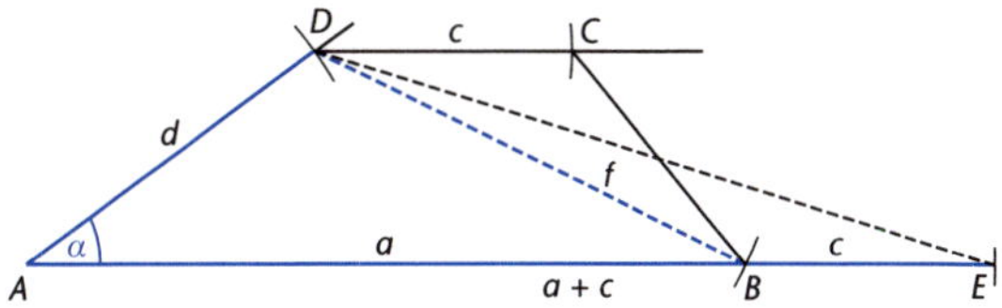

e) Planfigur:

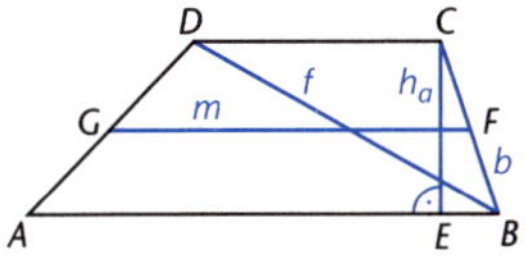

Formaltext:
Teildreieck EBC konstruierbar:

1. $h_a \Rightarrow C, E$

2. $B: \begin{cases} \text{Lot auf } CE \text{ in } E \\ k(C;b) \end{cases}$

3. $D: \begin{cases} \text{Parallele zu } EB \\ k(B;f) \end{cases}$

4. $F: \begin{cases} BC \\ m_{[BC]} \end{cases}$

5. $G: \begin{cases} \text{Parallele zu } EB \\ k(F;m) \end{cases}$

6. $A: \begin{cases} [BE \\ [DG \end{cases}$

Übung 3

a)

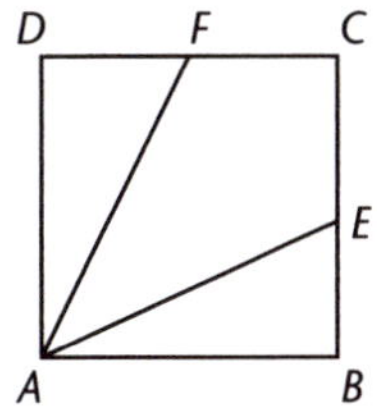

Vor.: 1. Eigenschaften eines Quadrats
2. $\overline{BE} = \overline{EC}$, $\overline{CF} = \overline{FD}$

Beh.: $\overline{AE} = \overline{AF}$
Bew.: $\triangle ABE \cong \triangle AFD$, denn

1. $\overline{AB} = \overline{AD}$ (Vor. 1)

2. $\overline{BE} = \overline{FD}$ (Vor. 1, Vor. 2)

3. $\sphericalangle EBA = \sphericalangle ADF = 90°$ (Vor. 1)

(SWS) $\Rightarrow$ Beh.

b) $A_{AECF} = A_{ABCD} - A_{ABE} - A_{AFD} = a^2 - 2 \cdot \left(\frac{1}{2} \cdot a \cdot \frac{a}{2}\right) = a^2 - \frac{1}{2}a^2 = \frac{1}{2}a^2 = 8 \text{ cm}^2$

16. Vermischte Aufgaben (III) (Fortsetzung)

146 | 147

Übung 4

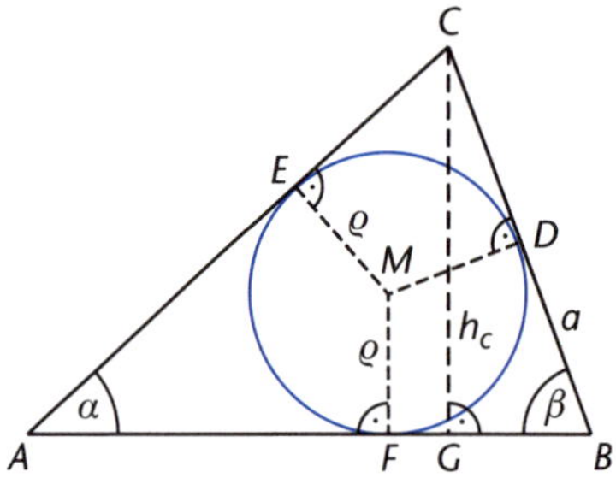

a)

1. $a \Rightarrow B, C$

2. $M: \begin{cases} \text{fr. Sch. } \frac{\beta}{2} \text{ an } [BC \\ \text{Parallele zu } BC \text{ im Abst. } \varrho \end{cases}$

3. $E: \begin{cases} \text{Thaleskreis über } [MC] \\ k(M; \varrho) \end{cases}$

4. $A: \begin{cases} [CE \\ \text{fr. Sch. } \beta \text{ an } [BC \end{cases}$

b)

1. $a \Rightarrow B, C$

2. $B: \begin{cases} \text{Lot auf } CG \text{ in } G \\ \text{fr. Sch. } (90° - \beta) \text{ an } [CG \end{cases}$

3. $M: \begin{cases} \text{Parallele zu } GB \text{ im Abst. } \varrho \\ \text{Parallele zu } BC \text{ im Abst. } \varrho \end{cases}$

4. $E: \begin{cases} \text{Thaleskreis über } [MC] \\ k(M; \varrho) \end{cases}$

5. $A: \begin{cases} [CE \\ [BG \end{cases}$

c)

1. $a \Rightarrow B, C$

2. $A, B: \begin{cases} \text{fr. Sch. } \frac{\alpha}{2} \text{ an } [MF \\ \text{fr. Sch. } \frac{\beta}{2} \text{ an } [MF \end{cases}$

3. $C: \begin{cases} \text{fr. Sch. } \alpha \text{ an } [AB \\ \text{fr. Sch. } \beta \text{ an } [BA \end{cases}$

Übung 5

a, b)

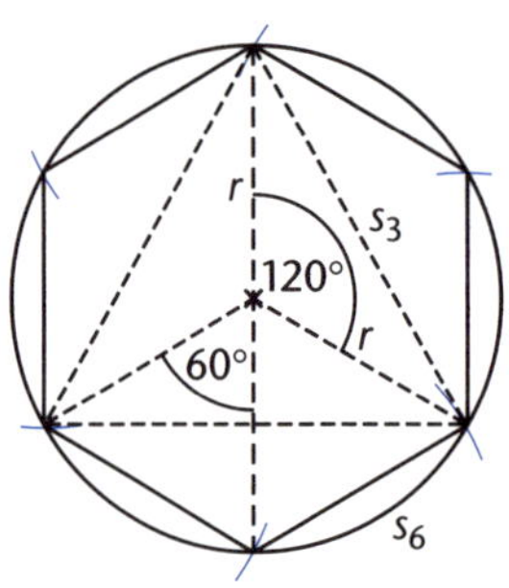

c)

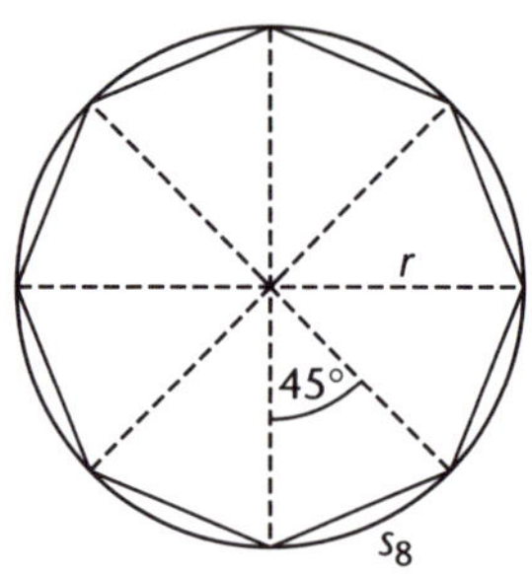

d)

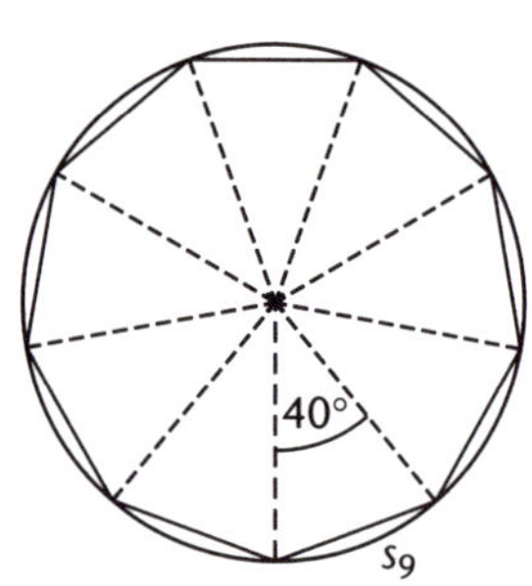

Übung 6

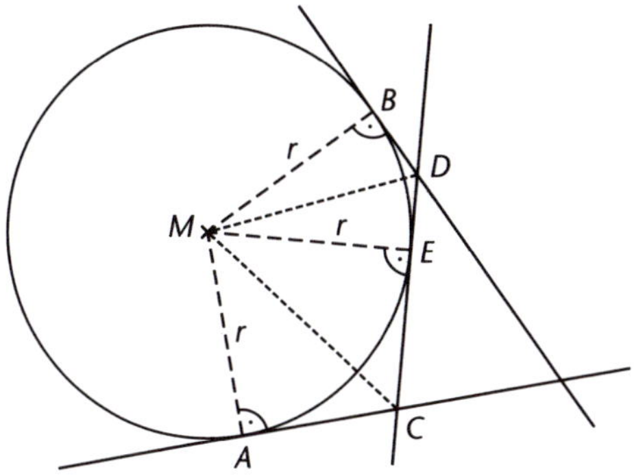

$\triangle MAC \cong \triangle MCE$ und $\triangle MED \cong \triangle MDB$ (SsW)

$\Rightarrow \overline{EC} = \overline{AC}$ und $\overline{ED} = \overline{BD}$

$\overline{EC} + \overline{ED} = \overline{CD} \Rightarrow$ Beh.

Übung 7

Skizze s. Kapitel 15

$\varphi + \mu = 150°$ und $\varphi = \frac{\mu}{2} \Rightarrow \frac{\mu}{2} + \mu = 150° \Rightarrow \mu = 100°, \varphi = 50°$

Übung 8

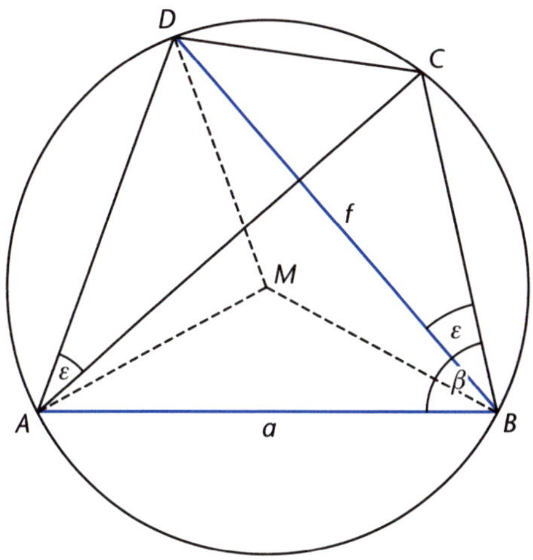

a) $\measuredangle CBD = \measuredangle CAD = \varepsilon$ sind Umfangswinkel über Sehne $[CD]$

b) Teildreieck ABD konstruierbar:

1. $a \Rightarrow A, B$
2. $D: \begin{cases} \text{fr. Sch. } (\beta - \varepsilon) \text{ an } [BA \\ k(B; f) \end{cases}$
3. $M: \begin{cases} m_{[AB]} \\ m_{[BD]} \end{cases}$
4. $C: \begin{cases} \text{fr. Sch. } \varepsilon \text{ an } [BD \\ k(M; \overline{MB}) \end{cases}$

Übung 9

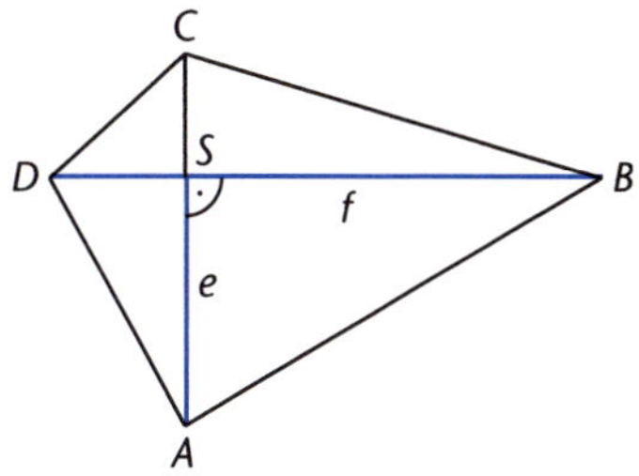

$f = \overline{BD} = 8\,\text{cm}, \overline{SA} = 6\,\text{cm} \Rightarrow A_{ABD} = \frac{1}{2} \cdot f \cdot \overline{SA}$

$A_{DBC} = A_{ABCD} - A_{ABD} =$

$= 42\,\text{cm}^2 - \frac{1}{2} \cdot 8\,\text{cm} \cdot 6\,\text{cm} = 18\,\text{cm}^2$

$A_{DBC} = \frac{1}{2} \cdot f \cdot \overline{SC} \Rightarrow \overline{SC} = \frac{2A_{DBC}}{f} = 4{,}5\,\text{cm}$

$e = \overline{SA} + \overline{SC} = 10{,}5\,\text{cm}$

147 | 149

16. Vermischte Aufgaben (III) (Fortsetzung)

Übung 10

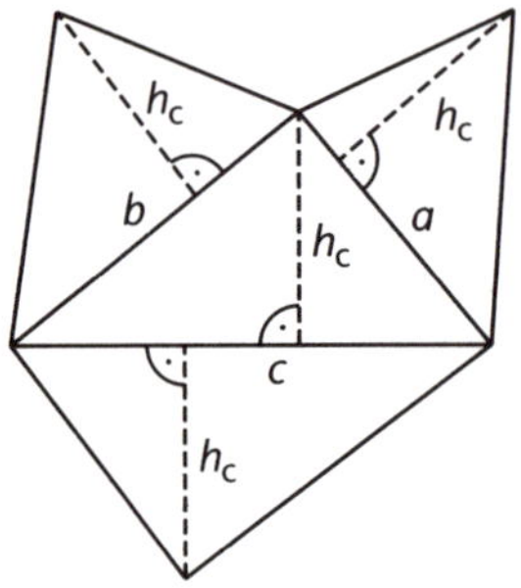

a) $A = A_1 + A_2 + A_3 + A_4 =$

$= \frac{1}{2} \cdot c \cdot h_c + \frac{1}{2} \cdot a \cdot h_c + \frac{1}{2} \cdot b \cdot h_c + \frac{1}{2} \cdot c \cdot h_c =$

$= \frac{1}{2} \cdot h_c \cdot (a + b + 2c)$

$\Rightarrow h_c = \dfrac{2A}{a + b + 2c}$

b) $h_c = 2{,}4$ cm

Übung 11

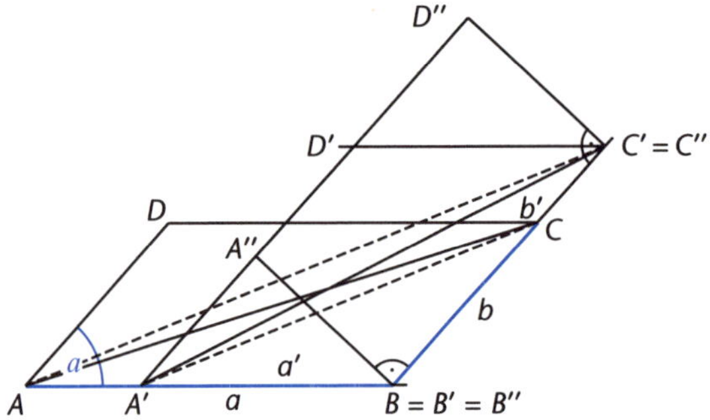

17. Flächeninhalt weiterer Figuren

Übung 1

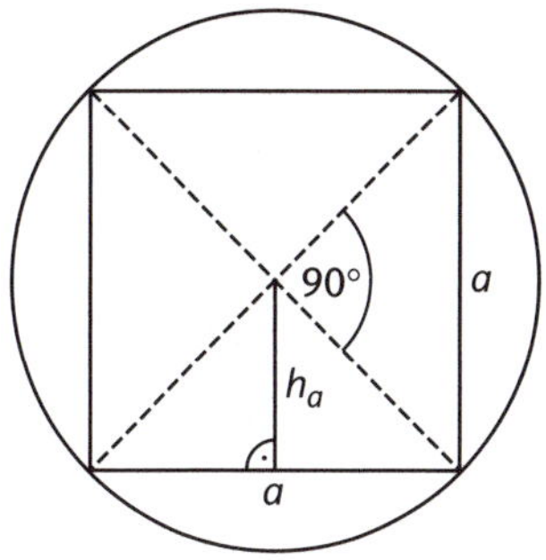

$h_a = 2{,}5$ cm $\Rightarrow$ $A = 4 \cdot A_\Delta = 4 \cdot \frac{1}{2} \cdot a \cdot h_a = 25\,\text{cm}^2$

$A = a^2 = 25$ cm²

Übung 2

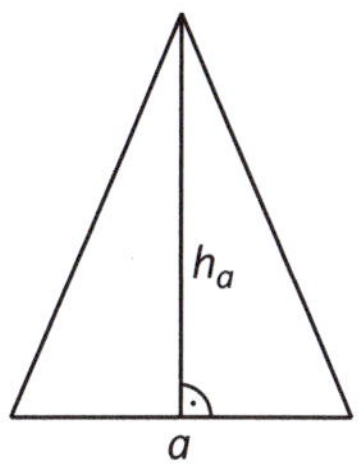

Messung: $h_a \approx 5{,}4$ cm $\Rightarrow$ $A_8 = 8 \cdot \left(\frac{1}{2} \cdot a \cdot h_a\right) \approx 97{,}2\,\text{cm}^2$

Übung 3

a) $m = 6{,}3$ cm, $A = 26{,}46$ cm²

b) $m = \frac{1}{2} \cdot (g_1 + g_2) \Rightarrow g_1 = 2m - g_2 = 9\,\text{cm}$; $A = m_h = 45{,}5$ cm²

Übung 4

a) $A = mh \Rightarrow m = A : h = 5{,}7$ cm

b) $A = mh \Rightarrow h = A : m = 2{,}28$ cm;
$m = \frac{1}{2} \cdot (g_1 + g_2) = \frac{1}{2} \cdot \frac{3}{2} g_1 \Rightarrow g_1 = \frac{4}{3} m = 1{,}4\,\text{dm}$

Übung 5

a) $h = \frac{2A}{g_1 + g_2}$; $g_1 = \frac{2A}{h} - g_2$; $g_2 = \frac{2A}{h} - g_1$

b) $g_1 = 3{,}7$ cm

Übung 6

a) $\overline{AB} = A_{ABCD} : \overline{DF} = 6\,\text{cm}$; $\overline{EF} = \frac{2A_{AEB}}{\overline{AB}} = \frac{2(A_{AECD} - A_{ABCD})}{\overline{AB}} = 4\,\text{cm}$

b) $A_{ABCD} = \overline{AD} \cdot h = g_2 \cdot h \Rightarrow g_2 = 5\,\text{cm}$; $g_1 = \frac{2A_{AECD}}{h} - g_2 = 10\,\text{cm}$

Übung 7

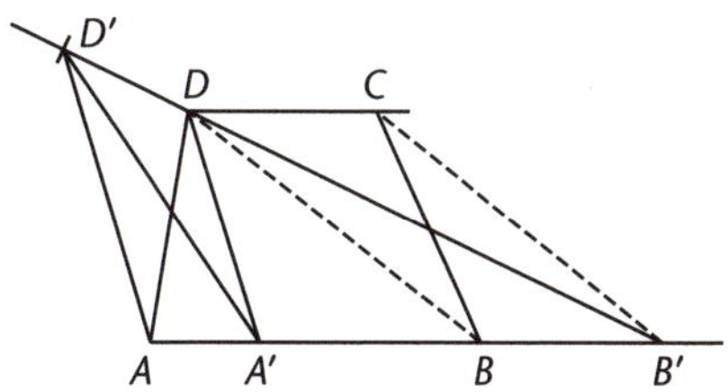

150 152

18. Prisma

Übung 1

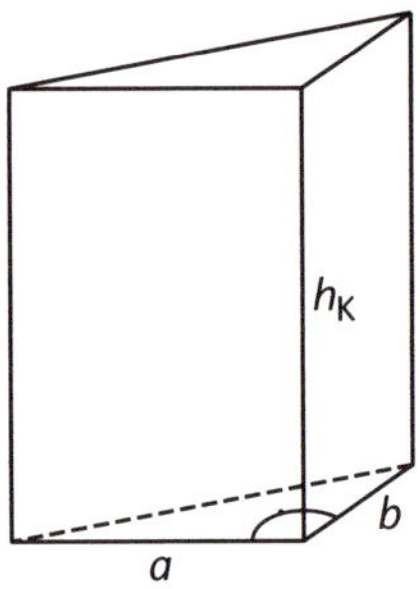

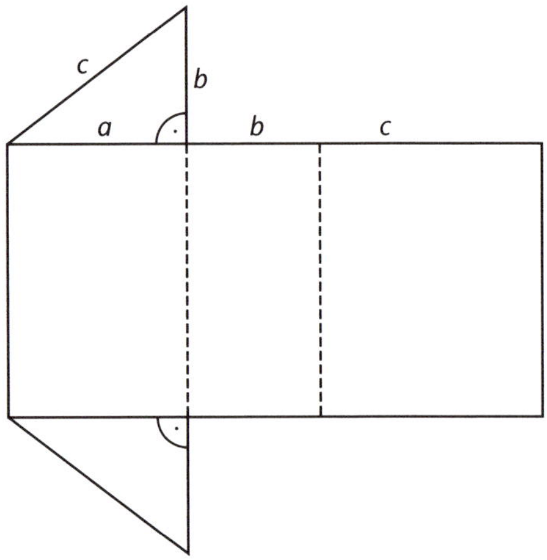

b) $c = 5{,}0\text{ cm}$;

$M = (a + b + c) \cdot h_K = 72\text{ cm}^2$

$V = \left(\frac{1}{2} \cdot a \cdot b\right) \cdot h_K = 36\text{ cm}^3$

Übung 2

$$O = 2 \cdot \left(\tfrac{1}{2} \cdot a \cdot b\right) + (a + b + c) \cdot h_K \;\Rightarrow\; h_K = \frac{O - a \cdot b}{a + b + c} = 7{,}5\text{ m}$$

Übung 3

$$h_K = \frac{O - a \cdot h_a}{a + b + c} = 24\text{ cm} \Rightarrow V = \left(\tfrac{1}{2} \cdot a \cdot h_a\right) \cdot h_K = 53{,}82\text{ dm}^3$$

Übung 4

a) $G = \dfrac{V}{h_K} = 36{,}75\text{ dm}^2$; $b = \dfrac{2G}{a} = 14\text{ dm}$ b) $O = 521{,}5\text{ dm}^2 = 5{,}215\text{ m}^2$

Übung 5

$G \approx 6 \cdot \left(\tfrac{1}{2} \cdot 4\text{ mm} \cdot 3{,}5\text{ mm}\right) = 42\text{ mm}^2$

$\Rightarrow V \approx 42\text{ mm}^2 \cdot 180\text{ mm} = 7560\text{ mm}^3 \approx 7{,}6\text{ cm}^3$

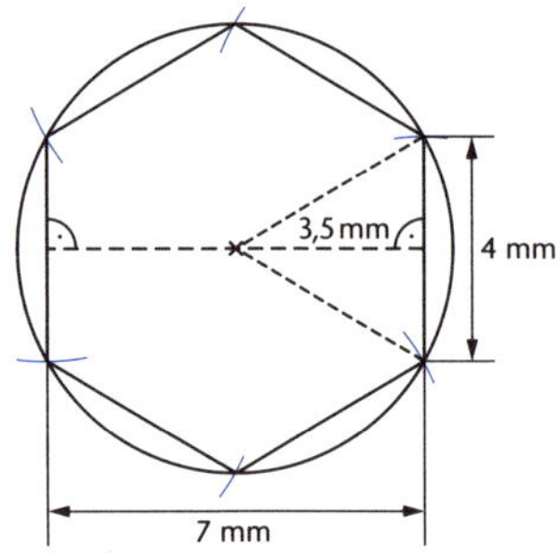

Übung 6

a) $\tfrac{1}{2} \cdot 9\text{ m} \cdot 4\text{ m} = \tfrac{1}{2} \cdot (15\text{ m} - 5{,}2\text{ m}) \cdot h$

$\Rightarrow h = \dfrac{36\text{ m}^2}{9{,}8\text{ m}} \approx 3{,}7\text{ m}$

b) $V = G \cdot l = A_{\text{Trapez}} \cdot l \approx 37000\text{ m}^3$

Übung 7

$V = G \cdot l = (4\text{ cm} \cdot 0{,}4\text{ cm} + 1{,}6\text{ cm} \cdot 0{,}4\text{ cm}) \cdot 100\text{ cm} \approx 224\text{ cm}^3$

Dichte $\varrho = \dfrac{m}{V} \;\Rightarrow\; m = V \cdot \varrho \approx 224\text{cm}^3 \cdot 2{,}7\,\frac{\text{g}}{\text{cm}^3} \approx 605\text{ g}$

19. Vermischte Aufgaben (IV)

Übung 1

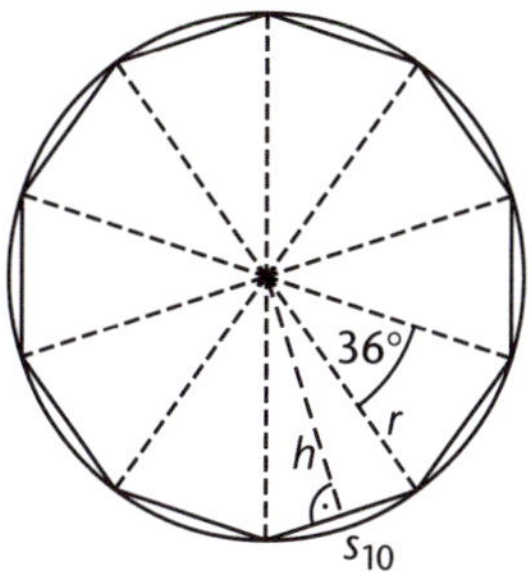

Messung: $s_{10} \approx 3{,}7$ cm, $h_{10} \approx 5{,}7$ cm

$\Rightarrow \quad A_{10} = 10 \cdot \left(\frac{1}{2} \cdot s_{10} \cdot h_{10}\right) \approx 105\ \text{cm}^2$

Übung 2

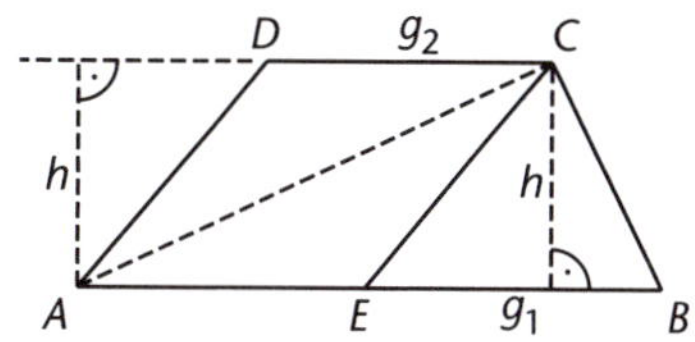

a) $g_2 = 5\ \text{cm} \Rightarrow \quad h = \dfrac{2A}{3g_2} = 3{,}5\,\text{cm}$

b) Grundlinien $\overline{EB} = \overline{CD} = g_2$ und $h_{EB} = h_{CD}$

$\Rightarrow$ Beh.

Übung 3

Trapez mit $h = 2$ mm, $g_1 = 25$ mm und $g_2 = 25\ \text{mm} - 2\ \text{mm} \Rightarrow A = 48\ \text{mm}^2$

Übung 4

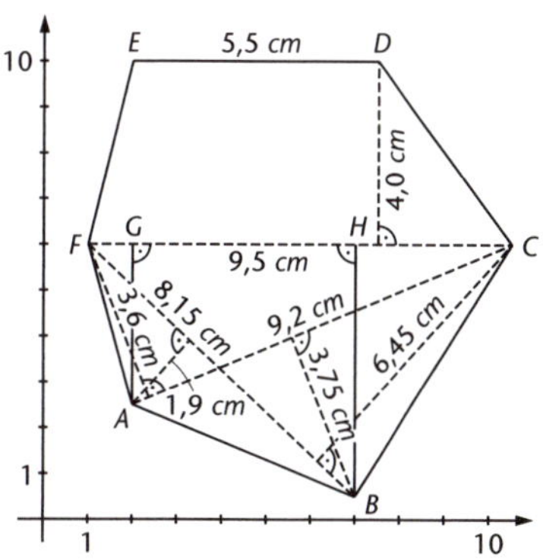

a) Trapez: $A_{FCDE} = 30\ \text{cm}^2$

b) $A_{ABC} \approx 17{,}25\ \text{cm}^2$, $A_{ACF} \approx 16{,}56\ \text{cm}^2$
$\Rightarrow \; A \approx 63{,}81\ \text{cm}^2 \approx 64\ \text{cm}^2$
$A_{BFA} \approx 7{,}74\ \text{cm}^2$, $A_{FBC} \approx 26{,}28\ \text{cm}^2$
$\Rightarrow \; A \approx 64{,}02\ \text{cm}^2 \approx 64\ \text{cm}^2$

c) $A_{AGF} + A_{ABHG} + A_{BCH} + A_{FCDE} =$
$= (1{,}75 + 22{,}5 + 9{,}625 + 30)\ \text{cm}^2$
$= 63{,}875\ \text{cm}^2$

d) $A_{\square} = 0{,}5\ \text{cm} \cdot 0{,}5\ \text{cm} = 0{,}25\ \text{cm}^2$
228 ganze Kästchen und 52 zerschnittene Kästchen ergibt
$A = (228 + 52 : 2) \cdot 0{,}25\ \text{cm}^2 \approx 63{,}5\ \text{cm}^2$

e) Die Fehler liegen bei allen Methoden im Promille-Bereich.

Teil IV:
Englisch

If-Sätze und Futurformen

Lösungen

156 157

A Futurformen
1. Will-Future für Vermutungen und Vorhersagen

Beim will-Future *kannst du im bejahten oder verneinten Satz entweder die Langform* (will / will not) *oder die Kurzform* ('ll / won't) *verwenden. Beides ist richtig.*
Der besseren Übersichtlichkeit halber findest du in der Regel im Folgenden nur eine Form.
Im mündlichen Sprachgebrauch sind Kurzformen generell üblicher.

Übung 1

Tomorrow it'll be / will be warm and sunny in South England.
There will be light winds from the South-West only.
The Midlands will be cloudy, but it will stay dry.
It will rain heavily in Scotland tomorrow.
In the Highlands there will be strong winds from the North-West and the temperature there will not go / won't go above 8°C.
In Wales it will be cloudy, but it won't rain all day.
You will even have some sunny spells in the early evening.
Beachte, dass even *zwischen dem Hilfsverb* (will) *und dem Vollverb* (have) *steht.*
In Northern Ireland it will be cloudy with lots of rain.
Temperatures won't climb above 10°C.

Übung 2

I will earn lots of money.
I will have a husband and (some) children.
I will have to cook dinner for my family.
Zur Erinnerung: have to *ist das Ersatzverb zu* must.
I won't have to be at home at 8 p.m.
I won't go to bed at 10 p.m.
My parents will be over 60.

Übung 3

1. Will I fall in love soon? / Will I soon fall in love?
2. Will I get good marks?
3. Will Petra really move away from Munich?
4. Will I get a snowboard for my birthday?

Beachte die Präposition for.
Nicht vergessen:
bekommen heißt auf Englisch get *oder* receive, *das englische* become *heißt werden!*

2. Will-Future für spontane Entschlüsse und Angebote

158 159

Übung 1

1. Sarah: "I'll do the washing-up for you, Mum."
2. Julie: "No problem, Mum, I'll go and buy some."
3. Ben & Steve: "We'll buy a new bottle for you."
4. Sarah & Steve: "We'll stay at home and we'll sit at her bedside all night, Mum."

Muttertag wird in Großbritannien übrigens im März gefeiert!

Übung 2

Das will-Future *kannst du im Deutschen entweder mit dem Futur I oder mit der Gegenwart wiedergeben.*

1. Ich verspreche (euch), dass wir um 11 Uhr / 23 Uhr zurückkommen / zurückkommen werden.
2. Ich hoffe, dass es keinen Stau gibt / geben wird.
   oder freier: … dass wir nicht im Stau stecken (werden).
3. Ich nehme an / denke, dass Julies Temperatur / Fieber nicht weiter ansteigt / ansteigen wird.
   Nicht vergessen: der Genitiv (hier: Julies) wird im Deutschen ohne Apostroph gebildet
4. Ich rechne damit / denke / glaube, dass Julie bald einschläft / einschlafen wird.

Wenn deine Version der Übersetzung nicht genau mit den hier aufgeführten Lösungsvorschlägen übereinstimmt, heißt das nicht, dass sie falsch ist.
Zieh am besten ein Lexikon zu Rate, falls du dir nicht sicher bist.

Übung 3

1. Julie: "I'm so bored. What shall we do tonight / this evening?"
2. Sarah: "Shall I get you / fetch you a cup of tea?"
3. Steve: "Shall I turn the TV on?"
4. Sarah & Steve: "Shall we read you a story?"
5. Steve: "Shall I bring your colouring book?"

Übung 4

1. + d) Shall we go to the cinema tonight? → Vorschlag
2. + e) I wonder what the film will be like. → will-Future nach bestimmten Verben
3. + a) There will be seven billion people on our planet soon. → Vorhersage
4. + c) A: I like this sweater. – B: I'll buy it for you. → spontanes Angebot
5. + b) I think Sarah will get a good mark in her German test. → Vermutung

160 161

3. Going to-Future

Beim going to-Future *kannst du die Formen von* to be *als Langform* (am / are / is) *oder als Kurzform* ('m / 're / 's) *verwenden. Im mündlichen Sprachgebrauch sind Kurzformen üblicher.*

Übung 1

Mrs Parker: Steve, have you done the shopping yet?
Steve: Not yet, Mum. I'm going to do it later.
Mrs Parker: Sarah, have you cleaned the rooms yet?
Sarah: I've cleaned Ben and Steve's room as well as mine. But Julie's room looks such a mess. I'm not going to clean it.
Mrs Parker: I've just talked to her. She's going to clean the room herself.
Sarah: Has she got time to do it? It's her turn to scrub the kitchen floor, isn't it?
Mrs Parker: You are right, Sarah. It *is* her turn, but she isn't going to scrub the floor. She said she's still too ill …

Übung 2

1. Julie has put milk onto the stove. She forgets to turn the hot-plate off. The milk is going to boil over.
2. Steve and Eric are climbing up an old ladder to pick apples. One rung of the ladder is loose. They are going to fall off the ladder.
3. Sarah is running a bath. She leaves the bathroom and talks to her friend Vicky on the phone for an hour. The water is going to flood the whole house.
4. Ben is driving a car without a driver's licence. He hasn't slept for 24 hours. He is going to have an accident.

Übung 3

Dear Sarah,
You wrote in your last letter that you are going to give a big party together with Steve …
Where are you going to celebrate?
Who are you going to invite?
What kind of music are you going to play?
Is your mother going to make her delicious salads again?
What are you going to give Steve for his birthday?
I wish I could celebrate with you.

Yours, Laura

4. Will-Future und going to-Future im Vergleich

162 163

Übung 1

Diese Übung behandelt (feste) Pläne. Deshalb musst du hier das going to-Future *verwenden. Es bleibt dir überlassen, wie viele Sätze du mit* I, my parents, my sister / brother *(falls du Geschwister hast) oder* my friend *bildest.*
Folgende Lösungen sind nur Vorschläge!
Achte auf die richtige Form von to be.

1. I'm going to watch TV tonight.
2. My parents are going to visit my grandparents next weekend.
3. My sister is going to play tennis tonight.
4. My friend is going to visit me next weekend.
5. I'm going to read the latest novel of my favourite writer in the holidays.
6. My brother is going to learn to sail in the holidays.
7. My sister is going to give a party next weekend.

Übung 2

Bei spontanen Angeboten, wie sie in dieser Übung vorkommen, musst du das will-Future *verwenden.*

1. Sarah: "We haven't got enough biscuits."
   Vicky: "I'll bake some."
2. Steve: "We've only got fifteen CDs."
   Joe: "I'll bring my CD collection."
3. Sarah: "Oh no! I've dropped the chocolate cake!"
   Karen & Amy: "Never mind. We'll make a new one."
4. Steve: "Look! We've only got twenty glasses. We need another ten or twelve."
   Susan: "No problem. I'll go and get you twenty if you like."

Übung 3

1. Karen: "Vicky, do you think Sarah will like our present?"
   Mit think *wird eine Vermutung zum Ausdruck gebracht* → will-Future
2. Vicky: "I'm sure she'll love it."
   Nach der Wendung I'm sure *verwendet man ebenfalls das* will-Future.
3. Eric: "What are you going to give Steve?"
   Eric geht davon aus, dass Justin schon weiß, was er Steve schenken wird (und es sich nicht um eine spontane Idee handelt) → *going to-Future*
4. Justin: "I'm going to give him a poster of Andre Agassi."
   Justin hat sich schon ein Geschenk überlegt (oder bereits gekauft) → *going to-Future*
5. Justin: "I suppose Steve will put it onto the wall."
   Suppose *gehört zu den in die Zukunft weisenden Verben, nach denen das* will-Future *steht.*

164 165

5. Will-Future und going to-Future: Mixed Exercises

Übung 1

Für Vorschläge und Angebote („Soll ich ...?" / „Sollen wir ...?") verwendet man shall.

1. Mrs Parker: "Shall I open a window / the window / the windows?"
2. Mr Parker: "Shall I get you a chair?"
3. Mr & Mrs Parker: "Shall we go and get some more?"
4. Mr Parker: "Shall I play one of my Beatles cassettes?"
5. Mrs Parker: "Shall I drive you home?"
6. Mrs Parker: "Shall I make the guest bed for her?"

Übung 2

Grandma: Well, Steve and Sarah, what are you going to do with the money (...)?
Grandma fragt nach den Plänen, die Sarah mit dem Geld hat → going to-Future

Sarah: I've already decided that I'm going to save half of it.
Sarahs Absicht, die Hälfte zu sparen besteht schon länger → going to-Future

Grandma: And what about the other half?

Sarah: I haven't had the time to spend it yet, but I'm definitely going to buy the brand new *Spice Girls* CD.
Auch hier handelt es sich um eine feste, wohl überlegte Absicht
Beachte die Stellung von definitely!

Grandma: And what are you going to do with the rest?

Sarah: I'm going to give Mum and Dad tickets for the theatre because they helped us so much with our party.
Feste Pläne → going to-Future

Grandma: That's very nice of you, Sarah. And what are you going to do with the money, Steve?

Steve: Well, unlike Sarah, I'm certainly not going to save any of it.
Es ist Steves fester Entschluss nichts zu sparen → going to-Future
Beachte die Stellung von certainly!

Grandma: What are you going to buy then?

Steve: I haven't thought about it so far. Perhaps I'll buy a pair of new tennis shoes.
Durch perhaps *wird eine Vermutung ausgedrückt* → will-Future

Grandma: I hope I'll find nice ones.
Hope *gehört zu den Verben, die in die Zukunft weisen* → will-Future

Steve: And tomorrow I'm going to do a cycling tour with James and Eric.
Die Radtour ist bereits fest geplant → going to-Future
I'm sure I'll need some money.
Signalwort: I'm sure → will-Future

Grandma: Have you listened to the weather forecast?

Steve: Yes, I have. It will be cloudy but it won't rain.
Bei Wettervorhersagen steht das will-Future.

Übung 3

1. It will be rather cold tomorrow. → Vorhersage → will
2. Shall we go swimming? → Vorschlag → shall
3. I'm going to watch a video tonight. → Plan, feste Absicht → going to
4. I promise I'll be back in 5 minutes. → nach einem Verb, das in die Zukunft weist → will
5. Look at the sky. It's going to rain. → absehbares Ereignis → going to
6. I think Ben will pass the test easily. → Vermutung → will
7. (A: I'm too tired to do the shopping.) → Spontanes Angebot → will
B: No problem. I'll do it for you.

6. Simple Present mit zukünftiger Bedeutung

166 167

Übung 1

Steve: Excuse me, Mr Hill, when does the next bus to the city centre leave?
Mr Hill: It leaves in about ten minutes. What are you going to visit?
Eric: Well, first of all we'd like to go on a sight-seeing tour. Do you know where the tours start?
Mr Hill: They start in front of the town hall on the hour.
Steve: And I'd like to go to the *British Handcraft Museum.*
Mr Hill: You'll have to hurry then, boys. The museum closes at 4 o'clock.
Eric: And when does it open tomorrow morning? Just in case we don't manage to get there in time …
Mr Hill: I think it opens at 9 a.m. I can check that for you. Why don't you go to the inline-disco tonight?
James: Inline-disco? Great! Where does it take place and when does it begin?
Mr Hill: It's in the sports centre in Beechwood Road. And it starts at 8 p.m. and finishes at 11 p.m. But don't forget that the youth hostel closes at 10.30 p.m.

Hast du an das -s bei der 3. Person Singular (he, she, it) *gedacht?*
Nicht vergessen: nach o, s, x, z, ch *und* sh *(wie hier bei* finish*) musst du* -es *anhängen.*

Übung 2

Bei der folgenden Übung kann in der Regel der Nebensatz vor oder nach dem Hauptsatz stehen.
Beachte, dass das Verb im Hauptsatz im will-Future *und das im Nebensatz im* Simple Present *stehen muss.*

1. Steve will go to bed as soon as he returns from the cyclingtour.
   oder As soon as Steve returns from the cyclingtour, he will go to bed.
2. Sarah will take a shower before she goes to the cinema.
   oder Before Sarah goes to the cinema she will take a shower.
3. Mr Parker will phone his wife when he arrives in Birmingham.
   oder When Mr Parker arrives in Birmingham he will phone his wife.
4. The children won't start breakfast until their parents sit down at the table.

Bei der Wendung not … until *ist ein einfaches Umstellen von Haupt- und Nebensatz nicht möglich. Will man hier den Nebensatz vor den Hauptsatz stellen, hat dies eine so genannte Inversion zur Folge:*
Not until their parents arrive will the children start breakfast.
Grammatikalische Strukturen dieser Art gehören jedoch nicht zum Stoffgebiet der 7. und 8. Jahrgangsstufe.

168 169

7. Present Progressive mit zukünftiger Bedeutung

Übung 1

1. Mr Parker is going to the dentist on Wednesday.
   He is taking the car to the garage on Friday.
2. Mrs Parker is meeting her friend Liz on Saturday.
3. Ben is going to the cinema on Thursday evening.
   On Friday he is playing basketball.
4. Sarah is visiting Karen on Wednesday afternoon.
   She is going shopping on Saturday.
5. Steve is playing tennis on Tuesday and Saturday.
6. Julie is having a ballet class on Monday and an art class on Thursday.
   On Sunday she is walking Mrs Pearson's dog.

Nicht vergessen:
Bei Verlaufsformen musst du folgende Sonderformen in der Schreibweise beachten:

- *stummes* -e *entfällt:* take → he is taking
- *Konsonantenverdopplung nach kurzem, betonten Vokal:* sit → they are sitting
- -ie *wird zu* -y-: lie → she is lying

Übung 2

Julie:	Mum, Jackie has just called. She's going swimming in the afternoon. Can you drive me to the pool?
Mrs Parker:	I'm sorry, but I can't. I'm meeting Liz at 3 p.m.
Julie:	What about Dad? He surely isn't joining you and Liz, is he?
Mrs Parker:	Of course not. But he is busy, too. He's putting up new shelves in his study.
Julie:	That's too bad. But Ben could take me on his motorbike, couldn't he?
Mrs Parker:	You needn't ask him, Julie. He's just told me that he and Emma are watching videos in the afternoon. Why aren't you going by bike?
Julie:	It's got a puncture, Mum.

Übung 3

Folgende Lösungen sind wiederum nur Vorschläge.
Achte auf die Übereinstimmung zwischen dem Subjekt und der Form von to be.

1. I'm meeting a good friend this afternoon.
2. I'm going to the cinema tonight.
3. My best friend and I are playing tennis at the weekend.
4. I'm visiting my grandparents next week.

8. Gegenwartsformen mit zukünftiger Bedeutung im Vergleich

170 171

Übung 1

In dieser Übung geht es um persönlich getroffene Verabredungen bzw. Abmachungen. Deshalb ist hier das Present Progressive *(mit zukünftiger Bedeutung) zu verwenden.*

Sam: Hi, Sarah. Would you like to go to the cinema with me tonight?
Sarah: I'd love to, but I can't. I'm playing tennis with Steve at 7 p.m.
Sam: That's a pity. How about tomorrow?
Sarah: I'm sorry, but Julie and I are visiting our grandparents tomorrow evening.
Sam: What about Thursday evening then?
Sarah: I think that's not possible either. On Thursday I'm helping my parents in the garden. You know, there's so much to do in spring time. But are *you* free on Friday? Vicky and I are going to the cinema Friday night. You can join us if you like.
Sam: Of course I do …

Übung 2

Diese Übung behandelt Kinoprogramme und Busfahrpläne, also Ereignisse, die „offiziell" festgelegt sind. Die Verbformen stehen deshalb im Simple Present *(mit zukünftiger Bedeutung).*

Nicht vergessen:
Fragen und Verneinungen im Simple Present *müssen mit* do *bzw.* does *umschrieben werden.*

Sarah: Well, which film would *you* like to watch, Vicky?
Vicky: I'd like to watch *American Beauty*.
Sam: When does it start?
Vicky: It starts at 8 o'clock in the *City House* and at 10 o'clock in the *Odeon*.
Sam: And what time does the film finish?
Vicky: Well, it lasts 90 minutes, so it finishes at about 9.30 in the *City House* and at 11.30 in the *Odeon*.
Nach Zischlauten (hier: -sh*) musst du in der 3. Pers. Sing.* -es *anhängen!*
Sarah: The last bus leaves at 11.15, which means that we can't watch it in the *Odeon*. And we really have to hurry if we want to make it in time for the 8 o'clock performance. It's already 7.25.
Sam: When does the next bus leave?
Sarah: It leaves at 7.30 and it arrives at the cinema at 7.50. Well, hurry up, folks …

Übung 3

1. "Where are you going (to)?"
2. "How long are you staying?"
3. "Are you going by coach or by train?"

Die Sätze 1–3 behandeln persönlich (von der Klasse bzw. Klassleitung) gemachte Pläne
→ Present Progressive

4. "When does your train leave?"
5. "When does it arrive in Bath?"

In den Sätzen 4 und 5 geht es um Abfahrts- und Ankunftszeiten von Zügen.
→ Simple Present
Vorsicht: „er" (= der Zug) musst du mit it *übersetzen!*

6. "Where are you staying?"

Die Entscheidung, wo Sarahs Klasse übernachtet, ist wiederum persönlicher Art
→ Present Progressive

172 173

9. Future Progressive

Übung 1

	true	false
1. Mr Parker will be having lunch at 2.30 p.m.	○	⊗
2. Mr Parker will be discussing the new project at 11.30 a.m.	⊗	○
3. Mr Parker will be meeting the new team assistant at 9 a.m.	○	⊗
4. Mr Parker will be seeing Mr Jackson before lunch.	○	⊗
5. Mr Parker will be having a sales talk in the afternoon.	⊗	○

Übung 2

> *Beim* Future Progressive *kannst du ebenso wie beim* will-Future *in der Regel zwischen Langform* (will / will not) *und Kurzform* ('ll / won't) *wählen.*
> *Wie bei allen Verlaufsformen musst du auch beim* Future Progressive *die Sonderformen in der Schreibweise berücksichtigen (s. Lösungskapitel 7).*

Next week ...

1. ... I'll be sleeping in a youth hostel.
2. ... Mum won't be preparing breakfast for me.
3. ... Vicky, Karen and I will be having breakfast together.
4. ... we'll be visiting the famous Roman baths.
5. ... I'll be sending a postcard to Laura from Bath.
6. ... Sam and Daniel will be living on cheeseburgers.
7. ... Steve won't be playing tennis.
8. ... I'll be talking to Vicky for hours.
9. ... I won't be sleeping at 10.30 p.m.
10. ... Steve and I will be missing our parents.

Übung 3

1. What will you be doing tonight / this evening?
2. Will you be watching the tennis match tomorrow?
   Die Wendung "sich etwas anschauen" (→ watch sth.) *ist im Englischen nicht reflexiv!*
3. Will you be using your dictionary next week?
   Eine derartige Formulierung kann (muss aber nicht!) auf höfliche Art und Weise auf die Frage vorbereiten, ob du dir das Lexikon ausleihen könntest.
4. When will you be leaving the house this afternoon?
5. Will you be returning before 11 o'clock?
6. When will you be having dinner today?

> *Beachte, dass das* Future Progressive *im Deutschen mit der Gegenwart (→ Was machst du heute Abend?) oder mit dem Futur I (→ Wirst du dir morgen das Tennisspiel anschauen?) wiedergegeben werden kann.*

10. Future Perfect

174 175

Übung 1

1. Next month Mr Parker will have worked about two thousand days in this company.
2. He will have spent about three thousand hours on trains, buses and planes.
3. He will have talked to more than a thousand different customers.
4. He will have developed more than eighty computer programmes.
   Beachte, dass bei developed *der Endkonsonant* (-p) *nicht verdoppelt wird. Der vorangehende Vokal* (-o-) *ist zwar kurz, aber nicht betont. Die Betonung liegt auf der zweiten Silbe* (-ve-).
5. He will have given about 250 lectures.
6. He will have travelled *(→ British English)* / will have traveled *(→ American English)* to forty European cities.

Sicher hast du gemerkt, dass du beim Future Perfect *in der Bildung der 3. Form fit sein musst.*
Hier eine kleine Wiederholung:

regelmäßige Verben	
• *Grundform* + -ed:	work → will have worked
Sonderformen in der Schreibweise	
• *stummes* -e *entfällt:*	prepare → will have prepared
• *Konsonantenverdopplung nach kurzem, betonten Vokal:*	stop → will have stopped
• -y *nach Konsonant wird zu* -i-:	carry → will have carried
unregelmäßige Verben	
Hier hilft nur eins: auswendig lernen!	

Übung 2

1. Will Mr and Mrs Parker have painted the front door by 11 o'clock? –
   Yes, they will have painted it by 11 o'clock.
2. Will they have taken the curtains down by 3 o'clock? –
   No, they won't have taken them down until 4 o'clock.
3. Will Ben and Steve have vacuumed the carpets by 12 o'clock? –
   Yes, they will have vacuumed them by 12 o'clock.
4. Will they have scrubbed the floors by 12 o'clock? –
   No, they won't have scrubbed them until 1 o'clock.
   Hast du an die Konsonantenverdopplung gedacht?
5. Will Sarah and Julie have cleaned the cupboards by 12 o'clock? –
   No, they won't have cleaned them until 1 o'clock.
6. Will they have dusted the furniture by 6 o'clock ? –
   Yes, they will have dusted it by 6 o'clock.

Beachte, dass furniture *im Englischen im Singular steht (im Gegensatz zur deutschen Übersetzung: die Möbel). Das zugehörige Personalpronomen ist deshalb* it.

Übung 3

1. The Parkers will have finished spring-cleaning by 4 p.m.
2. Next month the Parkers will have lived here for 20 / twenty years.
   oder The Parkers will have lived here for 20 / twenty years next month.

Nicht vergessen:
Im Englischen steht die Ortsangabe (here) *vor der Zeitangabe* (for twenty years).

3. Will Mr Parker have left the house by 8 o'clock?

176 177

11. Futurformen im Überblick

Übung 1

buy	going to-Future	(bejaht) (Frage)	I'm going to buy are you going to buy?
do	Future Perfect	(bejaht) (verneint)	he will have done we won't have done
arrive	Simple Present	(Frage) (verneint)	does it arrive? it doesn't arrive *Hast du an die Umschreibung gedacht?*
lie	Future Progressive	(bejaht) (Frage)	she will be lying will they be lying? *Nicht vergessen:* -ie- *wird hier zu* -y-!
rain	will-Future	(Frage) (verneint)	will it rain? it won't rain
stay	Present Progressive	(bejaht) (Frage)	I'm staying is he staying?

Übung 2

1. Beim Stadtbummel: „Das ist ja ein tolles T-Shirt! Das kauf ich mir!“
   Futurform im Englischen: will-Future
   Begründung: spontaner Entschluss
2. Am Bahnschalter: „Wann fährt der nächste Zug nach Köln?“
   Futurform im Englischen: Simple Present
   Begründung: zukünftiges Ereignis, das durch einen Fahrplan festgelegt ist
3. Du träumst abends im Bett vor dich hin: „Morgen um diese Zeit sitze ich im Zug.“
   Futurform im Englischen: Future Progressive
   Begründung: Handlung, die zu einem bestimmten Zeitpunkt in der Zukunft abläuft
4. Du schaukelst in der Schule ganz wild auf deinem Stuhl.
   Dein Lehrer meint: „Du wirst gleich runterfallen!“
   Futurform im Englischen: going to-Future
   Begründung: absehbares Ereignis (für das es Anzeichen gibt)
5. Du bringst dein kaputtes Fahrrad zum Reparieren und fragst:
   „Wann werden Sie das Rad repariert haben?“
   Futurform im Englischen: Future Perfect
   Begründung: Ereignis, das (zu einem bestimmten Zeitpunkt) in der Zukunft bereits abgeschlossen sein wird
6. Eine Freundin möchte wissen, was du morgen machst.
   Du sagst: „Meine Cousine kommt morgen.“
   Futurform im Englischen: Present Progressive
   Begründung: Verabredung (in der nahen Zukunft)

12. Abschlusstest Futurformen

178 | 179

Übung 1

1. At 8.45 a.m. Steve and Sarah will have left Reading. They will be sitting in the train to Bath.
2. At 10.15 they will have arrived in Bath.
3. At 10.30 the allocation of the rooms will be taking place.
4. At 12 o'clock everybody will be having lunch.
5. At 1.30 p.m. they will be playing volleyball.
6. By 2.45 the class will have gone to the city centre.
7. At 3.30 they will be visiting the Roman baths.
8. At 4 o'clock they will be having a coffee break.
9. At 5 o'clock everybody will be looking at the beautiful art objects (…)
10. By 6.30 the class will have returned to the youth hostel.

Übung 2

Signalwörter sind unterstrichen!

Steve: What are we going to do / are we doing tomorrow?
feste Pläne in der nahen Zukunft → going to-Future *oder* Pres. Progressive*

Mr Jackson: Well, tomorrow we are going on a sight-seeing tour first.
Bei to go *verwendet man für Pläne das* Present Progressive!

Emily: When does it start?

Mr Jackson: The tour starts at 9 o'clock. Our bus leaves from in front of the youth hostel at half past eight and arrives at the town hall at eight-fifty.
Die Stadtbesichtigung ist durch ein Programm festgelegt → Simple Present

Jenny: What do we have to take with us?

Mrs Leech: I think you'll need an umbrella. I've just listened to the weather forecast. Tomorrow it will be cloudy with some showers of rain.
Wettervorhersage → will-Future

Jenny: Oh no! I have forgotten my umbrella!

Sarah: No problem. I'll lend you one. (…) → *spontanes Angebot*

Sam: When does the tour finish?

Mr Jackson: It finishes at 11.30 a.m.

Donna: What are we going to do afterwards?

Mrs Leech: If you want to, you can spend the lunch-break together in groups (…)

Daniel: Great! Shall we have lunch at McDonald's?

Sam: Good idea, Daniel! Are you going to eat seven cheeseburgers again?
Absicht / Vorsatz → going to-future

Daniel: If I have enough time, I will be able to eat eight or more.
Bedingungssatz Typ I → *im Hauptsatz:* will-Future

Mr Jackson: But don't forget to be back at the town hall at 1 p.m.

Sam: We promise we'll be back on time. → will-Future *nach bestimmten Verben*
By this time Daniel will surely have finished his eighth cheeseburger.
Sarah, what are you doing / will you be doing / are you going to do at lunch time? → *Pläne für einen bestimmten Zeitpunkt in der Zukunft*

Sarah: Well, Vicky and I have decided to spend the lunch-break at the river.
At 12 o'clock we will be sitting on a bench in the sunshine.

Sam: But there won't be any sunshine tomorrow … → *Wetterbericht*

Sarah: That's a pity. But I think Vicky and I will have a nice break all the same.
Without loads of cheeseburgers!

> * *Statt des* going to-Future *kannst du das* Present Progressive *nur dann verwenden, wenn der Satz eine Zeitangabe enthält, die verdeutlicht, dass das Ereignis in der Zukunft stattfindet.*

180 181

B If-Sätze
1. Grundlagen

Übung 1

1. Mr Parker / win / in the lottery Bedingung	he / buy / a car / for Ben Folge
2. Sarah / go / to Sam's party Folge	he / invite / her Bedingung
3. Mrs Parker / be / happy Folge	Julie / help / her / with the housework Bedingung
4. Steve / work / harder Bedingung	he / get / a good mark Folge
5. Julie and Jackie / not go / to the zoo Folge	it / rain / tomorrow Bedingung
6. The Parkers / go on holiday / to Spain Folge	they / have / enough money Bedingung

Übung 2

1. If Mr Parker hurries, he'll catch the train.
2. If I were you, I would work harder.
3. We can go outside if it stops raining.
4. Can you answer the phone if it rings?
5. If Daniel hadn't eaten eight cheeseburgers, he wouldn't have been sick afterwards.
6. Sarah would buy this skirt if it wasn't pink.
7. If you ever go to New York, you must visit the *Museum of Modern Art.*
8. Ben would be really unhappy if he didn't pass his driving-test.

> *Nicht vergessen:*
> *Ein Komma wird nur gesetzt, wenn der Nebensatz* (if-clause) *vor dem Hauptsatz steht.*

Übung 3

1. Sarah will take a hot shower when she returns from Bath.
   „Wenn" hat in diesem Satz die Bedeutung von „sobald". Würde man hier if *einsetzen, hieße das, dass es nicht sicher ist, ob Sarah überhaupt aus Bath zurückkommt!*
2. Laura will get the postcard next Wednesday if Sarah posts it on Friday.
   Hier handelt es sich um eine Bedingung: Laura wird die Karte am Mittwoch bekommen unter der Voraussetzung, dass Sarah sie am Freitag einwirft.
3. If Steve were as old as Ben, he could take driving-lessons, too.
   Ben ist und bleibt älter als Steve; der Satz handelt also von einer unmöglichen Bedingung.
4. Ben: "I need more pocket money, Dad …"
   Mr Parker: "You'll get five pounds if you mow the lawn."
   Ben wird die fünf Pfund nur bekommen, falls er den Rasen mäht (→ Bedingung).
   Ben: "O.K., I'll do it when I've finished my homework."
   Ben gibt hier einen Zeitpunkt an: sobald er mit den Hausaufgaben fertig ist, wird er den Rasen mähen.

> *Tipp:*
> *Falls du dir bei einer solchen Einsetzübung nicht sicher bist, machst du am besten immer die Gegenprobe und versuchst das Wörtchen „wenn" durch „falls" bzw. „sobald" zu ersetzen.*

2. Typ I mit will-Future

182 183

Übung 1

1. + e) If Steve doesn't hurry, he'll miss the bus.
2. + f) If you read through the text carefully, you'll be able to answer the questions easily.
3. + g) Tom will join us at the cinema if you don't mind.
4. + b) My mother will be angry with me if I don't help her with the housework.
5. + a) If you help me with the maths homework, I'll help you with the French translation.
6. + d) I will return this book to Sue if I see her today.
7. + c) If you bring some sandwiches, I'll bring some cans of lemonade.

Übung 2

Sam: Hi, Sarah. What are you doing at the weekend?
Sarah: If the weather is nice, Vicky and I will go shopping on Saturday.
Sam: And what will you do if the weather isn't nice?
Sarah: We will probably not stay at home even if it isn't sunny.
Beachte, dass probably *nach dem Hilfsverb* (will) *steht.*
But if it rains, Vicky and I will meet at my place and we'll prepare our geography paper together.
Sam: Do you need some help?
Sarah: If you are keen on that stuff, we won't send you away.
Sam: What are you doing on Saturday evening? There's a good film at the *Odeon*.
Sarah: Well, my parents are spending a day in London on Saturday. And Julie mustn't be left alone. But if they return in time, I will be able to join you.
Sam: And if they don't come back in time?
Sarah: Hm ... I've got an idea! If my parents don't return in time, we will watch some videos. Is that okay with you?
Sam: Great! See you tomorrow ...

Übung 3

Folgende Lösungen sind natürlich wieder nur Vorschläge!
Achte darauf, dass der if-*Satz im* Simple Present *und der Hauptsatz im* will-Future *steht.*

1. If the weather is nice tomorrow, I will go shopping.
2. If it doesn't rain this afternoon, I'll give a garden party.
   Hast du an die Umschreibung mit does *gedacht?*
3. If my friend (Tom / Steffi / ...) visits me on Saturday, we'll go to the cinema.
   Achtung: my friend = he / she → *das -s beim Verb nicht vergessen!*
4. If my parents give me more pocket money next month, I'll buy some comics / a hamster.

184 185

3. Typ I mit Imperativ oder modalem Hilfsverb

Übung 1

1. + f) If the water is too cold, we can't swim in the lake.
2. + h) Julie must put on some weight if she weighs less than 20 kilos.
3. + b) Steve can win the tennis trophy if he is in good form tomorrow.
4. + g) If we don't hurry, we won't see the beginning of the film.
5. + d) If you help me with the washing-up today, you needn't help me tomorrow.
6. + e) You must do your homework on Sunday if you don't do it on Friday or Saturday.
7. + a) If a stranger wants you to open the door, you mustn't let him in.
8. + c) Sarah can go to the cinema with Sam if Mr and Mrs Parker return in time.

Übung 2

1. If you go to* Paris, you can see the *Eiffel Tower*.
2. If you visit Vienna, you must go to* the *Hofburg*.
3. If you go to London, you must have a look at *St Paul's Cathedral*.
4. If you visit Berlin, you can walk along the *Ku'damm*.
5. If you go to Florence, you must visit the *Uffizien*.

* go to *kann im Deutschen sowohl „fahren nach" bedeuten als auch „gehen zu" (im Sinne von „besichtigen")*

Übung 3

1. If Julie gets a good mark in the maths test, she may go to the zoo.
2. If Sarah doesn't come back on time today, she mustn't go out tomorrow.
   Nicht vergessen: „nicht dürfen" heißt auf Englisch must not
3. If Steve isn't back at 8 o'clock, he can't / cannot watch the film.
4. If Ben wants more pocket money, he must help his father in the garden.
5. If the Parkers take on a housekeeper, Mrs Parker needn't do all the housework alone anymore.

Vergleiche die Wortstellung:

Wenn Ben mehr Taschengeld will, <u>muss er</u> seinem Vater im Garten <u>helfen</u>. → *Im Deutschen steht das modale Hilfsverb vor dem Subjekt; das Vollverb rückt an das Satzende.*	If Ben wants more pocket money, <u>he must help</u> his father in the garden. → *Im Englischen dagegen gilt die Reihenfolge Subjekt + Hilfsverb + Vollverb.*

Übung 4

1. Vergiss nicht deinen (Regen-)Schirm, wenn / falls es regnet.
   oder Vergiss deinen Schirm nicht, …
2. Räum dein Zimmer auf, wenn du deine Sachen / dein Zeugs nicht findest.
3. Hilf mir bei der Hausarbeit, wenn du nichts Besseres zu tun hast.

4. Typ I: Mixed Exercise

186 187

Übung 1

Dear Sarah,
Have you already decided when to come?
If you come in August, the weather will surely be nice.
Beachte die Stellung von surely.
If you're / you are interested in the sights of Munich, we can go on a sight-seeingtour.
But we needn't do one if you think that's boring.
If you like going for walks, we must go to the *Englischer Garten.*
If you want to buy clothes in Munich, I will show you some fantastic shops.
I'm sure that we'll have a great time together.
Write soon. Love, Laura
Übungsvariante für Fortgeschrittene:
Decke im Übungsteil die rechte Spalte ab und versuche den gesamten Brief ins Englische zu übersetzen.

Übung 2

1. If I see her tomorrow, I will ask her whether she's got any plans for the weekend.
2. If she doesn't have / hasn't got any plans, I will suggest that we go on a cycling tour.
3. If she hasn't got / doesn't have a bike, she can borrow my sister's bike.
   In den Sätzen 2) und 3) kannst du im if-*Satz entweder* doesn't have *oder* hasn't got *verwenden.*
4. If she doesn't like cycling, I will ask her to go to the cinema with me.
5. If she wants to go to the cinema, she may choose a film she would like to see.
6. If she chooses a film I've already seen, I won't tell her.
7. If she really goes to the cinema with me, I will be extremely happy.

Übung 3

Auch diese Lösungen stellen wieder nur Vorschläge dar!
1. I'll be very happy if I get a new bike for my birthday / for Christmas.
2. If I get a good mark in my next English test, my parents will give me some extra pocket money.
3. If my sister / brother uses my computer without asking me, she / he mustn't go into my room again.
4. I'll get very angry if I find out that my friend has lied to me.
5. If it rains tomorrow, I can't play tennis.
6. I'll be thankful if my grandma gets better soon.

188 | 189

5. Typ II mit unwahrscheinlicher Bedingung

Übung 1

Im Hauptsatz kannst du hier, wenn dies Sinn ergibt, zwischen den Hilfsverben would, could *und* might *variieren. Beachte aber den Bedeutungsunterschied (→ würde / könnte / würde vielleicht) und überlege, was am besten passt.*

1. If Sarah cleaned her room more often, it wouldn't look such a mess.
   Hier erscheint would *am sinnvollsten.*
2. Ben would get more pocket money if he helped his father more often in the garden.
   Auch hier passt would *am besten, denkbar wären aber auch* could *(→ er könnte mehr bekommen; es liegt also in seiner Macht) oder* might *(→ er würde vielleicht mehr bekommen, sicher ist es jedoch nicht).*
3. If Steve practised even harder, he could / would / might become the best tennis player in his school.
4. Julie would have more time for painting pictures if she didn't take so many ballet classes.
   Would *ist hier wohl die beste Lösung, denkbar (mit Bedeutungsunterschied!) sind aber auch* could *und* might.
   Hast du an die Umschreibung mit did *gedacht?*

Übung 2

1. If Ben found a snake in his bed, he would kill it.
2. If Sarah found a snake in her bed, she would call the police.
3. If Steve found a snake in his bed, he would catch it.
4. If Julie found a snake in her bed, she would scream.
5. If Ben met an alien, he would say "hello".
6. If Sarah met an alien, she would ask its name.
7. If Steve met an alien, he wouldn't do anything.
8. If Julie met an alien, she would be afraid.

Schon gemerkt? – Zur Bildung von Verbformen im Simple Past *musst du fit in den unregelmäßigen Verben sein. Wie wär's mit einer gelegentlichen Wiederholung?*
Zur Erinnerung:

> *Bei regelmäßigen Verben werden die 2. und die 3. Form des Verbs wie folgt gebildet:*
> - *Grundform* + -ed
> - *Die „Sonderformen in der Schreibweise", die bei regelmäßigen Verben für die 2. und die 3. Form gleichermaßen zutreffen, findest du im Lösungskapitel 10.*

Übung 3

1. If I found a snake in my bed, I would run away and scream.
   Wenn ich eine Schlange in meinen Bett fände / finden würde*, würde ich weglaufen und schreien.
2. If I met an alien, I would talk to him.
   Wenn ich einen Außerirdischen träfe / treffen würde*, würde ich mich mit ihm unterhalten.

> ** Im Deutschen kannst du neben dem korrekten Konjunktiv (→ fände / träfe) auch die umgangssprachlichen Formen (→ finden würde / treffen würde) verwenden.*
> *Vorsicht ist bei einer Übersetzung vom Deutschen ins Englische geboten:*
> *Im Englischen darf im* if-*Satz <u>kein would</u> stehen!!!*

6. Typ II mit unmöglicher Bedingung

190 191

Bedingungssätze dieser Art verwendet man, wie in den Übungen 1, 2 und 4, z. B. für Tagträume und Wunschdenken.

Übung 1

1. If I had dark hair, I would look much better.
2. If I didn't have such short legs, I could wear mini-skirts.
   Durch could *wird hier stärker die Möglichkeit (→ könnte) betont;* would *ist aber auch möglich.*
3. I would be much happier if my hair wasn't / weren't* so curly.
4. If I was / were* taller, I could wear these fashionable trousers.
   Auch bei diesem Satz sind could *oder* would *verwendbar.*
5. I wouldn't be so self-conscious if I didn't have so many spots.

> * *In den Bedingungssätzen vom Typ II kann statt* was *(der für* I, he, she *und* it *üblichen Form von* to be) *auch* were *(vgl. dt. „wäre") verwendet werden.*
> *In der Wendung* "If I were you ..." *steht jedoch immer* were.

Übung 2

1. If I knew Lucy's number, I would phone her.
2. If she wasn't / weren't so beautiful, I would dare to tell her (that) I love her.
3. If she was / were my girl-friend, I would be the happiest person in the world.
4. If I had lots of money, I would buy her anything she wants.

Übung 3

1. You: "If I were you, I would go / 'd go to the hairdresser's."
2. You: "If I were you, I would tell her the truth."
3. You: "If I were you, I would do a lot of sport."
4. You: "If I were you, I wouldn't buy them."

Übung 4

Wie üblich bei derartigen Übungen, sollen die folgenden Lösungen nur Vorschläge darstellen und dir als Orientierung dienen.

1. If I were eighteen, I wouldn't have to be at home at 9 p.m.
   Wenn ich 18 wäre, müsste ich nicht um 9 Uhr abends zu Hause sein.
2. If I were a pop star, I would be rich and famous / would have fans all over the world.
   Wenn ich ein Popstar wäre, wäre ich reich und berühmt / hätte ich auf der ganzen Welt Fans.
3. If I had lots of money, I would give parties every weekend.
   Wenn ich viel Geld hätte, würde ich jedes Wochenende Partys geben.

Beachte, dass die in diesem Satztyp häufig vorkommenden Verben „hätte" und „wäre" im Englischen unterschiedliche Entsprechungen haben, je nachdem, ob sie im if-Satz oder im Hauptsatz stehen. Vergleiche:

if-Satz	***Hauptsatz***
Wenn ich ein Popstar wäre,	*wäre ich reich und berühmt.*
→ If I were a pop star,	→ I would be rich and famous.
Wenn ich viel Geld hätte, ...	*... hätte ich auf der ganzen Welt Fans.*
→ If I had lots of money, ...	→ ... I would have fans all over the world.

Um Fehler zu vermeiden, solltest du – insbesondere bei deutsch-englischen Übersetzungen – genau überprüfen, ob das Verb im Haupt- oder im Nebensatz (if-Satz) steht.

192 | 193

7. Typ I und Typ II im Vergleich

Übung 1

Typ I	Typ II
a) Steve and Eric can play tennis if the sun comes out later. c) If the sun shines, we won't stay indoors. f) Tidy up your room if you don't know what else to do.	b) If I were you, I wouldn't tell her secrets any more. d) What would you do if you met the Queen in the street? e) If Ben had enough time today, he could help his father in the garden.

Übung 2

1. If my grandma gives me some money, I can buy a new skateboard.
   can buy = *modales Hilfsverb im Hauptsatz* → *Typ I; hast du bei* give *an das -s gedacht?*
2. Sarah would / could / might phone Laura more often if it was cheaper.
   was = Simple Past *im* if-*Satz* → *Typ II*
3. If you help me with the washing-up, I will clean your shoes.
   help = Simple Present *im* if-*Satz* → *Typ I*
4. If I were you, I would tell my parents the truth.
   would tell = Conditional I *im Hauptsatz* → *Typ II*
   Nicht vergessen: In dieser Wendung kannst du nur were *verwenden.*
5. Would you mind if I opened the window?
   would … mind = Conditional I *im Hauptsatz* → *Typ II*
6. Go to your room if you keep on shouting like this.
   keep on = Simple Present im if-Satz → Typ I
   Da kein Subjekt angegeben ist, muss hier ein Imperativ gebildet werden.

Übung 3

1. a) If Eric were / was here now, we could play tennis.
   Tatsache ist, dass Steve allein ist → *unmögliche Bedingung (Typ II)*
   Statt could *kannst du auch* would *oder* might *einsetzen.*
   b) If he comes later, we will play / can play tennis.
   Es ist möglich, dass Eric später noch kommt → *Typ I*
2. a) "I would love to buy this dress if it was / were red."
   Das Kleid ist aber blau → *unmögliche Bedingung (Typ II)*
   b) "If I find a red one in another shop, I'll buy it."
   Die Möglichkeit, ein rotes zu finden, besteht noch → *Typ I*
3. a) We will go inside if it gets colder later.
   Es ist durchaus möglich, dass es später kälter wird → *Typ I*
   b) If it weren't / wasn't sunny, we wouldn't spend the day in the garden.
   Tatsache ist aber, dass es im Moment sonnig ist → *unmögliche Bedingung (Typ II)*
4. a) If Julie didn't take her doll to school, they wouldn't call her "little baby".
   Noch nimmt sie ihre Puppe mit in die Schule → *unmögliche (weil den Tatsachen widersprechende) Bedingung (Typ II)*
   b) If she leaves it at home next week, they won't laugh at her.
   Es ist aber möglich, dass sie sie nächste Woche zu Hause läßt (weil sie von den Hänseleien genug hat) → *Typ I*

8. Typ III

194 195

Übung 1

1. If Ben had had enough time, he'd have helped = would have helped his father in the garden.
2. Sarah wouldn't have gone to the cinema if she'd known = had known that it was such a bad film.
3. If he'd felt = had felt better, Steve would have won the tennis match.
4. We'd have gone = would have gone to the theatre if we'd had = had had enough money.

Alles klar?

> *Bei den Bedingungssätzen vom Typ III steht die Kurzform* 'd
> - *für* had *im* if-*Satz und*
> - *für* would *im Hauptsatz*

Übung 2

Mrs Parker: Hi, Steve. How was the match?
Steve: It was awful, Mum. I lost.
Mrs Parker: Never mind, Steve. But what happened?
Steve: It was just too hot. If it hadn't been so hot, I'd have won / would have won the match.
Mrs Parker: Why is that?
Steve: My hands were wet with sweat. If I hadn't sweated so much, I'd have hit more balls.
Mrs Parker: Did you have enough mineral water with you?
Steve: No, just one bottle. If I'd taken / had taken more water with me, I wouldn't have got tired so quickly.
And to make things worse I even forgot my sunglasses.
I'm sure I would have played much better if I hadn't forgotten my sunglasses.
Mrs Parker: Don't blame it on the sunglasses, Steve. You just had a bad day.
Steve: You're probably right, Mum. If I had been in form, I wouldn't have lost the match.

Vergleiche:

Hauptsatz	**if-*Satz***
I'm sure I <u>would have played</u> much better → *Ich bin (mir) sicher, dass ich viel besser <u>gespielt hätte</u>,*	if I <u>hadn't forgotten</u> my sunglasses. → *wenn ich meine Sonnenbrille <u>nicht vergessen hätte</u>.*

→ *Während hier im Deutschen beide Verbformen mit „hätte" gebildet werden, steht im Englischen dafür* would have … *im Hauptsatz und* had(n't) … *im* if-*Satz.*
Daran solltest du insbesondere bei Übersetzungen vom Deutschen ins Englische denken!
Beachte auch, dass die Verbformen in Bedingungssätzen vom Typ III – je nach Verb – einmal mit „hätte …" (→ I would have played / I hadn't forgotten*) und einmal mit „wäre …"* (I wouldn't have got / I had been) *zu übersetzen sind.*

Übung 3

1. If I had gone to bed earlier, I wouldn't have overslept.
2. I wouldn't have been hungry all morning if I had had time for breakfast.
3. If I had studied enough for the maths test, I could have answered all the questions.
oder I could have answered all the questions if I had studied enough for the maths test.

196 197

9. Unmögliche Bedingungen im Vergleich (Typ II und Typ III)

Übung 1

1. If Sam had enough money, he'd buy a bunch of flowers for Sarah.
   Im if-*Satz steht* Simple Past → *Typ II (Bezug auf die Gegenwart)*
2. If Sam had had enough money last week, he would have bought a bottle of perfume for Sarah.
   Im if-*Satz steht* Past Perfect → *Typ III (Bezug auf die Vergangenheit)*
3. Ben would be sad if Emma wasn't / weren't here now.
   Im Hauptsatz steht Conditional I → *Typ II*
4. Ben would have been sad if he hadn't passed his driving-test.
   Im Hauptsatz steht Conditional II → *Typ III*
5. Julie would have painted some pictures if it had rained yesterday.
   Im if-*Satz steht* Past Perfect → *Typ III*
6. Julie wouldn't sit in the garden if it was raining now.
   Im if-*Satz steht* Simple Past → *Typ II*

Übung 2

1. If Julie found her pencil, she could draw now.
2. Steve would have played tennis yesterday if his right leg hadn't hurt.
3. If Ben didn't have such a lot of homework to do, he would / could see Emma more often these days.
   oder Ben would / could see Emma more often these days if he didn't have (...)
4. Sarah could / would have baked a cake last Sunday if she hadn't forgotten to buy some eggs.
   oder If Sarah hadn't forgotten to buy some eggs, she could / would have baked (...)

Übung 3

> *Achte beim Übersetzen darauf, dass du die „Feinabstimmungen" der Bedingungssätze* (→ would / could / might) *ins Englische übernimmst!*

If I hadn't been at home yesterday, he couldn't have visited me.
If we hadn't met, we wouldn't have argued.
He might not have gone if I had listened to him.
Bis zu dieser Stelle beziehen sich die Sätze auf die Vergangenheit (→ Signalwort: yesterday*). Da das Gewesene nicht mehr geändert, also die Bedingung jeweils nicht mehr erfüllt werden kann, müssen hier Bedingungssätze vom Typ III stehen.*
I'm extremely unhappy now.
What would you do if you were me?
I would be so happy if he were / was here now.
Die letzten beiden Sätze des Briefes beziehen sich auf die Gegenwart (→ Signalwort: now*). Es handelt sich in beiden Fällen um Bedingungen, die unmöglich sind, weil sie den gegebenen Tatsachen widersprechen (Sarah kann nicht Laura sein und Jonas ist nicht hier!), deshalb musst du hier den Typ II verwenden.*
*Hast du daran gedacht, dass im Englischen kein Komma gesetzt wird, wenn der Hauptsatz vor dem Nebensatz (*if-*Satz) steht?*

10. Typ I, Typ II und Typ III im Vergleich

198 199

Übung 1

1. If Julie found a purse in the street, she'd take it to the police. → Typ II
2. Mr Parker will miss the train if he doesn't hurry. → Typ I
3. Steve might have won the match if he had been in form. → Typ III
4. If Ben has got enough money, he'll give a big party next week. → Typ I
5. If Sarah hadn't forgotten her textbook at school, she would have been able to do her homework. → Typ III

Übung 2

1. Wenn Sarah gestern zu Hause gewesen wäre, hätte Sam sie ins Kino eingeladen.
   zeitl. Bezug: Vergangenheit Bedingung: nicht mehr erfüllbar Typ III
   Übersetzung:
   If Sarah had been at home yesterday, Sam would have invited her to the cinema.
2. *Der Wetterbericht hat für morgen schönes Wetter und Temperaturen bis zu 27°C vorhergesagt.*
   Wenn es morgen regnen würde, könnten Sarah und Sam kein Picknick machen.
   zeitl. Bezug: Zukunft Bedingung: unwahrscheinlich Typ II
   Übersetzung:
   If it rained tomorrow, Sarah and Sam couldn't have a picnic.
3. Sarah wird ihre neuen Shorts anziehen, falls es morgen richtig heiß wird.
   zeitl. Bezug: Zukunft Bedingung: wahrscheinlich Typ I
   Übersetzung:
   Sarah will wear her new shorts if it gets really hot tomorrow.
4. Wenn Sam gerne schwimmt, kann er ein Bad im See nehmen.
   zeitl. Bezug: Gegenwart Bedingung: erfüllt Typ I
   Übersetzung:
   If Sam likes swimming, he can have a swim in the lake.
   Nicht vergessen:
   – *der See heißt* "the lake"
   – *die See (= das Meer) heißt* "the sea"
5. *Bevor Sam und Sarah am nächsten Tag losziehen, sagt Mrs Parker zu Sarah:*
   „Ich an deiner Stelle (= Wenn ich du wäre) würde (ich) ein Insektenschutzmittel mitnehmen."
   zeitl. Bezug: Gegenwart Bedingung: unmöglich Typ II
   Übersetzung:
   "If I were you, I would take an insect repellent with me."
   Hast du daran gedacht, dass vor einem nachfolgenden Vokal (hier i-*) der unbestimmte Artikel „an" lauten muss?*

200 | 201

11. Abschlusstest if-Sätze

Übung 1

1. Ben wouldn't go to school by motorbike if it rained tomorrow. → es ist unwahrscheinlich, dass es regnet
2. If Jenny comes to Ben's party, she'll bring a chocolate cake. → mit Jennys Kommen ist zu rechnen
3. Sarah wouldn't have got a bad mark if she had worked harder. → Sarah hat zu wenig für die Schule getan
4. If Vicky had known that Sarah was at home, she would have visited her. → Vicky wusste nicht, dass Sarah zu Hause ist
5. Mr Parker could drive Julie to the pool if he was back at 4 p.m. → er wird um 16 Uhr wohl nicht zurück sein

Übung 2

Sarah: Hi, Laura. How are you?
Laura: Hi, Sarah. Not too good. Are you in a hurry?
Sarah: Of course I'm not. I wouldn't phone you if I didn't have time. Why are you asking?
Sarah hat Zeit, also widerspricht die Bedingung den gegebenen Tatsachen → Typ II
Laura: Well, it's quite a long story … Jonas and I had another argument.
Sarah: Oh dear! What happened?
Laura: I was playing games on Jonas' computer when it suddenly crashed. I really felt sorry. If it hadn't been me who was playing, it wouldn't have been my fault.
Sarah: I don't think that's such a big problem. What did Jonas do then?
Laura: He called me a fool. Then I went mad and threw some CDs at him. You know, I wouldn't have thrown CDs at him if he hadn't called me a fool.
Sarah: Did they hit him?
Laura: No, the CDs missed him (…). I think I'd have felt sorry if I had hurt him.
Hier handelt es sich um drei rein theoretische Annahmen in Bezug auf die Vergangenheit (if it hadn't been … / if he hadn't called me … / if I had hurt …) → *Typ III*
Sarah: What did you do then?
Laura: I left at once. And Jonas didn't stop me going.
Sarah: Have you heard anything from him since?
Laura: No, not yet. And I'm sure that he won't phone me. If he phoned and said he was sorry that he'd called me a fool, everything would be all right again. But I think it's over.
Diese Bedingungen (phone / say) *beziehen sich auf die Zukunft. Da sie aber unwahrscheinlich sind* (… I'm sure that he won't phone me) *wird Typ II verwendet.*
What would you do if you were me?
Sarah: Well, I think it's not just his fault. If I were you, I would call him and ask him (…)
Sarah kann nicht Laura sein → unmögliche Bedingung in der Gegenwart → Typ II
Laura: Maybe you're right, Sarah. If he doesn't call me within the next few hours, I will call him. → *wahrscheinliche Bedingung → Typ I*
Just a second, Sarah. The door bell is ringing. If it is Jonas, I'll tell him that I'm really sorry and that I still love him …

Übung 3

Ich habe eine 4 in der Matheschulaufgabe. Iii! Wenn ich mehr getan / härter gearbeitet hätte, hätte ich nicht so eine / keine solche schlechte Note bekommen. Und vielleicht hätte ich besser abgeschnitten, wenn Mr Summer den Stoff richtig / anständig erklärt hätte. Sam sagte / hat gesagt: "Ich an deiner Stelle würde mir keine Sorgen machen. Du hast genügend gute Noten." Vielleicht hat er Recht. Wenn ich nicht nochmal eine 4 bekomme, wird in meinem Zeugnis eine 2 stehen / werde ich im Zeugnis eine 2 haben.

12. Sonderformen

Übung 1

1. + e) If you mix red and blue, you get purple. → logische Folge
2. + f) If Julie has finished her homework, she may visit Jackie.
   → Bedingung ist bereits erfüllt worden
3. + b) Laura would be sad if she hadn't made it up with Jonas.
   → Bedingung liegt in der Vergangenheit, die Folge in der Gegenwart
4. + c) If you have to learn your vocabulary, you needn't help me with the washing-up.
   → Verpflichtung in der Gegenwart
5. + d) Sam would have bought lots of presents for Sarah's birthday if he was rich.
   → Bedingung liegt in der Gegenwart, die Folge in der Vergangenheit
6. + a) Don't disturb Dad if he's working. → Bedingung ist im Verlauf

Übung 2

1. Don't interrupt Mum if she is still talking on the phone.
   Bedingung ist im Verlauf / Tätigkeitsverb → Present Progressive *im* if-*Satz*
   Beachte die Stellung von still.
2. If there's no battery in your personal stereo, it doesn't work.
   logische Folge → Simple Present *im Hauptsatz*
3. Mr Parker wouldn't be angry with Sarah now if she hadn't been so lazy.
   Signalwort: now *(→ Folge liegt in der Gegenwart)* → Conditional I *im Hauptsatz*
4. Steve may watch TV if he has already cleaned his room.
   Die Bedingung ist bereits erfüllt worden → Present Perfect *im* if-*Satz*
   Beachte: already *muss hier zwischen dem Hilfsverb* (has) *und dem Vollverb* (cleaned) *stehen*
5. If Vicky's mother can speak two foreign languages, she'll get the job.
   „können" = bestehende Fähigkeit → modales Hilfsverb im if-*Satz*
6. If the Parkers had lots of money, they would have flown to Australia last year.
   Signalwort: last year *(→ Folge liegt in der Vergangenheit)* → Conditional II *im Hauptsatz*

Übung 3

Falls du die Stellung von if-*Satz und Hauptsatz vertauscht hast, ist das selbstverständlich auch richtig!*

1. If you eat too much fast-food, you get fat.
   Hier wird eine logische Folge zum Ausdruck gebracht. Im Hauptsatz steht daher das Simple Present.
   Vorsicht Falle: das deutsche „wird" drückt hier kein Futur aus!
   Beachte die Schreibweise von fast-food *im Englischen!*
2. Julie wouldn't be ill now if she had worn warmer clothes yesterday.
   Nicht vergessen: (Kleidung) tragen heißt wear
3. If you've translated these sentences correctly, you may call yourself a pro.
   Und? Bist du nun ein Profi?
   Die Schwierigkeiten bei der Übersetzung dieses Satzes dürften weniger bei den Verbformen liegen als bei der Verwendung des unbestimmten Artikels (a pro) *und des Adverbs* (correctly, *da sich „richtig" auf ein Verb, nämlich „übersetzen", bezieht).*

> *Noch ein kleiner Tipp zum Schluss:*
> *Falls du bei der Bearbeitung der Übungen auf weitere grammatikalische Probleme gestoßen bist, die du gerne wiederholen würdest (z. B. Adverbien), bietet dir der mentor Verlag eine ganze Reihe von geeigneten Lernhilfen!*

Register

Englisch: If-Sätze und Futurformen